Ordnungsrahmen für die softwarebasierte Automatisierung administrativer Prozesse

Framework for the Software-Based Automation of Administrative Processes

Von der Fakultät für Maschinenwesen
der Rheinisch-Westfälischen Technischen Hochschule Aachen
zur Erlangung des akademischen Grades eines
Doktors der Ingenieurwissenschaften
genehmigte Dissertation

vorgelegt von

Rafael Frank Götzen

Berichter/in:

Univ.-Prof. Dr.-Ing. Dipl.-Wirt. Ing. Günther Schuh
apl. Prof. Dr.-Ing. Volker Stich

Tag der mündlichen Prüfung: 20. Juli 2022

SCHRIFTENREIHE RATIONALISIERUNG

Rafael Frank Götzen

Ordnungsrahmen für die softwarebasierte Automatisierung administrativer Prozesse

Herausgeber:
Prof. Dr.-Ing. Dipl.-Wirt. Ing. G. Schuh

Band 184

fir an der RWTH Aachen

Bibliografische Information der Deutschen Nationalbibliothek
Die Deutsche Nationalbibliothek verzeichnet diese Publikation in der Deutschen Nationalbibliografie; detaillierte bibliografische Daten sind im Internet über https://portal.dnb.de abrufbar.

Rafael Frank Götzen:

Ordnungsrahmen für die softwarebasierte Automatisierung administrativer Prozesse

1. Auflage, 2022

Gedruckt auf holz- und säurefreiem Papier, 100% chlorfrei gebleicht.

Apprimus Verlag, Aachen, 2022
Wissenschaftsverlag des Instituts für Industriekommunikation und Fachmedien an der RWTH Aachen
Steinbachstr. 25, 52074 Aachen
Internet: www.apprimus-verlag.de, E-Mail: info@apprimus-verlag.de

Druck: CPI Druckdienstleistungen GmbH, Ferdinand-Jühlke-Straße 7 I 99095 Erfurt

ISBN 978-3-98555-103-3

D 82 (Diss. RWTH Aachen University, 2022)

Danksagung

Die vorliegende Dissertation entstand im Laufe meiner Tätigkeit als wissenschaftlicher Mitarbeiter am Forschungsinstitut für Rationalisierung e. V. (FIR) an der Rheinisch-Westfälischen Technischen Hochschule (RWTH Aachen University) in Aachen.

Meinem Doktorvater Herrn Prof. Dr.-Ing. Dipl.-Wirt. Ing. Günther Schuh sowie meinem Korreferenten und Geschäftsführer des FIR Herrn Prof. Dr.-Ing. Volker Stich danke ich für die Möglichkeit zur Promotion sowie die Unterstützung bei der Durchführung meines Promotionsvorhabens. Weiterhin danke ich Herrn Prof. Dr. rer. nat. Wolfgang Schulz für die Übernahme des Vorsitzes und Herrn Prof. Dr.-Ing. Dr. h. c. Jochen Büchs für die Übernahme des Beisitzes in der Prüfungskommission.

Zudem danke ich meinen Kolleg:innen am FIR, besonders dem Bereich Business Transformation, für das inspirierende Arbeitsumfeld und die freundschaftliche Zusammenarbeit. Ihr habt es mir ermöglicht, mich sowohl persönlich als auch fachlich weiterzuentwickeln. Ich werde mich immer voller Freude an diese Zeit zurückerinnern. An dieser Stelle sind folgende Personen zu nennen: John von Stamm, Gerrit Hoeborn, Jonas Müller, Lukas Stratmann, Clara Herkenrath, Yannick Becerra, Ruben Conrad, Dr. Gerhard Gudergan, Dr. Denis Krechting, Dr. Simon Wieninger, Christiane Horst, Jonathan Reinartz, Alexandra Köther, Dr. Lennard Holst, Daniela Müller und Lukas Bruhns.

Dank gilt weiterhin meinen studentischen Mitarbeiter:innen und Abschlussarbeiter:innen, die maßgeblich an dem Erfolg vieler Projekte beteiligt waren.

Darüber hinaus möchte ich mich bei allen bedanken, die mich außerhalb des FIR in dem Promotionsprozess begleitet und immer für eine willkommene Ablenkung gesorgt haben. Der arbeitsintensive Erstellungsprozess ging oftmals mit einem Verzicht auf gemeinsame Zeit einher. Auch wenn sich die Wege manchmal trennen, haben mir das Verständnis und die Motivation stets viel bedeutet.

Mein größter und innigster Dank richtet sich an meine Eltern und an meine Schwester. Eure liebevolle Unterstützung und der immerwährende Rückhalt ermöglichten mir erst, diesen besonderen Weg einzuschlagen und bis zum Ende durchzustehen.

Aachen, im Juli 2022 Rafael Frank Götzen

Zusammenfassung

Die Automatisierung informationeller Prozesse in der Administration verspricht Unternehmen eine Vielzahl Potenziale. Effizienzsteigerungen, minimierte Fehleranfälligkeit, steigende Verfügbarkeit und Mitarbeiterzufriedenheit stellen lediglich einen Auszug dieser Potenziale dar. Im Kontext der softwarebasierten Automatisierung hat sich der Begriff *Robotic Process Automation* in der betrieblichen Praxis etabliert. Ein Einsatz dieser Technologie wird aufgrund der scheinbar trivialen Implementierung oftmals als Quick Win bezeichnet. Dennoch scheitert eine Vielzahl Projekte zur Einführung softwarebasierter Automatisierungstechnologien. Dies ist zum einen auf das fehlende Verständnis der technologischen Leistungsfähigkeit zurückzuführen. Zum anderen ist bislang unklar, wie sich verschiedene Technologieausprägungen im Zuge der steigenden Entwicklungsdynamik und dem Einfluss Künstlicher Intelligenz auf die Arbeitsumgebung eines Unternehmens auswirken. Dem Ansatz der soziotechnischen Systemgestaltung folgend, stellt die Komplexität des Zusammenspiels von Mensch, Technik und Organisation eine große Herausforderung für Industrie und Wissenschaft dar.

Um Unternehmen zu befähigen, die Nutzenpotenziale der informationellen Automatisierung vollumfänglich zu heben, strebt die vorliegende Dissertationsschrift nach der Entwicklung eines soziotechnischen Ordnungsrahmens. Dieser soll Unternehmen als Instrument zur zielgerichteten Navigation durch den Implementierungsprozess softwarebasierter Automatisierung dienen. Dazu wird zunächst der technologische Untersuchungsbereich spezifiziert, indem ein Verständnis über die Leistungsfähigkeit unterschiedlicher Typen der Automatisierung geschaffen wird. Darauf aufbauend wird das Ziel verfolgt, anhand bestehender literarischer Ansätze ein allgemeingültiges soziotechnisches System aufzuzeigen, welches die adressierten Systemelemente im Zuge der Technologieeinführung darlegt. Da die verschiedenen Typen softwarebasierter Automatisierung auf unterschiedliche Art und Weise Einfluss auf jenes soziotechnische System ausüben, werden zudem die einzelnen Wirkungsbeziehungen untersucht. Die Identifikation der Zusammenhänge bildet den notwendigen Ausgangspunkt, um konkrete Empfehlungen zur soziotechnischen Gestaltung abzuleiten. Mithilfe eines umfassenden Maßnahmenkatalogs, welcher die verschiedenen gestalterischen Ansätze aus der Literatur integriert, werden Unternehmen befähigt, geeignete soziotechnische Gestaltungsempfehlungen systematisch auszuwählen und umzusetzen.

Die Zusammenführung der partialen Modelle ermöglichte die Entwicklung eines soziotechnischen Ordnungsrahmens, mithilfe dessen Unternehmen in der Lage sind, die Komplexität der Technologieeinführung zu reduzieren und diese zielgerichtet steuern zu können. Die Anwendung und praktische Umsetzbarkeit des Ordnungsrahmens wurden erfolgreich mit drei Unternehmen unterschiedlicher Größen und Branchen geprüft.

Summary

The automation of informational processes in administration promises companies a multitude of potentials. Increased efficiency, minimized susceptibility to errors, increased availability and employee satisfaction are just a few of them. In the context of software-based automation, the term *Robotic Process Automation* has become established in business practice. Due to its seemingly trivial implementation, the use of this technology is often described as a quick win. Nevertheless, a large number of projects for the introduction of software-based automation technologies fail. On the one hand, this is due to a lack of understanding of the technological capabilities. On the other hand, it is still unclear how different technology characteristics affect the working environment of a company in the course of the increasing development dynamics and the influence of artificial intelligence. Following the socio-technical system design approach, the complexity of the interplay between people, technology and organization is a major challenge for industry and science.

In order to enable companies to fully exploit the potential benefits of informational automation, this dissertation aims to develop a socio-technical framework. This framework is intended to serve as an instrument for companies to navigate through the implementation process of software-based automation in a targeted manner. To this end, the technological area of investigation is first specified by creating an understanding of the performance of different types of automation. Based on this, the aim is to use existing literary approaches to identify a generally applicable socio-technical system that shows the addressed system components in the course of technology implementation. Since the different types of software-based automation exert influence on this socio-technical system in different ways, the individual interrelationships are also to be shown. The identification of these relationships forms the necessary starting point for deriving concrete recommendations for socio-technical design. With the help of a comprehensive catalogue of measures, which integrates the various design approaches from the literature, companies should be enabled to systematically select and implement suitable socio-technical design recommendations.

The combination of the partial models enabled the development of a holistic socio-technical framework with the help of which companies are able to reduce the complexity of technology introduction and to control it in a targeted manner. The application and practical feasibility of the framework was successfully tested with three companies of different sizes and sectors.

Inhaltsverzeichnis

Abbildungsverzeichnis

Tabellenverzeichnis

Abkürzungsverzeichnis

API	Application Programming Interface
BPM	Business Process Management
BPMS	Business Process Management System
CA	Cognitive Automation
CCA	Cross Consistency Assessment
CoE	Center of Excellence
CPA	Cognitive Process Automation
FTE	Full-time equivalent
GUI	Graphical User Interface
HA	Human Agent
IA	Intelligent Agent
IGF	Industrielle Gemeinschaftsforschung
IoT	Internet of Things
IT	Informationstechnik
KMU	Kleine und mittlere Unternehmen
IRPA	Institute for Robotic Process Automation
KI	Künstliche Intelligenz
ML	Maschinelles Lernen
MTO	Mensch-Technik-Organisation
NLG	Natural Language Generation
NLP	Natural Language Processing
OCR	Optical Character Recognition
Prisma	Preferred Reporting Items for Systematic reviews and Meta-Analyses
RA	Robotic Agent
RDA	Robotic Desktop Automation
RPA	Robotic Process Automation
SLA	Service Level Agreement

1 Einleitung

„Progress cannot be generated when we are satisfied with existing situations."

- Taiichi Ohno

1.1 Ausgangssituation und Problemstellung

Seit jeher setzen Unternehmen im Zuge steigender Wettbewerbsdynamik auf Prinzipien und Methoden des Lean Managements und der kontinuierlichen Verbesserung, um die betriebliche Komplexität in allen Bereichen zu reduzieren und nach operativer Exzellenz zu streben (s. HELMOLD 2021, S. 239). Neben dem Einsatz etablierter Lean-Ansätze in der Produktion geraten zunehmend auch die klassischen Büro- und Informationstätigkeiten der innerbetrieblichen Administration in den Fokus von Effizienzprogrammen (s. DISPAN 2021, S. 125). SCHUH ET AL. postulierten bereits 2013, dass 30 Prozent aller administrativen Aufgaben als unproduktiv angesehen werden können und daher in der Vergangenheit bei der Einführung von Lean Management vernachlässigt wurden (s. SCHUH ET AL. 2013, S. 86). Um diesem Umstand entgegenzuwirken, etablierte sich der Begriff der *Lean Administration*. Dieser Ansatz verfolgt das Ziel, effizienzsteigernde Konzepte aus der Produktion auf den Bürobereich zu übertragen, um jegliche Art der Verschwendung zu reduzieren (s. SCHÜPBACH U. BURDA 2018, S. 31). HIGGINS ET AL. erkannten schon 1985, dass Organisationen angesichts steigender Bürokosten, wirtschaftlicher Unwägbarkeiten und zunehmender ausländischer Konkurrenz nach Möglichkeiten zur Kostensenkung und Produktivitätssteigerung in der Administration suchten. Im Mittelpunkt dieser Bemühungen stand der Einsatz computergestützter Technologien zur Verbesserung der Effizienz und Effektivität im Büro (s. HIGGINS ET AL. 1985, S. 375). Dank des technologischen Fortschritts eröffnen sich permanent neue Möglichkeiten, Lean Administration zu verwirklichen und operative Exzellenz auch abseits der Produktion zu erreichen. Heutzutage steigern Organisationen ihre innerbetriebliche Effizienz durch den Einsatz fortschrittlicher Automatisierungstechnologien (s. SYED ET AL. 2020, S. 1). Ein Ansatz, der diesbezüglich in den vergangenen Jahren zunehmend an Bedeutung gewann, ist die softwarebasierte Automatisierung administrativer Geschäftsprozesse. Im Sprachgebrauch der betrieblichen Praxis hat sich jedoch der englischsprachige Begriff Robotic-Process-Automation (RPA) als Oberbegriff für Systeme zur Automatisierung von administrativen Tätigkeiten in allen Branchen der Industrie etabliert.

RPA umfasst Softwareapplikationen, welche auf der Grundlage vorgegebener Algorithmen über die grafische Benutzeroberfläche anderer Softwaresysteme in derselben Art und Weise wie der menschliche Akteur operieren (s. SOBCZAK 2021, S. 123; LACITY U. WILLCOCKS 2018, S. 24f.; VAN DER AALST ET AL. 2018, S. 269). Mithilfe von RPA ist es möglich, die Arbeitsschritte von Mitarbeitern virtuell zu imitieren und systemübergreifend mit vorhandener Standardsoftware zu interagieren (s. SRINIVASAN U. LATHA 2020, S. 2389; AGUIRRE U. RODRIGUEZ 2017b, S. 66). RPA wird in einer Vielzahl von Funktionen in Organisationen eingesetzt, vom Finanzwesen über das Personalwesen bis hin zu Vertrieb und Marketing (s. LANGMANN 2021, S. 13ff.). In seinen Studienergebnissen zeigt LANGMANN, dass die Dateneingabe, der Datentransfer oder Systemanmeldungen die Schlüsselaktivitäten sind, welche von Softwarerobotern durchgeführt werden (s. LANGMANN 2021, S. 13ff.). Für den Kunden bedeutet dies oftmals eine Verbesserung der Servicequalität, eine 24/7-Erreichbarkeit und infolgedessen ein höheres Service-Level-Agreement (SLA) (s. BALASUNDARAM U. VENKATAGIRI 2020, S.3). Neben den zahlreichen Kosten- und Effizienzpotenzialen profitieren darüber hinaus insbesondere die Mitarbeiter von der Automatisierung: Die Reduktion manueller und repetitiver Aufgaben schafft Freiräume, um den Fokus auf anspruchsvollere Tätigkeiten zu lenken, was zumeist einen Anstieg der Zufriedenheit mit sich bringt (s. LACITY U. WILLCOCKS 2018, S. 36).

Obwohl der Einsatz von Software zur Reduktion manueller Tätigkeiten in der Administration keine Innovation darstellt, ist das Interesse an jener in den letzten Jahren aufgrund neuer Technologien und der fortschreitenden Entwicklung der Künstlichen Intelligenz (KI) gestiegen (s. DAPTARDAR 2021, S. 887). PANETTA dekliniert das Zusammenspiel von RPA und KI als Hyperautomation und prognostiziert diese als einen der führenden strategischen Technologietrends für das Jahr 2021 (s. PANETTA 2020). Angesichts dieser Erwartungen ist es nicht verwunderlich, dass das rumänische Start-up UiPath mit seiner fortschrittlichen RPA-Technologie im Jahr 2020 Europas erstes cloudbasiertes Unternehmen mit einer Marktbewertung von über einer Milliarde US-Dollar wurde (s. BOSILKOVSKI 2020). Aufgrund der hohen Relevanz von KI für die Entwicklung von Automatisierungstechnologien werden zukünftige Anwendungen der softwarebasierten Automatisierung zunehmend auf eine Kombination aus "Konventionellem" und eingebetteter KI setzen (s. NG ET AL. 2021, S. 4). Dies führt zu einer Evolution der softwarebasierten Automatisierung hin zu intelligenten Systemen. Technologien wie die Verarbeitung natürlicher Sprache, Bild- und Mustererkennung oder Kontextanalysen werden dabei vermehrt eingesetzt, um intuitivere Wahrnehmungen und Urteile in täglichen Büro- und Informationstätigkeiten zu ermöglichen (s. VAN DE WEERD ET AL. 2021, S. 3f.). Im Zuge dieser Entwicklungsdynamik gibt es sowohl in der Wissenschaft als auch in der Praxis verschiedene Bestrebungen, Definitionen für die sich abzeichnenden Technologietrends im Bereich der administrativen Automatisierung zu liefern. Dennoch ist die wissenschaftliche Literatur aufgrund des hohen Innovationscharakters rar (s. IVANČIĆ ET AL. 2019, S. 280). Bestehende Ansätze zur Klassifizierung softwarebasierter Automatisierungstechnologien definieren die Grenzen zwischen verschiedenen Leistungsstufen nur unzureichend (vgl. RIZUN ET AL. 2019; POLAK ET AL. 2019; SINDHGATTA ET AL. 2020). Ausgehend von dieser Heterogenität zeichnet sich eine klare Problemstellung in der betrieblichen Praxis ab: Ein Großteil der Automatisierungsinitiativen startet als Effizienzprogramm. Schnell wird jedoch deutlich, dass Herausforderungen im Changemanagement nicht unberücksichtigt bleiben dürfen, um angestrebte Effizienz- und Kostenpotenziale heben zu können. Allerdings lässt sich derzeit ein fehlendes Verständnis darüber beobachten, wie sich verschiedene Technologieausprägungen auf die Arbeitsumgebung eines Unternehmens auswirken und das Gesamtsystem *Organisation* beeinflussen.

Dem Ansatz der soziotechnischen Systemgestaltung folgend, ist die Integration von Technologien zur Automatisierung administrativer Prozesse in die Arbeitswelt eine große Herausforderung (s. SYED ET AL. 2020, S. 37). Es entsteht eine wachsende Kluft zwischen dem kombinierten Nutzenversprechen softwarebasierter Automatisierung und KI sowie der Fähigkeit von Unternehmen, jenes auszuschöpfen. Trotz der exponentiellen Geschwindigkeit des technologischen Fortschritts mangelt es vielen Unternehmen an der notwendigen Adaptionsfähigkeit, welche für den nachhaltigen Erfolg einer Implementierung essenziell ist (s. BEERS ET AL. 2018, S. 2ff.). In diesem Kontext spielt die Optimierung der im Einklang stehenden Dimensionen Mensch, Technik und Organisation eine zentrale Rolle. Der Begriff des soziotechnischen Systems hat seinen Ursprung im Steinkohlebergbau in England. 1951 fanden britische Forscher heraus, dass die Nutzung derselben Technologien in unterschiedlichen Arbeitsgruppen in Bezug auf Effektivität und Effizienz stark variierte (s. TRIST ET AL. 1963, S. 5f.; vgl. TRIST U. BAMFORTH 1951). Aus dieser Erkenntnis entstand der Ansatz des soziotechnischen Systems. Übertragen auf die softwarebasierte Automatisierung akzentuiert jener, dass jede Automatisierungseinheit als kombiniertes System sozialer und technischer Subsysteme betrachtet werden muss (s. TRIST ET AL. 1963, S. 5). Eine Studie der IDG unterstreicht diesen Sachverhalt und illustriert, dass zahlreiche soziotechnische Herausforderungen den Einsatz softwarebasierter Automatisierungstechnologien trotz eigentlich hoher Investitionsbereitschaft in der Industrie hemmen (siehe Abbildung 1-1). Die Unternehmenskultur, das Wissensmanagement, die Vorstands- und Geschäftsführungsunterstützung oder die Mitbestimmung aller beteiligten Stakeholder sind hierbei nur ein Auszug der erfolgskritischen Faktoren (s. IDG RESEARCH U. BLUE PRISM 2020, S. 6ff.).

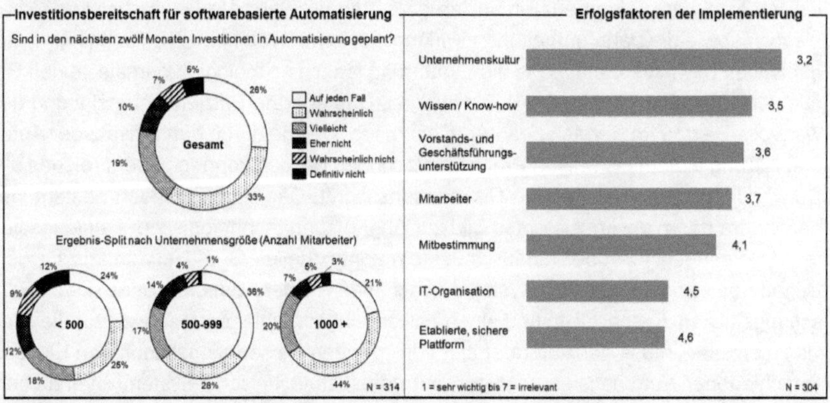

Abbildung 1-1: Status quo für die Implementierung softwarebasierter Automatisierung (eigene Darstellung i. A. a. IDG RESEARCH U. BLUE PRISM 2020, S. 6ff.)

Auch in der Literatur gewinnt die Betrachtung des soziotechnischen Systemansatzes für Informationstechnik (IT) an Bedeutung. Eine durch den Autor durchgeführte Metaanalyse[1] von 1930 Publikationen im Zeitraum von 2000 bis 2021 belegt diese Erkenntnis. Mit Beginn des 21. Jahrhunderts stieg die Anzahl der Publikationen insbesondere im Bereich Computer-Science sowie im Kontext von Informations- und Kommunikationstechnologien (siehe Abbildung 1-2). Weiterführende Informationen zur Metaanalyse finden sich im Anhang A.1.

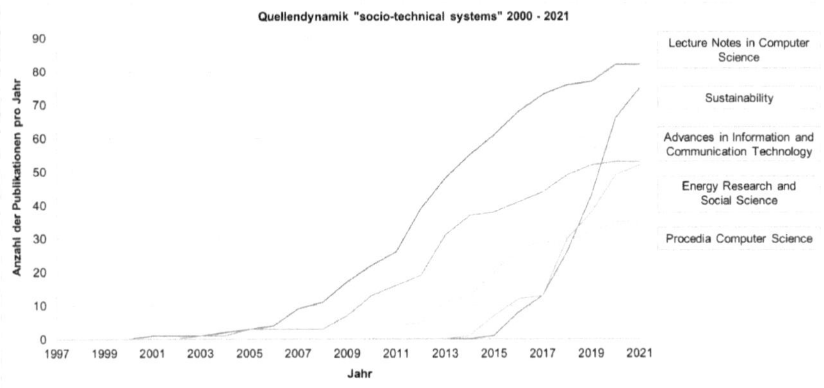

Abbildung 1-2: Quellendynamik soziotechnischer Publikationen (eigene Darstellung)

Es ist festzuhalten, dass weder die Praxis noch die Wissenschaft derzeit in der Lage sind, den Einfluss von KI auf softwarebasierte Automatisierungstechnologien terminologisch einstufen zu können. Ein unklares Verständnis über das Gesamtsystem *Organisation* sowie die darin enthaltenen Wirkmechanismen von Mensch, Technik und Organisation bewirkt zudem, dass die Einführung jener Technologien oftmals keinen Erfolg verzeichnet (s. BEERS ET AL. 2018, S. 1). Das enorme Effizienzpotenzial und der wertvolle Beitrag im Bereich Lean Administration, welche durch den Einsatz der Automatisierung in administrativen Prozessen gehoben werden können, unterstreichen die Notwendigkeit der vorliegenden Dissertationsschrift. Der Klärungsbedarf besteht insbesondere darin, ein konsistentes Bild zur Abgrenzung technologischer Leistungsstufen zu erzeugen. Darüber hinaus muss ein kontextuelles Grundverständnis für den Begriff des soziotechnischen Systems geschaffen werden. Um die existierenden Forschungslücken zu schließen und einen anwendungsorientierten Mehrwert für die Praxis zu erzielen, muss der Autor der hier vorliegenden Dissertationsschrift den Einfluss verschiedener Automatisierungstypen auf das soziotechnische System untersuchen und die Erkenntnisse in Form pragmatischer Handlungsalternativen nutzbar machen.

---

[1] Datenbank: Scopus, Suchstring: *"socio-technical system"*

1.2 Zielsetzung und Forschungsfrage

Vor dem Hintergrund der dargestellten Ausgangssituation und Problemstellung wird mit der vorliegenden Dissertationsschrift das Ziel verfolgt, einen Ordnungsrahmen für den Einsatz softwarebasierter Automatisierungstechnologien in administrativen Prozessen zu entwickeln. Jenes Rahmenwerk liefert dabei konkrete Vorgaben und Hilfestellungen im konkreten Anwendungsfall. Ein systematisches Vorgehen soll als Ordnungsrahmen vorgegeben werden, welches begründete und praxisnahe Handlungsempfehlungen zur Gestaltung soziotechnischer Systeme aufzeigt, auf deren Basis die organisatorische Adaptionsfähigkeit in Abhängigkeit der jeweiligen Typen softwarebasierter Automatisierungstechnologien sichergestellt werden kann. Im Zuge dieser Zielsetzung ergibt sich die zentrale forschungsleitende Fragestellung:

Wie lassen sich soziotechnische Systeme für den Einsatz verschiedener Typen softwarebasierter Automatisierungstechnologien in administrativen Prozessen gestalten?

Diese zentrale Forschungsfrage wird durch vier untergeordnete und handlungsleitende Fragestellungen detailliert und ergänzt:

- Was sind die relevanten Merkmale und Merkmalsausprägungen zur Beschreibung softwarebasierter Automatisierungstechnologien für administrative Prozesse?
- Was sind die relevanten Dimensionen und Elemente soziotechnischer Systeme für den Einsatz softwarebasierter Automatisierungstechnologien in administrativen Prozessen?
- Wie lassen sich die wechselseitigen Wirkungsbeziehungen zwischen den Typen softwarebasierter Automatisierungstechnologien und den Elementen soziotechnischer Systeme erklären?
- Welche Gestaltungsempfehlungen ergeben sich auf Basis der wechselseitigen Wirkungsbeziehungen für die Praxis?

Das erste Teilziel zur Erreichung des Forschungsziels liegt in der systematischen Analyse, Identifikation und Strukturierung des technologischen Untersuchungsbereichs. Die technologische Stoßrichtung softwarebasierter Automatisierung gewinnt zunehmend an Bedeutung, um die Effizienz administrativer Prozesse zu steigern. Sie zeichnet sich dabei durch vielfältige Leistungsniveaus aus, von der Automatisierung einzelner regelbasierter Aufgaben über die Mensch-Maschine-Zusammenarbeit bis hin zur interaktiven, entscheidungsbasierten Automatisierung durch die Verarbeitung unstrukturierter Daten mittels KI. Bestehende Ansätze zur Typisierung dieser Technologie definieren die Grenzen zwischen den verschiedenen Technologieausprägungen nur unzureichend. Aufgrund steigender Entwicklungsdynamik fehlt ein klares Verständnis darüber, wie sich unterschiedliche Technologiemerkmale auf die Arbeitsumgebung eines Unternehmens auswirken. Daher ist es notwendig, ein konsistentes Verständnis für die verschiedenen Typen softwarebasierter Automatisierungstechnologien zu entwickeln.

Das zweite Teilziel trägt dazu bei, den organisatorischen Untersuchungsbereich soziotechnischer Systeme zu spezifizieren. Durch die Zusammenführung theoretischer Erkenntnisse sowie der Anforderungen durch die Automatisierung können analog zum ersten Teilziel relevante Dimensionen soziotechnischer Systeme abgeleitet werden. Anschließend werden die Elemente ebenjener, welche das soziale und technische Subsystem weiter spezifizieren, in Abhängigkeit des Anwendungszusammenhangs identifiziert und beschrieben.

Das dritte Teilziel umfasst die Analyse der wechselseitigen Wirkungsbeziehungen zwischen den Typen softwarebasierter Automatisierungstechnologien und den Elementen soziotechnischer Systeme. Aufgrund der zentralen Forschungsfrage repräsentiert dieses Teilziel das zentrale Erkenntnisinteresse der vorliegenden Dissertationsschrift. Dem Ansatz einer praxisorientierten Forschungskonzeption folgend, sollen die gewonnenen Erkenntnisse dazu dienen, adäquate Gestaltungsempfehlungen zur Lösung der praktischen Problemstellung abzuleiten.

Im Sinne der Managementlehre soll das vierte Teilziel dazu beitragen, konkrete Handlungsempfehlungen bereitzustellen. Zusammenfassend soll die systematische Vorgehensweise, die in dieser Dissertationsschrift entwickelt wird, zuständige Instanzen befähigen, die Komplexität softwarebasierter Automatisierungstechnologien sowie deren Auswirkungen auf das soziotechnische System mithilfe konkreter soziotechnischer Gestaltungsempfehlungen effektiv einschätzen und zielgerichtet steuern zu können. Dabei unterstützt der Ordnungsrahmen bei der individuellen Bewertung der unterschiedlichen Einflussfaktoren, die sich aus den verschiedenen Typen der softwarebasierten Automatisierung und der Vielzahl soziotechnischer Systemelemente ergeben.

1.3 Wissenschaftstheoretische Einordnung und Forschungskonzeption

Die Motivation der vorliegenden Dissertationsschrift resultiert aus dem Defizit, existierende theoretische Ansätze in die betriebliche Praxis zu übertragen, um die organisationale Anpassungsfähigkeit im Zuge des steigenden technologischen Fortschritts zu sichern. Mit der Arbeit wird daher das Ziel verfolgt, praxisorientierte Handlungsempfehlungen zur Gestaltung soziotechnischer Systeme für den Einsatz verschiedener Typen softwarebasierter Automatisierungstechnologien in administrativen Prozessen auszusprechen. Der Zweck dieser Unternehmung besteht in einer Erkenntnisgewinnung zur Erklärung von Diskrepanzen zwischen Theorie und Beobachtungen, woraus die Notwendigkeit eines handlungsorientierten Forschungsprozesses resultiert (s. ULRICH 1981, S. 5). Der systemtheoretische Ansatz nach Hans ULRICH liefert einen geeigneten Rahmen für jenes Unterfangen, da er einen interdisziplinären Ansatz darstellt, welcher die Untersuchung von Gestaltungs- und Führungsproblemen in produktiven und sozialen Systemen ermöglicht (s. ULRICH U. HILL 1976a, S. 308). Zur Einordnung des handlungsorientierten Forschungsprozesses dieser Arbeit soll zunächst ein Grundverständnis über die Wissenschaftssystematik geschaffen werden (siehe Abbildung 1-3).

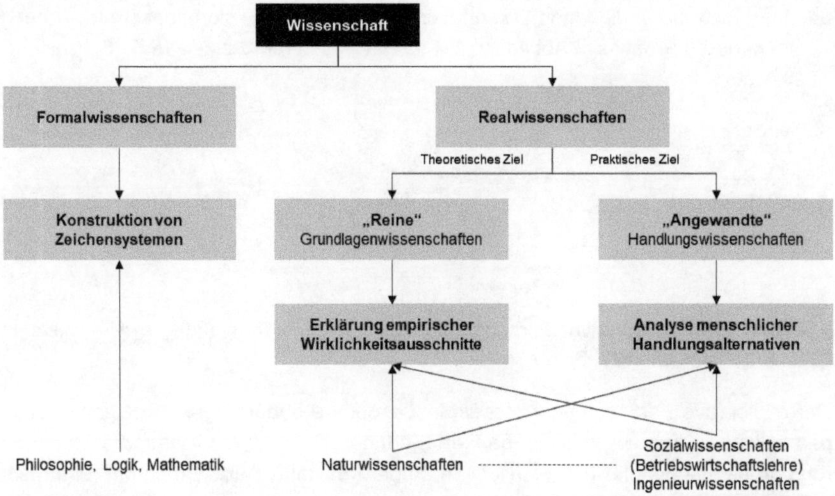

Abbildung 1-3: Wissenschaftssystematik (eigene Darstellung i. A. a. ULRICH U. HILL 1976a, S. 305)

ULRICH U. HILL unterscheiden die Formal- und Realwissenschaften (s. ULRICH U. HILL 1976a, S. 305). Während Formalwissenschaften, wie z. B. die Logik oder Mathematik, aufgrund des fehlenden Realitätsbezugs nur auf ihre logische Wahrheit überprüfbar sind, lassen sich Realwissenschaften auf ihre faktische Wahrheit untersuchen (s. ULRICH U. HILL 1976a, S. 305f.). Realwissenschaften unterteilen sich in die reine Grundlagenwissenschaft, welche wie die Naturwissenschaften das Ziel der Erklärung empirischer Wirklichkeitsausschnitte verfolgt, und in die angewandte Handlungswissenschaft. Diese strebt nach der Analyse menschlicher Handlungsalternativen in sozialen und technischen Systemen sowie der Anwendung von Hypothesen und Erklärungen der Grundlagenwissenschaften auf real existierende Problemstellungen der betrieblichen Praxis (s. ULRICH 1981, S. 5; ULRICH U. HILL 1976a, S. 305). Im gesellschaftlichen Bereich umfassen die Handlungswissenschaften die Sozialwissenschaften, welche ebenfalls die Betriebswirtschaftslehre beinhalten. Im technischen Bereich umfassen jene zudem die Ingenieurswissenschaften (s. ULRICH U. HILL 1976a, S. 305). Da der Fokus der vorliegenden Dissertationsschrift auf die Gestaltung soziotechnischer Systeme gerichtet ist, kann die Arbeit den angewandten Handlungswissenschaften zugeordnet werden.

ULRICH postuliert, dass die Probleme der angewandten Wissenschaften aus einem Praxiszusammenhang resultieren. Zentrale Erkenntnisse dieses Wissenschaftsstrangs zielen daher auf die Prüfung entwickelter Gestaltungsmodelle im Anwendungszusammenhang ab (s. ULRICH 1981, S. 10). Solch ein Erkenntnisinteresse erfordert eine adäquate forschungsmethodologische Vorgehensweise, welche über die reine Prüfung von Hypothesen hinausgeht und stattdessen theoretisch geleitete Fragestellungen an die Realität stellt (s. KUBICEK 1977, S. 14). In diesem Zusammenhang orientiert sich die vorliegende Dissertationsschrift an der Explorationsstrategie nach KUBICEK, deren Prozess in Abbildung 1-4 dargestellt ist (s. KUBICEK 1977, S. 14).

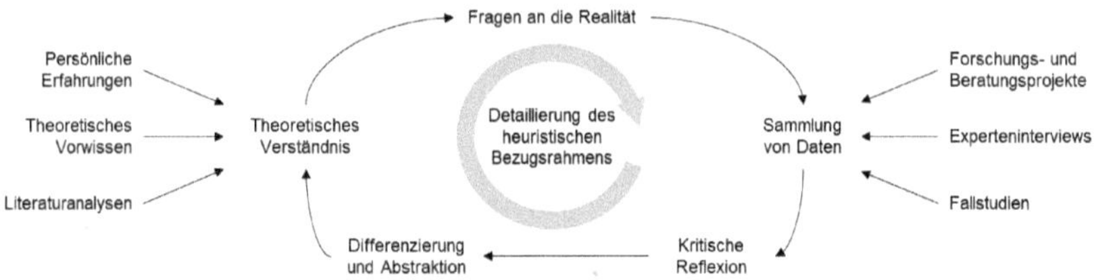

Abbildung 1-4: Explorativer Forschungsprozess (eigene Darstellung i. A. a. SIEGERS 2016, S. 7; KUBICEK 1977, S. 14)

Der explorative Forschungsprozess ist insbesondere dadurch gekennzeichnet, dass persönliches Erfahrungswissen, gepaart mit theoretischem Vorwissen, die Formulierung problemrelevanter Fragestellungen an die Realität erlaubt. Durch das Sammeln von Daten und die kritische Reflexion des eigenen theoretischen Verständnisses werden die Erkenntnisse in einem iterativen Lernprozess vertieft (s. KUBICEK 1977, S. 13f.). KUBICEK definiert diesen als ein Vorgehen, in dem *„näher zu untersuchende Probleme auf dem Hintergrund von Erfahrungswissen theoretisch gefasst und präziser definiert werden“* (s. KUBICEK 1977, S. 14). Solch ein Lernprozess hebt die Trennung von Entdeckungs- und Begründungszusammenhängen auf und erweitert die empirische Forschung um eine konzeptionelle Komponente. Dieses Bestreben kann als iterative Heuristik bezeichnet werden, deren Grundvoraussetzung das relevante (Vor-)Wissen des Forschers ist (s. KUBICEK 1977, S. 14).

Diese Voraussetzung erfüllt der Autor der vorliegenden Dissertationsschrift durch seine langjährige forschungs- und praxisorientierte Tätigkeit als Projektmanager und Fachgruppenleiter am FIR e. V. an der RWTH Aachen. Ein relevantes theoretisches Verständnis sowie der entsprechende Rahmen zur Möglichkeit konkreter Fragen an die Realität liefert die Leitung der Forschungsprojekte *RPAsset* und *RPAcceptance*[2]. Das von der Arbeitsgemeinschaft industrieller Forschungsvereinigungen „Otto von Guericke“ e. V. (AiF) geförderte Forschungsvorhaben *RPAsset* (siehe Anhang A.2) verfolgte das Ziel der Identifikation geeigneter Prozesse und Anbieter für kleine und mittlere Unternehmen, um eine optimale Integrationsstrategie für RPA aufzuzeigen, welche sowohl organisatorische und prozessuale als auch humane Aspekte adäquat berücksichtigt. Darauf aufbauend befasst sich das Projekt *RPAcceptance* (siehe Anhang A.3) mit der Frage, wie die Mitarbeiterakzeptanz bei der Nutzung verschiedener technologischer Ausprägungen von RPA gefördert werden kann, um die dauerhafte

[2] Die IGF-Vorhaben 20661 N (RPAsset) und 21512 N (RPAcceptance) der Forschungsvereinigung FIR e. V. an der RWTH Aachen, Campus-Boulevard 55, 52074 Aachen, werden über die AiF im Rahmen des Programms zur Förderung der industriellen Gemeinschaftsforschung (IGF) vom Bundesministerium für Wirtschaft und Energie aufgrund eines Beschlusses des Deutschen Bundestages gefördert.

Etablierung der positiven Effekte der Automatisierung von administrativen Prozessen zu gewährleisten. Die intensive Zusammenarbeit in den projektbegleitenden Ausschüssen mit Unternehmen aus der betrieblichen Praxis ermöglicht die Umsetzung der Explorationsstrategie sowie des dazugehörigen Forschungsprozesses nach KUBICEK.

1.4 Aufbau der Arbeit

Auf Basis der wissenschaftstheoretischen Einordnung und Forschungskonzeption erfolgt der Aufbau der Arbeit in Anlehnung an die Strategie der angewandten Forschung nach ULRICH. Abbildung 1-5 veranschaulicht die Kapitelstruktur der vorliegenden Dissertation entlang jenes Forschungsprozesses.

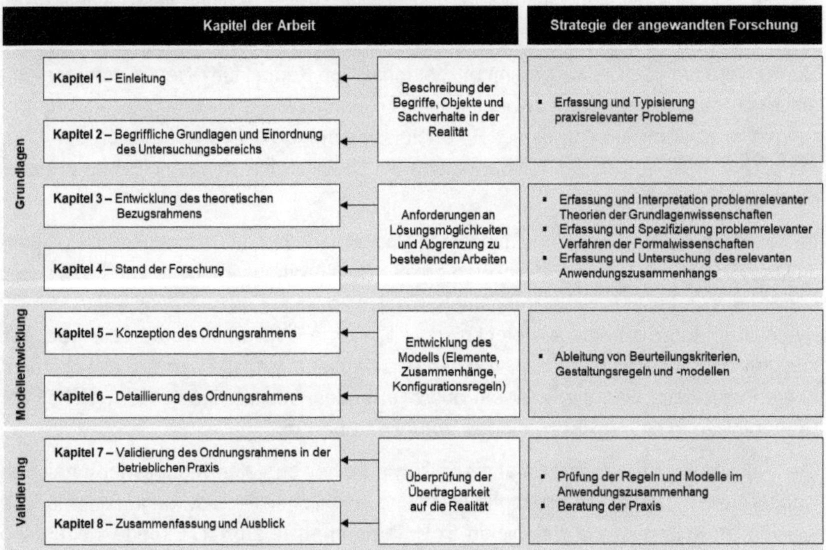

Abbildung 1-5: Aufbau der Arbeit in Anlehnung an die Strategie angewandter Forschung nach ULRICH (eigene Darstellung i. A. a. ULRICH 1981, S. 20)

Die Arbeit beginnt im ersten Kapitel mit der Darstellung der Ausgangssituation und Problemstellung. Aus diesen werden die Zielsetzung und Forschungsfragen der Dissertation abgeleitet sowie in den wissenschaftstheoretischen Kontext eingeordnet. Die Konzeption des Forschungsprozesses bildet den Abschluss des Kapitels.

Im darauffolgenden Kapitel zwei werden zunächst die begrifflichen Grundlagen dieser Arbeit dargelegt, um ein grundlegendes Verständnis für die Inhalte der Dissertationsschrift zu gewährleisten. In diesem Zusammenhang werden zentrale Begriffe der Themenstellung erklärt und die Terminologie der softwarebasierten Automatisierung hergeleitet. Weiterhin befasst sich das Kapitel mit der Einordnung des Untersuchungsbereichs in die Managementlehre und das Geschäftsprozessmanagement.

Aufbauend auf dem zweiten Kapitel beinhaltet Kapitel drei die Vorstellung problemrelevanter Organisationstheorien, welche die Entwicklung des Ordnungsrahmens um eine theoretische Perspektive ergänzen. Auf Basis dieser Betrachtung erfolgt die Herleitung eines metatheoretischen Bezugsrahmens, der die einzelnen Theorien in einer holistischen Sichtweise kombiniert und somit als Rahmenwerk für die Entwicklung der einzelnen Partialmodelle herangezogen wird.

Kapitel vier fokussiert die thematische Abgrenzung des Dissertationsvorhabens zu bestehenden Ansätzen aus Literatur und Praxis. Im Zuge einer reproduzierbaren Datenerfassung wird zunächst der Prozess der Literaturrecherche ausführlich erläutert. Daraufhin werden relevante Erkenntnisse zur Typisierung sowie Ansätze zur soziotechnischen Systemgestaltung aufgezeigt und erklärt. Den Abschluss des Kapitels bildet die Ableitung des Forschungsbedarfs, der in dieser Arbeit adressiert wird.

Die Konzeption des Ordnungsrahmens ist Inhalt von Kapitel fünf. Neben den methodischen Grundlagen werden sowohl formal-konzeptionelle als auch inhaltliche Anforderungen erarbeitet. Anhand dieser Erkenntnisse erfolgt die Grobkonzeption des Ordnungsrahmens, welche das Fundament für die Detaillierung im nachfolgenden Kapitel ermöglicht.

Im sechsten Kapitel werden die einzelnen Partialmodelle des Ordnungsrahmens konzipiert. Hierbei erfolgt die Entwicklung zweier Beschreibungsmodelle zur Typisierung softwarebasierter Automatisierungstechnologien sowie zur Identifikation relevanter Dimensionen und Elemente soziotechnischer Systeme. Weiterhin werden die wechselseitigen Wirkungsbeziehungen zwischen den partialen Modellen erklärt. Die Betrachtungen bilden die Grundlage für ein abschließendes Gestaltungsmodell, welches die Erkenntnisse in ein praxisorientiertes Vorgehen überführt.

Die Validierung des Ordnungsrahmens sowie seiner partialen Modelle ist Inhalt von Kapitel sieben. Die formal-konzeptionellen und inhaltlichen Anforderungen der Modelle werden an konkreten Fallbeispielen in Unternehmen überprüft. Expertengespräche und eine kritische Reflexion der Ergebnisse ermöglichen die Optimierung des Ordnungsrahmens.

Die Dissertationsschrift schließt mit Kapitel acht. Neben einer Zusammenfassung der zentralen Ergebnisse werden Implikationen für die betriebliche Praxis sowie zukünftige Forschungsaktivitäten aufgezeigt.

2 Begriffliche Grundlagen und Einordnung des Untersuchungsbereichs

Zur Gewährleistung eines einheitlichen Begriffsverständnisses werden in den folgenden Unterkapiteln die relevanten terminologischen Grundlagen gelegt. In Anlehnung an eine terminologisch-deskriptive Herangehensweise erfolgen in Kapitel 2.1 zunächst die relevanten Grundbegriffserklärungen, um ein interpretationsfreies Verständnis der verwendeten Begriffe dieser Arbeit sicherzustellen. Anschließend werden die für das weitere Verständnis notwendigen Inhalte softwarebasierter Automatisierungstechnologien vermittelt. Neben dem Ursprung dieser technologischen Stoßrichtung liegt der Fokus insbesondere auf der Evolution einzelner Entwicklungsstufen softwarebasierter Automatisierung sowie den spezifischen Potenzialen und Anwendungsbereichen. Im Anschluss daran folgt in Kapitel 2.2 die Einordnung des Untersuchungsbereichs in den Kontext der Managementlehre und des Geschäftsprozessmanagements. Eine Zusammenfassung der betrachteten Inhalte bildet schlussendlich den Abschluss des Kapitels.

2.1 Begriffliche Grundlagen

Die übergeordnete Zielsetzung besteht in der Entwicklung eines Ordnungsrahmens. Diesem Zweck folgend, werden zunächst die relevanten Eigenschaften von Ordnungsrahmen als Ausgangsbasis für dessen finale Entwicklung dargestellt. Des Weiteren werden grundlegende Begriffe wie Prozesse und Geschäftsprozesse definiert, um eine anschließende Einordnung der Administration in Unternehmen gewährleisten zu können. Um im weiteren Verlauf von Kapitel 2 näher auf die softwarebasierte Automatisierung einzugehen, bedarf es darüber hinaus der Definition des Software- und Automatisierungsbegriffs, um eine fehlgeleitete Interpretation dieser Technologie zu vermeiden.

2.1.1 Ordnungsrahmen

Die Darstellung komplexer Situationen erfordert oftmals die Betrachtung eines übergeordneten Modells, das die einzelnen Partialmodelle in einen holistischen Rahmen stellt (s. Becker u. Meise 2012, S. 113). Nach Meise soll ein Ordnungsrahmen diese Aufgabe leisten, indem er *„relevant deklarierte Elemente und Beziehungen eines Originals auf einer hohen Abstraktionsebene nach einer gewählten Strukturierungsweise in einer beliebigen Sprache"* (Meise 2001, S. 62) darstellt. Gemäß dieser Definition beinhaltet nicht nur die Abbildung von Elementen und deren Beziehungen ein hohes Abstraktionsniveau. Auch die Erstellung des Ordnungsrahmens selbst ist in hohem Maße durch Abstraktion geprägt. So bestehen insbesondere für die Auswahl relevanter Elemente, die Strukturierungsweise und die Modellierungssprache keine vordefinierten Eigenschaften (s. Becker u. Meise 2012, S. 113f.). Da ein Ordnungsrahmen als ein Modell bzw. als eine Konstruktion mit einer bestimmten Intention verstanden werden kann, gelten trotz der hohen Abstraktionseigenschaften bei der Erstellung die

Grundsätze ordnungsmäßiger Modellierung (s. Kapitel 5.2.1) (s. MEISE 2001, S. 62). Die wissenschaftliche und praktische Bedeutung eines Ordnungsrahmens resultiert aus dessen Eignung für die Erstellung und Analyse inhaltlich strukturierter Überblicke von bestimmten Modellen, Methoden und Anwendungssystemen (s. BECKER ET AL. 2009a, S. 114). Eine weit verbreitete Anwendung finden Ordnungsrahmen als Navigationshilfen und Einstiegsebenen für komplexe organisationsbezogene Modelle mit hoher Aggregationsebene (s. BECKER ET AL. 2009a, S. 114). In der einschlägigen deutschen Literatur existiert eine Vielzahl solcher Ordnungsrahmen, wie das CIM-Y-Modell, das Handels-H-Modell oder der Ordnungsrahmen der Deutschen Telekom Immobilien und Service GmbH (vgl. MEISE 2001, S. 64ff.). Literaturrecherchen zeigen, dass die englische Entsprechung *„framework“* (dt. Rahmenwerk, Gestell, Gefüge) auch im deutschsprachigen Raum als Synonym zum Ordnungsrahmen verwendet wird. Daher findet dieser Begriff sowohl in der deutsch- als auch englischsprachigen Literatur häufiger Anwendung als der Begriff des Ordnungsrahmens (s. MEISE 2001, S. 61).

2.1.2 Prozess und Geschäftsprozess

Die Norm DIN EN ISO 9000:2015 definiert einen Prozess als einen *„Satz von in Wechselbeziehungen oder Wechselwirkungen stehenden Tätigkeiten, der Eingaben in Ergebnisse umwandelt.“* (DIN EN ISO 9000:2015-11 2015). Eine weitere Definition liefert u. a. KRCMAR, der herausstellt, dass ein Prozess *„[…] einen oder mehrere Inputfaktoren durch die Ausführung verschiedener Funktionen zu einem oder mehreren Output-Faktoren […]“* (KRCMAR 2015, S. 58) transformiert. Folglich kann ein Prozess als konsekutive und inhaltlich abgeschlossene Vorgangskette angesehen werden, die unter dem Einsatz von Ressourcen einen Input in einen Output umwandelt (s. BECKER U. KAHN 2012, S. 6; SCHULTE-ZURHAUSEN 2010, S. 51). Eine Differenzierung zwischen verschiedenen Prozessarten kann nach unterschiedlichen Gesichtspunkten erfolgen. SCHULTE-ZURHAUSEN betont, dass insbesondere der Prozessgegenstand, die Art der Tätigkeit und der Marktbezug relevante Kriterien für die Unterscheidung darstellen (s. SCHULTE-ZURHAUSEN 2010, S. 54ff.).

Im Hinblick auf den Prozessgegenstand werden **materielle und informationelle Prozesse** unterschieden. Materielle Prozesse umfassen körperliche Vorgänge mit physischen Objekten, wohingegen immaterielle Prozesse den Austausch und die Verarbeitung von Informationen fokussieren. Die Art der Tätigkeit stellt ein wesentliches Kriterium für die Unterscheidung von **operativen Prozessen und Managementprozessen** dar. Operative Prozesse dienen der Leistungserstellung und -verwertung, wobei der Output sowohl materieller als auch informationeller Art sein kann (s. SCHULTE-ZURHAUSEN 2010, S. 55; HILL ET AL. 1994, S. 26). Managementprozesse hingegen beinhalten alle Aktivitäten, die auf die Planung, Kontrolle, Mitarbeiterführung und Gestaltung von Organisationsstrukturen gerichtet sind (SCHULTE-ZURHAUSEN 2010, S. 55). Die dritte Unterscheidung von Prozessen resultiert aus deren Marktbezug. In Anlehnung an die Systematik von PORTER findet im Jahr 1985 eine Differenzierung zwischen **Primär-, Sekundär- und Innovationsprozessen** statt (s. PORTER 2014, S. 64ff.;

SCHULTE-ZURHAUSEN 2010, S. 55f.). Primärprozesse sind unmittelbar an der Wertschöpfung von Produkten oder Dienstleistungen beteiligt, indem sie zu deren Erstellung, Vermarktung oder Betreuung beitragen. Unterstützende Aktivitäten werden als Sekundärprozesse bezeichnet, da sie die kontinuierliche Ausführung primärer Arbeitsabläufe unterstützen und somit die Aufrechterhaltung der betrieblichen Wertschöpfung sicherstellen. Gegenstand von Innovationsprozessen sind die Entwicklung und Einführung neuartiger Produkte, Dienstleistungen, Verfahren oder Strukturen. Demnach sind Innovationsprozesse nicht auf technologisch beeinflusste Prozesse begrenzt, sondern erstrecken sich auch auf die Einführung neuer administrativer Verfahrensweisen in Unternehmen (s. SCHULTE-ZURHAUSEN 2010, S. 55).

Neben den zuvor dargestellten Prozessarten existiert in Unternehmen eine Vielzahl an Aktivitäten, die eine prozessorientierte Organisationsgestaltung zum Ziel haben und sich durch einen semiformalen Beschreibungscharakter auszeichnen (s. SCHULTE-ZURHAUSEN 2010, S. 57; GADATSCH 2015, S. 4). Diese als **Geschäftsprozess** bezeichneten Aktivitäten stellen eine *„[...] Kette von funktional zusammenhängenden Aktivitäten [...]"* (SCHULTE-ZURHAUSEN 2010, S. 57) dar, die *„[...] arbeitsteilig von mehreren Organisationen oder Organisationeinheiten unter Nutzung von Informations- und Kommunikationstechnologien ausgeführt werden können"* (GADATSCH 2015, S. 4). Gemäß dieser Definition und in Anlehnung an BERGSMANN umfassen Geschäftsprozesse alle Aktivitäten zur Erbringung der Leistungen an externe Kunden (**Leistungserstellungsprozesse**), aller dafür notwendigen internen Rahmenbedingungen (**Bereitstellungsprozesse**) sowie zur Steuerung und Sicherstellung der Einhaltung geforderter Normen (**Steuerungsprozesse**) (s. BERGSMANN 2012, S. 75f.). Auch wenn Bereitstellungs- und Steuerungsprozesse per se keinen sichtbaren Wert darstellen, sind diese oftmals als Overhead bezeichneten Aktivitäten von hoher Relevanz für die Aufrechterhaltung der Wertschöpfung und somit für die Existenz eines Unternehmens (s. BERGSMANN 2012, S. 76).

2.1.3 Administration

Die Begriffe *„Administration"*, ursprünglich lateinisch von *administrare* (dt. verwalten), und *„Verwaltung"* werden in der Praxis synonym und häufig selbsterklärend verwendet (s. KLOOS 2017, S. 3). Während in der Produktion Materialien verarbeitet werden, sind es in der Administration Informationen (s. BRENNER 2018, S. 6). Darüber hinaus unterscheiden sich auch die Leistungen administrativer Prozesse deutlich von Outputs aus Produktionsprozessen. Letztere erzeugen ein fassbares, materielles Endprodukt, welches lager- und absatzfähig ist (z. B. ein Fahrzeug oder ein Werkstück). Der Output administrativer Prozesse hingegen ist immaterieller Natur, nicht lagerfähig und von einem Dienstleistungscharakter geprägt (s. GERBOTH 2001, S. 23f.; BOKRANZ U. KASTEN 2003, S. 27). Obwohl sich der Output in der Produktion und in der Administration deutlich unterscheidet, existiert eine wesentliche Gemeinsamkeit. Ein Großteil der Administrations- und Produktionsprozesse kann durch regelmäßige und wiederkehrende Tätigkeiten charakterisiert werden (s. BALSLIEMKE U. BEHRENS 2019, S. 8). Beispiele für solche repetitiven Prozesse in der Administration sind die Erstellung von Reisekostenabrechnungen, die Abwicklung von Bestellungen, die Bearbeitung von Urlaubsanträgen, die Durchführung von Rechnungsstellungen und -prüfungen oder die Erstellung von Verträgen (s. BALSLIEMKE U. BEHRENS 2019, S. 8).

Die zentrale Herausforderung bei der Betrachtung administrativer Prozesse stellt die Identifikation und Zuordnung wertschöpfender Tätigkeiten dar. Im Gegensatz zu Produktionsprozessen, in denen jeder einzelne Herstellungsschritt einen messbaren Beitrag zur Wertschöpfung leistet, besteht ein Großteil administrativer Aufgaben aus unterstützenden Tätigkeiten ohne direkten Wertschöpfungsbezug (s. BRENNER 2018, S. 7ff.). Dies suggeriert jedoch keinesfalls, dass alle Administrationsprozesse für die Wertschöpfung unbedeutend sind. Obwohl ein Großteil der administrativen Tätigkeiten einer Mischung von Steuerungs- und Bereitstellungsprozessen wie Finanz-, Controlling- und Datenpflegeprozessen zugeordnet werden kann, können andere administrative Teilprozesse wie die Angebotserstellung und Auftragserfassung maßgebliche Elemente des Wertstroms darstellen (s. TAPPING U. SHUKER 2003, S. 2ff.). Dennoch wurde die Administration in der Vergangenheit bei der Umsetzung von Optimierungsmaßnahmen, wie der Einführung von Lean Management, vernachlässigt (s. SCHUH ET AL. 2013, S. 86). Es zeigt sich jedoch, dass administrative Prozesse zahlreiche Anknüpfungspunkte für Verbesserungsmaßnahmen aufweisen. In Anlehnung an die sieben Arten der Verschwendung, die Taiichi Ohno in seinem Werk zum Toyota-Produktionssystem 1978 vorstellte (s. OHNO 1988, S. 20), soll nachstehend ein Transfer ebendieser auf die Administration erfolgen (s. BALSLIEMKE U. BEHRENS 2019, S. 9ff.; REFA 2021):

- **Überproduktion:** Sammlung und Aufbereitung überflüssiger Daten und Informationen, Versand von E-Mails, die oftmals nicht die erforderlichen Informationen enthalten und an zu viele Adressaten verteilt werden, mehrfaches Eingeben und Prüfen von Daten, oftmals ausgelöst durch Medienbrüche
- **Lagerbestände:** Ansammlung von Daten und Dateien in überfüllten und unstrukturierten Netzlaufwerken, Mehrfachablage redundanter Dateien, ausbleibende Bearbeitung von Auftragseingängen, Rechnungen etc. aufgrund von Abwesenheit der zuständigen Verantwortlichen, unbeantwortete Mailanfragen von Kunden im Posteingang
- **Wartezeiten, Verzögerungen, Leerlauf:** Zu viele Prozessschnittstellen und Medienbrüche im Prozess (z.B. Programmwechsel), ausbleibende Bearbeitung von Aufträgen, da nicht alle erforderlichen Informationen vorliegen, wiederholtes Einarbeiten in Geschäftsfälle durch permanente Ablenkungen (z.B. telefonische Anfragen, Besprechungen)
- **Ausschuss, Nacharbeit, Fehler:** Fehlerhaft ausgefüllte Dokumente, Weitergabe von Dokumenten an die falschen Adressaten, Weitergabe falscher Daten oder Informationen
- **Transporte:** Verzögerungen durch eine Vielzahl zuständiger Personen in der Prozesskette, Informationstransport über zu viele Verantwortliche, aufwändiger Datentransport zwischen zwei oder mehreren Softwarelösungen

- **Unnötige Bearbeitungen bzw. Prozessschritte:** Manuelle Datenerfassung trotz der Möglichkeit softwaregestützter Datensammlung, Mehrfacherfassung von Daten, Vier-Augen-Prinzip zur Absicherung von Prozessergebnissen
- **Ineffiziente bzw. unnötige Bewegungsabläufe:** Fehlende Vernetzung der zuständigen Personen, Suchvorgänge von Dokumenten auf dem Server, unklare Zuständigkeiten und Abteilungsdenken
- **Ungenutzte Potenziale der Mitarbeiter:** Anders als in der Produktion findet sich in der Administration eine ergänzende achte Art der Verschwendung. Ungenutztes kreatives Potenzial, fehlende Umsetzung von Verbesserungsvorschlägen der Mitarbeiter, mangelnder Austausch zu täglich auftretenden Aufgaben, Prozessfehlern und Herausforderungen

Ausgehend von der Vielzahl an Möglichkeiten für Verschwendung in der Administration hat sich das Lean Management etabliert, um effizienzsteigernde Konzepte aus der Produktion auf ebendiese Prozesse zu übertragen (s. SCHÜPBACH U. BURDA 2018, S. 31). Ein Ansatz, der in der vorliegenden Dissertationsschrift näher untersucht werden soll, ist die softwarebasierte Automatisierung. Es gilt die Hypothese, dass ein Großteil der zuvor dargestellten Ursachen für Verschwendung mithilfe dieser adressiert werden kann.

Auch wenn Unternehmen sich in Bezug auf Industriesektoren, Unternehmenskulturen und andere Faktoren unterscheiden, gibt es hinsichtlich der Ausübung administrativer Tätigkeiten Überschneidungen. Für nahezu jedes Unternehmen sind regelmäßig repetitive Aufgaben durchzuführen, die oftmals durch Verschwendung geprägt sind. Daher liegt der Geltungsbereich dieser Dissertationsschrift nicht in einer spezifischen Branche oder Unternehmensgröße, sondern vielmehr auf der Betrachtung jener administrativen Prozesse. Zudem ist diese Fokussierung unabhängig davon, ob diese lediglich in einer Abteilung oder im ganzen Unternehmen anfallen.

2.1.4 Software

Der Softwarebegriff ist im Jahre 1958 durch John W. TUKEY geprägt worden (vgl. TUKEY 1958; s. LUDEWIG U. LICHTER 2013, S. 59). TUKEY sah die sorgfältig geplanten Interpretationsroutinen, Compiler und weiteren Merkmale der automatischen Programmierung elektronischer Rechner als ebenso notwendig an wie deren Hardware, bestehend aus Röhren, Transistoren und weiteren Bauteilen (s. TUKEY 1958, S. 2). Die IEEE COMPUTER SOCIETY definiert Software als *„Computer programs, procedures, and possibly associated documentation and data pertaining to the operation of a computer system"* (IEEE COMPUTER SOCIETY 1990, S. 66). Diese Begriffserklärung impliziert, dass Software als ein technisches Produkt betrachtet wird, welches neben Programmen und Abläufen auch konkrete Regeln, Dokumentationen und Daten beinhaltet, die mit dem Betrieb eines Rechnersystems zusammenhängen (s. LUDEWIG U. LICHTER 2013, S. 49). Im Zuge der vorliegenden Dissertationsschrift soll der Softwarebegriff jedoch weiter spezifiziert werden, um eine detaillierte Einordnung der softwarebasierten Automatisierung gewährleisten zu können. In Anlehnung an ENGELHARDT ist Software *„als ein komplexes und rekombinierbares System von Befehlen bzw. Anweisungen zur Datenverarbeitung ein immaterielles und nur in diskreten Einheiten nutzbares Gut“* (ENGELHARDT 2006, S. 2). Dieser Definition folgend kann Software als ein komplexes Gebilde aus Wenn-dann-Folgen, logischen Schleifen und weiteren Elementen angesehen werden, das auf dem grundlegenden Prinzip der Datenverarbeitung aufbaut und einem ständigen Prozess der Eingabe, Verarbeitung und Ausgabe von Daten unterliegt. Hierbei umfasst Software zusammenhängende Befehle zur Durchführung dieser Datenverarbeitungsprozesse und kann als ein logisches Konstrukt von Anweisungen und Algorithmen charakterisiert werden. Ein weiteres Merkmal von Software ist die Möglichkeit, bereits geschriebene Programmelemente durch Anpassungen im Quellcode in einem neuen Softwareprodukt zu rekombinieren. Darüber hinaus ist Software immaterieller Natur, also nicht-räumlich, und aufgrund der Unteilbarkeit nur in ganzzahligen Mengen nutzbar (s. ENGELHARDT 2006, S. 3ff.).

Eine Unterscheidung verschiedener Softwarearten in Anwendungs-, System- und Unterstützungssoftware liefert die ISO/IEC 2382:2015-05 2015. Als **Anwendungssoftware** werden alle Programme beschrieben, die nicht system-, sondern anwendernah entwickelt werden und somit die Lösung spezifischer Anwendungsprobleme und -aufgaben adressieren. Bekannte Beispiele für Anwendungssoftware sind Textverarbeitungs-, Tabellenkalkulations- sowie Grafik- und Videobearbeitungsprogramme (s. LEIMEISTER 2015, S. 66). Im Gegensatz zur Anwendungssoftware übernimmt die **Systemsoftware**, oftmals auch als Betriebssystem deklariert, die Kommunikation mit der Hardware und ist aufgrund ihrer systemnahen Entwicklung für den Betrieb des Rechners sowie für die Verwaltung aller Ressourcen, wie Prozessorzeit, Speicherplatz und angeschlossene Geräte, zuständig (s. LEIMEISTER 2015, S. 67). Die dritte Unterscheidung findet sich in der **Unterstützungssoftware**, die sich unter anderem in Editoren, Kopierprogrammen, Datenbankmanagementsystemen, Virenschutz- aber auch Übersetzungsprogrammen widerspiegelt. Solche Systeme unterstützen spezielle Aufgaben der Entwicklung und Wartung sowie des Einsatzes von Software (s. LEIMEISTER 2015, S. 67).

2.1.5 Automatisierung

Mit dem Beginn der technischen Produktion wuchs der Wunsch nach einer effektiveren Gestaltung von Produktionsprozessen, was dazu führte, dass einfache Fertigungsabläufe bereits zu Beginn des 19. Jahrhunderts automatisiert wurden (s. HEINRICH ET AL. 2020, S. 5). Im Zuge steigender Digitalisierung ist die Automatisierung bestehender und neuer Geschäftsprozesse als wesentlicher Erfolgstreiber in Unternehmen heutzutage nicht mehr wegzudenken (s. SCHEER 2020, S. 69). Die Entwicklung von Automatisierungstechnologien entspringt dabei dem Ansatz, komplexe Prozesse beherrschen zu können, bessere wirtschaftliche Ergebnisse zu erzielen, menschliches Versagen zu vermeiden, die Wirtschaftlichkeit von Abläufen zu erhöhen und neben der Arbeitsbelastung der Bediener, die Ausbildungsanforderungen dieser zu minimieren (s. SARTER ET AL. 1997, S. 1; ZANDER 2015, S. 1f.). Zu diesem Zweck werden autonome Systeme geschaffen, welche die menschliche manuelle Steuerung, Planung und Problemlösung ersetzen (s. BAINBRIDGE 1983, S. 775; SARTER ET AL. 1997, S. 1; ZANDER 2015, S. 1). Solche Systeme können mit den Grundprinzipien der Steuerung und Regelung beschrieben werden, die durch die eigenständige Informationsgewinnung, -verarbeitung und -nutzung charakterisiert sind (s. ZANDER 2015, S. 2). Aus dieser Beschreibung geht hervor, dass Automatisierungssysteme einen ausgeprägten Informationscharakter aufweisen und somit auch als informationsverarbeitende Systeme klassifiziert werden können (s. WELLER 2008, S. 12). Zur Veranschaulichung dieses Informationscharakters stellt Abbildung 2-1 ein typisches Informationsmodell von Automatisierungssystemen dar.

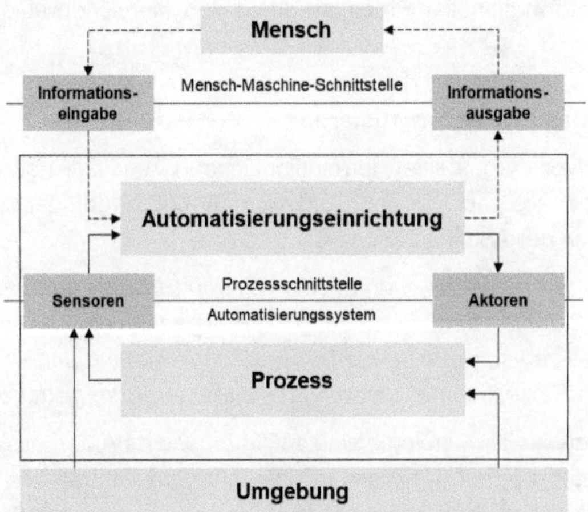

Abbildung 2-1: Informationsmodell von Automatisierungssystemen (eigene Darstellung i. A. a. WELLER 2008, S. 11)

In Anlehnung an WELLER werden automatisierungsrelevante Informationen aus dem **Prozess**, der **Umgebung** sowie etwaigen Eingaben des **Menschen** gewonnen und zur Verarbeitung an die **Automatisierungseinrichtung** weitergeleitet. Die Ergebnisse dieser Informationsverarbeitung werden an den Prozess und in Abhängigkeit des Informationsgegenstands an den Menschen zurückgespielt. Die Informationsbehandlung in der Automatisierungseinrichtung erfolgt hierbei in codierter Form auf Basis von Daten. Um die Verständigung der einzelnen Elemente des Modells untereinander zu gewährleisten, werden Funktionseinheiten an den jeweiligen Schnittstellen benötigt. An der **Prozessschnittstelle** finden sich hierbei Sensoren zur Informationserfassung der Prozess- und Umgebungszustandsgrößen. Die Überführung der Informationen in prozesswirksame Handlungen erfolgt über die Aktoren des Automatisierungssystems. Neben den prozessrelevanten Funktionseinheiten werden zusätzliche Elemente an der **Mensch-Maschine-Schnittstelle** benötigt. Auf der Eingangsseite sind daher Komponenten erforderlich, welche die Informationseingabe für den Menschen ermöglichen. Auf der Ausgangsseite finden sich Komponenten zur Informationsausgabe, welche das Ergebnis der Informationsverarbeitung aus der Automatisierungseinrichtung in einer für den Menschen verständlichen Form widerspiegeln (s. WELLER 2008, S. 11f.; HEINRICH ET AL. 2020, S. 3).

Unter dem Einfluss steigender Reife von Computer- und Informationstechnologie eröffneten sich zunehmend neue Wege zur informationsverarbeitenden Kommunikation, was die Aufspaltung von Automatisierungssystemen in Hardware- und Softwarekomponenten zur Folge hatte (s. WELLER 2008, S. 11ff.). Während Automatisierungssysteme die Produktions- und Fertigungsstraßen vieler Unternehmen seit Jahrzehnten dominieren, ermöglichte die Weiterentwicklung der Computer- und Informationstechnologien zusätzlich den Einsatz softwarebasierter Automatisierungssysteme, welche die Bedienung informationeller Prozesse durch den Menschen ablösten (s. SCHEER 2020, S. 118).

2.1.6 Softwarebasierte Automatisierung

Auf Basis der zuvor dargestellten terminologischen Grundlagen gilt im Rahmen der vorliegenden Arbeit die nachstehende Definition für den Begriff der softwarebasierten Automatisierung in der Administration:

> *„Softwarebasierte Automatisierung bezeichnet den Einsatz immaterieller Systeme, bestehend aus Befehlen bzw. Anweisungen zur eigenständigen Datenverarbeitung, mit dem Ziel, die menschliche manuelle Steuerung, Planung und Problemlösung in informationellen Prozessen der unternehmensinternen Administration zu ersetzen."*

Ausgehend von dieser Terminologie sind softwarebasierte Automatisierungstechnologien physisch nicht existent. Da diese in Anlehnung an ZANDER den Funktionsprinzipien der eigenständigen Informationsgewinnung, -verarbeitung und -nutzung folgen, können sie die Arbeitsschritte des Mitarbeiters im Rahmen administrativer Prozesse virtuell imitieren (s. AGUIRRE U. RODRIGUEZ 2017b, S. 69). Da bislang kein Konsens über die Einordnung verschiedener Technologietypen der softwarebasierten Automatisierung besteht (vgl. RIZUN ET AL. 2019; POLAK ET AL. 2019; SINDHGATTA ET AL. 2020), ist die Definition und Abgrenzung real existierender Typen ein zentrales Erkenntnisziel der vorliegenden Dissertationsschrift. Die Funktionsweisen, Anwendungsfälle und Potenziale dieser Typen unterscheiden sich deutlich voneinander. Eine typenspezifische Betrachtung erfolgt im Rahmen der Modellentwicklung in Kapitel 6.1.3. Wie bereits in Kapitel 1.1 herausgestellt wurde, hat sich jedoch der englischsprachige Begriff Robotic-Process-Automation als Oberbegriff für softwarebasierte Systeme zur Automatisierung von administrativen Tätigkeiten in allen Branchen der Industrie etabliert. Fallstudien aus der Telekommunikation (vgl. LACITY U. WILLCOCKS 2016b), der Versicherung (vgl. REICH U. BRAASCH 2019), dem öffentlichen Sektor (vgl. DIAS ET AL. 2019) oder dem Maschinenbau (vgl. COSTA ET AL. 2019) verdeutlichen die hohe Relevanz. In diesem Kapitel werden die technologischen Grundzüge der softwarebasierten Automatisierung daher am Beispiel von RPA veranschaulicht, um einen Einstieg in das Themenfeld zu ermöglichen. Neben den technologischen Charakteristika von RPA werden darüber hinaus die Einsatzmöglichkeiten und Potenziale erläutert. Weiterführend wird ein

Ausblick gegeben, inwiefern KI die Einsatzfelder der softwarebasierten Automatisierung hin zu kognitiven Systemen erweitert. Abschließend wird der damit einhergehende Forschungsbedarf aufgezeigt.

Definition von RPA

LACITY U. WILLCOCKS charakterisieren RPA als die Konfiguration einer Software, um Aufgaben zu erledigen, die bisher von den Mitarbeitern durchgeführt worden sind (s. LACITY U. WILLCOCKS 2016b, S. 22). Diesen Gedanken greifen AGUIRE U. RODRIGUZE auf und betonen, dass RPA trotz des oftmals missverstandenen Roboter-Begriffs nicht mit elektromechanischen Maschinen in Verbindung steht, sondern ein softwarebasiertes System darstellt (s. AGUIRRE U. RODRIGUEZ 2017b, S. 69). VAN DER AALST ET AL. stellen RPA zusätzlich als einen Sammelbegriff für Werkzeuge heraus, die auf der Benutzeroberfläche von Computersystemen, analog der Art und Weise des menschlichen Akteurs, interagieren (s. VAN DER AALST ET AL. 2018, S. 269). ALLWEYER ergänzt, dass die Softwareroboter den Mitarbeiter entweder als eine Art persönlicher Assistent unterstützen oder bei der Durchführung verschiedener Aufgaben komplett ersetzen (s. ALLWEYER 2016, S. 2). Das *Institute for Robotic Process Automation* (IRPA) definiert RPA als die Verwendung von Software zur Ausführung hochvolumiger, wiederholbarer Aufgaben, deren Ausführung für den Menschen mit einem hohen Zeitaufwand verbunden ist und oftmals als monoton erachtet wird (s. IRPA 2015, S. 5). Auf Basis der terminologischen Erklärungsversuche ist festzuhalten, dass die Definitionen eine Homogenität hinsichtlich des Untersuchungs- und Anwendungsgegenstands aufweisen.

Funktionsweise von RPA

Die Nutzung von RPA erfolgt durch die Installation und den Betrieb von Softwarerobotern auf den Servern eines Unternehmens (s. BURNETT ET AL. 2018, S. 4). Diese werden nicht-invasiv über das User-Interface integriert (s. ALLWEYER 2016, S. 2; WILLCOCKS ET AL. 2015b, S. 14). Dies bedeutet, dass die Softwareroboter als virtuelle Arbeitskräfte die menschlichen Interaktionen mit Benutzerschnittstellen von Softwaresystemen nachahmen, jedoch keinen tiefgreifenden Eingriff in bestehende IT-Applikationen erfordern (s. SMEETS ET AL. 2019, S. 8; ALLWEYER 2016, S. 2). Zur Gewährleistung einer solchen nicht-invasiven Integration greift die Software auf alle notwendigen Applikationen zu und reproduziert hierbei die Handlungen des Mitarbeiters (s. SMEETS ET AL. 2019, S. 8). Ist ein Softwareroboter mithilfe von aufgezeichneten Benutzerinteraktionen trainiert, kann dieser dem Mitarbeiter einzelne Tätigkeiten vollständig abnehmen, indem alle notwendigen Bearbeitungsschritte eigenständig ausgeführt werden und auf vordefinierte Ereignisse reagiert wird. Aufgrund der steigenden Bedeutung dieser Technologie konnte RPA mit einer Wachstumsrate von 63 Prozent als das am schnellsten wachsende Segment des globalen Marktes für Unternehmenssoftware identifiziert werden (s. GARTNER 2019).

Anwendungsbereich von RPA

Der Anwendungsbereich von RPA liegt in Prozessen, die repetitive und regelbasierte Interaktionen mit Softwaresystemen umfassen (s. ELSELE 2019, S. 2). Nach FUNG eignen sich insbesondere solche Geschäftsprozesse, bei denen der Zugang zu mehreren Anwendungssystemen erforderlich ist, die keine Beurteilungs- oder Interpretationsfähigkeiten erfordern, häufig ausgeführt werden, fehleranfällig und hochgradig standardisiert sind (s. FUNG 2014, S. 2f.). In Anlehnung an die Ausführungen von CZARNECKI U. AUTH hängen die Einsatzmöglichkeiten von RPA vom Komplexitätsgrad der zu automatisierenden Prozesse ab. Die Autoren nehmen hierbei eine Einteilung in drei Komplexitätsstufen vor (s. CZARNECKI U. AUTH 2018, S. 118f.). Die **erste Komplexitätsstufe** umfasst **Routineaufgaben**, bei denen Daten aus unterschiedlichen Softwaresystemen (z.B. SAP, Excel) zusammengeführt werden (s. CZARNECKI U. AUTH 2018, S. 118). Zu dieser Kategorie zählt unter anderem der Einstellungsprozess von neuen Mitarbeitern. Die bis dato manuellen Eingaben werden durch den Softwareroboter übernommen. Dieser meldet sich im entsprechenden System an und erstellt eine aus Vor- und Nachnamen des neuen Mitarbeiters abgeleitete E-Mail-Adresse. Er füllt weiterhin das Bestellformular für die Visitenkarte aus und sendet es an die zuständige Fachabteilung (s. WILLCOCKS ET AL. 2015b, S. 5). Die **zweite Komplexitätsstufe** umfasst **Prozesse mit regelbasierten Entscheidungen**, wie die Reporterstellung, die Auftragsabwicklung, die Verarbeitung von E-Mails oder das Kombinieren und Bewerten von Daten aus verschiedenen Quellen. Diese Prozesse können durch RPA durchgeführt sowie Entscheidungen auf Basis von vorab definierten Geschäftsregeln getroffen werden (s. CZARNECKI U. AUTH 2018, S. 118).

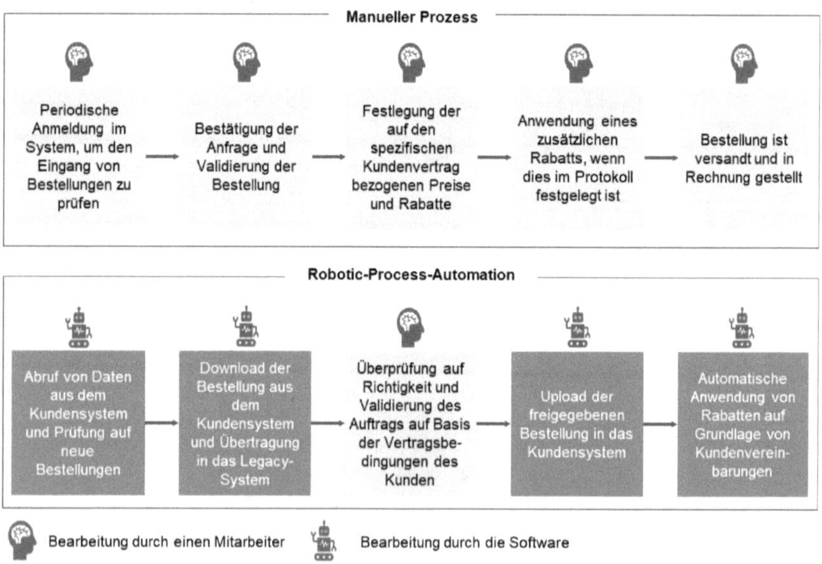

Abbildung 2-2: Automatisierung eines Auftragsabwicklungsprozesses mittels RPA (eigene Darstellung i. A. a. SCHATSKY ET AL. 2016, S. 2)

Ein Praxisbeispiel für die Automatisierung eines typischen manuellen Auftragsabwicklungsprozesses mittels RPA ist in Abbildung 2-2 visualisiert. Der dargestellte Prozess enthält routinemäßige Aufgaben, die der zuständige Mitarbeiter in der Vertriebsabteilung manuell erledigt. Dies geschieht, indem sich der Mitarbeiter periodisch im System anmeldet, die eingehende Anfrage validiert und die notwendigen Informationen zur Rechnungstellung erfasst. In Anlehnung an die zweite Komplexitätsstufe nach CZARNECKI U. AUTH handelt es sich hierbei um einen Prozess mit regelbasierten Entscheidungen (hier: Festlegung von kundenspezifischen Preisen und Rabatten). Wird dieser Prozess mit RPA automatisiert, beschränkt sich die Aufgabe des Mitarbeiters auf die Kontrolle und Validierung der Anfrage, da dieser Prozessbaustein die kognitive Denkleistung des Mitarbeiters erfordert. Die Zusammenführung der einzelnen Informationen wird hierbei durch den Softwareroboter übernommen.

Als **dritte Komplexitätsstufe** kommen abschließend **unstrukturierte Aufgaben und Entscheidungen** in Betracht, deren Bearbeitung das Erfahrungswissen des Mitarbeiters benötigt. Da RPA regelbasierten Anweisungen folgt, können Prozesse, die eine menschliche Beurteilung und Wahrnehmung erfordern, nicht allein durch RPA automatisiert werden. Der Einsatz von KI in der softwarebasierten Automatisierung stellt daher die nächste Entwicklungsstufe dar, indem ein praktikabler Ansatz geboten wird, um komplexere Problemstellungen in der Administration zu lösen (s. CZARNECKI U. AUTH 2018, S. 120; IRPAAI 2019, S. 4).

Potenziale und Nutzenvorteile von RPA

Vor dem Hintergrund der vielfältigen Einsatzmöglichkeiten von RPA sind die Potenziale und Nutzenvorteile dieser Technologie in zahlreichen Literaturbeiträgen aufgeführt. Diese können nach SMEETS ET AL. in vier Kategorien untergliedert werden (s. SMEETS ET AL. 2019, S. 21): Kosteneinsparung, Qualitätssteigerung, Zeiteinsparung und sonstige Potenziale.

Im Rahmen einer Prozessoptimierung und -standardisierung wird RPA oftmals genutzt, um **Prozesskosten zu reduzieren** (s. ALLWEYER 2016, S. 5). Seit den 2000er-Jahren versuchen Unternehmen, ihre operationellen Kosten maßgeblich zu senken, indem eine Vielzahl Prozesse entweder an eigene Offshore-Niederlassungen oder an externe Dienstleister in Niedriglohnländern ausgelagert wird (s. IRPA 2015, S. 9f.). Diese Maßnahme ermöglichte es Unternehmen, Kosteneinsparungen von 15 bis 30 Prozent der notwendigen Vollzeitäquivalente – engl. *Full-time equivalent* (FTE) – zu erzielen (s. TUCCI 2015). Eine solche Strategie ist jedoch oftmals von den Offshore-Lohnkosten abhängig, weshalb ein Anstieg des Lebensstandards und Lohnniveaus für das Unternehmen finanzielle Nachteile mit sich bringt. LACITY U. WILLCOCKS führen in ihrer Fallstudie bei Telefónica O2 an, dass die Zunahme des Arbeitsvolumens und die gleichzeitige Gehaltsentwicklung in Indien eine rasante Steigerung der administrativen Kosten herbeiführte (s. LACITY U. WILLCOCKS 2016b, S. 26). Werden die Prozesse jedoch mittels RPA innerhalb der eigenen Organisation ausgeführt, so betragen die resultierenden Gesamteinsparungen 40 bis 75 Prozent (s. SMEETS ET AL. 2019, S. 22; TUCCI 2015). PRANGNELL U. WRIGHT schätzen, dass RPA lediglich zehn Prozent der

Kosten eines Vollzeitbeschäftigten an einem Onshore-Standort verursacht (s. PRANGNELL U. WRIGHT 2015, S. 6). Während ein Offshore-Arbeiter das Unternehmen im Schnitt 38.000 Dollar pro Jahr kostet, verursacht eine digitale Arbeitskraft im Vergleich dazu lediglich die Hälfte bis ein Drittel dieser Kosten (s. IRPA 2015, S. 10; WILLCOCKS ET AL. 2017, S. 1ff.).

Ein neben der Kostenreduktion zu erwartender Nutzenvorteil ist die **Steigerung der Prozess- und Datenqualität** (s. ALLWEYER 2016, S. 5). In der Regel ist die menschliche Bearbeitung von repetitiven und zeitaufwändigen Prozessen fehleranfällig. RPA führt die Prozesse auf Basis von zuvor definierten Regeln aus und ermöglicht somit eine fehlerfreie und präzise Arbeitsweise (s. LACITY U. WILLCOCKS 2016a, S. 2). Dies setzt voraus, dass die Softwareroboter korrekt trainiert und die Prozessabläufe dokumentiert sind (s. ALLWEYER 2016, S. 5; IRPA 2015, S. 13; SMEETS ET AL. 2019, S. 23). Werden diese Anforderungen innerhalb einer Unternehmung umgesetzt, lassen sich Prozessfehler dauerhaft eliminieren (s. IRPA 2015, S. 13).

Definitionsgemäß ermöglicht RPA die Übernahme von sich wiederholenden und zeitaufwendigen Aufgaben, sodass der mit der Prozessdurchführung beschäftigte Mitarbeiter freigesetzt wird und sich auf andere Tätigkeiten konzentrieren kann. Diese Entlastung und der damit **eingesparte Zeitaufwand** wirken sich positiv auf die Kostenreduktion aus, da weniger Kapazitäten und Ressourcen an den Prozess gebunden sind (s. SMEETS ET AL. 2019, S. 24). Hinzu kommt eine Zeiteinsparung in Form der Reduktion von Prozessdurchlaufzeiten (s. ZIMMERMANN ET AL. 2017, S. 4f.; ALLWEYER 2016, S. 5). Während ein Mitarbeiter bei der Prozessausführung verwirrt, krank oder erschöpft sein könnte, zeigen die Roboter keine Ermüdungserscheinungen und sind in der Lage, Prozesse schneller als der menschliche Akteur zu bearbeiten (s. REICH U. BRAASCH 2019, S. 296). Studien zufolge kann RPA z. B. 100 Excel-Tabellen in weniger als 20 Sekunden bearbeiten, 50 Datenbankreports in 60 Sekunden durchführen oder sogar Periodenabschlussbuchungen und Abstimmungen zwischen internem und externem Rechnungswesen in zwei Stunden abschließen (s. GEHRER U. MEYER 2017, S. 5). Zudem sind die Softwareroboter 24 Stunden an sieben Tagen in der Woche einsatzfähig und nicht an gesetzliche Arbeitszeitregelungen gebunden. Daraus resultiert, dass die Prozesse ohne zeitliche Einschränkungen ausgeführt werden können, weshalb eine Zeitersparnis zwischen 40 und 90 Prozent zu erwarten ist (s. REICH U. BRAASCH 2019, S. 296). Das Fallbeispiel einer italienischen Finanzdienstleistungsgruppe bestätigt diese Potenziale. Das Unternehmen stand unter dem Druck, das SLA zwischen sich und den Kunden zu erfüllen. Die Implementierung von RPA ermöglichte es, die durchschnittliche Bearbeitungszeit um 82 Prozent zu reduzieren und somit die relevanten SLA zu 100 Prozent einzuhalten (s. IRPA 2016, S. 5ff.).

Ein weiterer Nutzenvorteil von RPA ist die **Einhaltung von Compliance-Anforderungen** (s. SMEETS ET AL. 2019, S. 25; GEHRER U. MEYER 2017, S. 3; ALLWEYER 2016, S. 5). Der aus der amerikanischen Finanzbranche stammende Begriff *Compliance* meint die Einhaltung von Gesetzen, Regeln und Normen (s. HELDT ET AL. 2018). Das Thema Compliance ist heute nicht nur im Versicherungs- und Bankwesen, sondern branchenübergreifend von Bedeutung (s. TIPLE 2019). Für viele Unternehmen stellt die Einhaltung regulatorischer Anforderungen eine Herausforderung dar, weshalb Skepsis bezüglich der Implementierung von RPA, bspw. aufgrund von Zugriffsrechten der Softwareroboter, vorherrscht (s. SMEETS ET AL. 2019, S. 25). Entgegen dieser verbreiteten Annahme betont eine Vielzahl Vertreter aus Wissenschaft und Praxis, dass RPA Compliance-Risiken reduziert. Zum einen arbeiten Softwareroboter auf der Grundlage von zuvor definierten Regeln. Zum anderen lässt sich jede ausgeführte Aktion innerhalb einer verrichteten Arbeit protokollieren und ist somit auditierbar (s. LACITY U. WILLCOCKS 2016b, S. 25). Darüber hinaus erhöht sich die **Transparenz** der laufenden Prozesse durch die in RPA vorhandenen Monitoring-Möglichkeiten (s. ALLWEYER 2016, S. 5). Generell lässt sich zusammenfassen, dass RPA vor allem im Versicherungs- und Bankwesen eine angemessene Lösung zur Beseitigung von Compliance-Risiken bietet (s. LHUER 2016). Gemäß einer von Deloitte durchgeführten Studie konnten die Erwartungen im Hinblick auf Compliance bei 93 Prozent der befragten Unternehmen erfüllt werden (s. FACH U. GONNERMANN 2018, S. 7).

Einfluss von KI auf die softwarebasierte Automatisierung

In den vorangegangenen Abschnitten wurde bereits herausgestellt, dass RPA technologische Grenzen besitzt, welche die Automatisierung komplexer Prozesse, denen eine unstrukturierte Datenbasis zugrunde liegt oder deren Bearbeitung das Erfahrungswissen des Mitarbeiters benötigt, einschränken (s. LAMBERTON U. JOSEPH 2018, S. 3; SCHMITZ ET AL. 2019b, S. 350). Zu den unstrukturierten Daten zählen unter anderem Bilder, Videos, Audio-Dateien, Texte, E-Mails und PDF-Dokumente (s. BEUCKES ET AL. 2018, S. 5). Während sich RPA ausschließlich für die Automatisierung regelbasierter Prozesse eignet, erfordert eine unstrukturierte Datenbasis komplexe Entscheidungsfindungen und den Einsatz von KI-Algorithmen, um aus Datensätzen zu lernen und sich flexibel an bestimmte Situationen anzupassen (s. IVANČIĆ ET AL. 2019, S. 287). Sind die Prozesse darüber hinaus instabil und besitzen aufgrund ständig wechselnder Einflussgrößen ein hohes Maß an Dynamik, steigt der Anpassungsaufwand, da RPA nicht in der Lage ist, eigene Regeln durch das Verständnis menschlicher Sprache und Verhaltensweisen zu definieren (s. SMEETS ET AL. 2019, S. 67). Zur Adressierung dieser Herausforderungen kann der Einsatz von KI in der softwarebasierten Automatisierung als nächste Evolutionsstufe der administrativen Geschäftsprozessautomation betrachtet werden (s. SMEETS ET AL. 2019, S. 142; SAFAR 2018).

Oftmals mit Begriffen wie Intelligent-Process-Automation oder Cognitive-Process-Automation bezeichnet, existiert in der Wissenschaft und Praxis ein hohes Maß an terminologischer Heterogenität. SWAMINATHAN U. BOSTON postulieren, dass die Nutzung einer Kombination aus Softwarerobotern, Cloud-Lösungen und KI die Automatisierung von Geschäftsprozessen ermöglicht (s. SWAMINATHAN U. BOSTON 2019, S. 2f.). SCHATSKY ET AL. erarbeiteten eine ähnliche Definition und ergänzen, dass eine Automatisierung perzeptueller und beurteilungsbasierter Aufgaben durch die Integration weiterer Dritttechnologien ermöglicht wird (s. SCHATSKY ET AL. 2016, S. 3). Solche kognitiven Systeme lassen sich als eine Zusammenstellung neuer Technologien charakterisieren, die herkömmliche Systeme mit maschinellem Lernen (ML) verknüpft (s.

BERRUTI ET AL. 2017). Eine zentrale Aufgabe solcher Systeme ist die Strukturierung und Auswertung unstrukturierter Daten, um komplexe Prozesse zu automatisieren, für deren Ausführung ausgeprägte kognitive Fähigkeiten erforderlich sind (s. OSTROWICZ ET AL. 2018, S. 3; SMEETS ET AL. 2019, S. 12; HOUY ET AL. 2019, S. 64). Diese funktionale Anforderung wird sichergestellt, indem KI-basierte Werkzeuge wie *Natural Language Processing* (NLP), *ML*, *Natural Language Generation* (NLG) oder *Optical Character Recognition* (OCR) verwendet werden (s. DEVARAJAN 2019, S. 42; DILMEGANI 2021).

Trotz der terminologischen Heterogenität besteht in der Literatur, analog zu RPA, eine Übereinstimmung über den Untersuchungs- und Anwendungsgegenstand kognitiver Automatisierungstechnologien. Während RPA insbesondere in der Sachbearbeitung eingesetzt wird, verfügen kognitive Systeme über ein breiteres Anwendungsspektrum. Abbildung 2-3 veranschaulicht dies am Beispiel des in Abbildung 2-2 beschriebenen Auftragsabwicklungsprozesses.

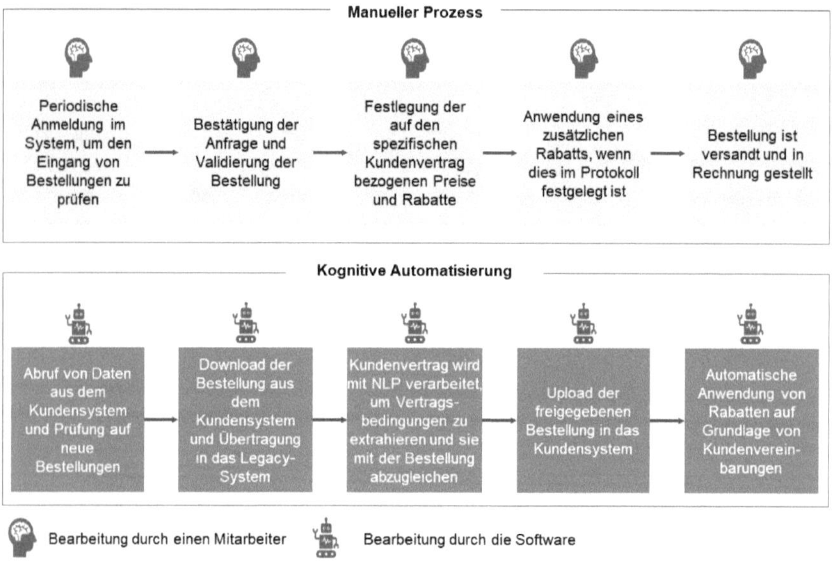

Abbildung 2-3: Automatisierung eines Auftragsabwicklungsprozesses mittels kognitiver Automatisierung (eigene Darstellung i. A. a. SCHATSKY ET AL. 2016, S. 2f.)

Während bei der Automatisierung durch RPA die Kontrolle und Validierung der Bestellung durch den Mitarbeiter notwendig sind, führt der Softwareroboter bei kognitiven Systemen den kompletten Prozess durch, indem mithilfe von NLP die aus dem Kundenvertrag extrahierten Vertragsbedingungen mit der Bestellung abgeglichen werden.

BERRUTI ET AL. betonen, dass der Einsatz von kognitiven Systemen den Automatisierungsgrad im Unternehmen auf 50 bis 70 Prozent anheben kann (s. BERRUTI ET AL. 2017). Aus einer Studie der Firma Deloitte ging hervor, dass eine durchschnittliche

Kosteneinsparung von 22 Prozent mithilfe kognitiver Automatisierung erzielt werden kann (s. WATSON ET AL. 2019, S. 5). Dieser Wert entspricht weiteren Studienergebnissen, die ebenfalls eine Kosteneinsparung von 20 bis 35 Prozent identifizieren (s. BERRUTI ET AL. 2017). Darüber hinaus trägt die kognitive Automatisierung wesentlich dazu bei, die Risiken von Transaktionsfehlern einschließlich fehlerhafter Dateneingaben zu verringern. Die allgemeine Datenqualität und eine datengesteuerte Entscheidungsfindung werden somit optimiert (s. ANAGNOSTE 2018d, S. 491). Während die Automatisierung mittels RPA von der Geschwindigkeit des Gesamtprozesses abhängt und eine vorgeschaltete Prozessoptimierung erfordert (s. PENTTINEN ET AL. 2018, S. 4; SMEETS ET AL. 2019, S. 77ff.), treiben kognitive Systeme anhand der selbstlernenden Fähigkeit eine kontinuierliche Prozessverbesserung und Effizienzsteigerung an (s. PATEL 2018, S. 7). Des Weiteren ist die Reduktion der menschlichen Intervention ein weiterer Treiber der Qualitätssteigerung, da die Softwareroboter Ausnahmen während des Prozesses eigenständig behandeln können. Der Softwareroboter gibt die Ausnahme an einen Mitarbeiter weiter und beobachtet dessen Verhaltensweisen. Durch ausreichende Wiederholung und kontinuierliches Lernen werden die Softwareroboter befähigt, Ausnahmen sowie Verarbeitungsfehler als Teil des automatisierten Prozessablaufs zu behandeln (s. DIRKSTEIN U. GURWITZ 2018, S. 12).

Trotz der scheinbar eindeutigen Unterscheidung zwischen RPA und kognitiver Automatisierung sind die Grenzen der technologischen Leistungsfähigkeit nicht einheitlich definiert. Dies führt in vielen Unternehmen zu einer Erwartungshaltung, die weder der Realität entspricht noch förderlich für die Arbeitsumgebung ist. Mit dem Einsatz von Automatisierung einhergehende Ängste vor Jobverlusten können somit nicht adäquat adressiert werden. Aus diesem Grund besteht ein zentrales Erkenntnisinteresse der vorliegenden Dissertationsschrift darin, den Untersuchungsraum der softwarebasierten Automatisierung durch die Analyse konkreter Merkmale und Merkmalsausprägungen zu spezifizieren und unterschiedliche Technologietypen voneinander abzugrenzen.

2.2 Einordnung des Untersuchungsbereichs

Nachdem zuvor die relevanten terminologischen Grundlagen der vorliegenden Dissertationsschrift definiert und erläutert wurden, erfolgt ausgehend von der Zielsetzung (siehe Kapitel 1.2) die nachfolgende Einordnung des Untersuchungsbereichs in einen etablierten Forschungsrahmen, bestehend aus Managementlehre (siehe Kapitel 2.2.1) und Geschäftsprozessmanagement (siehe Kapitel 2.2.2).

2.2.1 Einordnung in die Managementlehre

Die Managementlehre folgt dem Ziel, zweckorientierte soziale Systeme gestalten und lenken zu können (s. ULRICH U. SCHWANINGER 2001, S. 110). Dieser Grunddefinition nach ULRICH U. SCHWANINGER folgend, umfasst der zweckorientierte soziale Objektbereich vom Menschen geschaffene Institutionen, in denen Menschen zur Erfüllung konkreter gesellschaftlicher Funktionen zusammenwirken (s. ULRICH U. SCHWANINGER

2001, S. 111; ULRICH 1983, S. 134). Die Managementlehre setzt daher bei Fragestellungen an, die im Zuge der Gestaltung und Lenkung dieser Institutionen auftreten und zielt auf die Bereitstellung konkreter Handlungsempfehlungen zur Beantwortung jener ab (s. ULRICH U. SCHWANINGER 2001, S. 116f.). ULRICH U. HILL stellen heraus, dass die Analyse menschlicher Handlungsalternativen in diesem Zusammenhang im Vordergrund steht (s. ULRICH U. HILL 1976a, S. 305).

Die Zielsetzung der vorliegenden Dissertationsschrift kann aufgrund der angestrebten Gestaltung soziotechnischer Systeme in den Untersuchungsbereich der Managementlehre eingebunden werden. Diesem Verständnis folgend, wird das Forschungsvorhaben in das Konzept des *integrierten Managements* nach BLEICHER eingeordnet. Dieses Modell basiert auf dem ganzheitlichen Bezugsrahmen des St. Galler Management-Konzepts und bietet differenzierte Lösungen für die gewachsenen Herausforderungen des Managements in Systemen (s. BLEICHER 2011, S. 85). Die Eignung des Bezugsrahmens liegt darin begründet, dass es als Landkarte zur Orientierung in Fragestellungen der Unternehmensführung nutzbar ist, da es die Systemeigenschaft von Unternehmen nicht isoliert betrachtet, sondern mit relevanten Rahmenbedingungen in Verbindung setzt (s. DOLESKI 2014, S. 12; BLEICHER 2011, S. 67). Nachfolgend wird ein differenzierter Überblick über die Dimensionen und Module des Konzepts des *integrierten Managements* (siehe Abbildung 2-4) vermittelt, der die Einordnung des vorliegenden Untersuchungsbereichs ermöglicht.

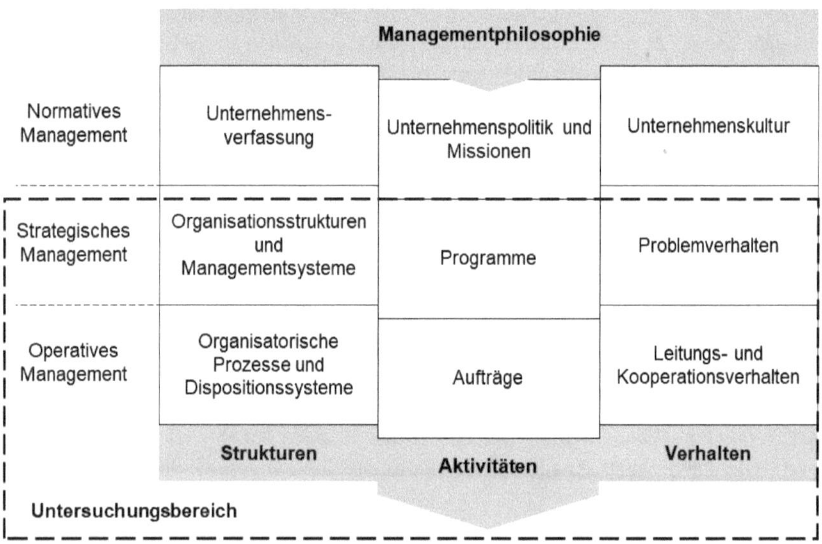

Abbildung 2-4: Konzept des integrierten Managements (eigene Darstellung i. A. a. BLEICHER 2011, S. 91)

Das in Abbildung 2-4 dargestellte Konzept folgt der Leitidee einer Metaintegration einzelner Dimensionen des Managements anhand der übergeordneten Management-Philosophie. Diese befasst sich mit Fragestellungen der Rolle des Managements im sozialen Kooperationszusammenhang der Unternehmung. Das Konzept ist als Matrixstruktur dargestellt, in der die normativen, strategischen und operativen Ebenen horizontal an der Leitidee einer Managementphilosophie ausgerichtet sind. Diese Ebenen werden auf der vertikalen Ebene in Strukturen, Aktivitäten und Verhalten unterschieden. Die einzelnen Elemente sind in Abhängigkeit voneinander zu betrachten und bilden ein Geflecht von vielfältigen Vor- und Rückkopplungsprozessen (s. BLEICHER 2011, S. 87f.).

Die oberste Ebene bildet das **normative Management**, das sich mit generellen Zielen der Unternehmung sowie den Prinzipien, Normen und Spielregeln, welche zur Lebens- und Entwicklungsfähigkeit der Unternehmung beitragen, befasst. Die unternehmenspolitische Konkretisierung dieser Ziele erfolgt in Form einer Mission zur Unternehmensentwicklung. Die Ausrichtung des normativen Managements zielt dabei auf die Nutzenstiftung von gesellschaftlichen und wirtschaftlichen Bezugsgruppen ab und definiert somit die zweckorientierten Ziele zukünftiger Handlungen einer Unternehmung (s. BLEICHER 2011, S. 88f.).

Die zweite Ebene des Konzepts umfasst das **strategische Management**. Dieses ist auf den Aufbau, die Pflege und die Ausbeutung von Erfolgspotenzialen einer Unternehmung gerichtet. Erfolgspotenziale verstehen sich hierbei als die im Zeitablauf gewonnenen Erfahrungen mit Märkten, Technologien, sozialen Strukturen und Prozessen sowie die Entwicklung neuer Fähigkeiten, die zur Erzielung von Wettbewerbsvorteilen genutzt werden. Im Mittelpunkt dieser Ebene stehen strategische Überlegungen in Form von Programmen, Strukturen und Systemen sowie der Auslegung des Problemlösungsverhaltens des Managements. Im Gegensatz zur Begründung von Aktivitäten im normativen Management, zielt das strategische Management auf die Ausrichtung jener ab (s. BLEICHER 2011, S. 89f.).

Das normative und strategische Management finden ihre Umsetzung auf der dritten operativen Ebene des Konzepts. Die Funktion des **operativen Managements** besteht darin, die Vorgaben aus Mission und Strategie in leistungs-, finanz- und informationswirtschaftliche Operationen zu überführen (s. BLEICHER 2011, S. 90).

Die horizontalen Dimensionen werden aufgrund ihrer Vor- und Rückkopplungsprozesse auch auf vertikaler Ebene betrachtet. Die Integration durch **Strukturen** erfolgt hierbei auf normativer Ebene durch die *Unternehmensverfassung*, welche in der strategischen Dimension in einer Gestaltung der *Organisationsstrukturen* und *Managementsysteme* konkretisiert wird. Dieser strukturelle Ansatz drückt sich im Ablauf von *organisatorischen Prozessen* aus, die durch *Dispositionssysteme* gesteuert werden (s. BLEICHER 2011, S. 95).

Aktivitäten verstehen sich als konkrete Handlungsaufforderungen, die auf normativer Ebene im Rahmen der *unternehmenspolitischen Mission* als Vorgabe für das strategische und operative Management dienen. Eine Spezifizierung dieser Mission erfolgt in der strategischen Dimension durch *Programme*, die den einzelnen Individuen in Form von abgeleiteten *Aufträgen* zugeordnet werden (s. BLEICHER 2011, S. 94f.).

Die dritte vertikale Ebene stellt die Integration durch **Verhalten** dar. Auf der normativen Ebene steht die Verhaltensbegründung im Mittelpunkt, welche die *Unternehmenskultur* und somit das Zukunftsverhalten der Mitarbeiter einer Unternehmung bestimmt. Die Aufgabe des strategischen Managements besteht hingegen darin, eine Konkretisierung des angestrebten *Problemverhaltens* herbeizuführen und somit verhaltensleitend zu wirken. In der operativen Dimension erfolgt abschließend die Verhaltensrealisierung in Form des *Leistungs- und Kooperationsverhaltens*, die durch die Führung der Unternehmung zu fördern ist (s. BLEICHER 2011, S. 95).

Die vorliegende Dissertationsschrift geht der Fragestellung nach, wie soziotechnische Systeme für den Einsatz verschiedener Typen softwarebasierter Automatisierungstechnologien gestaltet werden können. Der Anwendungszusammenhang der Dissertation bezieht sich hierbei auf das technische Subsystem softwarebasierter Automatisierungstechnologien, wohingegen die Organisation sowie die darin enthaltenen Strukturen und Individuen als soziales Subsystem angesehen werden. Da jedes Unternehmen eine Vielzahl unterschiedlicher formal definierter Regeln, Rollen und Entscheidungswege aufweist, soll ein Verständnis dafür entwickelt werden, wie softwarebasierte Automatisierungstechnologien auf die Organisation wirken et vice versa. Das Forschungsvorhaben ist daher an der Schnittstelle zwischen strategischem und operativem Management einzuordnen. Die Auseinandersetzung mit dieser Fragestellung erfordert die Integration der vertikalen Ebenen *Strukturen*, *Aktivitäten* und *Verhalten*. Eine Konkretisierung in Form einzelner Elemente wird im Rahmen dieser Dissertationsschrift als nicht zielführend erachtet, da die einzelnen Vor- und Rückkopplungsprozesse in differenzierter Ausprägung betrachtet werden.

2.2.2 Einordnung in das Geschäftsprozessmanagement

Unter den Umständen der volatilen Wirtschaft des 21. Jahrhunderts, unter steigendem Kostendruck und zunehmendem Einsatz unternehmensweiter Standardsoftware ist es notwendig, eine Organisation kontinuierlich zu verbessern (s. BECKER ET AL. 2009b, S. 2; BITKOWSKA 2019, S. 319). In diesem Zusammenhang forcieren Unternehmen heutzutage einen ganzheitlichen Blickwinkel auf Prozesse, weshalb die *prozessorientierte Unternehmensgestaltung* zunehmend in den Vordergrund gestellt wird (s. BECKER ET AL. 2009b, S. 2). Anders als in der klassischen Organisationslehre befasst sich dieser Gedanke nicht mit der Gestaltung der Aufbauorganisation, sondern fokussiert die Ablauforganisation im Sinne der Aufgabendurchführung und Steuerung von Aktivitäten einer Unternehmung (s. BECKER ET AL. 2009b, S. 2f.; KOCH 2015, S. 11).

Als Mittel zur prozessorientierten Unternehmensgestaltung findet das Geschäftsprozessmanagement Anwendung (s. BECKER ET AL. 2009b, S. 3). Dieses ist nach GADATSCH *„ein zentraler Bestandteil eines integrierten Konzeptes für das Geschäftsprozess- und Workflow-Management. Es dient dem Abgleich mit der Unternehmensstrategie, der organisatorischen Gestaltung von Prozessen sowie deren technischer Umsetzung mit geeigneten Kommunikations- und Informationssystemen"* (GADATSCH 2008, S. 1). Dieser Definition folgend kann das Geschäftsprozessmanagement als

Verbindung zur Strategieentwicklung eines Unternehmens angesehen werden und dient zeitgleich als fachlich-konzeptioneller Impulsgeber für die operative Ebene (siehe Abbildung 2-5) (s. KOCH 2015, S. 10). Die Einbindung in die unternehmensinternen Anwendungs- und Organisationssysteme erfolgt hierbei über das Workflow-Management, welches sich als Schnittstelle zu den technischen Systemen und deren Einbindung in die Organisation versteht (s. KOCH 2015, S. 10; GADATSCH 2008, S. 3).

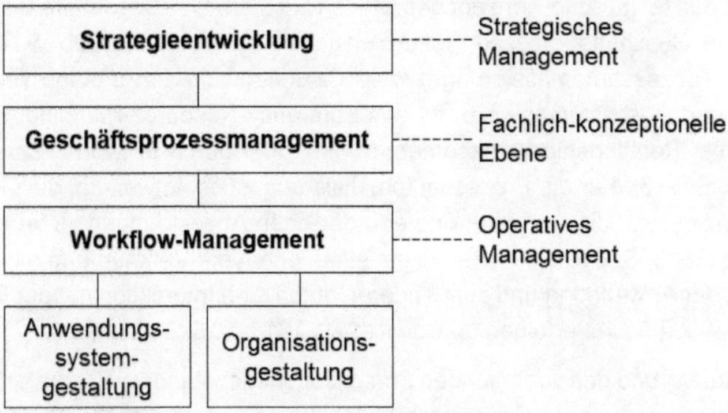

Abbildung 2-5: Integriertes Geschäftsprozess- und Workflow-Management (eigene Darstellung i. A. a. GADATSCH 2008, S. 2)

Als Synonym für Geschäftsprozessmanagement findet häufig der anglo-amerikanisch geprägte Begriff des Business-Process-Managements (BPM) Anwendung (s. BECKER ET AL. 2009b, S. 3). Das Konzept des BPMs kann gemäß BECKER ET AL. in zwei konzeptionelle Stoßrichtungen unterteilt werden: Das rein *betriebswirtschaftliche Konzept* befasst sich mit der Implementierung einer Managementphilosophie, nach der Geschäftsprozesse und die mit ihnen verbundenen Leistungen, wie Kosten, Zeit und Ressourcen, als zentrale Erfolgsfaktoren des Unternehmens aufgefasst werden (s. BECKER ET AL. 2009b, S. 3). Das *technische Konzept* hingegen verfolgt das Ziel, eine weitreichende Automatisierung von Geschäftsprozessen durch den Einsatz von Technologien zu ermöglichen (s. BECKER ET AL. 2009b, S. 4). Die Kombination dieser beiden Konzepte der Geschäftsmodellierung steht im Mittelpunkt eines modernen BPM-Gedankens. Der zentrale Zweck ist hierbei die Verbesserung von Geschäftsprozessen durch die Neugestaltung von Informationssystemen, um die am Prozess beteiligten Akteure bestmöglich zu unterstützen (s. MENDLING ET AL. 2018, S. 298). Eine Vielzahl prozessorientierter Informationssysteme, die in der Vergangenheit unter dem Begriff der BPM-Systeme (BPMS) zusammengefasst worden sind, zielen ebenfalls auf diese Idee ab (s. MENDLING ET AL. 2018, S. 298; s. HAMMER 2015, S. 14; VAN DER AALST 2013, S. 1). HAMMER ordnet die Nutzung von BPMS-Software zwei Arten von Zwecken zu (s. HAMMER 2015, S. 14):

- **Erstellung von Prozessbeschreibungen:** Im Hinblick auf die durchzuführenden Aktivitäten dient die Erstellung von Prozessbeschreibungen der Unterstützung der Prozessanalyse, -simulation und -entwurfsbemühungen.

- **Generierung von ausführbarem Code:** Dieser dient der Unterstützung der Prozessleistung, indem spezifische Prozessschritte automatisiert sowie Systeme und Datenbanken integriert werden. Dies ermöglicht eine Verwaltung des Arbeitsablaufs von Dokumenten, die den Prozess durchlaufen.

Neue Technologien beeinflussen die Art und Weise, wie Organisationen Aufgaben in einem Prozess ausführen und koordinieren (s. Mendling et al. 2018, S. 299). In Anlehnung an das technische Konzept des BPMs wird hierbei insbesondere die Automatisierung von Geschäftsprozessen fokussiert (s. Becker et al. 2009b, S. 4). Bisher erfolgte die Prozessautomatisierung gemäß Czarnecki u. Auth anhand von traditionellen Anwendungssystemen, z. B. für das Enterprise-Resource-Planning (ERP) und das Customer-Relationship-Management (CRM), oder durch BPMS (s. Czarnecki u. Auth 2018, S. 116). Für die Prozessautomatisierung ist es notwendig, die Geschäftsprozesse mit den für die Durchführung erforderlichen Anwendungen zu verbinden (s. Cewe et al. 2018, S. 643). Dies kann zum einen durch die Verknüpfung mit der Business-Logik der Anwendung und zum anderen durch eine Interaktion mit der Benutzerschnittstelle/-oberfläche erfolgen (s. Cewe et al. 2018, S. 643).

Vor dem Hintergrund des vorliegenden Forschungsgegenstands weist die softwarebasierte Automatisierung zwar Gemeinsamkeiten mit den erwähnten BPMS auf, verfolgt nach Allweyer jedoch einen anderen Ansatz. BPM, als Vertreter der traditionellen Prozessautomatisierung, und neue softwarebasierte Automatisierungstechnologien werden eingesetzt, um IT-Abteilungen bei der Automatisierung zu unterstützen und Geschäftsprozesse ohne Systembrüche zu automatisieren (s. Allweyer 2016, S. 7). Im Gegensatz zu BPMS setzen Automatisierungstechnologien wie RPA jedoch auf bestehenden Systemen auf. Es besteht daher keine Notwendigkeit, kostenintensive Plattformen oder Schnittstellen zu schaffen, zu ersetzen oder weiterzuentwickeln. Am Beispiel von RPA kann verdeutlicht werden, dass in der Art und Weise des menschlichen Akteurs über die Benutzeroberfläche mit einer Anmelde-ID und einem Passwort auf andere Computersysteme zugegriffen wird. Die dabei zugrundeliegende Geschäftslogik wird während des Einsatzes von RPA nicht berührt. Während BPM-Lösungen mit der Geschäftslogik und den Datenzugriffsschichten interagieren, werden durch RPA keine Daten gespeichert (s. Lacity u. Willcocks 2016b, S. 23). Ob dies auch beim ergänzenden Einsatz von KI zutrifft, gilt es im vorliegenden Dissertationsvorhaben zu untersuchen. Abbildung 2-6 veranschaulicht den dargestellten Sachverhalt.

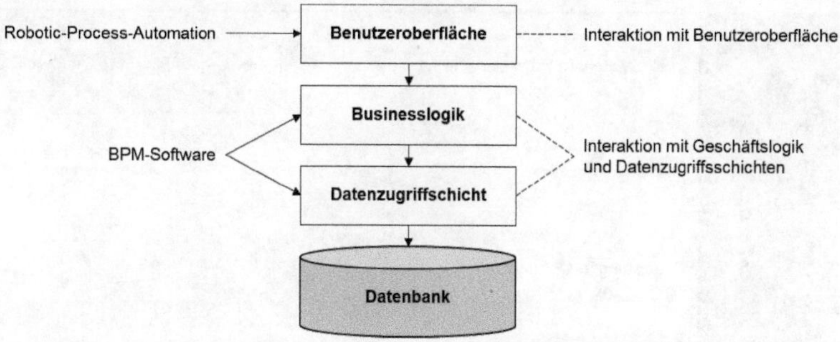

Abbildung 2-6: Vergleich von RPA und BPMS (eigene Darstellung i. A. a. LACITY U. WILLCOCKS 2016b, S. 24)

Obwohl die in Abbildung 2-6 dargestellten verschiedenen technologischen Ansätze sehr oft getrennt voneinander eingesetzt werden, empfiehlt die Unternehmenspraxis, eine Kombination beider Technologien anzustreben, um den größtmöglichen geschäftlichen Nutzen zu erzielen (s. IVANČIĆ ET AL. 2019, S. 282; CEWE ET AL. 2018, S. 644). So kann der Einsatz softwarebasierter Automatisierung dazu beitragen, finanzielle und personelle Kapazitäten zu schaffen, um BPMS vollständig zu implementieren (s. IVANČIĆ ET AL. 2019, S. 282). Darüber hinaus kann der Einsatz innovativer Automatisierungstechnologien umfangreiche Umsetzungsprojekte für BPMS, die mit der Anpassung komplexer Anwendungssystemarchitekturen verbunden sind, umgehen (s. CZARNECKI U. AUTH 2018, S. 116).

Im Zuge eines ganzheitlichen Geschäftsprozessmanagements kann die vorliegende Dissertationsschrift als komplementärer Ansatz zu bestehenden BPMS-Lösungen in Unternehmen angesehen werden, da der Einsatz softwarebasierter Automatisierungstechnologien die Vorteile von BPMS ergänzt. Trotz der komplementären Betrachtung zu traditionellen BPMS erfolgt im Rahmen der Dissertationsschrift keine explizite Betrachtung solcher Lösungen, da die Auseinandersetzung mit neuen softwarebasierten Automatisierungstechnologien im Vordergrund steht.

2.3 Zusammenfassung

Aufbauend auf den zuvor dargestellten terminologischen Grundlagen kann der Abbildung 2-7 die Einordnung des Untersuchungsbereichs der vorliegenden Dissertationsschrift entnommen werden. Die Eingrenzung der Arbeit orientiert sich hierbei an dem strukturellen Aufbau der vorherigen Kapitel. In Anlehnung an die Zielsetzung der Dissertationsschrift wird der Ordnungsrahmen als Modell für die nachfolgenden Ausarbeitungen gewählt.

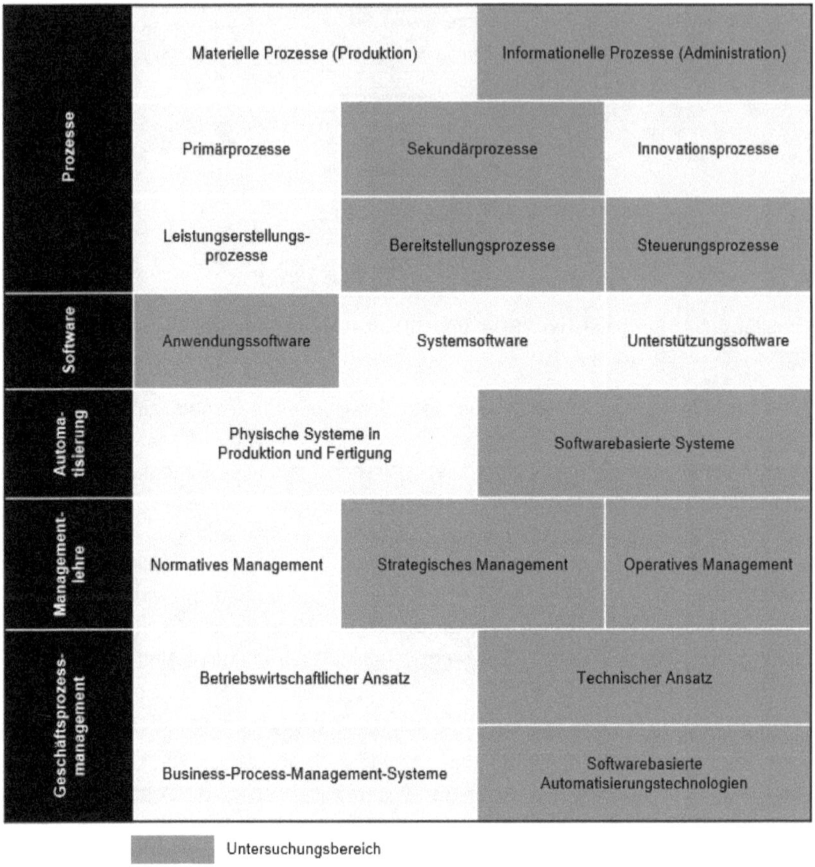

Abbildung 2-7: Eingrenzung der Arbeit (eigene Darstellung)

Im Hinblick auf den Prozessgegenstand adressiert der Untersuchungsbereich informationelle und sekundäre Prozesse, die in Anlehnung an PORTER die kontinuierliche Ausführung primärer Arbeitsabläufe unterstützen und somit die Aufrechterhaltung der betrieblichen Wertschöpfung sicherstellen (s. PORTER 2014, S. 64ff.; SCHULTE-ZURHAUSEN 2010, S. 55). Des Weiteren werden im Zuge der vorliegenden Arbeit Bereitstellung- und Steuerungsprozesse, die den Geschäftsprozessen zuzuordnen sind, in der Untersuchung berücksichtigt. Den hierbei zugrundeliegenden Anwendungsbereich stellen die Administrationsprozesse einer Organisation dar, die aufgrund ihres informationsverarbeitenden Charakters den Bereitstellungs- und Steuerungsprozessen eines Unternehmens zugeordnet werden können (s. TAPPING U. SHUKER 2003, S. 2ff.).

Im Zuge der technologischen Fokussierung softwarebasierter Automatisierung stehen informationsverarbeitende Systeme im Vordergrund, die keine physische Existenz besitzen. Diese Systeme basieren auf den Prinzipien der Datenverarbeitung und adressieren spezifische Anwendungsprobleme und -aufgaben (s. ENGELHARDT 2006, S. 3ff.; LEIMEISTER 2015, S. 66). Daher wird im vorliegenden Untersuchungsbereich die Anwendungssoftware als Grundlage softwarebasierter Automatisierungssysteme betrachtet.

Da die eingangs aufgezeigte Forschungsfrage die Gestaltung soziotechnischer Systeme fokussiert, werden Organisationsstrukturen im Sinne des strategischen Managements sowie deren Verankerung durch das operative Management berücksichtigt.

Abschließend kann der Untersuchungsbereich in die bestehende Forschung des Geschäftsprozessmanagements eingeordnet werden. Vor diesem Hintergrund wird der technische Ansatz, mit dem Ziel einer Automatisierung von Geschäftsprozessen, adressiert.

3 Entwicklung des theoretischen Bezugsrahmens

Die Betrachtung relevanter Theorien und Ansätze bildet die Basis für die Entwicklung des Ordnungsrahmens für die softwarebasierte Automatisierung administrativer Prozesse. Aufgrund der hohen Relevanz dieses Kapitels für die zu schließende Forschungslücke soll der finale Ordnungsrahmen nicht anhand einer einzelnen, sondern auf Basis verschiedener Theorien in Anlehnung an FEYERABEND entwickelt werden. Dieser als **theoretischer Pluralismus** bezeichnete Ansatz wird als wesentliches Merkmal allen Wissens angenommen, das den Anspruch erhebt, objektiv zu sein (s. FEYERABEND 1965, S. 149). Aus diesem Grund wird im Folgenden auf unterschiedliche Theorien zurückgegriffen. In den nachstehenden Kapiteln werden ausgewählte Organisationstheorien und -ansätze vorgestellt, die im weiteren Verlauf der Arbeit die Grundlage konsekutiver Ausführungen darstellen und als Ausgangspunkt für die Modellbildung dienen. Vor diesem Hintergrund wird in Kapitel 3.1 zunächst der Auswahlprozess vorgestellt. Daran anschließend erfolgt in Kapitel 3.2 die Darstellung der Systemtheorie, gefolgt vom situativen Ansatz (siehe Kapitel 3.3). Kapitel 3.4 stellt anschließend die Konfigurationstheorie vor. Darauffolgend veranschaulicht Kapitel 3.5 die Strukturationstheorie im Hinblick auf die theoretische Ausgangslage und die Dualität von Struktur. Die Darstellung des Ursprungs und der einzelnen Bestandteile des soziotechnischen Ansatzes sind Inhalte des Kapitels 3.6. Abschließend werden das Erkenntnisinteresse sowie vorhandene Inhalte und Methoden des Mensch-Technik-Organisation-Ansatzes im Detail betrachtet (siehe Kapitel 3.7). Die relevanten Ansätze der dargelegten theoretischen Abhandlungen werden als Grundlage für das zu entwickelnde Modell genutzt und in den spezifischen Anwendungskontext übertragen. Kapitel 3.8 liefert hierbei auf Basis der vorangegangenen Überlegungen abschließende Schlussfolgerungen für die Modellbildung.

3.1 Auswahl relevanter Theorien und Ansätze

Der Einsatz softwarebasierter Automatisierungstechnologien stellt oftmals eine strategische Entscheidung dar, die sich spätestens im Zuge der Umsetzung und Verstetigung auf die Organisation auswirkt. Daher sollen in den folgenden Kapiteln verschiedene Ansätze aus den Organisationstheorien sowie deren Relevanz für die Entwicklung des Ordnungsrahmens erläutert werden.

Die Organisationsforschung stellt ein interdisziplinäres Feld dar, das Soziologie, Psychologie, Wirtschaftswissenschaften, Politikwissenschaften und andere Disziplinen zusammenführt (s. ADLER 2009, S. 3). SCHERER U. MARTI sehen die Aufgaben der Organisationstheorien darin, eine Verbesserung der Organisationspraxis herbeizuführen, indem sie das Entstehen, das Bestehen und die Funktionsweise von Organisationen erklären. Die Organisationstheorie dient somit der Reflexion der organisatorischen Praxis und beschäftigt sich mit der Fragestellung, wie diese betrieben wird und betrieben werden sollte (s. SCHERER U. MARTI 2014, S. 15ff.; KIESER U. WALGENBACH 2010, S. 29). Die Art und Weise dieser Erklärungen variiert mitunter sehr stark zwischen den einzelnen Theorien. HAGE unterscheidet, abhängig davon, ob sich die einzelnen Ansätze mit dem Verhalten von Individuen, einer ganzen Organisationseinheit und ihrer Struktur oder den Beziehungen zwischen Organisation und Umwelt befassen, zwischen Mikro-, Meso- und Makrotheorien der Organisation (s. SCHERER U. MARTI 2014, S. 16; vgl. HAGE 1980). SCHERER U. MARTI stellen fest, dass der Gegenstandsbereich der Organisationstheorie viele Teilaspekte umfasst, die nur schwer in einer gemeinsamen und allgemeingültigen Theorie zu integrieren sind (s. SCHERER U. MARTI 2014, S. 16; SCHULTE-ZURHAUSEN 2010, S. 7). Keiner der derzeit existenten theoretischen Ansätze aus der Organisationsforschung kann für sich allein beanspruchen, die Komplexität einer Organisation ganzheitlich abzubilden und zu erklären (s. SCHULTE-ZURHAUSEN 2010, S. 31). Aus diesem Grund stellen die unterschiedlichen Theorien lediglich Partialanalysen dar, die zum Verständnis von Organisationen oder zur Lösung organisatorischer Problemstellungen beitragen. Es gilt, die Erkenntnisse bestehender Theorien bestmöglich zu nutzen, um mithilfe ihrer konzeptuellen und methodischen Vielfalt eine Annäherung an die vorliegende Problemstellung herbeizuführen (s. SCHULTE-ZURHAUSEN 2010, S. 31). Abbildung 3-1 veranschaulicht den Prozess zur Auswahl geeigneter Organisationstheorien.

Abbildung 3-1: Prozess zur Auswahl geeigneter Organisationstheorien und -ansätze (eigene Darstellung)

Die übergeordnete Zielsetzung der vorliegenden Dissertationsschrift besteht darin, die wechselseitige Optimierung sozialer und technischer Gegebenheiten einer Organisation im Hinblick auf die softwarebasierte Automatisierung administrativer Prozesse zu gestalten. Vor diesem Hintergrund werden sowohl Schnittstellen der Interaktion zwischen Individuen, aber auch die Mensch-Technik-Interaktion, sowie das Zusammenspiel ganzer Organisationseinheiten und -strukturen fokussiert. Beziehungen zwischen einer Organisation und ihrer Umwelt werden aufgrund der intraorganisationalen Schwerpunktsetzung im Rahmen der Arbeit nicht näher betrachtet. Entsprechend der Kategorisierung nach HAGE muss die theoretische Basis dieser Arbeit daher im Rahmen der Mikro- und Mesotheorien einer Organisation geschaffen werden (siehe Abbildung 3-1). Daher sind nachfolgende Inhalte im Wesentlichen auf Ansätze der Soziologie und der Wirtschaftswissenschaften ausgerichtet, um auf deren Erkenntnisinteresse basierend ein theoretisches Gerüst für die Entwicklung des Ordnungsrahmens zu schaffen. Technologische Einflüsse werden im Kontext des soziotechnischen Systems (siehe Kapitel 3.6) berücksichtigt.

3.2 Systemtheorie

Das gedankliche Fundament der allgemeinen Systemtheorie wurde durch den theoretischen Biologen und Systemtheoretiker Ludwig von BERTALANFFY in den dreißiger Jahren begründet und gilt bis heute als repräsentativ für Inhalt, Aussagewert und Zielbild dieser (s. FUCHS 1973, S. 33). BERTALANFFY beschreibt Vorgehensweisen, um verschiedene interdisziplinäre Denkansätze zur Modellierung der Wirklichkeit zusammenzuführen (s. BERTALANFFY 1972, S. 18). Aufgrund dieser Interdisziplinarität eignet sich die allgemeine Systemtheorie zur Anwendung im Kontext realer Problemstellungen und ermöglicht die Untersuchung von Gestaltungs- und Führungsproblemen in produktiven sozialen Systemen (s. ULRICH U. HILL 1976a, S. 308). Um Beobachtungen wirksam zueinander in Beziehung zu setzen und interpretieren zu können, sind Strukturen von wesentlicher Bedeutung, weshalb der Systemtheorie folgende Vorteile beigemessen werden (s. FORRESTER 1972, S. 11; ULRICH U. HILL 1976a, S. 308):

- **Terminologische Funktion:** Da der Systemansatz nicht durch inhaltliche Vorurteile und A-priori-Annahmen beeinflusst wird, stellt diese Vorgehensweise ein abstraktes und interdisziplinäres Begriffssystem dar.
- **Heuristische Funktion:** Die durch den Systemansatz bereitgestellte Struktur erleichtert die Entdeckung bisher vernachlässigter Aspekte und Zusammenhänge, wodurch neue Schwerpunkte identifiziert werden können.
- **Integrationsfunktion:** Der Systemansatz erlaubt es, gleichzeitig verschiedene Einflussfaktoren und Variablen, insbesondere aus dem psychologischen, soziologischen, ökonomischen und technologischen Feld, zu beachten.

ULRICH U. HILL heben die Integrationsfunktion als einen zentralen Vorteil des Systemansatzes hervor, da diese durch ihre interdisziplinäre Offenheit dazu beiträgt, verschiedene Wissenschaften zu verbinden (s. ULRICH U. HILL 1976a, S. 308f.). Der Systembegriff charakterisiert sich hierbei als eine Menge, bestehend aus Elementen mit definierten Eigenschaften und Funktionen, die durch Relationen miteinander verknüpft sind und interagieren (s. PATZAK 1982, S. 19; HABERFELLNER ET AL. 2018, S. 28; FUCHS 1973, S. 36). Zur Beschreibung von Systemen werden konkrete Grundbegriffe genutzt, die nachfolgend in Anlehnung an HABERFELLNER ET AL. dargestellt sind (siehe Abbildung 3-2).

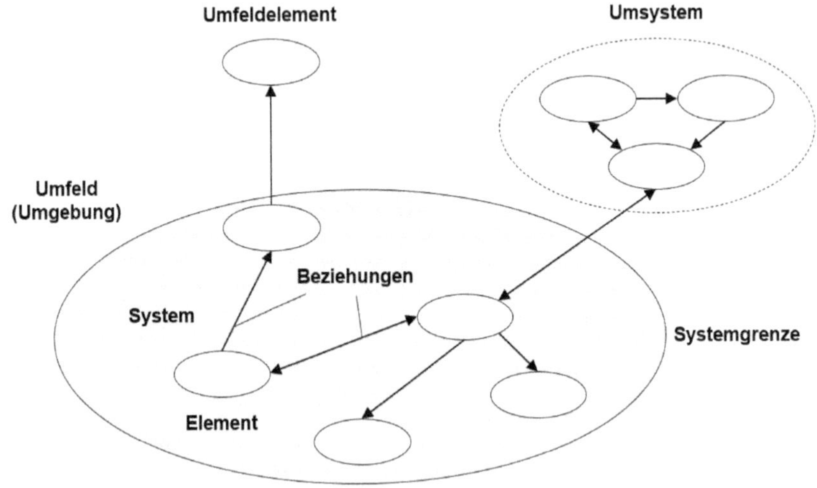

Abbildung 3-2: Grundbegriffe des Systemdenkens (eigene Darstellung i. A. a. HABERFELLNER ET AL. 2018, S. 28)

Das *System* mit den darin enthaltenen *Elementen* und *Beziehungen* kann durch eine mehr oder weniger willkürliche *Systemgrenze* zum *Umfeld* abgegrenzt werden (s. HABERFELLNER ET AL. 2018, S. 29). Eine grundsätzliche Unterscheidung von Systemen ist die Einteilung in offene und geschlossene, wobei letztere keine Interaktionsbeziehungen zu anderen Systemen aufweisen (s. PATZAK 1982, S. 20; FORRESTER 1972, S. 15). Eine solche Abgeschlossenheit tritt nach PATZAK in strengem Sinne bei konkreten Systemen in der Praxis nicht auf, da diese immer in geringem Maße in einer Austauschbeziehung mit der Umwelt stehen (s. PATZAK 1982, S. 20). Die außerhalb der Systemgrenze angesiedelten Elemente stehen oftmals in einer Wirkungsbeziehung mit dem System oder können durch dieses beeinflusst werden. Um den Systemcharakter solcher Elemente zu betonen, wird oftmals von *Umsystemen* gesprochen (s. HABERFELLNER ET AL. 2018, S. 29). PATZAK postuliert, dass das Denken in Systemen als ganzheitliche integrative Denkweise geeignet ist, die Wirklichkeit in ihrer Gesamtheit adäquat beschreiben, verstehen und gestalten zu können (s. PATZAK 1982, S. 7; vgl. HABERFELLNER ET AL. 2018, S. 27). Diese Denkweise spiegelt sich in dem Vorgehensmodell des *Systems Engineerings* wider, dem vier Grundgedanken zugrunde liegen, die nach HABERFELLNER ET AL. als Kombination betrachtet werden sollen und nachstehend erklärt werden (vgl. HABERFELLNER ET AL. 2018, S. 53ff.).

Da die Methodik des Systems-Engineerings für die Lösung schwer fassbarer Probleme genutzt wird, die in sich und in Relation mit der Umwelt komplex sind, wird ein Top-down-Ansatz verfolgt. Der erste Grundgedanke **„Vom Groben zum Detail"** geht daher von einem Blackbox-Prinzip aus und verfolgt das Ziel der schrittweisen Detaillierung und Auflösung konkreter Problemstellungen. Hierbei sollen zu Beginn der Untersuchungsbereich sowie darin enthaltene Bausteine des Problemfelds dargestellt werden, um den Betrachtungshorizont einzuengen. Bei der Lösungsgestaltung sollte zunächst ein genereller Lösungsrahmen festgelegt werden, dessen Konkretisierungsgrad schrittweise vertieft wird (s. HABERFELLNER ET AL. 2018, S. 54ff.). Da für nahezu jede Problemstellung mehrere Lösungsmöglichkeiten existieren, besteht ein weiteres Vorgehensprinzip in der **Variantenbildung**. Dieser Grundgedanke verweist auf die Notwendigkeit, die Grundidee einer Lösung konsequent zu hinterfragen, um andere denkbare Lösungsalternativen zu identifizieren und hinsichtlich ihrer Wirkungen, Voraussetzungen und Konsequenzen zu hinterfragen. Das Ergebnis einer solchen Bewertung kann als zielführende Lösungsvariante weiterverfolgt und auf der nächsttieferen Systemstufe ausdetailliert werden (s. HABERFELLNER ET AL. 2018, S. 57ff.). Eine Konkretisierung und logische Erweiterung der vorgestellten Komponenten des Systems-Engineerings stellt die **Phasengliederung** dar. Diese hat den Zweck, einen stufenweisen Planungs-, Entscheidungs- und Konkretisierungsprozess zu gewährleisten, indem der Werdegang einer Lösung in überschaubare Etappen gegliedert wird. Das Konzept solcher Projektphasen kann im Sinne einer Makro-Logik als managementorientierte Komponente des Systems-Engineerings angesehen werden (s. HABERFELLNER ET AL. 2018, S. 61ff.). Das Pendant im Sinne einer Mikro-Logik bildet der **Problemlösungszyklus** als vierter und letzter Grundgedanke des Systems-Engineerings. Dieser kann als Leitfaden zur Bearbeitung konkreter Problemstellungen in jeder Phase eines Projekts angewandt werden. Der Problemlösungszyklus umfasst hierbei zum einen die Zielsuche und -konretisierung, bestehend aus der Situationsanalyse und Zielformulierung. Zum anderen werden die Lösungssuche, bestehend aus Lösungssynthese und -analyse, sowie die Bewertung, Entscheidung und Auswahl einer Lösung in dieser Phase fokussiert (s. HABERFELLNER ET AL. 2018, S. 70ff.).

Die **Systemtheorie** und die Vorgehensweise des **Systems-Engineerings** stellen eine geeignete theoretische sowie **angemessene methodische Grundlage** im Lösungsprozess der vorliegenden Arbeit dar. Eine Zusammenfassung der aufgezeigten Vorgehensweise ist in Abbildung 3-3 dargestellt.

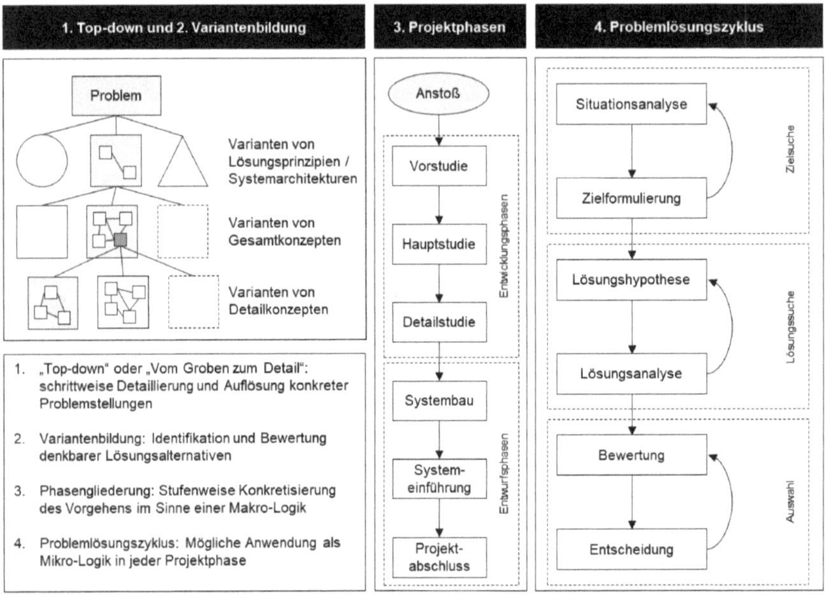

Abbildung 3-3: Komponenten des systemtechnischen Vorgehensmodells (eigene Darstellung i. A. a. HABERFELLNER ET AL. 2018, S. 53ff.)

Aufgrund der interdisziplinären Sichtweise finden insbesondere die Grundprinzipien des Systems-Engineerings Anwendung bei der Entwicklung der einzelnen Partialmodelle des Dissertationsvorhabens. Dem ersten Grundgedanken „Vom Groben zum Detail" folgend, kann durch die Ausdetaillierung der partialen Modelle ein Ordnungsrahmen für die softwarebasierte Automatisierung administrativer Prozesse entwickelt werden. Das Prinzip der Variantenbildung findet in jedem einzelnen Element des Ordnungsrahmens Anwendung, um denkbare Lösungsalternativen zu bewerten und somit die Grundideen der Lösungsbausteine konsequent zu hinterfragen. Die Vorgehensprinzipien *Phasengliederung* und *Problemlösungszyklus* spiegeln sich in der systematischen Vorgehensweise und Gliederung der Arbeit wider. Aus genannten Gründen bilden die allgemeine Systemtheorie sowie das Systems-Engineering einen geeigneten theoretischen Rahmen für die Bearbeitung der zentralen Fragestellungen der vorliegenden Dissertationsschrift.

3.3 Situativer Ansatz

Mitte der 1960er Jahre entwickelte sich im westlichen Raum ein Trend zu empirischen situativen Analysen der Organisationsstruktur, den zahlreiche Organisationsforscher als situativen Ansatz prägten (s. SCHULTE-ZURHAUSEN 2010, S. 23; KIESER 2014, S. 165; vgl. STAEHLE 1973; HICKSON U. MCMILLAN 1981; BLAU U. SCHOENHERR 1971; WOODWARD 1965; KIESER 2014; LAWRENCE U. LORSCH 1967). Dieser Ansatz hat seine

Wurzeln in mehreren organisationstheoretischen Arbeiten wie der klassischen Managementlehre oder Max Webers Analyse der Bürokratie (s. KIESER 2014, S. 165; KIESER U. WALGENBACH 2010, S. 40). KIESER betont, dass der Fokus des situativen Ansatzes im Gegensatz zu verhaltenswissenschaftlichen Entscheidungstheorien auf die Organisationsstruktur gerichtet ist und von der Annahme ausgeht, dass die formale Struktur einer Organisation starken Einfluss auf die Effizienz dieser ausübt. Da jedoch keine allgemein gültigen effizienten Strukturen existieren, müssen Organisationen ihre Strukturen an die jeweiligen Situationen anpassen (s. KIESER 2014, S. 164). Unter dem situativen Ansatz werden daher alle Beiträge zusammengefasst, die Unterschiede zwischen realen Organisationsstrukturen auf Veränderungen des Kontextes einer Organisation zurückführen (s. SCHULTE-ZURHAUSEN 2010, S. 24).

Auf dem situativen Ansatz basierende empirische Untersuchungen verfolgen das Ziel, Strukturen zu ermitteln, die sich in konkreten Situationen bewähren (s. KIESER 2014, S. 164). Die Eigenschaften formaler Strukturen werden dabei nicht als konstant, sondern variabel angenommen. Um Unterschiede in Organisationsstrukturen erklären zu können, werden diese auf situative Faktoren zurückgeführt (s. KIESER U. WALGENBACH 2010, S. 40; KIESER 2014, S. 164). Nach SCHULTE-ZURHAUSEN verfolgt dieser Ansatz nicht das Ziel, allgemeingültige Organisationsprinzipien oder fakultative Organisationsformen aufzustellen. Der Fokus empirischer Untersuchungen liegt auf der Aufdeckung von Wirkungszusammenhängen zwischen der Organisationsstruktur, dem Verhalten der Organisationsmitglieder, der Effizienz einer Organisation und der jeweils spezifischen Situation (s. SCHULTE-ZURHAUSEN 2010, S. 24). KIESER definiert das Forschungsprogramm des situativen Ansatzes anhand von drei Fragestellungen, deren Zusammenhang in Abbildung 3-4 veranschaulicht wird (s. KIESER 2014, S. 167):

(1) **Operationalisierte Konzeption der Organisationsstruktur:** Wie können Organisationsstrukturen beschrieben und operationalisiert werden, um Unterschiede zwischen Organisationsstrukturen in empirischen Untersuchungen aufzeigen zu können?

(2) **Konzeption der Situation:** Welche situativen Faktoren oder Einflussgrößen können festgestellte Unterschiede zwischen Organisationsstrukturen erklären?

(3) **Konzeption des Verhaltens der Mitglieder und der Effizienz von Organisationen:** Welche Auswirkungen haben unterschiedliche Situation-Struktur-Konstellationen auf das Verhalten von Mitgliedern und die Effizienz einer Organisation?

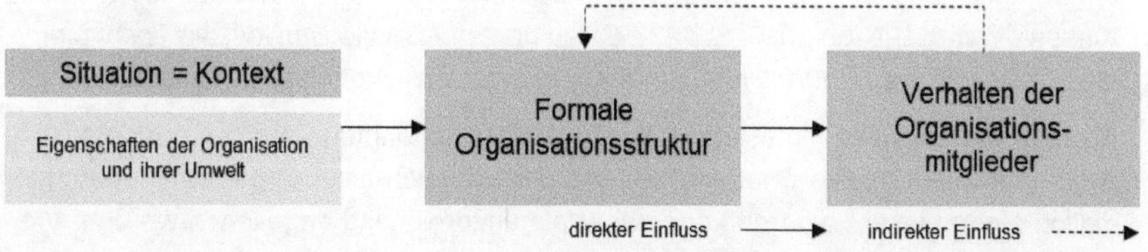

Abbildung 3-4: Direkte und indirekte Einflüsse auf die Organisationsstruktur (KIESER 2014, S. 167)

Im Zuge des dargestellten Forschungsprogramms formuliert KIESER verschiedene Voraussetzungen, die es im Rahmen der empirischen Untersuchung einer Organisation zu erfüllen gilt. Die **Konzipierung und Operationalisierung der Organisationsstruktur** basiert lediglich auf Variablen, die kennzeichnend für die formale Struktur der Organisation und unabhängig von persönlichen Eigenschaften einzelner Mitglieder sind. Zur Durchführung empirischer Analysen müssen die erarbeiten Variablen der Strukturdimensionen in messbare Indikatoren und Vorschriften, bspw. in Form einer Nominalskala, überführt werden (s. KIESER 2014, S. 169). Faktoren zur **Konzipierung und Operationalisierung der Situation** stützen sich in Anlehnung an KIESER auf Plausibilitätsannahmen. Die in der Literatur dargestellten situativen Einflussfaktoren der Organisationsstruktur umfassen hierbei die Dimensionen der organisationsinternen und -externen Situation (s. KIESER 2014, S. 170f.). Die **Konzipierung und Operationalisierung des Verhaltens der Mitglieder und der Effizienz von Organisationen** verfolgen das Ziel, das Verhalten der Mitglieder mithilfe formaler Organisationsstrukturen zu steuern, um die angestrebte Effizienz einer Organisation sicherzustellen (s. KIESER 2014, S. 171f.). Da diese wechselseitigen Wirkungsbeziehungen aufgrund vieler Faktoren nur schwer in empirischen Analysen abgebildet werden können, wurde dieser Aspekt in vergangenen Forschungsarbeiten oftmals vernachlässigt (s. KIESER 2014, S. 172; PREISENDÖRFER 2016, S. 98). Abschließend nennt KIESER die **Bildung von Hypothesen** als vierte Voraussetzung. Durch die Ableitung testbarer Hypothesen können Auswirkungen der Situation auf die Organisationsstruktur sowie die Wechselwirkung zwischen Situation, Verhalten der Organisationsmitglieder und Effizienz einer Organisation ermittelt werden (s. KIESER 2014, S. 168ff.).

Die vorangegangenen Erklärungen konnten Einblicke in die Herkunft und das Forschungsprogramm des situativen Ansatzes vermitteln, wobei der Situationsbegriff bislang nicht näher betrachtet worden ist. Zur Nutzung dieses organisationstheoretischen Denkansatzes im vorliegenden Dissertationsvorhaben erfolgt nachstehend eine konzentrierte Betrachtung verschiedener definitorischer Strömungen der Situation.

KIESER U. WALGENBACH unterscheiden die Definition des Situationsbegriffs in mono- und multivariante Ansätze (s. KIESER U. WALGENBACH 2010, S. 193ff.). Die **monovarianten Ansätze** basieren hierbei auf der Annahme, dass die Situation einer Organisation durch einen einzigen Faktor erklärt werden kann. In Anlehnung an die kritische Analyse des situativen Ansatzes durch CHILD existieren vier Stoßrichtungen, die jeweils einen Faktor darstellen und als unabhängige Variablen zur Beschreibung formaler Organisationsstrukturen verstanden werden (s. CHILD 1970, S. 382; 1972, S. 3ff.; KIESER U. WALGENBACH 2010, S. 193). CHILD hebt hierbei die *Umwelt*, die *Technologie*, die *Größe* und die *Bedürfnisstruktur der Mitglieder* von Organisationen hervor.

KIESER U. WALGENBACH kritisieren, dass jeder der genannten Faktoren über plausible Argumente verfügt. Die Charakterisierung der Situation einer Organisation durch lediglich einen dieser Faktoren kann daher als unzureichend angesehen werden. Vielmehr lässt sich die Situation einer Organisation durch die Gesamtheit der aufgezeigten Faktoren kennzeichnen, weshalb die Situation als mehrdimensionales Gefüge betrachtet werden sollte. Eine organisatorische Strukturdimension wird als abhängige

Variable bezeichnet und soll im Rahmen empirischer Untersuchungen in konkreten Ausprägungen durch mehrere Einflussgrößen, also unabhängige Variablen, erklärt werden. Diese Herangehensweise wird im Zuge der Definition einer Situation als **multivariater Ansatz** bezeichnet. Zur möglichst vollständigen Darstellung eines spezifischen Untersuchungsbereichs wird die Situation als offenes Konzept verstanden, um neue Erkenntnisse und Entwicklungen der Forschung iterativ in die Analysen mit einzubinden und somit zu eng gefasste Definitionen einer Situation zu verhindern (s. KIESER U. WALGENBACH 2010, S. 196f.).

Mit diesem Verständnis soll der situative Ansatz als partialer Aspekt des theoretischen Bezugsrahmens dieser Arbeit Anwendung finden. Eine Limitation besteht darin, dass die erklärten Unterschiede zwischen realen Organisationsstrukturen lediglich auf interne Situationen zurückgeführt werden, da der Fokus dieser Arbeit auf einen mikro- und mesotheoretischen Betrachtungsraum gelegt wird. Externe Faktoren zur Beschreibung der Situation im Umfeld einer Organisation werden daher vernachlässigt. Darüber hinaus wird die Nutzung einer Technologie (hier: softwarebasierte Automatisierung) als Situation spezifiziert. Da diese als zentrale Einflussgröße betrachtet wird, gilt die Annahme einer monovarianten Situation.

3.4 Konfigurationstheorie

Die Konfigurationstheorie stellt einen organisationtheoretischen Ansatz dar, der Konfigurationen als komplexe Konstrukte einer Organisation sowie ihrer Strukturen mit vielfältigen, voneinander abhängigen und sich gegenseitig verstärkenden Merkmalen darstellt (s. SLATER ET AL. 2006, S. 1222; KHANDWALLA 1973, S. 481). Der Ansatz verfolgt das Ziel, die Vielfalt dieser organisatorischen Merkmale durch logisch konsistente Cluster ganzheitlich abzubilden (s. SLATER ET AL. 2006, S. 1222; KHANDWALLA 1973, S. 481; MILLER U. MINTZBERG 1983, S. 62). MILLER definiert den Begriff der Konfiguration hierbei als den Grad, zu dem die Elemente einer Organisation orchestriert sind und durch ein einziges Thema miteinander in Verbindung stehen (s. MILLER 1996, S. 509). Der Konfigurationsansatz stellt Organisationen somit als komplexe Gebilde dar, die durch zwei Wesensmerkmale charakterisiert werden können (s. MILLER 1981, S. 2; SCHWARZ 2009, S. 78). Zum einen lassen sie sich im Zuge ihrer Multidimensionalität durch vielfältige Kontextfaktoren kennzeichnen, weshalb eine Vielzahl Gestaltungsfragen parallel gelöst werden muss. Zum anderen kann die Konfiguration durch unterschiedliche Interaktionen zwischen Kontext-, Gestaltungs- und Erfolgsvariablen erklärt werden (s. SCHWARZ 2009, S. 78f.). Um trotz dieser Wesensmerkmale eine strukturelle Wirksamkeit herbeizuführen, dienen die von MINTZBERG definierten Thesen als Ausgangsbasis einer Konfiguration (s. MINTZBERG 1979, S. 219f.):

- **Kongruenzhypothese:** Die effektive Strukturierung einer Organisation erfordert enge Übereinstimmungen zwischen den Kontingenzfaktoren und den Entwurfsparametern. Erfolgreiche Organisationen gestalten ihre Strukturen entsprechend ihrer Situation somit eigenständig.

- **Konfigurationshypothese:** Die effektive Strukturierung erfordert eine innere Konsistenz der Entwurfsparameter. Erfolgreiche Organisationen entwickeln hierbei eine logische Konfiguration derselben.

Da sich die aufgezeigten Hypothesen nach MINTZBERG nicht zwangsläufig unterscheiden, können diese zu einer erweiterten Konfigurationshypothese kombiniert werden (s. MINTZBERG 1979, S. 220):

- **Erweiterte Konfigurationshypothese:** Eine effektive Strukturierung erfordert eine Konsistenz der Entwurfsparameter und Kontingenzfaktoren.

Sowohl die externe Kongruenz als auch die interne Konsistenz stellen eine Form des sogenannten „Fits" dar. Liegen beide Formen vor, kann von Gestalten oder Archetypen gesprochen werden. Das Vorhandensein einer externen Kongruenz entspricht der kongruenten Konfiguration, wohingegen die bloße Präsenz der internen Konsistenz einer konsistenten Konfiguration entspricht. Schlussendlich kann eine Konfiguration als Missgestalt bezeichnet werden, wenn keine der beiden Formen vorliegt (SCHWARZ 2009, S. 79). Im Zusammenhang der aufgezeigten Formen stellt das *Fit-Konzept*, neben der *Äquifinalität* und *der begrenzten Anzahl von Typen*, einen der drei essenziellen Bausteine der Konfigurationstheorie dar. Diese sollen im Folgenden näher erläutert werden.

Fit-Konzept

Das Fit-Konzept stammt aus der populationsökologischen Theorie und diente über einen langen Zeitraum als zentrale Stoßrichtung für die Entwicklung von Theorien vieler Managementdisziplinen (s. VENKATRAMAN U. CAMILLUS 1984, S. 513). Das Konzept umfasst die Grundannahme, dass der unternehmerische Erfolg einer Organisation aus dem Eintritt mindestens zweier Variablen resultiert (s. SCHWARZ 2009, S. 86). DRAZIN U. VAN VEN stellen heraus, dass sich bei der Entwicklung des Fit-Konzepts drei verschiedene konzeptionelle Ansätze herauskristallisiert haben (s. DRAZIN U. VAN VEN 1985, S. 515ff.; SCHWARZ 2009, S. 86):

- **Selektionssicht:** Die Selektionssicht wird unter der Prämisse einer Kongruenz zwischen Kontext und Struktur getroffen und betont im Rahmen einer deterministischen Sichtweise die Anpassung eines Unternehmens an ihre Umwelt. Die Selektion versteht sich als das Herausfiltern zweckmäßiger Verhaltensweisen, wobei sie von der Annahme ausgeht, dass konvergente Handlungsformen durch einen Selektionsdruck herbeigeführt werden.
- **Interaktionssicht:** Die Interaktion kennzeichnet den bilateralen Austausch von organisatorischen Kontext- und Strukturfaktoren, der die Leistung eines Unternehmens beeinflusst. Ein Fit entsteht hierbei durch eine lineare Beziehung dieser Faktoren, wobei geringe organisatorische Leistung als Ergebnis von Abweichungen dieser bivariaten Beziehungen resultiert.
- **Systemansatz:** Der Systemansatz fordert, anders als die beiden zuvor dargestellten Sichtweisen, eine Untersuchung mehrerer Eventualitäten und Struktur-

merkmale. Daraus resultiert, dass der Ansatz eine Vielzahl gleichermaßen erfolgsstiftender Gestaltungsformen zulässt, weshalb er aus konfigurationstheoretischer Sicht als essenzielle Charaktereigenschaft selbiger angesehen werden kann.

Da das Fit-Konzept in besonderem Maße durch den Systemansatz repräsentiert wird, indem es die Betrachtung vielfältiger einflussgebender Variablen fokussiert, findet dieser Ansatz in der vorliegenden Arbeit Anwendung. Vor diesem Hintergrund erfolgt die konfigurationstheoretische Betrachtung der zu entwickelnden Modelle aus einer systemischen Perspektive.

Äquifinalität

Das Konzept der Äquifinalität findet ihren Ursprung in der allgemeinen Systemtheorie und wurde im Zuge vergangener Forschungsaktivitäten zunehmend in die Konfigurationstheorie integriert (s. DRAZIN U. VAN VEN 1985, S. 520). Die Äquifinalität postuliert, dass unterschiedliche Alternativen eines Entwurfs mit ihren jeweiligen strukturellen Mustern beständig und auf eine Konfiguration verschiedener Eventualitäten, denen eine Organisation ausgesetzt ist, abgestimmt sind (s. DRAZIN U. VAN VEN 1985, S. 520). Diese Sichtweise nimmt an, dass die Zielsetzungen einer Organisation trotz Varianz der Vorgehensweisen und Ausgangsbedingungen gleichermaßen erfüllt werden können (s. WOLF 2000, S. 53f.; SCHWARZ 2009, S. 87).

In Anbetracht der vorliegenden Problemstellung können Unternehmen die erfolgreiche Gestaltung softwarebasierter Automatisierung in administrativen Prozessen durch unterschiedliche Vorgehensweisen erreichen. Die Wahl des Vorgehens orientiert sich hierbei an der unternehmensindividuellen Situation, woraus der jeweilige Veränderungsbedarf resultiert (s. ANSORGE 2014, S. 65). Somit eignet sich auch das Konzept der Äquifinalität zur Erklärung unterschiedlicher Möglichkeiten bei der Implementierung softwarebasierter Automatisierungstechnologien in einer Organisation.

Begrenzte Anzahl von Typen

Obwohl die Äquifinalität beschreibt, dass verschiedene Ausprägungen und Vorgehensweisen dazu beitragen, die gesetzten Ziele zu erreichen, basiert die Konfigurationstheorie zusätzlich auf der Annahme, dass die Anzahl real existierender Gestaltungsformen gering ist (s. SCHWARZ 2009, S. 89). Gemäß der aus populationsökologischer Sicht getriebenen Selektionsthese existieren nach MILLER U. MINTZBERG Prozesse, die lediglich solche Gestaltungsformen zulassen, die ein hohes Maß an Anpassungsfähigkeit gegenüber ihrer Umwelt aufweisen. Sie heben hierbei den Aspekt hervor, dass in Anlehnung an die systemtheoretische Sichtweise wechselseitige Wirkungsbeziehungen zwischen den betrachteten Variablen bestehen, die ebenfalls zu dieser Selektion beitragen (s. MILLER U. MINTZBERG 1983, S. 69; SCHWARZ 2009, S. 89). Aus diesem Grund wird lediglich solchen Gestaltungsformen eine Existenzberechtigung zuteil, die in einem konsistenten Verhältnis mit ihrer Umwelt stehen.

Im Zuge der vorliegenden Zielstellung ist daher darauf zu achten, dass die Anzahl relevanter Typen softwarebasierter Automatisierungstechnologien überschaubar klein gehalten wird. MEYER ET AL. betonen, dass korrekt erarbeitete Typologien zwei Eigenschaften besitzen: Zum einen synthetisieren sie Konfigurationen aus mehreren Attributen. Zum anderen basieren die Typen auf empirischen Erfahrungen, wodurch sie einen typischen Ansatz der Konfigurationstheorie darstellen (s. MEYER ET AL. 1993, S. 1183). Die Erarbeitung der für diese Arbeit gültigen Idealtypen erfolgt daher unter Anwendung der analytischen Forschungsmethode der Typisierung, die im konzeptionellen Bereich dieser Dissertationsschrift als methodische Grundlage zur Modellbildung näher erläutert wird (siehe Kapitel 5.1.3.). Die Typisierung zielt darauf ab, eine Systematisierung von Untersuchungsobjekten zu gewährleisten, indem sie durch die Definition zweckmäßiger Merkmale und Merkmalsausprägungen die wesentlichen Erscheinungsformen der untersuchungszielrelevanten Objekte isoliert (s. WELTER 2006, S. 113).

3.5 Strukturationstheorie

Die Strukturationstheorie des Sozialtheoretikers Anthony GIDDENS befasst sich mit zentralen Fragestellungen aus der Organisationstheorie und strebt an, die Dichotomie zwischen struktur- und handlungstheoretischen Erklärungsversuchen in der Sozialforschung zu überwinden (s. ZIMMERMANN U. ORTMANN 2001, S. 30f.; OSTERLOH U. GRAND 1997, S. 355; vgl. GIDDENS 1984). Die Grundzüge der Strukturationstheorie betrachten Organisationen als Systeme organisierten Handelns, die sich über ein variables Maß an zweckgerichtetem Handeln der einzelnen Akteure reproduzieren (s. ORTMANN ET AL. 1997, S. 217). Diese wechselseitigen Beziehungen von Handlungen und Strukturen bilden das zentrale Gerüst von GIDDENS Theoriegebäude und werden als *„duality of structure"* bezeichnet (s. ZIMMERMANN U. ORTMANN 2001, S. 31; GIDDENS 1984, S. 25). Die Dualität impliziert, dass die Konstitution von Akteuren und Strukturen nicht als Dualismus in Form von zwei unabhängig voneinander gegebenen Merkmalen besteht (s. GIDDENS 1984, S. 25).

Die Betrachtung von Akteuren sowie deren Handlungen erfolgt in der Strukturationstheorie im *„stratification model of the agent" (GIDDENS 1984, S. 5ff.)* (siehe Abbildung 3-5).

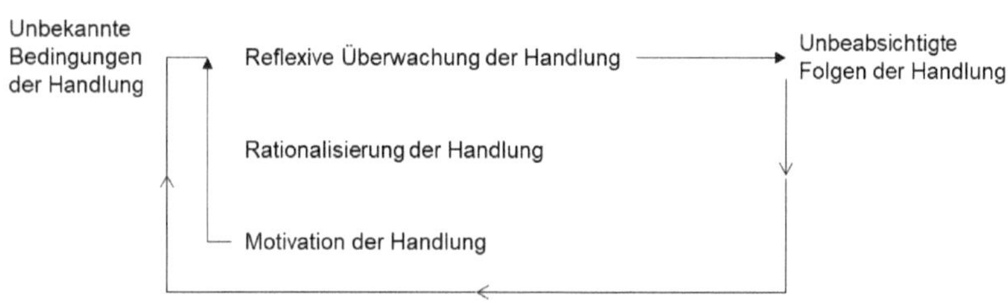

Abbildung 3-5: Modell der Handlungen (eigene Darstellung i. A. a. GIDDENS 1984, S. 5)

Die **reflexive Überwachung** von Aktivitäten wird im Rahmen der Theorie als Merkmal alltäglichen Handelns angesehen und betrifft das Verhalten aller Akteure einer Organisation. Dieser Aspekt postuliert, dass die Handlungen durch die Akteure selbst regelmäßig überwacht und routinemäßig im Kontext der täglichen Bewegungen reflektiert werden (s. GIDDENS 1984, S. 5). Mit der **Rationalisierung der Handlung** meint GIDDENS, dass die Akteure ein kontinuierliches Verständnis für die Gründe ihrer Aktivitäten aufrechterhalten (s. GIDDENS 1984, S. 5f.). Die **Motivation der Handlung** wird im Zuge des Modells von den beiden zuvor dargestellten Aspekten unterschieden. Der Motivationsbegriff bezieht sich hierbei auf die Wünsche, die das Handeln der einzelnen Akteure veranlassen (s. GIDDENS 1984, S. 6). Die Aufrechterhaltung etablierter Handlungsfolgen wird mithilfe von sozialen Strukturen gewährleistet, die den zweiten Grundpfeiler der Strukturationstheorie darstellen (s. ZIMMERMANN U. ORTMANN 2001, S. 32).

GIDDENS betrachtet Strukturen in seiner Theorie sowohl als Medium als auch als Resultat sozialen Handelns der einzelnen Akteure einer Organisation (s. KIESER U. WALGENBACH 2010, S. 58; GIDDENS 1984, S. 16). Strukturen werden hierbei als ein Gebilde, bestehend aus formalen Regeln und Ressourcen, verstanden (s. GIDDENS 1984, S. 17). Im Sinne der Strukturationstheorie werden Regeln als *„procedures of action, aspects of praxis“*, also Handlungsabläufe und Aspekte der betrieblichen Praxis, erklärt (s. GIDDENS 1984, S. 21). Mithilfe solcher Handlungsabläufe sind die Akteure in der Lage, eine kontinuierliche soziale Orientierung der täglichen Aktivitäten sicherzustellen und auf ein unbestimmtes Spektrum sozialer Umstände zu reagieren (s. ZIMMERMANN U. ORTMANN 2001, S. 32; GIDDENS 1984, S. 22). Ein weiterer wesentlicher Bestandteil sozialer Strukturen sind Ressourcen, die nach GIDDENS sowohl allokativer als auch autoritärer Natur sein können. Allokative Ressourcen beziehen sich auf die Fähigkeiten, das Kommando über materielle Komponenten (z. B. Güter und Objekte) zu erzeugen. Im Gegensatz dazu stellen autoritäre Ressourcen die Fähigkeiten dar, das Kommando über Personen oder Akteure zu gewinnen (s. GIDDENS 1984, S. 33).

Die Eignung der Strukturationstheorie resultiert aus dem Grundgedanken, dass Strukturen als Abbild sozialen Handelns betrachtet werden. Diesem Grundgedanken folgend können Akteure und Strukturen nicht getrennt voneinander betrachtet werden, sondern müssen als Einheit untersucht werden. Da in Anlehnung an die eingangs aufgezeigte Forschungsfrage die Gestaltung soziotechnischer Systeme fokussiert werden soll, muss der Einfluss sozialen Handelns berücksichtigt werden, um das soziale Subsystem vollumfänglich betrachten zu können. Aus diesem Grund findet die *Dualität von Struktur* als Leitkonzept der Strukturationstheorie Anwendung in der vorliegenden Dissertationsschrift.

3.6 Soziotechnischer Ansatz

Der Begriff des soziotechnischen Systems fand erstmals 1951 Verwendung, als die britischen Forscher TRIST und BAMFORTH am Londoner *Tavistock Institute* mithilfe von

Studien im Steinkohlebergbau herausfanden, dass die Nutzung derselben Technologien in unterschiedlichen Arbeitsgruppen in Bezug auf Effektivität und Effizienz stark variierte (s. TRIST ET AL. 1963, S. 5f.; vgl. TRIST U. BAMFORTH 1951). TRIST U. BAMFORTH stellten in ihren Studien heraus, dass der Einsatz neuer Technologien unter konventionellen Bedingungen enorme Veränderungen in der sozialen Qualität des Arbeitsumfelds herbeiführte (s. TRIST U. BAMFORTH 1951, S. 3f.). In Anlehnung an diese Erkenntnis befassten sich TRIST U. BAMFORTH in ihren Studien mit der Interaktion von technologischen und sozialen Faktoren in industriellen Produktionssystemen. Der daraus resultierende Ansatz des soziotechnischen Systems postuliert, dass jede Produktionseinheit als kombiniertes System sozialer und technischer Subsysteme betrachtet werden muss (s. TRIST ET AL. 1963, S. 5). Eine Definition für die Gestaltung soziotechnischer Systeme liefert MUMFORD:

„*Sozio-technische Gestaltung ist ein Ansatz, der darauf abzielt, soziale und technische Fragen bei der Gestaltung neuer Arbeitssysteme gleichwertig zu berücksichtigen*" (MUMFORD 2000, S. 125).

Der Ansatz soziotechnischer Systeme betrachtet die Organisation als ein informationsverarbeitendes System, wobei die darin enthaltenen Elemente in das soziale und technische Subsystem eingeordnet werden können (s. BOSTROM U. HEINEN 1977, S. 14). Basierend auf den Ausführungen von LEAVITT illustrierten OOSTHUIZEN U. PRETORIUS das in Abbildung 3-6 dargestellte soziotechnische System (vgl. LEAVITT 1965, S. 1144ff.).

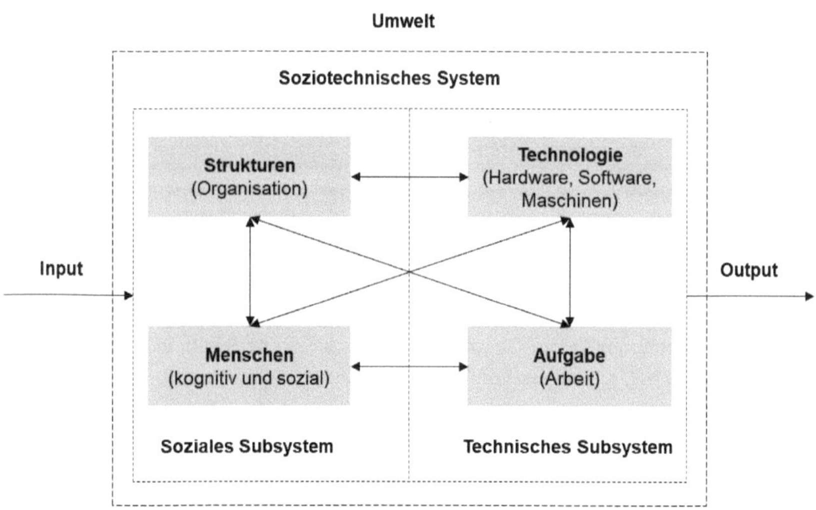

Abbildung 3-6: Elemente soziotechnischer Systeme (OOSTHUIZEN U. PRETORIUS 2014a, S. 269)

Das technische Subsystem befasst sich insbesondere mit Arbeitsprozessen einer Aufgabe sowie den Technologien, die zur Umwandlung von Inputs in Outputs erforderlich sind. Das soziale Subsystem hingegen fokussiert die Einstellungen, Fähigkeiten und Wertevorstellungen der Mitglieder eines solchen Systems sowie deren Beziehungen untereinander auf einer strukturellen Ebene. Die gemeinsame Interaktion der beiden Subsysteme führt im Ergebnis zum angestrebten Output eines Arbeitssystems (s. BOSTROM U. HEINEN 1977, S. 14). Da sich soziotechnische Systeme durch ihre Offenheit zur Umwelt charakterisieren, wirkt sich das komplexe Umfeld einer Organisation ebenfalls auf die Gestaltung eines solchen Systems aus (s. TRIST 1981, S. 12). In Anlehnung an OOSTHUIZEN U. PRETORIUS kann die soziotechnische Interaktion als Folge unerwarteter und unkontrollierbarer Beziehungen, ähnlich der Flexibilität menschlichen Verhaltens, nichtlinear sein (s. OOSTHUIZEN U. PRETORIUS 2014a, S. 269).

Die Vorgehensweise zur Analyse von soziotechnischen Systemen erfolgt nach TRIST auf drei voneinander abhängigen Ebenen (s. TRIST 1981, S. 11):

- **Primäres Arbeitssystem:** Dies sind Systeme, die die Gesamtheit der Aktivitäten umfassen, die zu einem identifizierbaren und umfassenden Teilbereich einer ganzen Organisation gehören.
- **Gesamtes Organisationssystem:** Hierzu zählen ganze Unternehmen, die durch die Aufrechterhaltung eines stabilen Zustands mit ihrer Umgebung bestehen.
- **Makro-soziales System:** Hierzu zählen Systeme in Gemeinden, industriellen Sektoren oder Institutionen, die auf der Gesamtebene einer Gesellschaft bzw. einer Organisation operieren.

Der erstmalige Transfer des soziotechnischen Denkens in den Bereich der Informatik fand durch MUMFORD statt, der untersuchte, wie der Ansatz zur Unterstützung der Gestaltung erfolgreicher Informationssysteme in der Arbeitswelt eingesetzt werden kann (vgl. MUMFORD 1985). Moderne Konzepte erweitern die Grundidee des soziotechnischen Systems um einen weiteren Faktor – die Anpassungsfähigkeit an das geschäftliche Ökosystem. So argumentieren PASMORE ET AL., dass sich die Praxis des soziotechnischen Designs mit den Veränderungen der Welt weiterentwickelt. Vor diesem Hintergrund müssen intensive Einzelbemühungen zur Optimierung eines Arbeitssystems heutzutage einem agilen Prozess kontinuierlicher Neugestaltung von Systemen gleichen. (s. PASMORE ET AL. 2019, S. 77) Bisherige Ansätze soziotechnischer Systemgestaltung verfolgten den Zweck, das soziale System eines Unternehmens um ein statisches technisches System herum zu gestalten, um sowohl Durchsatz und Qualität zu maximieren als auch die menschlichen Bedürfnisse zu befriedigen (s. PASMORE ET AL. 2019, S. 79). In den kommenden Generationen soziotechnischer Systeme sollte jedoch das Ziel einer ausgewogenen Optimierung zwischen dem Unternehmen und seinem Umfeld fokussiert werden, um die Anpassungsfähigkeit einer Organisation an die Herausforderungen neuer technischer Systeme zu gewährleisten und somit die Nachhaltigkeit der soziotechnischen Gestaltung zu erhöhen (s. PASMORE ET AL. 2019, S. 79).

Neben dem Ansatz des soziotechnischen Systems wird der zuvor dargestellte Nachhaltigkeitsgedanke im Zuge der vorliegenden Dissertationsschrift aufgegriffen. Vor dem Hintergrund zunehmend technologischer Komplexität des spezifischen Anwendungsfalls softwarebasierter Automatisierungstechnologien erfolgt eine Berücksichtigung der Entwicklungsdynamik selbiger.

3.7 Mensch-Technik-Organisation-Ansatz

Der Einsatz moderner Technologien erreicht aufgrund vielfältiger arbeitsorganisatorischer Problemstellungen nur in den seltensten Fällen die intendierten Verbesserungen (s. ULICH 1997, S. 6). In Anlehnung an das Konzept der soziotechnischen Systemgestaltung entstand im Rahmen des Forschungsprojekts *„Gestaltung rechnerunterstützter integrierter Produktionssysteme (GRIPS)"* die von STROHM U. ULICH entwickelte Idee eines ganzheitlichen Ansatzes zur Analyse und Gestaltung der Zusammenhänge zwischen Mensch, Technik und Organisation (MTO) (vgl. STROHM 1997; ULICH 1997). Obwohl MTO keinen originären Ansatz organisationstheoretischer Betrachtungen darstellt, wird es im Zuge der vorliegenden Dissertationsschrift aufgrund der Weiterentwicklung soziotechnischen Denkens als solcher behandelt.

Wie bereits in Kapitel 3.6 dargestellt, postuliert der soziotechnische Systemgedanke die Notwendigkeit, den Technologieeinsatz und die Organisation in wechselseitiger Betrachtung zu optimieren (s. ULICH 2013, S. 5). Der MTO-Ansatz stellt, anders als der soziotechnische Ansatz, die Aufgabe in den Mittelpunkt der Betrachtung (siehe Abbildung 3-7).

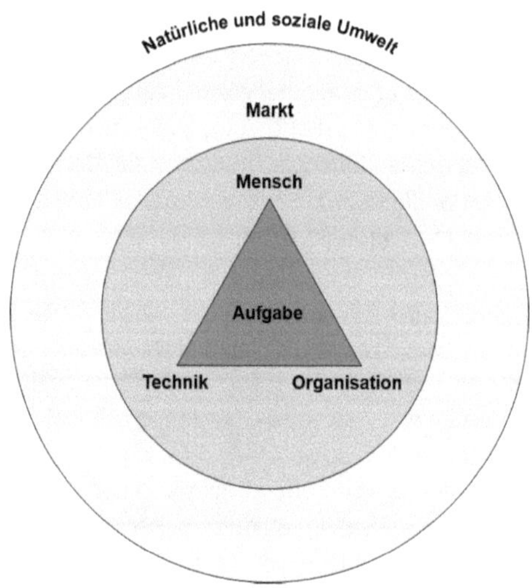

Abbildung 3-7: Mensch, Technik, Organisation: ganzheitliches soziotechnisches Analyse- und Gestaltungskonzept (ULICH 1997, S. 10)

Die ursprüngliche Formulierung dieses Ansatzes entsprang dem Grundgedanken identifizierbarer und abgrenzbarer Subsysteme einer Organisation, sogenannten primären Arbeitssystemen (s. ULICH 2013, S. 4). Der Aufgabe wird hierbei im Zuge arbeitspsychologischer Gestaltungskonzepte eine zentrale Rolle beigemessen (s. ULICH 2013, S. 6; 1997, S. 9). Dabei ist die Buchstabenfolge MTO nach ULICH keineswegs zufällig ausgewählt worden. Der ursprüngliche Einsatz sah die Entwicklung und Konstruktion von Produktionssystemen vor, wobei der Mensch-Maschine-Funktionsteilung und somit auch der Rolle des Menschen im Produktionsprozess ein entscheidender Einfluss beigemessen werden konnte (s. ULICH 1997, S. 10; 2013, S. 6). Das Erkenntnisinteresse des Ansatzes resultiert aus der gemeinsamen Optimierung der Nutzung und Entwicklung von Mitarbeiterqualifikationen, dem Technologieeinsatz und der organisatorischen Gestaltung (s. ULICH 2013, S. 6). Hierbei werden auf Basis einer Mehrebenen-Analyse vier Untersuchungsbereiche fokussiert, die im Rahmen der Gesamtanalyse einer Organisation als integriert zu betrachten sind (s. LATNIAK 1999, S. 183f.; STROHM 1997, S. 23). Die konsekutiven Schritte, Analysegegenstände und Methoden einer MTO-Analyse sind der nachfolgenden Tabelle 3-1 zu entnehmen.

Tabelle 3-1: Darstellung der MTO-Analyse (STROHM 1997, S. 25)

Schritt		**Gegenstand**	**Methodik**
1	Analyse auf der Ebene des Unternehmens	Analyse von Unternehmenszielen, -strategien, -organisation, Produkten und Produktionsbedingungen, Personalstruktur, Technikeinsatz, Qualitätsmanagement, Innovationsverhalten, Lohnsystem, Arbeitszeitmodellen, Mitwirkungsrechten etc.	Dokumentenanalysen, Experteninterviews, Interviews mit der Geschäftsleitung
2	Analyse von Auftragsdurchläufen (Prozessanalyse)	Analyse des Auftragsdurchlaufs von zwei bis fünf typischen und abgeschlossenen Aufträgen	Dokumentenanalysen, ablauforientierte Betriebsbegehungen, Experteninterviews, Gruppeninterviews
3	Analyse von Arbeitssystemen	Analyse von Inputs, Transformationsprozessen, Outputs, sozialem und technischem Teilsystem, technisch-organisatorischer Gestaltung, Schwankungen und Störungen, Hauptproblemen etc.	Dokumentenanalysen, Experteninterviews, Gruppeninterviews
4	Analyse von Arbeitsgruppen	Analyse von Möglichkeiten zur kollektiven Regulation von Arbeitsaufgaben und Arbeitszeit, Umgebungsbedingungen, Qualifizierung, Leistung, Qualität, interner und externer Koordination etc.	Dokumentenanalysen, Gruppeninterviews, Beobachtungsinterviews
5	Bedingungsbezogene Analyse von Schlüsseltätigkeiten	Analyse von Arbeitseinheiten, Tätigkeitsabläufen, Kommunikations- und Kooperationserfordernissen, Mensch-Maschine-Funktionsteilung und -Interaktion, Regulationshindernissen etc.	Ganzschichtbeobachtungen, Beobachtungsinterviews, Experteninterviews
6	Personenbezogene Arbeitsanalysen	Analyse von Erwartungen der Beschäftigten an ihre Arbeit sowie Wahrnehmung der Arbeitssituation durch die Beschäftigten	Schriftliche Erhebung mit Skalierungsverfahren
7	Analyse der soziotechnischen Geschichte	Analyse von Strategien, Vorgehen und Meilensteinen bei der technisch-organisatorischen Entwicklung des Betriebes	Dokumentenanalysen, Experteninterviews

Auf **Ebene des Unternehmens** werden insbesondere die strategische Ausrichtung sowie die Bewertung mitarbeiterbezogener und technischer Potenziale betrachtet. Die Untersuchung der Arbeitsteilung im Betrieb sowie der Vollständigkeit der Primäraufgaben erfolgt auf **Ebene der Organisationseinheit**. Die dritte **Ebene der Gruppe** umfasst die Untersuchung der Möglichkeiten zur kollektiven Arbeitsregulierung. Schlussendlich werden Schlüsseltätigkeiten auf der **Ebene des Individuums** analysiert und sowohl objektive als auch subjektive Beschreibungen der Arbeitssituation und -bedingungen zusammengeführt (s. ULICH 2013, S. 6f.; 1997, S. 23f.). Die Einhaltung der dargestellten Reihenfolge stellt eine wesentliche Voraussetzung für die MTO-Analyse dar und erfolgt sequenziell im Rahmen des 7-schrittigen Verfahrens nach STROHM U. ULICH (siehe Tabelle 3-1). Mithilfe dieses Vorgehens können umfassende Stärken- und Schwächenprofile eines Unternehmens erstellt werden, welche die Möglichkeit bieten, fundierte Gestaltungsempfehlungen für Veränderungen auf technisch-organisatorischer Ebene zu formulieren (s. STROHM 1997, S. 35).

LATNIAK betont, dass dieser Ansatz das wohl umfassendste integrierte Analyseinstrument im deutschsprachigen Raum verkörpert. Diese Aussage begründet er durch die ganzheitliche Betrachtung der strategischen Ebene, der soziotechnischen Geschichte, der Marktbeziehungen sowie der einzelnen Arbeitsplätze und deren Bedingungen (s. LATNIAK 1999, S. 181). Des Weiteren basiert das Konzept auf einem stufenförmigen und modularen Aufbau, wodurch eine konsekutive sequenzielle Ausdifferenzierung von der Makro- zur Mikroebene erfolgen kann (s. LATNIAK 1999, S. 181f.). Schlussendlich ist MTO in Form des soziotechnischen Systemansatzes arbeitswissenschaftlich-theoretisch fundiert ausgearbeitet und umfassend erprobt worden (s. LATNIAK 1999, S. 182).

Die Eignung des MTO-Ansatzes resultiert aus den Möglichkeiten einer ganzheitlichen Betrachtung von Unternehmen sowie der stufenweisen Annäherung zur Problemlösung. Das vorliegende Forschungsvorhaben verfolgt das Ziel, fundierte Handlungsempfehlungen für die soziotechnische Systemgestaltung auf Basis der softwarebasierten Automatisierung administrativer Prozesse auszusprechen. Aufgrund des technisch-organisatorischen Charakters dieser angestrebten Implikationen kann das stufenweise Verfahren des MTO-Ansatzes als Analyseinstrument zur Zielerreichung beitragen.

3.8 Schlussfolgerungen für den Ordnungsrahmen

Zusammenfassend lässt sich festhalten, dass die dargestellten Theorien und Ansätze auf unterschiedliche Art und Weise versuchen, das Entstehen, das Bestehen und die Funktionsweise von Organisationen zu erklären. Jede dieser theoretischen Sichtweisen besitzt ihre Daseinsberechtigung und weist im Kontext der vorliegenden Problemstellung ein hohes Maß an Eignung auf. KIESER U. WALGENBACH stellten bereits heraus, dass es vielfältige Möglichkeiten gibt, sich organisationsspezifischen Fragestellungen theoriegeleitet zu nähern und jede der aufgezeigten Theorien bestimmte Facetten einer Organisation fokussiert (s. KIESER U. WALGENBACH 2010, S. 60). In Anlehnung an den Versuch von ASTLEY U. VAN VEN, die verschiedenen Denkweisen in der Organisationstheorie auf einer metatheoretischen Ebene zusammenzufassen, werden die zuvor erläuterten theoretischen Ansätze ebenfalls auf einer übergeordneten Ebene aggregiert (vgl. ASTLEY U. VAN VEN 1983). Dieser entwickelte theoretische Bezugsrahmen kann, den Ansätzen von ASTLEY U. VAN VEN und FEYERABEND folgend, als metatheoretischer Bezugsrahmen (siehe Abbildung 3-8) zur Gewährleistung des theoretischen Pluralismus angesehen werden (vgl. ASTLEY U. VAN VEN 1983; FEYERABEND 1965).

Die Grundlage des metatheoretischen Bezugsrahmens bildet, ausgehend von der eingangs definierten Forschungsfrage, das **soziotechnische System**. Die Untersuchung des Dissertationsvorhabens bezieht sich hierbei auf softwarebasierte Automatisierungstechnologien als *technisches Subsystem*, wohingegen die Organisation sowie die darin enthaltenen Individuen als komplexes *soziales Subsystem* betrachtet werden. Da jedes Unternehmen eine Vielzahl unterschiedlicher formal definierter Regeln, Rollen, Entscheidungswege und Strukturen aufweist, soll mithilfe des Bezugsrahmens ein Verständnis dafür entwickelt werden, welchen Einfluss softwarebasierte Automatisierungstechnologien aus einer organisationstheoretischen Perspektive auf die Strukturen und Mitglieder einer Organisation ausüben et vice versa.

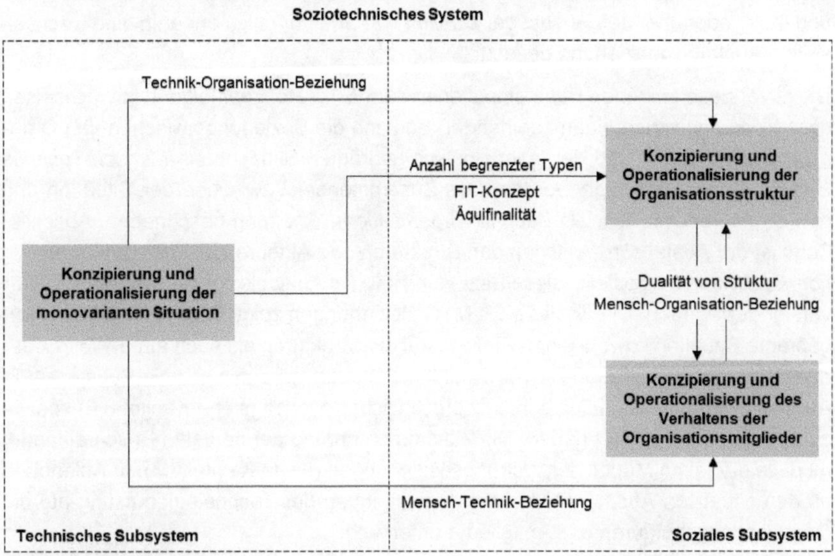

Abbildung 3-8: Metatheoretischer Bezugsrahmen (eigene Darstellung)

Der metatheoretische Bezugsrahmen kann, der Systemtheorie folgend, als ein System mit offenen Grenzen betrachtet werden. Dieses System beinhaltet drei essenzielle und miteinander in Verbindung stehende Bausteine, die dem *situativen Ansatz* entspringen. Ausgangspunkt dieser wechselseitigen Wirkungszusammenhänge stellt die Nutzung einer Technologie dar, die als Situation und somit als kontextgebend angesehen werden kann. Die **Konzipierung und Operationalisierung der monovarianten Situation** spiegelt sich hierbei in dem Modell der softwarebasierten Automatisierungstechnologien wider (siehe Kapitel 6.1). Dieses Modell wird durch den *Ansatz der begrenzten Typenanzahl* aus der *Konfigurationstheorie* beeinflusst, um die aus mehreren Attributen synthetisierte Anzahl an Typen softwarebasierter Automatisierungstechnologien überschaubar klein zu gestalten. Den zweiten Baustein des Bezugsrahmens bilden die **Konzipierung und Operationalisierung der Organisationsstruktur**, die eine Vielzahl theoretischer Ansätze berücksichtigt. Der Einfluss des *FIT-Konzepts* verdeutlicht, dass die organisatorische Anpassungsfähigkeit durch einen bilateralen Austausch und daraus resultierende Kongruenz zwischen der kontextgebenden Automatisierungstechnologie und den Strukturen der Organisation gewährleistet wird. Obwohl die Technologienutzung als monovariante Situation betrachtet wird, üben verschiedene Typen der Technologie unterschiedlichen Einfluss auf die Organisationsstrukturen aus, weshalb hier das Konzept der *Äquifinalität* zur Adressierung einer Vielzahl von Eventualitäten Anwendung findet. Als dritter Baustein des Bezugsrahmens wird die **Konzipierung und Operationalisierung des Verhaltens der Organisationsmitglieder** herangezogen. In Anlehnung an die *Strukturationstheorie* können Akteure und Strukturen nicht separat betrachtet werden. Daher werden die Organisationsstrukturen und -mitglieder über den Ansatz der *Dualität von Struktur* miteinander in eine wechselseitige Austauschbeziehung gesetzt.

Die zuvor beschriebenen Bausteine stehen dem *MTO-Konzept* folgend in wechselseitigen Wirkungsbeziehungen zueinander. So kann die Beziehung zwischen den Organisationsmitgliedern und der technologisch geprägten Situation als *Mensch-Technik-Beziehung* charakterisiert werden. Das Zusammenspiel zwischen der Situation und den Strukturen wird hier als *Technik-Organisation-Beziehung* beschrieben. Abschließend ist der Austausch zwischen den Strukturen und Akteuren als *Mensch-Organisation-Beziehung* dargestellt. Diese Beziehung kann in Analogie zur Dualität von Struktur verstanden werden. Die Analyse der MTO-Beziehungen zeigt, dass die technologisch geprägte Situation sowohl einen Einfluss auf die Strukturen als auch auf die Mitglieder einer Organisation ausübt. Dieser Erkenntnis folgend, wird das soziale Subsystem in Abhängigkeit der Technologie im soziotechnischen Modell (siehe Kapitel 6.2) spezifiziert und detailliert beschrieben. Die Zusammenführung der partialen Beschreibungsmodelle erfolgt im Modell der Wirkungsbeziehungen (siehe Kapitel 6.3). In Anlehnung an den situativen Ansatz werden die Auswirkungen der Technologienutzung auf die Organisationsstrukturen und -mitglieder untersucht.

Anhand der vorangegangenen Ausarbeitungen dieses Kapitels konnte aufgezeigt werden, wie eine Annäherung an die Lösung organisationsspezifischer Problemstellungen mithilfe der Betrachtung unterschiedlicher theoretischer Ansätze möglich ist. Die Integration der einzelnen Konzepte aus der Organisationsforschung erfolgte durch die Entwicklung eines metatheoretischen Bezugsrahmens, der das Fundament für den angestrebten Ordnungsrahmen bildet. Neben dem theoretischen Rahmen gilt es im Folgenden, den Stand der Forschung darzustellen, um eine theoretische Basis zur Ausgestaltung ebendieser zu ermöglichen.

4 Stand der Forschung

Die Ergebnisse bisheriger Ansätze aus Wissenschaft und Praxis liefern bereits erste Erkenntnisse für die Entwicklung eines Ordnungsrahmens für die softwarebasierte Automatisierung administrativer Prozesse. Vor diesem Hintergrund zielt das vierte Kapitel auf die Aufbereitung relevanter Beiträge zum Stand in Wissenschaft und Praxis ab. Kapitel 4.1 zeigt zunächst den Prozess der Literaturanalyse auf und liefert darauf aufbauend einen systematisierenden Überblick bestehender Forschungsarbeiten mit thematisierendem Fokus auf unterschiedliche Forschungsdisziplinen. Im Anschluss werden die ausgewählten Forschungsergebnisse vorgestellt (siehe Kapitel 4.2). Dazu werden neben Ansätzen zur Typisierung (siehe Kapitel 4.2.1) auch relevante Werke zur Implementierung softwarebasierter Automatisierungstechnologien (siehe Kapitel 4.2.2) und zur soziotechnischen Systemgestaltung (siehe Kapitel 4.2.3) herangezogen. Eine abschließende Analyse der aufgezeigten Beiträge hinsichtlich ihrer Eignung für den Ordnungsrahmen ermöglicht die Ableitung des Forschungsbedarfs dieser Arbeit (siehe Kapitel 4.3).

4.1 Methodik der systematischen Literaturrecherche

Die Analyse von Literatur spielt in der Wissenschaft seit langem eine entscheidende Rolle, da der Forschungsprozess oftmals ein kumulatives Unterfangen darstellt, welches durch die Interpretation und Kombination von existierendem Wissen neues Wissen schafft (s. VOM BROCKE ET AL. 2009, S. 2206). ROWLEY U. SLACK definieren den Prozess der Literaturrecherche als die Zusammenfassung eines Fachgebiets, welche die Identifizierung spezifischer Forschungsfragen unterstützt (s. ROWLEY U. SLACK 2004, S. 31). Gemäß WEBSTER U. WATSON umfasst dieser Prozess die Abfrage von Informationen aus wissenschaftlichen Datenbanken unter Verwendung konkreter Schlüsselwörter und Vorwärts- oder Rückwärtsanalysen auf der Grundlage relevanter Artikel (s. WEBSTER U. WATSON 2002, S. 16; VOM BROCKE ET AL. 2009, S. 2207).

In Analogie zu anderen Forschungsmethoden stellt die wissenschaftliche Strenge eine wesentliche Anforderung an die Literaturreche dar. Diese umfasst zum einen die Validität des Suchprozesses, also den Grad, in dem die Literaturrecherche versucht, relevante Quellen des Untersuchungsbereichs aufzudecken (s. VOM BROCKE ET AL. 2009, S. 2208). Zum anderen beinhaltet die wissenschaftliche Strenge ein hohes Maß an Reliabilität, die sich in der Reproduzierbarkeit des Suchprozesses widerspiegelt (s. VOM BROCKE ET AL. 2009, S. 2208). Zur Gewährleistung dieser Anforderungen wird im Folgenden der Prozess der Literaturrecherche dieser Arbeit dargelegt. Dieser Prozess orientiert sich an der von VOM BROCKE ET AL. entwickelten Vorgehensweise und gliedert sich in die nachstehenden vier Phasen (vgl. VOM BROCKE ET AL. 2009, S. 2012ff.). Ebendiese werden durch weitere etablierte Ansätze aus der Literatur angereichert (vgl. COOPER 1988; ARIA U. CUCCURULLO 2017), um den Anforderungen der wissenschaftlichen Strenge in hohem Maße gerecht zu werden:

1. Definition und Konzeptualisierung des Untersuchungsraums
2. Literatursuche
3. Literaturanalyse und -synthese
4. Ableitung der Forschungsagenda

Eine zentrale Herausforderung bei der Durchsicht von Literatur besteht darin, einen angemessenen Umfang der Untersuchung zu definieren (s. VOM BROCKE ET AL. 2009, S. 2011). **Phase eins** des Vorgehensmodells legt nahe, den Untersuchungsraum einzuschränken. In Anlehnung an die Taxonomie für Literaturrecherchen nach COOPER (siehe Abbildung 4-1) kann das Forschungsfeld anhand von sechs konstituierenden Merkmalen und Merkmalsausprägungen zielgerichtet eingegrenzt werden (s. COOPER 1988, S. 107ff.).

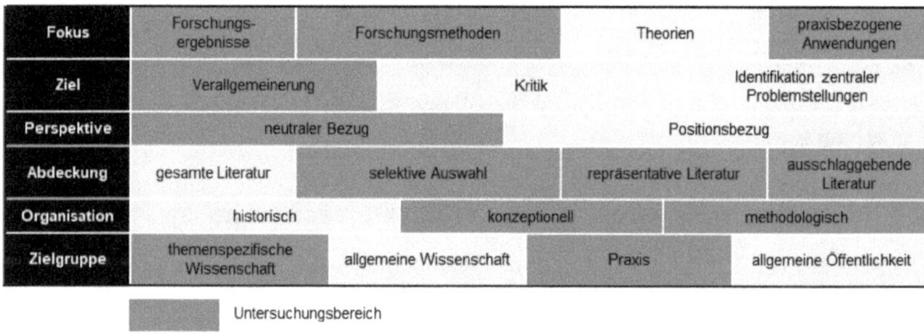

Abbildung 4-1: Eingrenzung des Untersuchungsbereichs der Literaturrecherche nach Cooper (eigene Darstellung i. A. a. COOPER 1988, S. 108)

COOPER postuliert, dass sich die Schwerpunkte von Literaturrecherchen keinesfalls gegenseitig ausschließen und Rezensionen oftmals zwei oder drei Schwerpunkte umfassen (s. COOPER 1988, S. 108). Der *Fokus* der vorliegenden Literaturrecherche wird daher auf die Identifikation von Forschungsergebnissen und -methoden sowie die Analyse praxisbezogener Anwendungen eingegrenzt, um die Gestaltung des finalen Ordnungsrahmens auf Basis wissenschaftlicher und praxisorientierter Erkenntnisse aufzubauen (vgl. COOPER 1988, S. 108). Des Weiteren besteht das *Ziel* der Literaturrecherche in der Formulierung allgemeiner Aussagen aus relevanten Erkenntnissen mehrerer spezifischer Instanzen, um diese auf den vorliegenden Anwendungsfall softwarebasierter Automatisierungstechnologien sowie die Gestaltung soziotechnischer Systeme zu übertragen (vgl. COOPER 1988, S. 108). Eine Kritik bestehender (Forschungs-)Arbeiten sowie die Identifikation zentraler Problemstellungen steht nicht im Fokus. Zur Gewährleistung der Verallgemeinerung wird die *Perspektive* des neutralen Bezugs zu den aufgezeigten Ansätzen gewählt, um eine objektive Interpretation ohne Positionierung zu Gunsten einzelner Autoren sicherzustellen (vgl. COOPER 1988, S. 110). Die thematische *Abdeckung* der Literaturrecherche fokussiert aufgrund der Vielzahl praxisorientierter Publikationen nicht die Darlegung der gesamten Literatur. Vielmehr werden relevante Stichproben von Werken betrachtet, die repräsentativ für weiterführende Arbeiten des jeweiligen Themenfeldes sind oder für den Untersuchungs-

und Denkprozess ausschlaggebend waren (vgl. COOPER 1988, S. 110). Die *Organisation* der Literaturrecherche ist an einer konzeptionellen und methodologischen Vorgehensweise orientiert (vgl. COOPER 1988, S. 111f.). Die konzeptionelle Organisation impliziert hierbei, dass relevante Werke, die sich auf ähnliche Themengebiete beziehen, gemeinsam betrachtet werden. Diese werden im Sinne der methodologischen Vorgehensweise in die nachfolgenden Unterkapitel gegliedert (siehe Kapitel 4.2.1 bis Kapitel 4.2.3). Aufgrund des Betrachtungsbereichs der vorliegenden Dissertationsschrift wird die themenspezifische Wissenschaft softwarebasierter Automatisierungstechnologien und soziotechnischer Systeme als *Zielgruppe* adressiert (vgl. COOPER 1988, S. 112). Darüber hinaus steht insbesondere der Nutzen des Ordnungsrahmens für die betriebliche Praxis im Vordergrund.

Phase zwei umfasst den Prozess der Literatursuche in Form einer Datenerhebung. Dieser Prozess ist nach ARIA U. CUCCURULLO in drei Unterphasen gegliedert (s. ARIA U. CUCCURULLO 2017, S. 960f.). Im ersten Schritt erfolgt die Datenbeschaffung über allgemeine Suchmaschinen und bibliographische Online-Datenbanken, in denen Metadaten von Publikationen zur wissenschaftlichen Verwertung gespeichert sind. In einem zweiten Schritt werden die beschafften Daten konvertiert, wobei die einzelnen Datensätze der bibliographischen Online-Datenbanken in ein geeignetes Format für das verwendete Werkezeug *bibliometrix* umgewandelt werden. Abschließend erfolgt die Datenbereinigung, um die Qualität der Ergebnisse sicherzustellen (s. ARIA U. CUCCURULLO 2017, S. 960f.). Hierbei findet die **Prisma-Methode** Anwendung (*Preferred Reporting Items for Systematic reviews and Meta-Analyses*). Das 2009 formulierte Prisma-Konzept stellt eine Forschungsmethode für systematische Reviews und Meta-Analysen aus dem medizinischen Umfeld dar (s. LIBERATI ET AL. 2009, S. 1). Ziel ist es, Autoren dabei zu unterstützen, Berichte von systematischen Reviews und Meta-Analysen wissenschaftlich korrekt zu verfassen (s. LIBERATI ET AL. 2009, S. 2f.). Das Vorgehensmodell der Prisma-Methode ist im Anhang A.4 dargestellt. Der Prozess der Datenerhebung und -bereinigung wird mit Beginn der jeweiligen Unterkapitel detailliert erörtert. Dies gewährleistet ein einheitliches Verständnis über die Auswahl der relevanten Ansätze und stellt zudem die Reproduzierbarkeit der Literaturrecherche sicher.

Auf Basis der in Phase zwei identifizierten Literatur verfolgt **Phase drei** das Ziel, diese zu analysieren und zu synthetisieren. Entsprechend der Taxonomie nach COOPER wird hierbei ein neutraler Bezug zu den Werken gewählt, um die objektive Herleitung allgemeingültiger Aussagen für die Dissertation zu gewährleisten. Die Synthese der einzelnen Erkenntnisse erfolgt im Rahmen der Detaillierung des Ordnungsrahmens (siehe Kapitel 6).

Phase vier kanalisiert die analysierte Literatur abschließend in einer finalen Forschungsagenda. Diese trägt dazu bei, aufschlussreichere Fragestellungen für zukünftige Forschungsaktivitäten aufzuzeigen und legt somit die Grundlage für eine weiterführende Betrachtung spezifischer Forschungsbereiche (s. WEBSTER U. WATSON 2002, S. 19; VOM BROCKE ET AL. 2009, S. 2014).

4.2 Analyse ausgewählter Ansätze

Auf Basis der durchgeführten Literaturrecherche lassen sich in Bezug auf den zu entwickelnden Ordnungsrahmen der softwarebasierten Automatisierung administrativer Prozesse relevante Erkenntnisse aus Wissenschaft und Praxis ableiten. In den folgenden Kapiteln werden existierende Ansätze zur Typisierung (siehe Kapitel 4.2.1) sowie Erkenntnisse zur soziotechnischen Systemgestaltung im Kontext der Automatisierung (siehe Kapitel 4.2.2) betrachtet, um den derzeitigen Stand der Forschung abzubilden.

4.2.1 Relevante Erkenntnisse zur Typisierung softwarebasierter Automatisierungstechnologien

Die Datenerhebung zur Identifikation relevanter Beiträge für die Typisierung softwarebasierter Automatisierungstechnologien erfolgte über verschiedene Datenbanken. Neben den bibliographischen Online-Bibliotheken Scopus, Springer Link und IEEE Explore wurde zusätzlich die Suchmaschine Google Scholar verwendet. Diese Auswahl gewährleistet einen umfassenden Einblick in die bestehende Literatur. Weiterführende Datenbanken, wie *Research Gate* oder *Semantic Scholar*, wurden nach einer ersten Analyse der darin enthaltenen Beiträge ausgeschlossen, da diese keinen signifikanten Mehrwert für die Identifikation weiterer relevanter (Forschungs-)Arbeiten lieferten. Wie bereits im Kapitel 2.1.6 hervorgehoben wurde, haben sich Begriffe wie Robotic-Process-Automation, Intelligent-Process-Automation oder Cognitive-Process-Automation sowohl im praktischen als auch im theoretischen Sprachgebrauch etabliert. Aus diesem Grund werden diese Begriffe für die Literaturrecherche herangezogen. Tabelle 4-1 veranschaulicht die gewählten Suchbefehle, um die Reproduzierbarkeit der Literaturrecherche sicherzustellen.

Tabelle 4-1: Suchbefehle der Literaturrecherche I / II (eigene Darstellung)

Digitale Datenbank	Suchbefehl
SCOPUS	TITLE-ABS-KEY (robotic process automation) OR TITLE-ABS-KEY (intelligent process automation OR cognitive process automation) AND TITLE-ABS-KEY (classification OR typology OR typification OR taxonomy)
Springer Link	"robotic process automation" OR "cognitive Automation" OR "intelligent process automation" AND ("classification" OR "taxonomy“ OR “typification”)
IEEE Explore	(((((((("Abstract": robotic process automation) OR "Abstract": intelligent process automation) OR "Document Title": robotic process automation) OR "Document Title": intelligent process automation) OR "Abstract": cognitive automation) OR "Document Title": cognitive automation) AND ("All Metadata": classification OR "All Metadata": taxonomy OR "All Metadata": typology)))
Google Scholar	"robotic process automation" OR "cognitive Automation" OR "intelligent process automation" AND ("classification" OR "taxonomy“ OR “typification”)

Mithilfe der Suchbefehle konnten 1874 Arbeiten identifiziert werden, welche die Kriterien der Literaturrecherche erfüllen. Zur Eingrenzung wurden zusätzliche Qualitätssicherungskriterien gewählt, die den Ein- oder Ausschluss einer Publikation ermöglichen. Die Kriterien wurden dabei so festgelegt, dass die Beiträge, die zur Untersuchung eingeschlossen werden, der Beantwortung der erarbeiteten Forschungsfrage dienlich sind:

- **Qualitätssicherungskriterium Q1:** Dieses Kriterium stellt sicher, dass das Erscheinungsjahr der Veröffentlichung 2010 oder jünger ist. Aufgrund des hohen Innovationsgrades softwarebasierter Automatisierungstechnologien wird die Betrachtung eines zehnjährigen Zeithorizonts als hinreichend genau erachtet, um relevante Erkenntnisse für die vorliegende Dissertationsschrift zu identifizieren.
- **Qualitätssicherungskriterium Q2:** Dieses Kriterium ermöglicht es, Beiträge zu identifizieren, welche die Typisierung softwarebasierter Automatisierungstechnologien behandeln. Diese thematische Selektion ist notwendig, um Publikationen auszuschließen, die aufgrund der Konstruktion einzelner Suchstrings nicht unmittelbar mit dem forcierten Themenfeld zusammenhängen.

In einem abschließenden Schritt wurden Duplikate, die aus Überlagerungen der betrachteten Datenbanken resultieren, bereinigt. Das Ergebnis dieses Prozesses sind neun relevante Beiträge, die den Anforderungen der Taxonomie für Literaturrecherchen nach COOPER gerecht werden (siehe Abbildung 4-1) und wertvolle Erkenntnisse für die Entwicklung des Modells softwarebasierter Automatisierungstechnologien liefern (siehe Kapitel 6.1). Die vorliegende Literaturauswahl fokussiert insbesondere wissenschaftliche Beiträge sowie eine Auswahl ausschlaggebender Praxisansätze. Die vollumfängliche Betrachtung existierender Beiträge aus der betrieblichen Praxis wird als nicht zielführend erachtet, da die bloße definitorische Heterogenität keinen signifikanten Mehrwert für die vorliegende Dissertationsschrift darstellt. Der Prozess der Datenerhebung ist in Abbildung 4-2 dargestellt. Im Folgenden werden die identifizierten Publikationen aus einer neutralen Perspektive beschrieben, um die objektive Interpretation ohne Positionierung zugunsten einzelner Autoren sicherzustellen (vgl. COOPER 1988, S. 110).

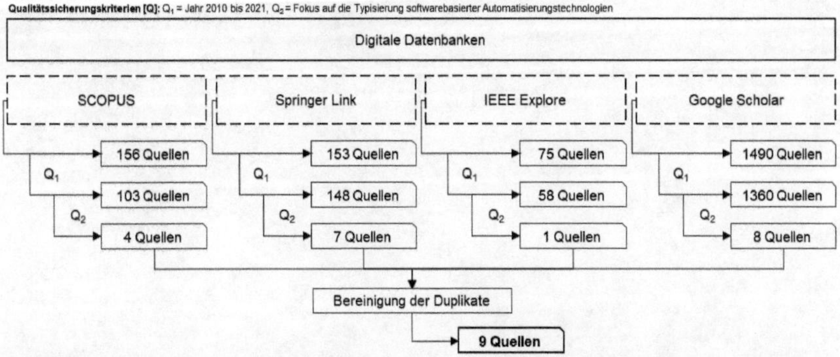

Abbildung 4-2: Zusammenfassung des Auswahlprozesses von Primär- und Sekundärliteratur I / II (eigene Darstellung)

Methode zur Identifikation der Entscheidungslogik in den Textdaten des Geschäftsprozesses | RIZUN ET AL. 2019

RIZUN ET AL. greifen in ihrer Publikation den Trend zunehmend kognitiver Funktionen in der softwarebasierten Automatisierung auf. Sie betonen, dass die Ermittlung des erreichbaren Grads der Automatisierung, unabhängig von der gewählten Terminologie, eine der entscheidendsten Herausforderungen für Unternehmen ist. Dieser Motivation folgend, entwickeln die Autoren eine Methode zur Identifikation der Entscheidungslogik, um die Kognitionsebene eines Entscheidungsfindungsprozesses bestimmen zu können. Im Rahmen einer systematischen Literaturanalyse schaffen die Forscher ein Verständnis der verschiedenen Kognitionsebenen, welche sie in die folgenden drei Klassen einteilen (s. RIZUN ET AL. 2019, S. 70ff.):

Routinemäßige Aktivitäten charakterisieren RIZUN ET AL. als Aufgaben, die sich in Regeln ausdrücken lassen, sodass sie leicht programmierbar sind und von Softwarerobotern zu wirtschaftlich vertretbaren Kosten automatisiert werden können.

Semikognitive Aktivitäten beschreiben die Autoren als Aufgaben, für die kein exaktes Regelwerk existiert und ein hoher Bedarf an Informationserfassung und -auswertung besteht.

Kognitive Aktivitäten stellen nach RIZUN ET AL. die komplexeste Ebene der Kognition dar. Neben dem Bedarf an Informationserfassung und -auswertung besteht die Notwendigkeit einer komplexen Problemlösefähigkeit, die nur bedingt von Automatisierungssystemen unterstützt werden kann.

Im Zuge einer qualitativen Umfrage evaluierten die Autoren die theoriebasierten Definitionen anhand der kontextuellen Aussagen von Prozessarbeitern (siehe Tabelle 4-2). Auf Basis dieser Erweiterung konnte z. B. die Routinestufe aus der Perspektive des Prozessarbeiters mit den Aspekten *Zeit*, *Frequenz*, *Aufwand* und *Auswirkung* charakterisiert werden, während die Autoren auf Grundlage der Literatur lediglich die theoretische Perspektive von Regeln, Informationen und Automatisierung betrachteten.

Tabelle 4-2: Darstellung der Forschungsergebnisse (RIZUN ET AL. 2019, S. 79f.)

Theoretische Definition	Kontextuelle Definition
Routinemäßige Aktivitäten	
Regeln: einfach **Informationen**: vollständig **Automatisierung**: leicht programmierbar und wirtschaftlich machbar	**Zeit**: weniger als fünf Minuten **Frequenz**: täglich anfallende Arbeit **Aufwand**: wenige Mausklicks **Auswirkung**: keine Auswirkung
Semikognitive Aktivitäten	
Regeln: kein genauer Regelsatz **Information**: Bedarf an Informationsbeschaffung und Auswertung **Automatisierung**: Teilaufgabenbearbeitung zur Steigerung der Produktivität der Mitarbeiter	**Anzahl der Aufgaben**: viele **Anzahl der Konfigurationsobjekte**: viele **Auswirkung**: deutliche Auswirkung
Kognitive Aktivitäten	
Regeln: komplex **Information**: strittige Informationen, die eine komplexe Problemlösung erfordern **Automatisierung**: minimal möglich	herausfordernd Multi-Lösung Komplexe Fragestellungen (Was?, Wo?, Wie?)

Konzeptioneller Rahmen für kognitives BPM | HULL U. MOTAHARI NEZHAD 2016

HULL U. MOTAHARI NEZHAD stellen in ihrem Beitrag einen konzeptionellen Rahmen vor, der die zentralen Entwicklungsmeilensteine kognitiver Automatisierungstechnologien widerspiegelt (siehe Abbildung 4-3). Die Autoren definieren dies als *Cognitive Computing BPM*. Das Rahmenwerk beruht dabei auf unstrukturierten Daten, die mithilfe des Cognitive Computings sinnvoll genutzt werden können. Hierzu zählen Daten aus dem Internet-of-Things (IoT), neue Arten von intelligenten Geräten, Sensoren usw. HULL U. MOTAHARI NEZHAD gehen hierbei von der Annahme aus, dass Cognitive Computing die Zusammenarbeit zwischen Mensch und Maschine verbessert, indem Maschinen die menschlichen Ziele und Absichten verstehen, reflektieren und ausführen können. Zeitgleich kann das Cognitive Computing dazu beitragen, auch die Mensch-Mensch-Kollaboration zu stärken. Neue Möglichkeiten der Informationsaufnahme und des logischen Denkens über die Kommunikation in natürlicher Sprache sind hierbei die wesentlichen Treiber. Auf der dritten Ebene des konzeptionellen Rahmens stellen sie heraus, dass Cognitive Computing in traditionellen BPM- und Case-Management-Kontexten anwendbar sein wird. Darüber hinaus ermöglicht der technologische Fortschritt die Entwicklung grundlegend neuer Prozessabstraktionen, die nach HULL U. MOTAHARI NEZHAD eine anpassungsfähigere, proaktivere und benutzerfreundlichere Art der Prozesskoordination unterstützen (s. HULL U. MOTAHARI NEZHAD 2016, S. 7f.).

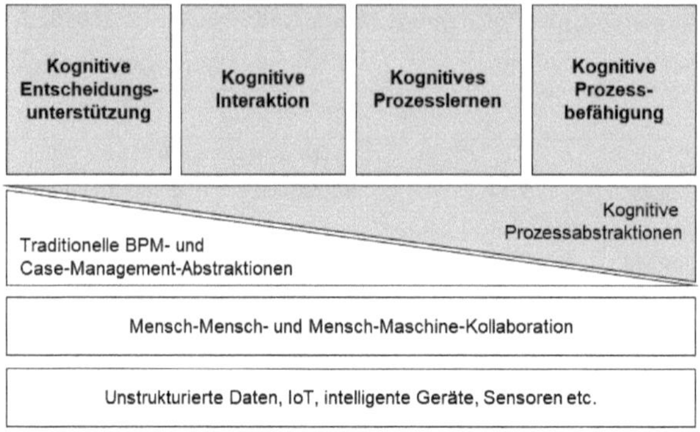

Abbildung 4-3: Konzeptueller Rahmen für kognitives BPM (HULL U. MOTAHARI NEZHAD 2016, S. 8)

Diesem Entwicklungsprozess hin zu neuen Prozessabstraktionen legen die Autoren vier technologische Meilensteine zugrunde, die im Folgenden dargestellt werden (s. HULL U. MOTAHARI NEZHAD 2016, S. 8f.):

Eine Vielzahl Prozesse beruht auf den menschlichen Anstrengungen, Entscheidungen auf Grundlage fundierter Erfahrungen und unter Bezugnahme großer Mengen strukturierte bis unstrukturierte Daten zu treffen. Die **kognitive Entscheidungsunterstützung** ermöglicht eine Zunahme der Anzahl und Tiefe solcher Entscheidungen. Neben der Entscheidungsfindung spielt auch die menschliche Interaktion im Geschäftsprozessmanagement eine entscheidende Rolle, die mithilfe **kognitiver Interaktion** stetig verbessert werden soll. Ein Großteil der menschlichen Interaktion mit Systemen zur Datenverarbeitung kann mithilfe des Fortschritts multimodaler Mensch-Computer-Interaktion durch Cognitive Computing optimiert werden. Durch die Unterstützung innovativer Interaktionskanäle und -geräte können hierbei neue Arten der kollaborativen Arbeit geschaffen werden. Als dritten technologischen Meilenstein nennen HULL U. MOTAHARI NEZHAD das **kognitive Prozesslernen.** Die Notwendigkeit hierfür begründen die Autoren damit, dass eine Vielzahl Prozesse nur implizit beschrieben wird und das Prozesswissen oftmals in spezifischen Dokumenten liegt. Cognitive Computing kann dazu beitragen, Prozessspezifikationen zu erfassen und zu kodifizieren, um den Grad der Automation bei steigender Anpassungsfähigkeit und Flexibilität der Prozesse zu erhöhen. Der vierte Schritt auf dem Weg zur Prozessabstraktion ist die **kognitive Prozessbefähigung**. Ziel dieses technologischen Meilensteins ist es, die Trennung von Prozessmodell und -instanz aufzuheben, um neue Arten der Prozessunterstützung zu schaffen. Das hierbei zugrundeliegende Prozessmodell wird mithilfe kognitiver Technologien ereignisspezifisch gesteuert und fokussiert die kontinuierliche Zielformulierung sowie das Erlernen von relevantem Wissen zur Planung und Entscheidungsfindung (s. HULL U. MOTAHARI NEZHAD 2016, S. 8f.).

Intelligent Automation Framework in finance and treasury management | POLAK ET AL. 2019

POLAK ET AL. behandeln in ihrem Beitrag die Herausforderungen des Einsatzes von KI im Finanz- und Treasury-Management, welches einer hohen Dynamik unterliegt. Diese resultiert aus externen Rahmenbedingungen, wie Devisenkursen oder Liquiditätsniveaus, und internen Überlegungen, wie Wachstumsbedarfen oder Geschäftstrends. Der Einsatz von KI im Finanz- und Treasurybereich entspricht am ehesten der Komplexität menschlicher Verhaltensmuster, da KI-Systeme die Daten analog dem menschlichen Nervensystem schnell und hinreichend genau verwalten müssen. Aufgrund des hohen Potenzials findet eine Vielzahl Automatisierungstechnologien im Finanz- und Treasurybereich Anwendung. Zur Klassifizierung der unterschiedlichen Technologieausprägungen haben POLAK ET AL. das *Intelligent Automation Framework* entwickelt, welches in Abbildung 4-4 dargestellt ist (s. POLAK ET AL. 2019, S. 1ff.).

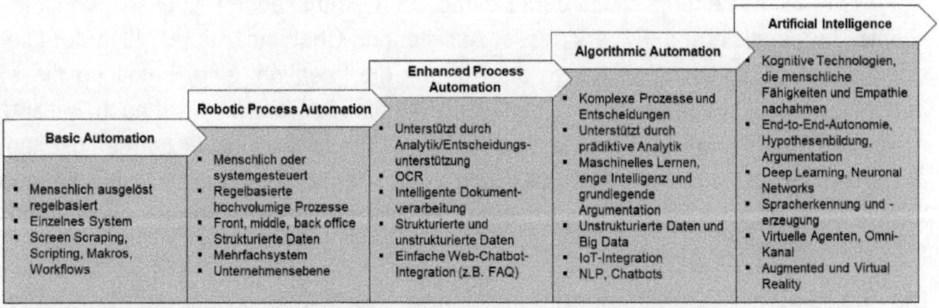

Abbildung 4-4: Intelligent Automation Framework (POLAK ET AL. 2019, S. 10)

POLAK ET AL. unterscheiden in ihrem Ansatz fünf anwendungsspezifische Stufen der softwarebasierten Automatisierung, die im Folgenden beschrieben werden (s. POLAK ET AL. 2019, S. 11):

Basic Automation kennzeichnet Technologien, die Daten einzelner Systeme normalisieren und aggregieren, ohne einzelne Datensätze heranzuziehen. Solche Systeme werden durch den Mitarbeiter ausgelöst und folgen vorabdefinierten Regeln. Die Funktionsweise von *Basic Automation* basiert auf den Prinzipien des Screen-Scrapings und Scriptings sowie von Makros und Workflows.

Anders als *Basic Automation* ist **RPA** in der Lage, mehrere Applikationen anzusteuern und automatisch Maßnahmen auszuführen, solange diese im Rahmen der vorgegebenen Parameter liegen. Hierbei verarbeitet das System strukturierte Daten und kann sowohl mitarbeiter- als auch systemgesteuert sein.

Enhanced Process Automation erweitert die vorherigen Technologieausprägungen um die Fähigkeit der Verwertung unstrukturierter Daten. Mittels OCR können per PDF gesendete Dokumente dekodiert und im Zuge einer intelligenten Dokumentenverarbeitung genutzt werden.

Die vierte Stufe softwarebasierter Automatisierungstechnologien stellt die ***Algorithmic Automation*** dar. Automatisierte Prognosemodelle ermöglichen komplexe Entscheidungen, bspw. für Optionen und Termingeschäfte. Mithilfe fortschrittlicher KI-Werkzeuge, wie NLP, wird eine Interaktion mit dem Mitarbeiter oder Endkunden gewährleistet. Diese Technologieausprägung bietet daher die Möglichkeit einer IoT-Anbindung und Chatbot-Integration.

Artificial Intelligence ist nach POLAK ET AL. die fünfte Stufe des Frameworks und ergänzt die *Algorithmic Automation* durch die Fähigkeiten, Empathie nachzuahmen und Hypothesen aus Daten abzuleiten. Die Nutzung von Deep Learning und neuronalen Netzwerken kann hierbei als wesentliches Abgrenzungsmerkmal zu vorherigen Technologieausprägungen angesehen werden.

Klassifizierung von Smart Automation | SCHMITZ ET AL. 2019b

SCHMITZ ET AL. beziehen sich in ihrem Beitrag auf die anhaltende Diskussion von intelligenter Automatisierung, RPA, virtueller Assistenten, Chatbots, KI und ML in der Literatur. In ihrer Publikation verfolgen die Autoren die Intention, eine Einteilung dieser Interessensgebiete vorzunehmen. Intelligente Automatisierung umfasst nach SCHMITZ ET AL. den Einsatz von Software, mit oder ohne KI, und maschineller Lernfähigkeiten, um repetitive Aufgaben unter der Nutzung von Daten auszuführen. Für ein tieferes Verständnis erfolgt eine Einteilung dieser Technologie in vier Kategorien mit unterschiedlichen Reifegraden (s. SCHMITZ ET AL. 2019b, S. 349f.):

Die **Stand-alone-Automatisierung** nutzt nach SCHMITZ ET AL. clientbasierte Programme und Plug-ins für spezifische Anwendungen, die auf einem einzigen System laufen. Mithilfe dieser Technologie sollen monotone und regelbasierte Aufgaben auf Basis einfacher Algorithmen erledigt werden. Die Autoren führen hierbei Makros, Maus- und Tastatur-Emulation sowie die Automatisierung von Office-Programmen als typische Beispiele an.

Diese Form der Automatisierung wird mithilfe der zweiten Technologieausprägung **RPA** auf ein unternehmensweites Niveau skaliert. Im Gegensatz zur sogenannten Stand-alone-Automatisierung verfügt RPA über APIs, Qualitätskontrollpunkte und Berichtsfunktionen, die den unternehmensweiten Einsatz ermöglichen. Analog den clientbasierten Programmen und Plug-ins beschränkt sich der Einsatz von RPA auf die Automatisierung von regelbasierten Aufgaben, die den limitierenden Aufgaben- und Datenkriterien entsprechen.

Die dritte Stufe der Automatisierung definiert sich nach SCHMITZ ET AL. als ***Artificial Intelligence and Machine Learning***, welche die bisherigen Funktionen um die Fähigkeiten der Mustererkennung von Bildern, Objekten und Personen sowie die Automatisierung von Algorithmen erweitern. Aufgrund der Lernfähigkeit können riesige zur Verfügung stehende Datenmengen genutzt werden, um sich einer spezifischen Situation anzupassen. Dies ermöglicht die Automatisierung kompletter Prozesse, einschließlich dynamischer Urteile und Ad-hoc-Entscheidungen. In diesem Zusammenhang betrachten die Autoren den Einsatz von KI als natürliche Erweiterung von RPA.

Ziel der vierten Kategorie ist das Verstehen und Reagieren auf natürliche Sprache, weshalb der Einsatz von **NLP** die letzte Stufe der Automatisierung darstellt. Typische Anwendungen, wie virtuelle persönliche Assistenten (z. B. Apple Siri und Amazon Echo) oder Kundendienst-Chatbots, reagieren mit einem angemessenen Output auf mündliche oder schriftliche erzeugte Eingaben.

Resource-Based Adaptive RPA | SINDHGATTA ET AL. 2020

SINDHGATTA ET AL. stellen heraus, dass sich RPA von Softwarerobotern, die den Mitarbeiter bei der Automatisierung von Informationserfassungsaufgaben imitieren, hin zu Systemen entwickeln, die menschlichen Entscheidungsaufgaben unter Anwendung von Algorithmen des maschinellen Lernens durchführen. In ihrem Beitrag identifizieren die Autoren verschiedene Stufen der Automatisierung (s. SINDHGATTA ET AL. 2020, S. 451). Die Herleitung erfolgt hierbei auf Basis der empirischen Untersuchung von VAGIA ET AL., welche einen Literaturüberblick über die Entwicklung der Autonomieebenen von Ende der 1950er Jahre bis 2015 präsentieren (vgl. VAGIA ET AL. 2016, 192ff.). Obwohl die Skalen verschiedener Ansätze zwischen drei und elf Automatisierungsstufen schwanken, kommen SINDHGATTA ET AL. zu dem Schluss, dass der Automatisierungsgrad in drei übergeordnete Ebenen unterteilt werden kann. Die **erste Ebene** repräsentiert Aufgaben, die insbesondere vom Menschen ausgeführt werden. Hierzu zählen die Autoren in ihrer Publikation manuelle Tätigkeiten, bei denen der autonome Agent keine Unterstützung offeriert, sowie die Entscheidungsunterstützung durch das System. Die **zweite Ebene** der Automatisierung ist durch eine hohe Interaktion zwischen Mensch und Maschine charakterisiert. Diese Ebene beinhaltet die Überwachungskontrolle, wobei die Durchführung einer Aufgabe durch den Automatisierungsagenten übernommen wird und der Mensch im Bedarfsfall eingreift. Die **dritte Ebene** ist nach SINDHGATTA ET AL. mit geringer menschlicher Beteiligung verbunden und umfasst die Vollautomatisierung, welche vollständig vom Automatisierungsagenten übernommen wird (s. SINDHGATTA ET AL. 2020, S. 456).

Neben der Ableitung von Automatisierungstypen beanspruchen die Autoren in ihrem Beitrag, den Fokus der Organisationsperspektive zu erweitern, indem sie verschiedene Arten von Ressourcen in Betracht ziehen, die bei der Ausführung von Aufgaben inkludiert sind. SINDHGATTA ET AL. unterscheiden hierbei drei Typen beteiligter Ressourcen (s. SINDHGATTA ET AL. 2020, S. 453):

- ***Human Agent* (HA)**: Eine solche Personalressource ist in der Lage, alle Arten von Aufgaben des Prozesses durchzuführen.
- ***Robotic Agent* (RA)**: Spezialisierte Softwareprogramme, die Aufgaben der Informationsbeschaffung oder Informationssammlung automatisieren, imitieren menschliche Interaktionen auf Benutzerschnittstellen.
- ***Intelligent Agent* (IA)**: Sogenannte IA automatisieren die Informationsanalyse und Entscheidungsaufgaben, indem sie ihre Leistung durch Lernen dauerhaft verbessern. Dieser Ressourcentyp nutzt statistische Techniken des ML.

Auf Basis der Definition verschiedener Automatisierungs- und Ressourcentypen leiten SINDHGATTA ET AL. ab, dass ein niedrigerer Automatisierungsgrad, wie die Entscheidungsunterstützung, oft eine Personalressource (HA) erfordert, um die Aufgabe nach Abschluss durch einen RA oder IA erneut durchzuführen. Auf höheren Automationsebenen, wie der Überwachungskontrolle oder der Vollautomatisierung, üben die HA eine Aufsichtsfunktion aus und greifen nur dann ein, wenn dies erforderlich ist (Ausfälle, Fehler oder schlechte Ausführungsqualität) (s. SINDHGATTA ET AL. 2020, S. 456).

Enterprise Automation Concept | BEUCKES ET AL. 2018

BEUCKES ET AL. betonen, dass viele Unternehmen die Relevanz der systematischen Erfassung, Auswertung und Nutzung von strukturierten und unstrukturierten Daten erkannt haben. Der Einsatz softwarebasierter Automatisierungstechnologien gewinnt daher zunehmend an Bedeutung und erfolgt auf unterschiedlichen Stufen. Die Autoren stellen hierbei heraus, dass der Grad an Automatisierung, KI und Datenheterogenität von RPA bis hin zu intelligenten Ausprägungen sukzessive ansteigt. In ihrer Publikation unterscheiden BEUCKES ET AL. vier Technologietypen (s. BEUCKES ET AL. 2018, S. 2ff.):

RPA stellt gemäß BEUCKES ET AL. die erste Stufe der Automatisierung dar und beschreibt die Verwendung von Software zur Automatisierung repetitiver, regelbasierter Prozesse, denen eine strukturierte Datenbasis zugrunde liegt. Die zentralen Funktionalitäten liegen demnach in der Ausführung menschlicher Aufgaben in bestehenden Prozessen. Hierbei arbeitet RPA mit marginalen Auswirkungen auf die vorhandene Anwendungs- und IT-Infrastruktur, woraus eine einfache Implementierung durch den Linienbetrieb und die IT resultiert.

Die zweite Stufe der Automatisierung definieren die Autoren *als* ***Cognitive Automation***. Dies begründen sie mit dem Einsatz von ML zur Verarbeitung großer Mengen strukturierter und unstrukturierter Daten in komplexen Prozessen. CA spezifizieren BEUCKES ET AL. mit der Fähigkeit, Datenmuster durch weiderholte Bespeisung mit unterschiedlichen Testdaten zu identifizieren. Sogenannte ML-Frameworks können hierbei als skalierbare On-Demand-Cloud-Lösungen mit minimalen Auswirkungen auf die bestehende Infrastruktur integriert werden.

Die ***Digital Assistants*** stellen gemäß BEUCKES ET AL. die bislang intelligenteste und komplexeste Stufe softwarebasierter Automatisierungstechnologien dar. Die Autoren definieren diese Ausprägung als Softwareroboter mit der zusätzlichen Eigenschaft von sprach- und textbasierten Benutzeroberflächen. Als Schnittstelle zwischen Mensch und Maschine sind *Digital Assistants* in der Lage, gesprochene oder geschriebene Texte mittels NLP zu verarbeiten. Dies ermöglicht den zusätzlichen Einsatz für externe und interne Kunden, wodurch diese Technologie im Sinne einer optimierten Kundenbindung über verschiedenste Plattformen (z. B. Amazon Alexa und Facebook) genutzt werden kann.

Die vierte und letzte Stufe klassifizieren die Autoren als ***Autonomous Agents***. Diese Technologie wird von BEUCKES ET AL., aufgrund der noch mangelhaften Marktreife, nicht näher erläutert.

Zur Gewährleistung einer nachhaltigen und erfolgreichen Umsetzung softwarebasierter Automatisierung entwickelten BEUCKES ET AL. einen integrierten Automatisierungsansatz, der in Abbildung 4-5 dargestellt ist. Dieser Ansatz betrachtet die Wertschöpfungskette vom Front- bis hin zum Backoffice. Digitale Assistenten mit der Fähigkeit, Informationen des Kunden zu erfassen, stellen hierbei den ersten Schritt des integrierten Ansatzes dar. Mithilfe des Einsatzes von ML ist CA anschließend in der Lage, große Mengen unstrukturierter Daten zu strukturieren und Datenmuster zu generieren. Diese tragen aufgrund einer Optimierung der Wertschöpfungskette zur Gewinnerzielung (Arbitrage) bei. Die Strukturierung vorhandener Informationen befähigt die abschließende Verarbeitung durch RPA, wodurch nach BEUCKES ET AL. eine zunehmende Professionalisierung der Geschäftsprozesse (*Operational Excellence*) erzielt wird (s. BEUCKES ET AL. 2018, S. 5f.).

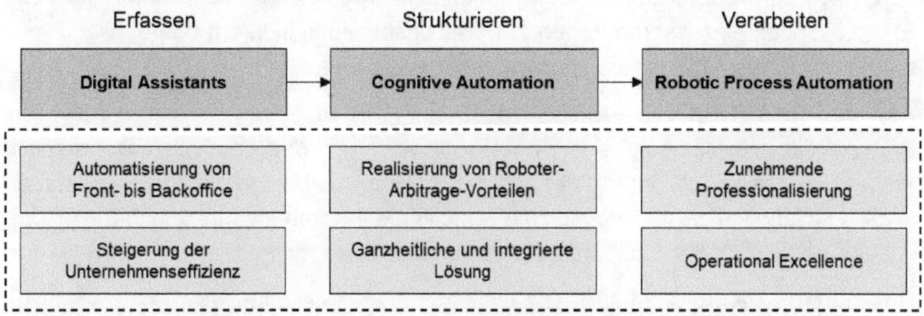

Abbildung 4-5: Integrierter Automatisierungsansatz (BEUCKES ET AL. 2018, S. 5)

Fortschritt der Intelligenten Automatisierung | BHATNAGAR 2018

BHATNAGAR unterteilt den Begriff der softwarebasierten Automatisierung in drei grundlegende Stufen, die mit dem Grad der enthaltenen Intelligenz steigen und somit den Fortschritt der intelligenten Automatisierung widerspiegeln (siehe Abbildung 4-6): Die erste Stufe definiert er als ***Instructive***. Diese Form der Automatisierung charakterisiert sich insbesondere durch die regelbasierte Bildschirm-Interaktion und die Workflow-Verwaltung. Nach BHATNAGAR umfasst diese Stufe der Automatisierung das Scripting, welches die technologische Grundlage von Systemen zur regelbasierten Teilautomatisierung darstellt (siehe Kapitel 2.2.1), und RPA als System zur regelbasierten Vollautomatisierung. Als zweite Stufe der Automatisierung definiert der Autor ***adaptive*** *Technologien*, wie Autonomics und NLP, zur Verarbeitung von unstrukturierten Daten und Kontextwissen für die automatische Entscheidungsfindung. Die dritte **kognitive** Stufe des Automatisierungsfortschritts ist nach BHATNAGAR durch die Verwendung großer Datenmengen, Analysen, adaptiver Algorithmen und großvolumiger statistischer Analysen geprägt. Mithilfe des technologischen Fortschritts in den Bereichen ML, DL und KI sollen somit entscheidungsbasierte Prozesse automatisiert werden.

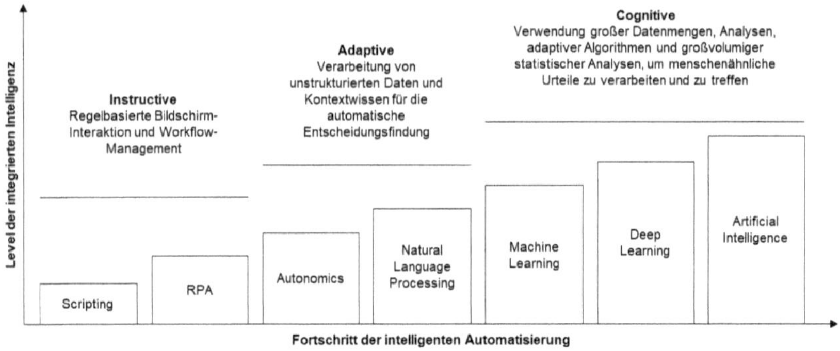

Abbildung 4-6: Fortschritt der Intelligenten Automatisierung (BHATNAGAR 2018, S. 5)

Spektrum der RPA-Lösungen | BURNETT ET AL. 2018

BURNETT ET AL. stellen heraus, dass sich Unternehmen die Möglichkeit bietet, in Abhängigkeit der spezifischen Anforderungen und Strategien verschiedene Arten von RPA-Lösungen einzusetzen. BURNETT ET AL. beschreiben in ihrem Beitrag vier Typen softwarebasierter Automatisierungstechnologien (s. BURNETT ET AL. 2018, S. 4f.):

Assisted RPA (RPA 1.0) – Diese Klasse von RPA-Lösungen verfolgt das Ziel, die Produktivität des Mitarbeiters zu verbessern. Aufgrund des Desktop-Einsatzes sind solche Lösungen nach BURNETT ET AL. leicht zu implementieren und zudem kosteneffektiv. Limitationen dieser Technologie, welche die Autoren anführen, sind Einschränkungen hinsichtlich der Sicherheit, Flexibilität und Skalierbarkeit.

Unassisted RPA (RPA 2.0) – Diese Lösungen tragen dazu bei, eine End-to-End-Automatisierung im Unternehmen herbeizuführen. Die Softwareroboter sind hierbei auf einem zentralisierten Server angesiedelt, von dem aus sie manuell durch den Mitarbeiter bedient werden. Einschränkungen bestehen im Hinblick auf die Skalierbarkeit, da die physische Kapazität des zentralen Servers bei großen Einsätzen überlastet wird.

Autonomous RPA (RPA 3.0) – Als Weiterentwicklung des RPA 2.0 unterstützt Autonomous RPA die Bearbeitung komplizierter und regelbasierter Prozesse mit integrierter Entscheidungsfindung. BURNETT ET AL. führen die Handhabung geänderter Prioritäten für einen dynamischeren Stil des Arbeitslastausgleichs als ein Beispiel für den Einsatz dieser Technologieausprägung an. Den größten Nutzen erzielen solche Lösungen, wenn eine Implementierung über die Cloud erfolgt.

Cognitive RPA (RPA 4.0) – Die vierte Technologieausprägung ist in der Lage, KI-Technologien, wie ML und NLP, zu integrieren. Dieser Einsatz erweitert die Fähigkeiten von RPA um die Möglichkeit, unstrukturierte Daten eines Prozesses zu verarbeiten.

The evolution of process automation | CHAO ET AL. 2018

CHAO ET AL. führen an, dass der erforderliche Automatisierungsgrad für einzelne Prozesse von der Art der darin enthaltenen Aufgaben abhängt. Mit Bezug auf den spezifischen Prozesscharakter definieren die Autoren drei verschiedene Automatisierungsgrade, die im Unternehmen Anwendung finden können (s. CHAO ET AL. 2018, S. 12ff.):

Die **grundlegende Automatisierung** eignet sich für regelbasierte und repetitive Aufgaben mit strukturierten Aktivitäten sowie Datenquellen und -systemen, die sichtbare und messbare Ergebnisse erzeugen. Hierbei beschreiben CHAO ET AL. insbesondere umfangreiche, digital unterstützte Prozesse mit einer hohen Taktzeit und großer Sichtbarkeit.

Für die Bearbeitung komplexerer Prozesse ist eine **fortgeschrittene Automatisierung** notwendig. Die darin integrierten KI-Lösungen werden genutzt, um eine Kombination von unstrukturierten und strukturierten Daten zu verarbeiten. Ideale Prozesse für den Einsatz fortgeschrittener Automatisierung sind jene, die eine Variabilität der Einwirkungen aufweisen, jedoch vorgegebene Resultate erzeugen.

Die **Intelligente Automatisierung** ist nach CHAO ET AL. die technologisch komplexeste Ebene softwarebasierter Automatisierungslösungen. Der Einsatz erfolgt, um Prozesse zu verbessern oder zu autonomisieren, für deren Bearbeitung Kontextwissen und Entscheidungen notwendig sind oder denen eine unstrukturierte Datenbasis zugrunde liegt. Mithilfe der Integration von KI-Lösungen können unvorhersehbare Muster generiert werden. Dies bietet die Möglichkeit, eine Automatisierung von Prozessen mit variablen und unvorhersehbaren Ergebnissen umzusetzen.

4.2.2 Relevante Erkenntnisse zur soziotechnischen Systemgestaltung im Kontext der Automatisierung

Analog der Methodik zur Datenerhebung aus den vorangegangenen Kapiteln zeigen Tabelle 4-3 und Abbildung 4-7 die zugehörigen Suchbefehle und das daraus resultierende Ergebnis.

Tabelle 4-3: Suchbefehle der Literaturrecherche II / II (eigene Darstellung)

Digitale Datenbank	Suchbefehl
SCOPUS	TITLE-ABS-KEY (socio AND technical AND system) AND TITLE-ABS-KEY (automation OR software)
Springer Link	"socio technical" AND ("RPA" OR "robotic process automation" OR "cognitive Automation" OR "intelligent process automation" OR "automation")
IEEE Explore	(((("Abstract": socio technical) OR "Document Title": socio technical) AND ("All Metadata": robotic process automation OR "All Metadata": intelligent process automation OR "All Metadata": cognitive process automation OR "All Metadata": automation)))
Google Scholar	"socio technical" AND ("robotic process automation" OR "cognitive automation" OR "intelligent process automation")

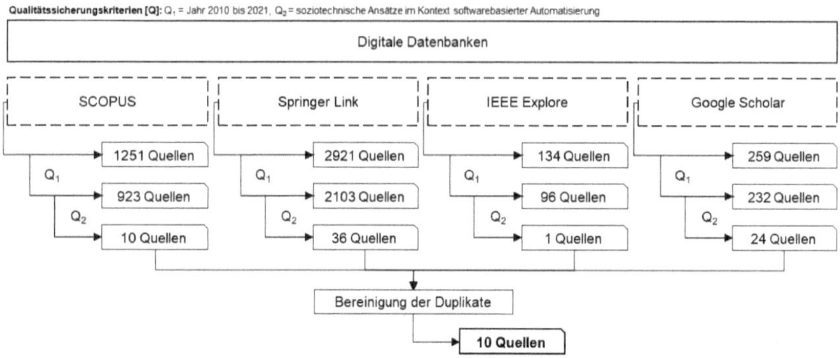

Abbildung 4-7: Zusammenfassung des Auswahlprozesses von Primär- und Sekundärliteratur II / II (eigene Darstellung)

Im Fokus der Literaturanalyse stehen wissenschaftliche Beiträge sowie einzelne ausschlaggebende Erkenntnisse aus der Praxis. Die vollumfängliche Betrachtung existierender Praxisliteratur wird vorliegend als nicht zielführend erachtet, da das Ziel die wissenschaftliche Untersuchung der soziotechnischen Systemelemente und ihren Zusammenhängen darstellt. Die Beleuchtung bloßer Definitionsdiskrepanzen in Forschung und Praxis bietet keinen zusätzlichen Mehrwert. In der Literatur konnte eine Vielzahl Ansätze zur soziotechnischen Systemgestaltung identifiziert werden. Im Kontext der Automatisierung existieren derzeit jedoch nur wenige Beiträge, die diesen Ansatz auf das spezifische Themenfeld übertragen. Abbildung 4-7 zeigt, dass 10 relevante Beiträge in der Literatur identifiziert wurden, die im Folgenden ausführlicher dargestellt werden. Weiterführende untersuchte Literatur wird im Rahmen der Modellentwicklung in Kapitel 6.2 präsentiert.

A Concept of Automation in a Safety Critical Socio-technical System | Amaldi u. Smoker 2013

Amaldi u. Smoker bemängeln, dass, obwohl Automatisierungstechnologien in allen Bereichen des öffentlichen Lebens verbreitet sind, eine Reflexion derer auf organisatorischer oder gesellschaftlicher Ebene fehlt. Die beiden Autoren fordern daher Richtlinien, welche die soziotechnische Implementierung von Automatisierungstechnologien auf strategischer und operativer Ebene steuern und verschiedene Aspekte von rechtlichen Verantwortungen bis hin zu moralischen und sozioökonomischen Fragen beinhalten. Dazu führten Amaldi u. Smoker zahlreiche Befragungen und Workshops mit Mitarbeitern einer britischen Serviceorganisation für das Flugverkehrsmanagement durch und präsentierten die Ergebnisse ihrer Fallstudie, welche sie in sechs Kategorien unterteilten (s. Amaldi u. Smoker 2013, 183ff.).

Das **Fehlen einer Automatisierungsdefinition und -vision** wurde von allen Workshop-Teilnehmern als besonders kritisch erachtet. Das Unternehmen hatte in den Augen seiner Mitarbeiter kein übergeordnetes Leitbild vorzuweisen, welches den Inhalt und den Umfang des Automatisierungsvorhabens definiert. Dieser Umstand führte zu

Verwirrung und Unklarheiten in der Planung und Kommunikation der Mitarbeiter. Zentral abgestimmte Definitionen sind notwendig, da unterschiedliche Personen auch jeweils verschiedene Erwartungen und Anforderungen an den Automatisierungseinsatz stellen. Eine übergeordnete Automatisierungsvision wirkt sich maßgeblich auf sämtliche Unternehmensbereiche aus, indem sie Einstellungsverfahren von Mitarbeitern beeinflusst und festlegt, wie die Mitarbeiterschaft strukturiert und geschult werden soll. Das Fehlen einer solchen Vision im Fallstudien-Unternehmen hatte zur Folge, dass die Auswirkungen der Automatisierung auf die Organisationsbereiche unvorhersehbar blieben (s. AMALDI U. SMOKER 2013, S. 191).

Als zweiter ausschlaggebender Einfluss von Automatisierungsvorhaben auf die Organisation wurde die Veränderung von **Verantwortung und Rollenverteilung** identifiziert. Automatisierungstechnologien führen zu einer neuen Interaktion zwischen Mensch und Maschine, insbesondere was die Problemlösungs- und Entscheidungsprozesse angeht. Daher ist es von entscheidender Bedeutung, dass menschliche Stärken und Schwächen bei der Gestaltung und Zuweisung von Mitarbeiterrollen berücksichtigt werden. Weiterhin müssen Fortbildungsprogramme geschaffen werden, welche die Mitarbeiter auf ihre neuen Rollen in der Zusammenarbeit mit Automatisierungstechnologien vorbereitet. Die in der Fallstudie untersuchte Firma machte keine expliziten Annahmen über die Rollenentwicklung der Mitarbeiter und die Aufteilung der Verantwortung zwischen Mensch und Maschine. Die Workshopteilnehmer forderten daher eindringlich, dass die Verortung von Verantwortung sowie die Verteilung von Rollen an jedem zentralen Meilenstein des Systembetriebs eindeutig definiert und kommuniziert werden müssen (s. AMALDI U. SMOKER 2013, S. 191).

Die **Interaktion zwischen Mensch und Maschine** wurde von den befragten Mitarbeitern als weiterer wichtiger Faktor angesprochen. Explizit gilt das Automatisierungsvorhaben der Reduktion von Fehlern und der Verringerung der menschlichen Risiken bei Arbeitsprozessen. Werden diese Risiken nicht ausreichend klar beleuchtet und fokussiert, verschenkt die Technologie einen Großteil ihres Potenzials. Die betriebliche Effektivität hängt in großem Maße von der engen Beziehung zwischen Mensch und Maschine ab, daher muss die Optimierung dieser Interaktion priorisiert werden. Die Automatisierung muss darauf abzielen, die effektivste Balance zwischen Mensch und Maschine zu erreichen und aus wirtschaftlicher Sicht stets das Kosten-Nutzen-Verhältnis evaluiert werden (s. AMALDI U. SMOKER 2013, S. 191).

Hinsichtlich der Ausgestaltung der Mensch-Maschine-Interaktion formulieren AMALDI U. SMOKER folgende Hypothese: *„Je höher der Grad der Automatisierung, desto weiter entfernt sich der Mensch vom Regelkreis und desto schwieriger ist es für ihn, die Kontrolle wiederzuerlangen“* (AMALDI U. SMOKER 2013, S. 192). Daher wurde als vierter Aspekt die Antizipation der **Auswirkungen der Automatisierung auf den Menschen** insbesondere bei technischem Versagen herausgearbeitet. Die Grenzen des Automatisierungsausmaßes müssen für den Fall des technischen Versagens genau definiert werden, um sicherzustellen, dass der Mensch zu jeder Zeit die Kontrolle über das System behält. Daher müssen Folgen abgeschätzt und Kompetenzen, über die ein menschlicher Operator verfügen muss, um mit Automatisierungstechnologien zu interagieren, identifiziert und angeeignet werden.

Im Kontext menschlicher Interaktion mit Automatisierung betonen AMALDI U. SMOKER als fünften kritischen Faktor, dass die Aspekte menschlichen Verhaltens, welche auf die Fähigkeit zur effektiven Nutzung automatisierter Systeme hinweisen, keinen genügend großen Stellenwert in ihrer Betrachtung genießen. Die **Kompetenzen**, die für künftige Automatisierungsvorhaben vorhanden sein müssen, waren den Workshop-Teilnehmern nicht hinreichend bekannt. Daher muss eine Abschätzung dieser Fähigkeiten getroffen werden, um Ausbildungsangebote, Personalstrukturen und Technologieeinsatz effektiv zu orchestrieren (s. AMALDI U. SMOKER 2013, S. 192).

Abschließend fehlte es im untersuchten Serviceunternehmen an einer Möglichkeit die Leistungsfähigkeit des Arbeitssystems, also die **Kooperation** zwischen menschlichen Mitarbeitern und dem automatisierten technischen System zu messen und sicherzustellen. Mit steigendem Automatisierungsgrad nimmt auch die Komplexität der emergenten Systeminteraktionen zu. Daher sind Automatisierungsgrade und Leistungsstandards für das Gesamtsystem festzulegen (s. AMALDI U. SMOKER 2013, S. 192).

Factors Impacting Successful BPMS Adoption and Use: A South African Financial Services Case Study | KOOPMAN U. SEYMOUR 2020

Die Autoren KOOPMAN U. SEYMOUR untersuchten die Einführung eines BPMS in einem südafrikanischen Finanzdienstleistungsunternehmen. Dieser Beitrag wird trotz der Abgrenzung in Kapitel 2.2.2 analysiert, um weitere relevante Erkenntnisse für das Dissertationsvorhaben zu generieren.

Tabelle 4-4: BPM-Kernelemente (eigene Darstellung i. A. a. KOOPMAN U. SEYMOUR 2020, S. 57)

BPM Kernelemente	Themen
Strategische Ausrichtung	BPM und Tagesgeschäft ohne hohe strategische Priorität
	Legacy-System-Strategie nicht mit BPM-Strategie in Einklang
	Fehlende strategische Vision
Governance und Kultur	Unternehmen ist resistent gegen Wandel
	Legacy und Standardisierungsentscheidungen durch Management
	Fehlende Orchestration von Business-Teams und BPM-IT-Teams
	Budgetverteilung für BPM-Tagesgeschäft
Methoden	Lange Projektinitiierungsphasen
	Umgehen von Freigaberichtlinien
IT	BPMS und Legacy-System-Integration
Mensch	Mangelnde Personalressourcen für BPM-Initiativen

Durch eine Befragung der Mitarbeiter wurden Faktoren identifiziert, die sich negativ auf die Implementierung eines BPMS und der Steigerung der systemischen Agilität auswirkten. Weiterhin wurden die Einflüsse von Strategie, Kultur, Governance und Technologie vor diesem Hintergrund erläutert (siehe Tabelle 4-4). Der Ordnungsrahmen zur Untersuchung von Einflüssen im Kontext einer BPMS-Implementierung besteht aus den sechs Kernelementen *Strategische Ausrichtung, Governance, Methoden, IT, Mitarbeiter und Kultur*, welche zuvor von ROSEMANN U. VOM BROCKE identifiziert wurden (s. ROSEMANN U. VOM BROCKE 2015, 105ff.; KOOPMAN U. SEYMOUR 2020, S. 57).

Eine **Strategie** kann sich auf die gesamte Organisation, eine Abteilung oder gar ein einzelnes Arbeitssystem beziehen. Dabei betonen KOOPMAN U. SEYMOUR die Wichtigkeit, dass die Strategien kleinerer Teilsysteme auf die übergeordnete Organisationsstrategie abgestimmt sind und auf diese einzahlen. Dabei stellten sich drei Aspekte strategischer Ausrichtung, welche sich negativ auswirkten auf die Implementierung von BPMS auswirkten, heraus:

- **Fehlende strategische Priorität:** Wird die Einführung eines Softwaresystems nicht mit der ausreichenden Priorität versehen, wirkt sich dies direkt auf die Budgetverteilung aus. Bei der untersuchten Firma nahmen die gesetzlichen Anforderungen, strategische Projekte die höchste Priorisierung in Anspruch, während IT-Projekte erst sehr weit hinten in der Tagesordnung zu finden waren. Durch zu geringe Finanzierung bleibt eine Optimierung des IT-Systems auf der Strecke.
- **Fehlende Kompatibilität von Altsystemen mit neuer Strategie:** Bei der Anschaffung von Organisationssoftware wurde nicht ausreichend weit in die Zukunft geplant. Veraltete Softwareprodukte entsprachen nicht den neuen strategischen Richtungsvorgaben, wurden aber dennoch weiterverwendet, bis Lizenzverträge ausliefen.
- **Fehlende strategische Vision:** Die befragten Mitarbeiter gaben an, dass eine fehlende Vision maßgeblich die Flexibilität des BMPS behinderte. Das Unternehmen hatte kein *Center of Excellence* (CoE) integriert, welches dabei helfen würde, die Vision zu formulieren und ein effizientes Arbeiten in der Organisation zu ermöglichen. Zentrierte CoEs bieten eine konsistente und kosteneffektive Möglichkeit, neue Softwaresysteme mithilfe eines Projektportfolio-Managementansatzes in Organisationen einzuführen (s. KOOPMAN U. SEYMOUR 2020, S. 60).

Governance und Kultur können sich massiv auf die Implementierung eines BPMS auswirken. Daher ist insbesondere die Unterstützung durch einen Projektsponsor im Top-Managementbereich nötig. KOOPMAN U. SEYMOUR identifizierten vier Governance- und Kulturthemen, die kritisch für eine erfolgreiche BPMS-Implementierung sind:

- **Standardisierungsvorgaben:** Diese beziehen sich auf organisatorische Entscheidungen, die vom Top-Management bezüglich des informationstechnischen Systems getroffen werden.
- **Fehlende Kooperation zwischen IT- und Business-Unit:** Die Interviewteilnehmer sahen das „Overengineering" von Lösungen sowie das Arbeiten in Silos

ohne gegenseitige Kommunikation als großes Problem an (s. KOOPMAN U. SEYMOUR 2020, S. 61). Eine Zusammenarbeit ist nach KOOPMAN U. SEYMOUR wichtig, da alle Komponenten eines Arbeitssystems aufeinander abgestimmt sein müssen. Die fehlende Kooperation zwischen den Abteilungen trug auch maßgeblich zu der geringen strategischen Priorisierung des Softwareteams durch das Top-Management bei.

- **Mangelnde Budgetierung nach der Pilotierung:** Die Mitarbeiter des BPMS-Teams kritisierten, dass Softwareprojekte in der Anfangsphase strategische Aufmerksamkeit genossen, die Budgetierung im Verlauf jedoch stark nachließ. Generell wurde genug Geld investiert, um das Projekt am Leben zu halten, jedoch nicht, um es weiter auszubauen. Auch dieser Aspekt wurde maßgeblich durch das Fehlen von übergeordneten strategischen Elementen beeinflusst.
- **Wandlungsresistenz:** Als eine der Haupthürden wurde die Einstellung der Mitarbeiter gegenüber Wandel, insbesondere technologischer Natur, ermittelt. Diese Widerstände der Mitarbeiter wurden auf die vorherrschende Kultur des Unternehmens zurückgeführt. Diese Barriere kann nach KOOPMAN U. SEYMOUR überwunden werden, indem eine Organisationskultur einer Vision folgt und diese in sämtlichen Unternehmensbereichen kommuniziert wird.

Das **IT-System** als Ganzes wurde als zu fragmentiert dargestellt, um eine unternehmensübergreifende BPMS-Einführung zu ermöglichen. Dieser Umstand war auf die Integration vielfältigster externer Software-Applikationen zurückzuführen. Das führte zu einer großen Unübersichtlichkeit und fehlenden Kompatibilitäten. Weiterhin wurde die Wandlungsfähigkeit der IT-Infrastruktur aufgrund fehlender Daten, Sicherheitsauflagen und Rechtevergaben eingeschränkt.

Mitarbeiter stellten nach KOOPMAN U. SEYMOUR die Kategorie der Gruppen und Individuen dar, die dabei halfen Geschäftsprozesse zu verbessern. Als größter Engpass für die erfolgreiche Umsetzung von Softwareprojekten wurde die geringe Arbeitszeit identifiziert, die den projektbearbeitenden Personen eingeräumt wurde. Weiterhin wurden keine zusätzlichen Mitarbeiter eingestellt, sodass die Projektteams stetig unterbesetzt waren. Diese Faktoren wurden wiederum auf die geringe Priorisierung und die damit verbundene Unterfinanzierung zurückverfolgt. Einstellungskriterien wurden nicht spezifiziert und Mitarbeiter nicht für neue Rollen in Software-Projektteams fortgebildet.

Langwierige **Initiierungsprozesse** wirkten sich weiterhin negativ für die BPMS-Implementierung aus. Diese waren direkt an der Systemarchitektur und fehlende Dokumentation gekoppelt. Die Dokumentierung soll als wichtiges Werkzeug dazu dienen, dass die Änderungen eines Informationssystems einen angemessenen Umfang aufweisen und die Verfügbarkeit von Ressourcen berücksichtigt wird. Somit kann das Risiko eines Projektscheiterns verringert werden. Als weiteres Problem wurden Compliance-Verstöße identifiziert, indem Entwickler oder Projektmanager Genehmigungsverfahren umgingen, um ihre Softwarelösungen schnell in die IT-Landschaft zu integrieren. Dies führte zu inflexiblen Nischenprozessen, die KOOPMAN U. SEYMOUR auf die wandlungsresistente Kultur zurückführten. Eine angemessene Governance könnte darüber hinaus die Einhaltung von Compliance-Vorgaben gewährleisten.

Um die Erfolgswahrscheinlichkeit einer BPMS-Implementierung in Unternehmen zu erhöhen, veranschaulichten KOOPMAN U. SEYMOUR die Ergebnisse ihrer Mitarbeiterbefragungen in einem Ordnungsrahmen (siehe Abbildung 4-8).

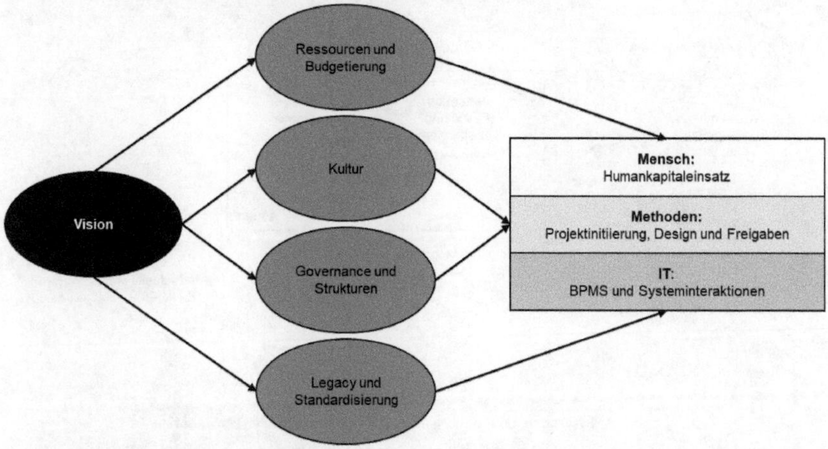

Abbildung 4-8: Der BPMS-Ordnungsrahmen (eigene Darstellung i. A. a. KOOPMAN U. SEYMOUR 2020, S. 66)

Aus ihrem Modell geht hervor, dass die Einführung eines BPMS oder auch einer softwarebasierten Automatisierung einen Top-down-Prozess darstellt, der in erster Linie von einer übergreifenden Strategie und einer klaren Vision gekennzeichnet ist (vgl. KOOPMAN U. SEYMOUR 2020, S. 66).

Socio-Technical Perspectives on Smart Working | BEDNAR U. WELCH 2020

BEDNAR U. WELCH postulieren, dass die zeitgemäße soziotechnischen Systemansätze zur Organisationsanalyse der beste Weg sind, um die Nutzung intelligenter Technologien in Organisationen zu unterstützen. Die Autoren fordern, dass jeder Aspekt des soziotechnischen Wandels eine menschenzentrierte Entwurfsperspektive erfordert, unabhängig davon, ob die Arbeitssysteme Mensch-Mensch- oder Mensch-Maschine-Interaktionen umfassen (s. BEDNAR U. WELCH 2020, S. 281ff.). Abbildung 4-9 zeigt eine Zusammenfassung des zeitgemäßen soziotechnischen Systemansatzes nach BEDNAR U. WELCH.

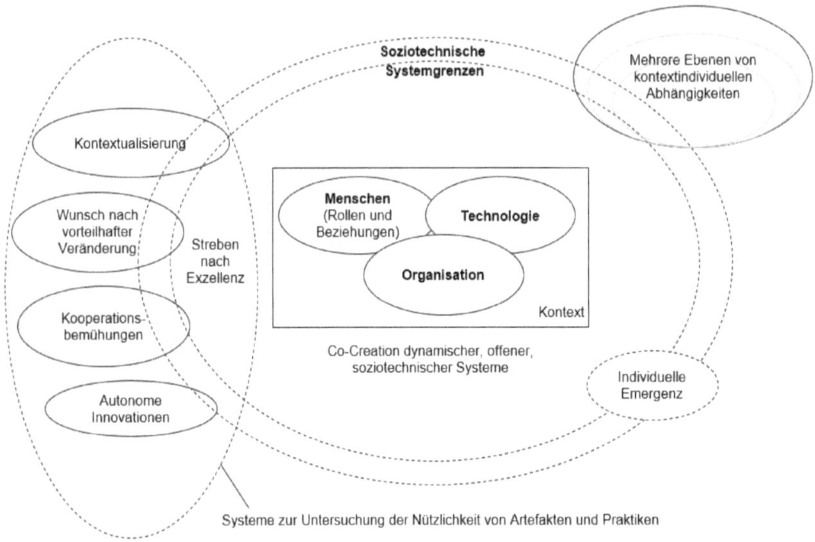

Abbildung 4-9: Zeitgemäßer soziotechnischer Systemansatz (eigene Darstellung i. A. a. Bednar u. Welch 2020, S. 294)

Abbildung 4-9 veranschaulicht die Interaktion von Einzelpersonen innerhalb eines Organisationsraums, wobei jeder Einzelne Erfahrungen mit kontextindividuellen Abhängigkeiten macht, welche die berufliche Rolle prägen. Nach Bednar u. Welch interagieren die Individuen innerhalb eines organisierten Arbeitssystems, indem sie es ständig neu erschaffen (individuelle Emergenz). So kann der menschliche Akteur in seiner Berufslaufbahn durch verschiedene Systeme beeinflusst werden, die das Streben nach Exzellenz widerspiegeln. Eine besondere Rolle wird den autonomen Innovationen zuteil, mit denen sie eine ko-kreative Partnerschaft eingehen können. Durch solche kollaborativen Systeme werden menschliche Individuen in die Lage versetzt, ihr volles kreatives Potenzial bei der Bereitstellung von Waren und Dienstleistungen auszuschöpfen. Die Zusammenarbeit mit intelligenten Systemen kann dem Personal helfen, mehr Bedeutung in ihren Arbeitsrollen zu sehen und dem Wunsch nach vorteilhafter Veränderung nachzugehen, indem monotone Aufgaben an autonome Steuerungssysteme ausgelagert werden (s. Bednar u. Welch 2020, S. 293f.).

Industry 4.0 from a sociotechnical perspective | Beier et al. 2020

Beier et al. verfolgen in ihrem Beitrag das Ziel, das Konzept Industrie 4.0 aus einer soziotechnischen Perspektive auf der Grundlage der am häufigsten zitierten Schlüsselmerkmale zu beschreiben. Da der Begriff Industrie 4.0 die Digitalisierung industrieller Prozesse stark geprägt hat, können soziotechnische Ansätze aus diesem Feld in Teilen auf die softwarebasierte Automatisierung administrativer Prozesse übertragen werden. Die empirische Untersuchung von Beier et al. orientiert sich an dem Mensch-

Technik-Organisation-Konzept nach ULICH, welches in Kapitel 4.6 ausführlicher betrachtet wird. Die Kategorie Mensch fokussiert in dem Beitrag die Auswirkungen von sowie auf Menschen, die direkt oder indirekt von Industrie 4.0 betroffen sind. Die Kategorie *Technologie* bezieht sich auf Auswirkungen von oder auf technische Systeme oder technische Konzepte, die im Kontext von Industrie 4.0 relevant sind. Die Kategorie *Organisation* hingegen konzentriert sich auf Auswirkungen sowohl auf die Prozess- als auch auf die strukturelle Organisation eines Unternehmens (s. BEIER ET AL. 2020, S. 1ff.). Tabelle 4-5 fasst die zentralen Ergebnisse des Beitrags zusammen.

Tabelle 4-5: Ergebnispräsentation der empirischen Untersuchung (eigene Darstellung i. A. a. BEIER ET AL. 2020, S. 4ff.)

Kategorie	Merkmale	Merkmalsausprägungen
Mensch	Mitarbeiter	Dezentralisierung der Entscheidungsfindung, steigende Autonomie für Mitarbeiter, Qualifikationen und Skills
	Kommunikation	Mensch-Mensch-Kommunikation, Mensch-Maschine-Kommunikation
	Mensch-Maschine-Interaktion	Interaktion auf der Produkt-, Prozess- und Unternehmensebene
	Kollaboration	Kollaborative Systeme bestehend aus physikalischen Agenten, Software-Agenten und menschlichen Agenten
Organisation	Dezentralisierung	Bezug zur Unternehmens- und Prozessebene, dezentrale autonome Entscheidungsfindung
	Flexibilität	Flexibilität in der Entwicklung, Diagnose und Wartung sowie im Betrieb von Automatisierungssystemen
Technologie	Automatisierung	Bezug zur Prozessebene, Automated Services, Datenaustausch, Kommunikation, Rückmeldung an Zulieferer oder Mitarbeiter
	Big Data	Technologisches Fundament der Industrie 4.0

Der Beitrag von BEIER ET AL. schließt eine Forschungslücke, indem es die konstituierenden Merkmale des Konzepts Industrie 4.0 mithilfe einer qualitativen Literaturrecherche ableitet und beschreibt. Diese Merkmale sind als relevanter Input für die vorliegende Dissertation zu betrachten.

Industry 4.0 integration with socio-technical systems theory | SONY U. NAIK 2020

SONY U. NAIK betonen, dass die Implementierung von Industrie 4.0 zu einer spezialisierten menschlichen Interaktion (soziales System) mit technischen Systemen führt. In ihrer Studie verfolgen die Autoren das Ziel, einen Mechanismus vorzuschlagen, der die Perspektive der soziotechnischen Systemtheorie während der Implementierung von Industrie 4.0 einbezieht. Die Einführung intelligenter Systeme, bspw. zur Automatisierung, führt zu einem Umdenken in den Beziehungen zwischen Mensch und Maschine. Dies mündet in Organisationen, welche sich durch eine Mensch-Automatisierungs-Symbiose auszeichnen, in der die Maschinen und Menschen in einem kollaborativen Verhältnis zueinanderstehen. Hierbei fordern SONY U. NAIK die Berücksichtigung des etablierten Rahmenwerks zur soziotechnischen Betrachtung von LEAVITT (vgl. LEAVITT 1965, S. 1144ff.), welches zu einer sechsdimensionalen Struktur modifiziert worden ist (vgl. DAVIS ET AL. 2014, S. 171ff.; s. SONY U. NAIK 2020, S. 5). DAVIS ET AL. heben hierbei hervor, dass jedes komplexe Organisationssystem in Form eines zusammenhängenden Hexagons dargestellt werden kann (s. DAVIS ET AL. 2014, S. 176). Abbildung 4-10 veranschaulicht diese Kernaussage.

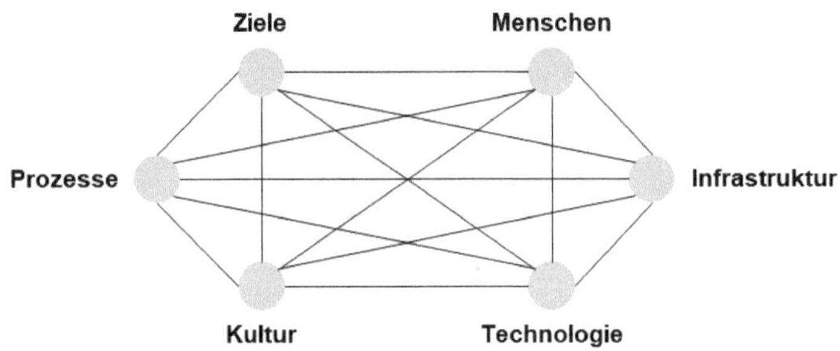

Abbildung 4-10: Soziotechnische Systemzusammenhänge (eigene Darstellung i. A. a. DAVIS ET AL. 2014, S. 176)

DAVIS ET AL. begründen ihr Rahmenwerk mit der Aussage, dass ein Arbeitssystem in der Regel eine Reihe von Zielen und Messgrößen beinhaltet, Menschen mit unterschiedlichen Einstellungen und Fähigkeiten einbezieht, eine Reihe von Technologien einsetzt, innerhalb einer physischen Infrastruktur und mit einer Reihe kultureller Annahmen arbeitet sowie eine Reihe von Prozessen und Arbeitspraktiken verwendet (s. DAVIS ET AL. 2014, S. 177). SONY U. NAIK übertragen diesen Ansatz als notwendige Perspektive auf die nachhaltige Integration von Industrie 4.0 und betonen die allgemeingültige Anwendbarkeit des sechsdimensionalen Hexagons, welches in jeder Branche und Organisation genutzt werden kann (s. SONY U. NAIK 2020, S. 9).

Reflections: Sociotechnical Systems Design and Organization Change | PASMORE ET AL. 2019

PASMORE ET AL. verfolgen in ihrem Beitrag die Entwicklung soziotechnischer Systeme von ihren Ursprüngen in den 1950er Jahren bis zu den heutigen und zukünftigen Anforderungen an soziotechnische Systemgestaltung. Zusammen mit einem interdisziplinären Arbeitskreis aus Akademikern, Managern, Zukunftsforschern, IT-Spezialisten, Ethikern und Soziologen gehen die Autoren der Frage nach, wie Organisationen der Zukunft gestaltet werden sollten, um technische und soziale Faktoren im Zeitalter der Digitalisierung optimal zu orchestrieren, und welche Schlüsselrolle der soziotechnische Betrachtungsansatz dabei einnimmt. Als disruptive Haupteinflussfaktoren auf die Veränderung von soziotechnischen Systemen in den letzten Jahren nennen die Autoren insbesondere informationstechnologische Entwicklungen im Bereich der KI, Automatisierung und IoT sowie Plattform-Businessmodelle. In Hinblick auf zukünftige autonome softwaregesteuerte Entscheidungsfindung und eine weiterreichende Technisierung von Arbeitssystemen muss der sozialen Komponente mehr Tragweite verliehen und der Mensch weiter in den Mittelpunkt gerückt werden (vgl. PASMORE ET AL. 2019,

S. 75). Im Zuge der Diskussion um die Organisation der Zukunft betonten die Arbeitskreisteilnehmer den Wandel von einer zentral genutzten Primärtechnologie hin zu vielfältigen Assistenz- und Kollaborationstechnologien. Die gemeinsame Optimierung von sozialen und technischen Subsystemen sowie eine kontinuierliche Verbesserung und Anpassung dieser unterscheidet soziotechnische Systeme der Zukunft von den um eine Kerntechnologie herum aufgebauten soziotechnischen Systemen der Vergangenheit. Auf die Rolle von Mitarbeitern bezogen hoben die Teilnehmer hervor, dass ein Widerstand gegen den technologischen Fortschritt, selbst wenn er ihre Weiterbeschäftigung gefährde, die Organisation nur schwächen würde. Im Zuge der Digitalisierung werden gut ausgebildete Fachkräfte mit neuen Kompetenzen benötigt, daher müssen Unternehmen ihren Mitarbeitern eine sozial attraktive Arbeitsumgebung und ausgedehnte Fortbildungsmöglichkeiten anbieten können (s. PASMORE ET AL. 2019, S. 72). Um auch zukünftig wettbewerbsfähig zu bleiben, sollten darüber hinaus nicht nur einzelne Arbeitssysteme, sondern die gesamte Organisation agil gestaltet werden. Auf Basis der Erkenntnisse aus dem Arbeitskreis schlagen PASMORE ET AL. ein mehrdimensionales soziotechnisches Systemdesign für die Organisationen der Zukunft vor (siehe Abbildung 4-11).

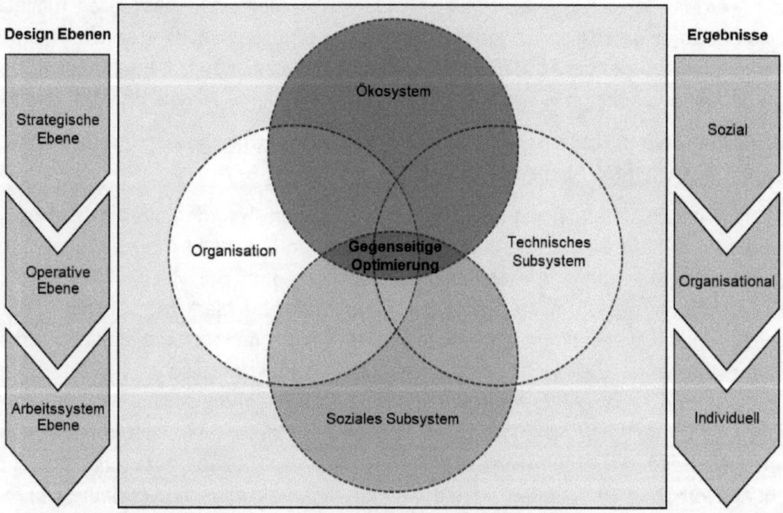

Abbildung 4-11: Soziotechnische Systemgestaltung für Organisationen der digitalen Zukunft (eigene Darstellung i. A. a. PASMORE ET AL. 2019, S. 78)

Neben der konventionellen Betrachtung von sozialem und technischen Subsystemdesign definieren die Autoren mit dem Ökosystem und Organisationsdesign zwei weitere Dimensionen, die einer gegenseitigen Optimierung unterliegen sollen (s. PASMORE ET AL. 2019, 77ff.). Die Optimierung der Subsysteme soll über drei verschiedene Designlevel optimiert werden. An oberster Stelle gibt die strategische Ebene das Leitbild, die Governance sowie die Ökosystem- und Organisationsgestaltung vor. Eine zweckgesteuerte Führung der Organisation soll deren Reaktionsfähigkeit steigern und somit deren Agilität sicherstellen. Eine Unternehmens-Governance soll gewährleisten, dass die Interessen der Stakeholder gewahrt und Investitionen an der richtigen Stelle getätigt werden. Nach PASMORE ET AL. gehören isolierte Einzelorganisationen der Vergangenheit an; daher wird der Gestaltung eines interorganisationalen Ökosystems mit einer gemeinsamen Vision eine hohe strategische Priorität eingeräumt. Das strategische Organisationsdesign selbst schafft die Richtlinien für den operativen Betrieb des Unternehmens. Auf der operativen Ebene werden Entscheidungen über die Art und das Einsatzgebiet von Primärtechnologien und Assistenzsystemen getroffen (s. PASMORE ET AL. 2019, S. 79). Darüber hinaus wird das soziale Subsystem gestaltet, indem u. a. Kompetenzanforderungen definiert, Führungskonzepte entwickelt und Unternehmenskultur geformt werden. Die Ebene der Arbeitsgestaltung befasst sich schließlich mit den Entscheidungen über durchzuführende Projekte sowie der Bereitstellung der dafür notwendigen Fachkenntnisse und Prozesse. Strategisches Design, obwohl fortlaufend, wird nach PASMORE ET AL. voraussichtlich langsamer und detaillierter ablaufen als das Design des Betriebssystems. Dieses wiederum wird aufgrund von Investitionen in Technologie und Humankapital seltener aktualisiert werden als das Design einzelner Arbeitssysteme. Die Ergebnisse des gesamtorganisationalen soziotechnischen Systems werden hinsichtlich ihrer sozialen, organisationalen und individuellen Einflüsse evaluiert. Somit unterliegt das soziotechnische System einem kontinuierlichen Verbesserungsprozess, der die Agilität und Entwicklungsfähigkeit des Unternehmens ermöglicht und eine zukünftige Wettbewerbsfähigkeit in der digital vernetzten Welt erhält.

From Unknown to Known Impacts of Organizational Changes on Socio-technical Systems | GUTERRES FERREIRA ET AL. 2015

Organisationale Veränderungen führen auch zu neuen Anforderungen an das soziotechnische System eines Unternehmens. Die Autoren GUTERRES FERREIRA ET AL. stellten bei ihren Forschungsarbeiten fest, dass Organisationen Schwierigkeiten hatten, ihr soziotechnisches System an die schnell veränderlichen Marktverhältnisse, Gesellschafts- und Umweltbedingungen sowie an technologische Innovationen anzupassen. Mit fortschreitender Zeit wichen die konventionellen soziotechnischen Systeme immer mehr von den neuen Anforderungen, die an Organisationen gestellt wurden, ab (s. GUTERRES FERREIRA ET AL. 2015, S. 31). Besonders deutlich wurden die Inkonsistenzen auf Ebene der Unternehmensstrategie und der Prozessgestaltung. Das Forschungsvorhaben der Autoren zielte darauf ab, einen dynamischen Ordnungsrahmen für die soziotechnische Systemgestaltung von Organisationen auf Grundlage des Modells für kundenzentriertes Organisationsdesign nach GALBRAITH zu entwickeln (s. GUTERRES FERREIRA ET AL. 2015, S. 32; GALBRAITH 2005, S. 15). Der Ordnungsrahmen soll Stakeholder und Organisationsanalysten dabei unterstützen, bevorstehende organisationale Veränderungen strategisch zu bewerten, um Schlussfolgerungen über mögliche Auswirkungen dieser Veränderungen auf soziotechnische Systemanforderungen zu ziehen. Das zugrundeliegende Organisationsmodell nach GALBRAITH besteht aus verschiedenen Dimensionen: Die *Strategie* gibt die Richtung der Organisation vor. Diese steuert direkt die Auslegung der *Organisationsstruktur,* welche Verantwortungen und Entscheidungsbefugnisse innerhalb der Organisation verortet. *Prozesse* werden von der Organisationsstruktur vorgegeben. Sie ermöglichen einen organisationsweiten Informationsfluss und sind Voraussetzung für die Wertschöpfung. *Anreizsysteme* wirken auf die Motivation der Mitarbeiter, organisationale Zielvorgaben zu erfüllen. *Mitarbeiter* beeinflussen sich gegenseitig und fördern mit ihren Denkweisen und Kompetenzen die Umsetzung der Unternehmensziele (vgl. GUTERRES FERREIRA ET AL. 2015, 32f.). Für die fünf Dimensionen identifizierten GUTERRES FERREIRA ET AL. jeweils verschiedene Elemente, welche sie in ihr Organisationsmodell integrierten. Die Daten aus dem Workshop offenbarten zudem Einflüsse von Veränderungen innerhalb und zwischen den organisatorischen Dimensionen. Daher bestand die Notwendigkeit, den Faktor der organisationalen Dynamik in die Modellbildung einzubeziehen. Dazu wurde das Modell von GALBRAITH mit dem Konfigurationsmodell der Organisationskultur nach DAUBER ET AL. ergänzt, welches neben dynamischen Beziehungen auch die Interaktionen der Organisation mit der externen Umwelt veranschaulicht (s. DAUBER ET AL. 2012, 6ff.). Das von GUTERRES FERREIRA ET AL. entwickelte Modell (siehe Abbildung 4-12) stellt somit jede organisationale Dimension durch Einflussrichtungen (Pfeile von links nach rechts) und Anpassungsrichtungen (Pfeile von rechts nach links) in Beziehung zueinander (s. GUTERRES FERREIRA ET AL. 2015, S. 33).

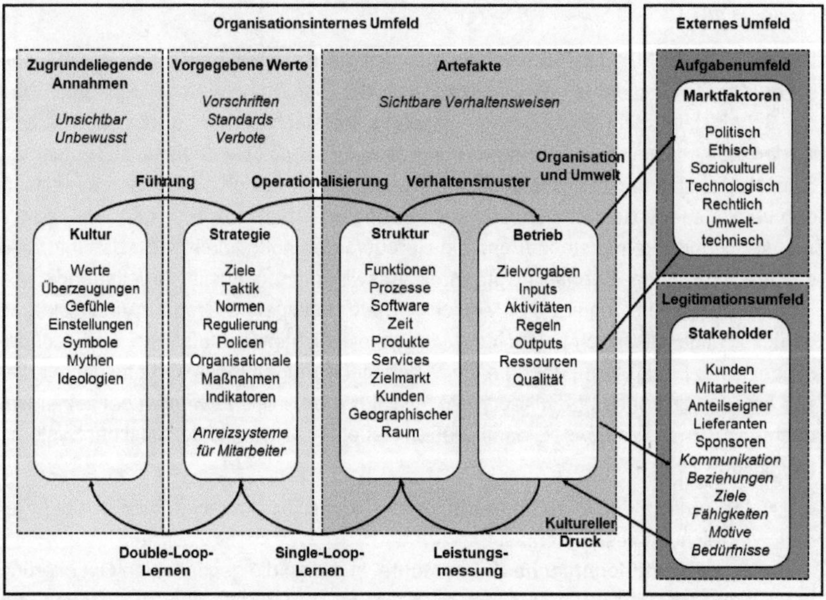

Abbildung 4-12: Dynamisches Organisationsmodell (eigene Darstellung i. a. A. GUTERRES FERREIRA ET AL. 2015, S. 33)

Auswirkungen organisationaler Veränderungen werden mit dem dynamischen Organisationsmodell durch Fragestellungen in die Einflussrichtung auf die nächste Dimension abgeschätzt. Soll beispielsweise ein neues digitales Produkt verkauft werden, so wird nach der passendsten organisationalen Dimension als Startpunkt gesucht. Die Entwicklung eines neuen Produkts stellt eine neue Strategie dar. Von der Dimension „Strategie“ werden anschließend Fragen zum Einfluss der Operationalisierung dieser Strategie in Form der Organisationsstruktur gestellt, beispielsweise nach notwendigen Aktivitäten. Die Organisationsstruktur wird durch Verhaltensmuster der Akteure im operativen Betrieb beeinflusst, beispielsweise durch Mitarbeiterkompetenzen. Das Verhalten der Mitarbeiter und damit der operative Betrieb stehen wiederum in Beziehung zur Umwelt und zu externen Stakeholdern. Von rechts nach links werden im Anschluss Fragen in Bezug auf Anpassungen vorhandener Funktionen gestellt, beispielsweise, inwiefern Prozessschritte angepasst werden müssen oder inwieweit Aufgaben gestaltet werden müssen, um organisationale Ziele mit individuellen Mitarbeiterzielen zu verknüpfen (vgl. GUTERRES FERREIRA ET AL. 2015, 33f.). GUTERRES FERREIRA ET AL. erprobten ihr soziotechnisches Modell fallstudienbasiert in einer Poststelle in London und konnten anhand der Betrachtung verschiedener Einflussrichtungen eine Vielzahl möglicher organisationaler Veränderungen identifizieren, aus welchen neue soziotechnische Systemanforderungen an das Unternehmen abgeleitet werden konnten (s. GUTERRES FERREIRA ET AL. 2015, S. 35).

Socio-technical systems and interaction design – 21st century relevance | MAGUIRE 2014

Der Beitrag von MAGUIRE konzentriert sich auf die Beziehung zwischen soziotechnischem System und der Nutzerschnittstelle bei der Einführung neuer IT-Systeme. Wird die Schnittstelle nicht unter Berücksichtigung soziotechnischer Systemaspekte entworfen, so kann eine für sich zwar leistungsfähige Technologie dennoch zu Problemen beim Nutzer und somit zu Leistungseinbußen der Organisation führen. Betrachtet wurden verschiedene Nutzerrollen, Jobveränderungen, Arbeitsprozesse und -abläufe sowie die technische Infrastruktur und die Herausforderungen, die sich für das Interaktionsdesign ergeben. Ebenfalls wurden die Auswirkungen aktueller Arbeitstrends, wie Remote-Work, Nutzung sozialer Medien sowie der steigende Grad an Virtualisierung berücksichtigt. Zusätzlich beleuchtet MAGUIRE die wichtigsten aufstrebenden Technologien sowie Fähigkeiten, über die ein Mitarbeiter verfügen muss, um effektiv mit diesen arbeiten zu können (s. MAGUIRE 2014, 162ff.). MAGUIRE verwendet bei seiner Betrachtung u. a. die von EASON identifizierten Hauptelemente soziotechnischer Systeme (vgl. EASON 2009, 25ff.):

- Die **operative Gesamtaufgabe,** welche sämtliche operative Prozesse zur Zielerreichung zusammenfasst
- **Soziale und technische Subsysteme,** in denen die gegenseitige Optimierung von menschlichen und technischen Ressourcen zu einer Leistungssteigerung des Gesamtsystems führt
- Die Darstellung als **offenes System**, welches durch eine externe Umwelt beeinflusst wird und sich an Veränderungen derselben anpassen muss
- Die Darstellung als **unvollendetes System**, welches einerseits flexibel gestaltet sein muss, um innerhalb kürzester Zeiten auf veränderliche Anforderungen

reagieren und andererseits hinsichtlich eines übergeordneten Ziels inkrementell weiterverbessert werden zu können

Bei dem Design soziotechnischer Systeme betont MAGUIRE die Notwendigkeit, sowohl den Endnutzer in den Gestaltungsprozess einzubeziehen als auch eine Kompatibilität mit anderen IT-Systemen zu schaffen, um die Praxistauglichkeit der Technologie zu gewährleisten. Praxistauglich ist eine Technologie dann, wenn sie ihre Aufgabe im soziotechnischen Kontext erfüllt und zugleich für Anwender zugänglich ist (s. MAGUIRE 2014, S. 163). Richtlinien für die praxistaugliche Gestaltung umfassen u. a. *Aufgabeneignung*, *Lerneignung*, *Individualisierbarkeit*, *Übereinstimmung mit Nutzererwartungen*, *Kontrollierbarkeit* und *Fehlertoleranz*, welche in der ISO-Norm 9241-110 für die ergonomische Gestaltung von Mensch-Technik-Interaktionssystemen aufgelistet werden (s. ISO 9241-110:2016 2016; MAGUIRE 2014, S. 163). Die Fähigkeiten der Menschen, mit IT umzugehen, haben sich in den letzten Jahrzehnten stark verändert. Während mit der Einführung von Computern in die Unternehmen Mitarbeiter kleinschrittig ausgebildet werden mussten, ist die Technologieaffinität heutzutage sehr hoch. Der Fokus des Technologiedesigns für Unternehmen liegt daher zunehmend darin, den hohen Ansprüchen und Erwartungen der Mitarbeiter zu genügen, da diese nicht selten bereits über leistungsfähigere, flexiblere und individualisierte IT im Privatbereich verfügen (s. MAGUIRE 2014, S. 164). Neben den nutzerbezogenen Faktoren müssen neue informationstechnologische Anwendungen auch den technischen Rahmenbedingungen genügen. Die Integrationsfähigkeit und Kompatibilität mit anderen IT-Systemen muss ebenso im Designprozess berücksichtigt werden wie die kundenspezifische Anpassungsoption der Technologie. Neben den Einflussfaktoren, die auf das Design von IT wirken, geht MAGUIRE auch auf soziotechnische Systemaspekte ein und erläutert, wie die Implementierung eines neuen IT-Systems von Elementen des sozialen und technischen Subsystems tangiert werden kann (siehe Abbildung 4-13).

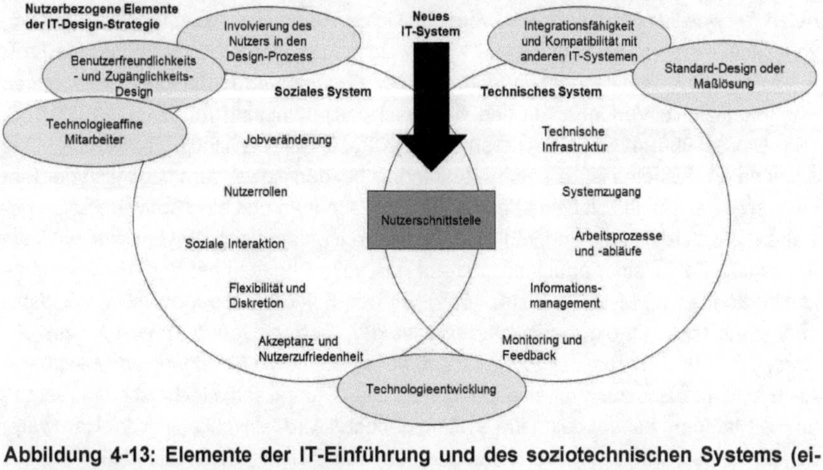

Abbildung 4-13: Elemente der IT-Einführung und des soziotechnischen Systems (eigene Darstellung i. A. a. MAGUIRE 2014, S. 163)

Soziale Systemfaktoren wie Arbeitsinhalte und Mitarbeiterrollen sowie Beziehungen und Kommunikation zwischen Stakeholdern und Managementstrukturen prägen die Leistungsfähigkeit neuer IT-Systeme signifikant. Die Digitalisierung führt zu weitläufigen *Veränderungen von Arbeitsinhalten*; daher ist es umso wichtiger, Jobs so zu gestalten, dass der Beitrag zum Gesamtoutput wesentlich und sichtbar ist. Die technische Nutzerschnittstelle kann dies unterstützen, indem Prozesse und Aufgaben visualisiert und automatisierte Reports erstellt werden können, die den Mitarbeitern Anhaltspunkte zum Projektfortschritt bieten. Mitarbeiter erfüllen in einer Organisation verschiedene *Rollen*; somit ist auch bei einer Software darauf zu achten, dass dem jeweiligen Mitarbeiter in erster Linie die für seine Rolle relevanten Informationen zur Verfügung gestellt werden. Dies kann u. a. über die Vergabe von Zugriffsrechten innerhalb der jeweiligen Software oder über die IT-Infrastruktur gesteuert werden (s. MAGUIRE 2014, S. 165). Nutzer-System-Interaktionen können häufig durch *soziale Interaktionen* beeinflusst werden. MAGUIRE nennt in diesem Zusammenhang sowohl positive Faktoren bzgl. der Kommunikation und Organisation in Arbeitsgruppen sowie Risiken hinsichtlich der Nutzung von Firmencomputern für Freizeitaktivitäten (s. MAGUIRE 2014, S. 165). Nutzer haben anders als im Privatgebrauch im betrieblichen Umfeld selten die Auswahlmöglichkeit bei der Softwarenutzung, da in organisationalen Informationssystemen sämtliche Prozesse gesteuert und dokumentiert werden. Mangelhaft gestaltete Schnittstellen können die Effizienz, Moral und die Sicherheit ihrer Nutzer beeinträchtigen, daher fordert MAGUIRE, eine hohe Funktionalität zu schaffen und die Benutzeroberfläche flexibel zu gestalten. Als Folge von eingeschränkter *Flexibilität* sieht der Autor u. a. aufkommende Nutzerfrustration, die zu einer Umgehung oder einem Missbrauch des Systems führen kann (s. MAGUIRE 2014, S. 165). Ungeachtet des Ressourcenaufwands wird die Entwicklung eines IT-Systems nur dann erfolgreich sein, wenn es von den Anwendern akzeptiert wird. MAGUIRE beruft sich hierbei auf das Technologieakzeptanz-Modell nach DAVIS, bestehend aus *wahrgenommenem Nutzen* und *Benutzerfreundlichkeit*, sowie auf die vereinheitlichte Theorie der Akzeptanz und Nutzung von Technologie nach VENKATESH ET AL., welches die vier Schlüsselkonstrukte *Leistungserwartung*, *Aufwandserwartung*, *sozialer Einfluss* und *förderliche Bedingungen* (Kosteneffizienz, Verfügbarkeit und Nutzersupport) beinhaltet (s. MAGUIRE 2014, S. 165; DAVIS 1989, 425ff.; VENKATESH ET AL. 2003, S. 447). Wichtig für die Akzeptanz eines neuen Systems ist es somit, Verständnis bei den Anwendern bezüglich der Einsatzbereiche und des Nutzens des Systems zu schaffen und eine Software so zu gestalten, dass sie einfach und intuitiv zu bedienen ist, damit sich Anwender schnell die relevanten Fähigkeiten aneignen und auf das volle Engagement des Managements zählen können (s. MAGUIRE 2014, 165f.). Zu den Faktoren des *technischen Subsystems* zählt MAGUIRE die *technische Infrastruktur*, *Systemzugang für den Nutzer*, *Arbeitsweisen und Prozesse*, *Informationsmanagement* sowie *Monitoring und Feedback*. Als Grundvoraussetzung für eine funktionsfähige IT umfasst die technische Infrastruktur die Plattform, auf der das neue System gehostet wird, einschließlich der Hardware, der Systemsoftware, Netzwerkkomponenten und Telekommunikationsgeräten. Sie kann auch die Nutzerschulung und den technischen Support beinhalten. Insbesondere mit dem wachsenden Trend, private Laptops in Unternehmen zu nutzen und remote auf Organisationsdaten zuzugreifen, kommen neue Herausforderungen bzgl. Sicherheits- und Kompatibilitätsaspekten auf die IT-Infrastruktur zu (s. MAGUIRE 2014, S. 166). Bei Systemen, die sensible Informationen enthalten, müssen Nutzer häufig verschiedene Passwörter eingeben, um Zugang zu erhalten. Freigaben stellen auch die Nachverfolgbarkeit von Systemaktivitäten sicher. Als Trend sieht MAGUIRE eine weitere Verschärfung von Sicherheitsrichtlinien insbesondere im öffentlichen Sektor und somit eine Erhöhung der Systemkomplexität. Um die Effizienz des Systems zu erhalten, ist es nach MAGUIRE jedoch wichtig, ein Übermaß an Zugangsregeln zu vermeiden und eine Frustration der Nutzer zu verhindern. Etablierte Arbeitsprozesse können durch die Einführung neuer Technologien disruptiv verändert werden. Für eine Neuauslegung von Arbeitsprozessen sind Programme zur Prozessanalyse vorteilhaft, welche Aufgaben und Rollenverteilungen visualisieren können. Workflowprogramme konzentrieren sich bislang auf regelbasierte Prozesse mit hoher Durchlaufzahl in Banken, Versicherungen und im öffentlichen Sektor. Werden diese Systeme auf andere Bereiche ausgedehnt, in denen Prozesse weniger strukturiert sind, werden möglicherweise neue, flexiblere Modellierungstechnologien benötigt (s. MAGUIRE 2014, S. 166). Im Zuge der einfachen Übertragung von Informationen über verschiedene digitale Kanäle entwickelt sich die Verarbeitung der Datenflut zu einer immer größeren Herausforderung für Mitarbeiter. Um das Informationsmanagement zu verbessern, spricht sich MAGUIRE daher für eine standardisierte Ordner- und Datenstruktur aus und rückt die Unterstützungsmöglichkeit bei Speicher- und Ablagevorgängen durch intelligente Softwareroboter in den Vordergrund. Viele Organisationen haben bereits die Möglichkeit, Leistungsmessungen auf Individual-, Team- oder Unternehmensebene durchzuführen. Die elektronische Überwachung der Internetnutzung, des E-Mail-Verkehrs sowie der Dateneingabe sind weit verbreitet. Obwohl sie invasiv sind, liegt der Vorteil dieser Methoden darin, eine objektive Leistungsbewertung am Arbeitsplatz zu ermöglichen, ohne dass persönliche Gefühle des Managers den Beurteilungsprozess beeinflussen können. Seit langem ist bekannt, dass Feedback zur Arbeitsleistung einen positiven Einfluss auf die Produktivität der Mitarbeiter hat. Computergestützte Systeme bieten nach MAGUIRE eine ideale Möglichkeit, nicht nur Leistung zu messen und Compliance zu prüfen, sondern auch automatisches Feedback zu erzeugen (s. MAGUIRE 2014, S. 167). Als eine der wichtigsten aufstrebenden Technologien wird in dem vorliegenden Beitrag die fortschreitende KI genannt, die insbesondere durch intelligente Softwareroboter, Entscheidungsunterstützung und Mensch-Roboter-Interaktion einen großen Einfluss auf die soziotechnische Systemgestaltung nehmen wird (s. MAGUIRE 2014, S. 167). Das Durchführen einer soziotechnischen Analyse für eine zukunftsfähige Organisationsgestaltung reicht nach MAGUIRE allein nicht aus, wenn bereits im Vorfeld Entscheidungen getroffen wurden, welche das Entwicklungspotenzial des Systems limitieren. Ein zu ehrgeiziges Systemkonzept zu verfolgen, ohne die Nutzer einzubinden oder die Auswirkungen auf diese zu berücksichtigen, unabgestimmte IT-Integrationen durchzuführen oder feste Systemanforderungen in Verträgen festzuschreiben, ohne genug Zeit nach der Initiierungsphase für Anpassungen einzuplanen, stellen nur einige Hürden bei der soziotechnischen Systemgestaltung dar (vgl. MAGUIRE 2014, S. 168). Neue Arbeitsweisen führen zu neuen soziotechnischen Situationen, insbesondere im

Bereich der Mensch-Computer-Interaktion und Kommunikation. Für die Zukunft prognostiziert MAGUIRE eine virtuelle Organisation, in welcher der soziotechnischen Systemgestaltung eine noch weitaus essenziellere Rolle zukommen wird (vgl. MAGUIRE 2014, S. 169).

A Balanced Sociotechnical Framework for Collaborative Networks 4.0 | URZE ET AL. 2020

Die Autoren URZE ET AL. untersuchen sachlogisch kollaborative Organisationsnetzwerke und konstruieren auf Basis von sozial- und ingenieurwissenschaftlichen Ansätzen einen soziotechnischen Ordnungsrahmen zum effektiven interorganisationalen Informationsaustausch. Weiterhin wird eine Validierungsstrategie des Ordnungsrahmens am Beispiel einer RPA-Fallstudie bei BP-Portugal präsentiert (s. URZE ET AL. 2020, S. 485). Zu den relevanten Entwicklungen vergangener Jahre zählen URZE ET AL. die aufstrebende Kollaboration zwischen menschlichen Mitarbeitern und autonomen Systemen sowohl in der produzierenden Industrie als auch im Dienstleistungssektor. Bei der Erforschung nicht-technischer Herausforderungen im Rahmen der Industrie 4.0 ist eine Diskussion sozialer Konsequenzen daher zwingend notwendig. Der erhöhte Einfluss autonomer Systeme führt zu einer Ersetzung menschlicher Arbeit durch Computerprogramme. Daher ist eine zentrale Frage der Autoren, welche Rolle menschlichen Arbeitskräften im Verlauf der Digitalisierung zukommt (s. URZE ET AL. 2020, S. 486). Ein Paradebeispiel für diesen Trend stellt der Einzug von Softwarerobotern in den administrativen Bereich dar. Autonome Computersysteme wie RPA stellen für URZE ET AL. eine neue Kategorie technologischer Artefakte dar. Die Verbreitung dieser Technologien ist u. a. darauf zurückzuführen, dass die Integration der Software keiner komplizierten oder kostenintensiven Anpassung der IT-Infrastruktur bedarf. Am Beispiel einer Geldüberweisung imitiert der RPA-Bot lediglich Nutzerinteraktionen von der Authentifizierung bis zum Ausfüllen der Formularfelder auf dieselbe Weise, wie ein menschlicher Akteur es bei der Nutzung einer Banking-App tun würde (s. URZE ET AL. 2020, S. 486). Obwohl die RPA-Technologie ein großes finanzielles Potenzial in einer Vielzahl von Anwendungsbereichen aufweist, wirft sie auf der organisationalen Ebene und mit Blick auf ihren Einfluss auf kollaborative Netzwerke Fragen auf. Als Gefahr sehen URZE ET AL. u. a. das Auftreten negativer sozialer Folgen, wie die drastische Reduzierung von FTEs ohne eine Strategie freigewordene Mitarbeiter durch Fortbildungen für alternative Funktionen zu qualifizieren. Ein ausgewogener Ansatz bei der Erforschung soziotechnischer Dimensionen ist notwendig, um ein Gleichgewicht zwischen sozialwissenschaftlichen und ingenieurwissenschaftlichen Perspektiven zu schaffen (s. URZE ET AL. 2020, S. 487). In Anlehnung an BAXTER U. SOMMERVILLE fassen URZE ET AL. soziotechnische Charakteristiken wie folgt zusammen (s. BAXTER U. SOMMERVILLE 2011, S. 5):

- Soziotechnische Systeme bestehen aus voneinander abhängigen Teilen
- Die Systeme weisen getrennte, jedoch voneinander abhängige technische und soziale Subsysteme auf
- Soziotechnische Ziele können auf verschiedenen Wegen erreicht werden

- Die Leistungsfähigkeit des Gesamtsystems ist von der gegenseitigen Optimierung der Subsysteme abhängig
- Soziotechnische Systeme folgen der Systemtheorie und betrachten Interaktionen zwischen sozialen und technischen Elementen

Im Rahmen der Analyse verschiedener soziotechnischer Ansätze sahen URZE ET AL. die Notwendigkeit, einen Ordnungsrahmen zu entwickeln, in dem die in Organisationen eingebetteten Personen und Technologien durch komplexe Interaktionsmechanismen miteinander kollaborieren können (s. URZE ET AL. 2020, S. 489). Unter kollaborativen Netzwerken verstehen die Autoren Entitäten, welche größtenteils auf Basis digitaler Mechanismen und strukturierter Kollaborationskonzepte interagieren. Ein besonderes Augenmerk wird dabei auf intelligente Softwareprogramme gelegt, welche als „digitale Mitarbeiter" das Potenzial besitzen, die Aufgaben ihrer menschlichen Kollegen zu übernehmen. Ein soziotechnisches System, welches die Kollaboration von Mensch und Technik illustriert, leiten URZE ET AL. aus dem neo-soziotechnischen Ansatz der Informationssystemperspektive ab (s. WALKER ET AL. 2008, 479ff.; URZE ET AL. 2020, S. 490). Ein soziotechnisches System besteht demnach aus Arbeitssystemen, welche einen Verbund aus sozialen und/oder technischen Elementen zur Erzielung von organisationalen Ergebnissen bilden. Abstrakt besteht ein soziotechnisches System aus Elementen, die entweder selbst ein weiteres soziotechnisches System sind oder eine einzelne Entität, d. h. einen einzelnen Mitarbeiter oder eine einzelne Technologie darstellen (siehe Abbildung 4-14).

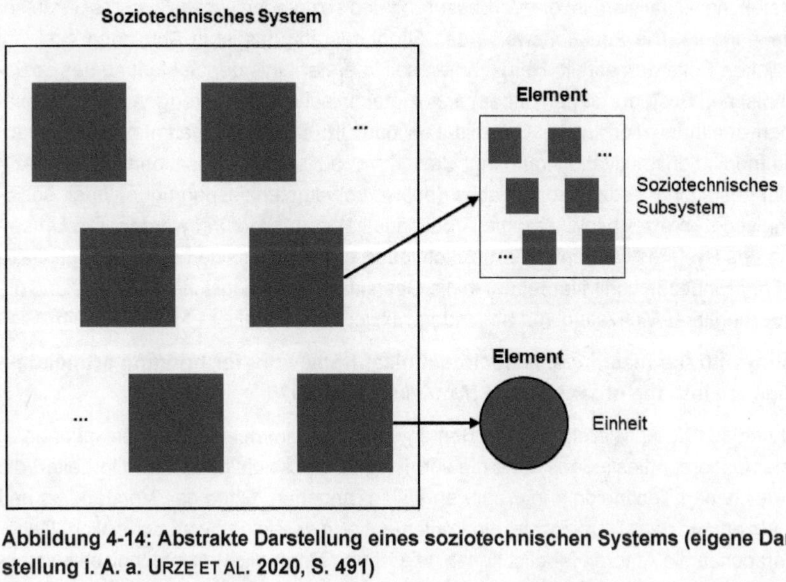

Abbildung 4-14: Abstrakte Darstellung eines soziotechnischen Systems (eigene Darstellung i. A. a. URZE ET AL. 2020, S. 491)

Um die einzelnen soziotechnischen Dimensionen und Elemente sowie ihre Beziehungen untereinander zu visualisieren, skizzierten URZE ET AL. die soziotechnischen Zusammenhänge in einer Concept-Map (siehe Abbildung 4-15).

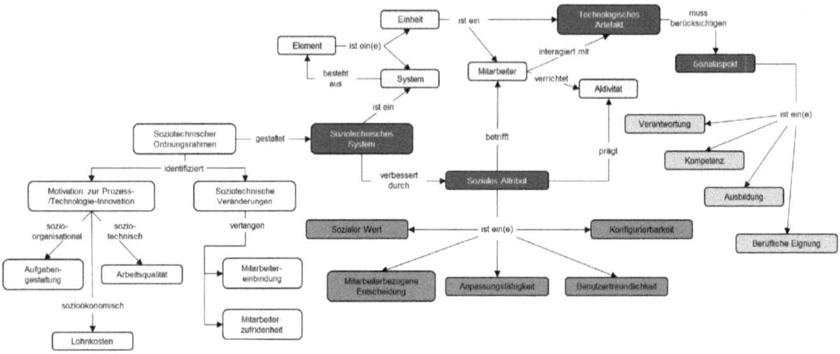

Abbildung 4-15: Concept-Map eines Ordnungsrahmens zur soziotechnischen Systemgestaltung (eigene Darstellung i. A. a. URZE ET AL. 2020, S. 492ff.)

Dabei unterscheiden sie zwischen sozialen Attributen und technologischen Artefakten und setzen diese in Beziehung zu dem Gesamtsystem. Eine Kernaussage der Concept-Map liegt in der Berücksichtigung von sozialen Aspekten bei der Implementierung oder Gestaltung technologischer Artefakte. Eine weitere Grundannahme, welche die Darstellung visualisiert, ist die Verbesserung des soziotechnischen Systems durch soziale Attribute. Die Funktionsweise des Ordnungsrahmens ist in Abbildung 4-15 auf der linken Seite dargestellt. Der Rahmen soll in erster Linie der Gestaltung des soziotechnischen Systems dienen, indem er soziotechnische Veränderungen sowie Motivationen zur Innovation in der Organisation oder im Organisationsumfeld identifiziert. Eine Innovationsmotivation kann laut URZE ET AL. auf sozioorganisationale (bspw. Aufgabengestaltung), sozioökonomische (bspw. Lohnkosteneinsparungen) oder soziotechnische Anreize (bspw. erhöhte Arbeitsqualität) zurückgeführt werden. Die Umsetzung des Systems wird unter Berücksichtigung sozialer Aspekte bewerkstelligt. Dazu sind der Einbezug von Mitarbeitern in die Gestaltung technologischer Artefakte und die Förderung ihrer Motivation von besonderer Relevanz (s. URZE ET AL. 2020, 494ff.).

Rising with the machines: A sociotechnical framework for bringing artificial intelligence into the organization | MAKARIUS ET AL. 2020

MAKARIUS ET AL. kritisieren in ihrem Beitrag, dass zwar immer mehr Organisationen KI implementieren, dies jedoch ohne die sorgfältige Berücksichtigung der Mitarbeiter, die mit der neuen Technologie interagieren sollen, angehen. Ohne das Verständnis und die Akzeptanz der Mitarbeiter ist ein Implementierungserfolg unwahrscheinlich. Daher untersuchen die Autoren Möglichkeiten, wie KI und Mitarbeiter soziotechnisch kollaborieren können. Anschließend entwickeln sie ein KI-Integrationsmodell auf Basis soziotechnischer Systemgestaltung und des strukturierten Sozialisierungsansatzes für die

Einbeziehung neuer Mitarbeiter. Das Modell setzen sie in Beziehung zu unterschiedlichen Künstlichen Intelligenzstufen, um das „soziotechnische Kapital", d. h. den Wettbewerbsvorteil, der entsteht, wenn Menschen und KI erfolgreich kollaborieren, abzuleiten (s. MAKARIUS ET AL. 2020, S. 263). Zusätzlich untersuchen MAKARIUS ET AL. unterschiedliche Einstellungen von Mitarbeitern und ziehen Rückschlüsse auf die technologische und soziale Readiness. Bei ihrer Literaturrecherche stellten die Autoren fest, dass sich KI von anderen technologischen Innovationen in der Hinsicht unterscheidet, dass sie kognitive, relationale und strukturelle Komplexität aufweist und nicht ausschließlich darauf ausgerichtet ist, manuelle Routineaufgaben zu verändern oder zu ersetzen (s. MAKARIUS ET AL. 2020, S. 263; HAENLEIN U. KAPLAN 2019, 5ff.). Studien, die der kognitiven Betrachtungsweise nachgingen, konzentrierten sich vorrangig auf die praktische Anwendbarkeit von Systemen, die dem menschlichen Denken und Handeln nachempfunden wurden. Forschungsarbeiten zur strukturellen Perspektive befassten sich mit Umweltfaktoren, die eine Rolle bei der KI-Einführung spielen. Relationale Untersuchungen fokussierten die Beziehungen zwischen Mensch und KI und vertieften insbesondere die Themen der Kollaboration und des Technologievertrauens. MAKARIUS ET AL. fordern ein Umdenken im KI-Management, weg von der KI als Anwendung und Technologie hin zu KI als kollaborativem Teammitglied. Dies soll ein tieferes Verständnis dafür schaffen, wie KI effektiv integriert werden kann, um einen Wettbewerbsvorteil für das Unternehmen zu erzielen (s. MAKARIUS ET AL. 2020, S. 264). Die Autoren identifizierten verschiedene Formen der Mensch-KI-Interaktion und stellten diese in Beziehung zum aktuellen Entwicklungsstand und den Anwendungsbereich der Technologie und fassten diese tabellarisch für ihr KI-Integrationsmodell zusammen (siehe Abbildung 4-16).

		KI-Anwendungsbereich	
		Inhaltsverändernde KI	**Kontextverändernde KI**
Entwicklungsstand	**Hoch**	**Autonomie** (Selbstfahrende Fahrzeuge) **Mitarbeiter-KI-Verhältnis:** Unabhängigkeit **Menschliche Rolle:** In Schach halten	**Authentizität** (Superintelligenz) **Mitarbeiter-KI-Verhältnis:** Singularität **Menschliche Rolle:** Verstehen
	Mittel	**Augmentierung** (Chirurgie-Roboter) **Mitarbeiter-KI-Verhältnis:** Komplementär **Menschliche Rolle:** Kollaborateur	**Veränderung** (Deep Learning) **Mitarbeiter-KI-Verhältnis:** Symbiose **Menschliche Rolle:** Co-Creator
	Tief	**Automatisierung:** (Produktionsroboter, einfache Softwareroboter) **Mitarbeiter-KI-Verhältnis:** Substitution **Menschliche Rolle:** Kontrolleur	**Amplifikation** (Prädiktive KI) **Mitarbeiter-KI-Verhältnis:** Ergänzung **Menschliche Rolle:** Leiter

Abbildung 4-16: KI-Integrationsmodell (eigene Darstellung i. A. a. MAKARIUS ET AL. 2020, S. 265)

Inhaltsverändernd wirkt sich die Technologie dann aus, wenn einzelne Aufgabeninhalte angepasst oder verändert werden. Kontextverändernd ist die Technologie, wenn sie über eine einzelne Aufgabe oder Prozesse hinaus Auswirkungen auf Wertschöpfungsketten oder Ökosysteme hat. Für den Bereich der Automatisierung sehen MAKARIUS ET AL. die stärksten negativen Wahrnehmungen und arbeitsplatzbezogenen Ängste im Zusammenhang mit KI, da die Systeme in diesem Bereich dazu tendieren überflüssige menschliche Arbeit kostengünstig und effizient zu ersetzen (s. MAKARIUS ET AL. 2020, S. 265). Die Automatisierungstechnologien entwickeln sich jedoch stetig weiter, sodass auch in diesem Bereich eine strukturierte Mensch-Maschine-Interaktion notwendig sein wird. Von der Bearbeitung einzelner, repetitiver Aufgaben erweitern sich die Aufgabenbereiche mit zunehmenden KI-Funktionen und verlangen daher eine kollaborative Interaktionsweise, Seite an Seite mit ihren menschlichen Kollegen. Für die Integration von KI und die Gestaltung von Mensch-Maschine-Kollaborationen schlagen MAKARIUS ET AL. daher einen strukturierten Sozialisierungsprozess vor, der sich von einer Antizipationsphase über eine Mitarbeiter-KI-Begegnung hin zu einer symbiotischen Metamorphose entwickeln soll. In der ersten Phase sollen insbesondere Informationsdissoziationen und Unsicherheiten abgebaut werden. MAKARIUS ET AL. heben in dieser Phase die entscheidenden Rollen des Leaderships und der Kommunikation hervor. Daher soll vorrangig Verständnis und Transparenz geschaffen sowie ein Onboarding-Plan entwickelt werden (s. MAKARIUS ET AL. 2020, S. 267). Die Phase der Mitarbeiter-KI-Begegnung ist der Rollenverteilung und Aufgabengestaltung gewidmet. Die Mitarbeiter müssen klar nachvollziehen können, welchen Zweck die KI-Integration verfolgt, welche Rolle die KI in ihrem Team einnehmen wird und wie sich die Arbeit mit der KI auf ihre aktuellen Rollen und Verantwortlichkeiten auswirkt. Vertrauensentwicklung hängt nach MAKARIUS ET AL. davon ab, wie gut sich der neue Mitarbeiter (die KI) in die Arbeitsgemeinschaft einfügt und welche wechselseitige Wirkung dieser auf die Gruppe ausübt. Daher ist es für das Management im Sozialisierungsprozess besonders wichtig, auf Mitarbeitervorteile und die neue Aufgabengestaltung einzugehen, um eine symbiotische Kollaboration von menschlichen und digitalen Akteuren zu erreichen (vgl. MAKARIUS ET AL. 2020, 268f.).

4.3 Ableitung des Forschungsbedarfs

In den vorherigen Kapiteln wurde der Stand der Forschung zur Typisierung und zur soziotechnischen Systemgestaltung vorgestellt. Im Folgenden sollen die Defizite der beschriebenen Arbeiten und Methoden näher betrachtet werden, um eine Abgrenzung zu dem vorliegenden Forschungsvorhaben gewährleisten zu können. Auf Basis dieser Reflexion erfolgt die Ableitung einer detaillierten Forschungsagenda, die im Rahmen der weiteren Ausarbeitung adressiert wird und die Relevanz der in Kapitel 0 dargelegten Forschungsfragen verdeutlicht.

Die Analyse der existierenden (Forschungs-)Arbeiten ermöglicht eine Konkretisierung der zu schließenden Forschungslücke dieser Arbeit. Für eine strukturierte Untersuchung der vorgestellten Beiträge hinsichtlich der Relevanz für die vorliegende Dissertationsschrift werden zunächst Differenzierungskriterien eingeführt. Diese lassen sich den zwei übergeordneten Kategorien **Anwendung** und **Modellentwicklung** zuordnen. Im Zuge der Anwendung werden die Beiträge hinsichtlich des **Betrachtungsraums** und anhand der sechs Kategorien *Merkmale und Merkmalsausprägungen*, *Typenbildung*, *Dimensionen* und *Elemente soziotechnischer Systeme*, *inter-/intrasystemische Wirkungsbeziehungen* sowie *soziotechnische Gestaltungsempfehlungen* bewertet. Die zweite Kategorie untergliedert sich in die drei Betrachtungsfelder **Modellierungszweck**, **Herleitung und Validierung** sowie **Geltungsbereich**. Der Modellierungszweck orientiert sich an dem methodischen Rahmen der vorliegenden Dissertationsschrift und bewertet die beschreibende, erklärende und gestaltende Intention der Beiträge. Im Zuge der Herleitung wird der Prozess der Erkenntnisgewinnung analysiert und auf eine *sachlogische*, *empirisch-qualitative/-quantitative* oder *fallstudienbasierte* Generierung und Validierung relevanter Ergebnisse hin überprüft. Abschließend erfolgt die Einordnung des Geltungsbereichs der vorgestellten Beiträge, welche entweder *anwendungsspezifischer* oder *generischer* Natur sind. Eine Übersicht der relevanten Erkenntnisse, die als Ergebnis des in Kapitel 4.1 aufgezeigten Prozesses der Literaturrecherche resultieren, zeigt Abbildung 4-17. Im Folgenden wird der daraus resultierende Forschungsbedarf veranschaulicht.

Im Zuge der ersten Unterforschungsfrage besteht die Notwendigkeit einer Herleitung von Merkmalen und Merkmalsausprägungen softwarebasierter Automatisierungstechnologien. Dies ermöglicht die Ableitung konsistenter Typen auf Basis des aktuellen Stands der Forschung. Um der hohen terminologischen Heterogenität entgegenzuwirken, müssen die abgeleiteten Typen einer empirisch-qualitativen Evaluation unterzogen werden. Dies gewährleistet die Ermittlung eines Konsenses in Wissenschaft und Praxis, der derzeit nicht gegeben ist. Zur Beantwortung der zweiten Unterforschungsfrage müssen existierende Ansätze zur Beschreibung soziotechnischer Systeme untersucht und relevante Dimensionen sowie Elemente identifiziert werden. Da bislang keine Ansätze zur soziotechnischen Betrachtung der Einführung softwarebasierter Automatisierungstechnologien existieren, dienen die Erkenntnisse aus Kapitel 4.2.2. als Ausgangspunkt, um generische Dimensionen und Elemente abzuleiten. Ein anschließender Übertrag derselben ist notwendig, um ein anwendungsspezifisches soziotechnisches System für die weitere Untersuchung zu entwickeln. Die Beantwortung der ersten beiden Unterforschungsfragen ermöglicht die Untersuchung der wechselseitigen Wirkungsbeziehungen im Rahmen der dritten Unterforschungsfrage. Diese erfordert eine praxisorientierte Methodik, da eine literaturbasierte Herleitung der wechselseitigen Wirkungsbeziehungen aufgrund der fehlenden Beiträge nicht möglich ist. Die Erkenntnisse werden abschließend genutzt, um im Zuge der vierten Unterforschungsfrage praxisnahe Gestaltungsempfehlungen abzuleiten.

Die vorliegende Dissertationsschrift strebt danach, verschiedene Forschungsfelder zusammenzuführen und somit einen Mehrwert für die betriebliche Praxis zu schaffen. Die Anwendung einer Methodentriangulation ermöglicht die Entwicklung von Modellen, um den identifizierten Forschungsbedarf aus verschiedenen Perspektiven zu adressieren. Die zu entwickelnden Modelle verfolgen hierbei sowohl einen Beschreibungs- als auch einen Erklärungs- und Gestaltungszweck. Da der Einsatz softwarebasierter Automatisierung in administrativen Prozessen nicht an die Unternehmensgröße oder -branche gebunden ist, soll auch der finale Ordnungsrahmen generisch anwendbar sein.

● Voll erfüllt/behandelt
◐ Teilweise erfüllt/behandelt
○ Nicht erfüllt/behandelt

	Anwendung							Modellentwicklung										
	Betrachtungsraum	Merkmale und Merkmalsausprägungen	Typenbildung	Dimensionen soziotechnischer Systeme	Elemente soziotechnischer Systeme	Inter- / intrasystemische Wirkbeziehungen	Soziotechnische Gestaltungsempfehlungen	**Modellierungszweck**	Beschreibung	Erklärung	Gestaltung	**Herleitung / Validierung**	Sachlogisch	Empirisch quantitativ/qualitativ	Fallstudien	**Geltungsbereich**	Anwendungsspezifisch	Generisch
Typisierung softwarebasierter Automatisierungstechnologien																		
Rizun et al. (2019)		●	●	○	◐	○	○		●	●	○		○	●	●		○	●
Hull und Nezhad (2016)		◐	●	○	○	○	○		●	○	○		●	○	○		○	●
Polak et al. (2019)		◐	●	○	○	○	○		●	○	○		●	○	◐		●	○
Schmitz et al. (2018)		◐	●	◐	◐	○	○		◐	○	○		●	○	○		○	●
Sindhgatta et al. (2018)		○	◐	◐	○	◐	○		◐	●	○		●	○	◐		○	●
Beuckes et al. (2018)		◐	●	◐	○	○	○		●	○	◐		●	○	○		○	●
Bhatnagar (2019)		◐	●	○	○	○	○		◐	○	○		●	○	○		○	●
Burnett et al. (2018)		○	●	◐	○	○	○		◐	○	◐		●	○	○		○	●
Chao et al. (2018)		◐	●	○	○	○	○		◐	○	○		●	○	○		○	●
Soziotechnische Systemgestaltung im Kontext der Automatisierung																		
Bednar u. Welch (2020)		○	○	●	◐	◐	○		●	◐	○		●	○	○		○	●
Beier et al. (2020)		○	○	●	●	○	○		●	○	○		●	○	○		○	●
Koopman u. Seymour (2020)		○	○	●	◐	◐	○		●	●	○		◐	◐	●		●	○
Makarius et al. (2020)		○	○	◐	◐	◐	◐		●	◐	●		●	○	○		○	●
Urze et al. (2020)		○	○	●	●	◐	◐		●	●	◐		●	○	◐		○	●
Sony u. Naik (2020)		○	○	●	◐	◐	○		●	○	○		●	○	○		○	●
Pasmore et al. (2019)		○	○	●	◐	○	◐		●	◐	○		●	●	○		○	●
Guterres Ferreira et al. (2015)		○	○	◐	◐	◐	●		◐	○	●		●	○	●		○	●
Maguire (2014)		○	○	●	◐	◐	◐		●	◐	●		●	○	○		○	●
Amaldi u. Smoker (2013)		○	○	◐	◐	◐	◐		●	◐	◐		◐	○	●		●	○
Dissertationsvorhaben																		
Erfüllungsgrad		●	●	●	●	●	●		●	●	●		●	●	●		○	●

Abbildung 4-17: Übersicht untersuchter Quellen (eigene Darstellung)

5 Konzeption des Ordnungsrahmens

Zielsetzung dieses Kapitels ist es, in Anlehnung an die *„Strategie der angewandten Forschung"* ein Grobkonzept des Ordnungsrahmens für die softwarebasierte Automatisierung administrativer Prozesse zu entwickeln. Dieses liefert normative Vorgaben und dient zugleich als Hilfestellung für die Anwendung und Anpassung im konkreten Anwendungsfall der betrieblichen Praxis. Hierzu wird in Kapitel 5.1 auf Basis der terminologischen Grundlagen, des identifizierten Forschungsbedarfs sowie des metatheoretischen Bezugsrahmens ein Verfahren hergeleitet, dass der Grobkonzeption des Ordnungsrahmens dienlich ist und zur Beantwortung der Forschungsfrage beiträgt. Für die finale Modellbildung werden in Kapitel 5.2 formal-konzeptionelle und inhaltliche Anforderungen festgelegt. Das Ergebnis dieses Kapitels ist die Darstellung einer Grobkonzeption des angestrebten Ordnungsrahmens. Diese stellt die Ausgangsbasis für die anschließende Detaillierung in Kapitel 6 dar.

5.1 Methodische Grundlagen

In den nachfolgenden Teilkapiteln werden die methodischen Grundlagen, als Basis des zu entwickelnden Ordnungsrahmens, erläutert. Durch die Zusammenführung relevanter Methoden aus den Ingenieurwissenschaften und der Wirtschaftswissenschaft wird zunächst ein methodischer Rahmen zur Adaption des Untersuchungsbereichs geschaffen. Hierzu werden neben den Grundlagen der allgemeinen Modelltheorie auch die Grundlagen der Fallstudienforschung, der Klassifikation, der morphologischen Methode und der Typisierung sowie des Cross-Consistency-Assessments betrachtet.

5.1.1 Grundlagen der allgemeinen Modelltheorie

Das Systemdenken beinhaltet die modellhafte Abbildung realer und komplexer Erscheinungen, um diese besser verstehen und gestalten zu können (s. HABERFELLNER ET AL. 2018, S. 27). *„Modelle von Originalen werden konstruiert, wenn die letzteren der Vergrößerung oder Verkleinerung bedürfen, um anschaulich gemacht werden zu können [...]"* (STACHOWIAK 1973, S. 139). Dies impliziert, dass Modelle die Möglichkeit bieten, komplexe Zusammenhänge der Realität mithilfe einer Abstraktion zu relevanten Problemstellungen zu vereinfachen (s. STACHOWIAK 1973, S. 130; WÖHE U. DÖRING 2000, S. 36). Jedes Modell repräsentiert die Realität hierbei mit unterschiedlichem Grad an Genauigkeit (s. FORRESTER 1972, S. 73; STACHOWIAK 1973, S. 129). Bei der Entwicklung von Modellen konnte sich in der Vergangenheit die allgemeine Modelltheorie durchsetzen. In Anlehnung an STACHOWIAK werden nachfolgend die drei Hauptmerkmale des allgemeinen Modellbegriffs dargelegt (s. STACHOWIAK 1973, S. 131ff.):

Das **Abbildungsmerkmal** besagt, dass Modelle stets Abbildungen bzw. Repräsentationen natürlicher oder künstlicher Originale darstellen, die in jeder erdenklichen Weise gegeben sind. Der Abbildungsbegriff steht hierbei in engem Zusammenhang mit der Zuordnung von Modell- zu Originalattributen. Das **Verkürzungsmerkmal** verdeutlicht, dass Modelle im Allgemeinen nicht alle Attribute des repräsentierten Originals beinhalten. Es werden lediglich die für den Modellentwickler und/oder Modellnutzer relevant erscheinenden Attribute in einem Modell abgebildet. Die Originalproduktion kann somit unterschiedliche Grade subjektiver Eindeutigkeit erreichen. Das **pragmatische Merkmal** postuliert abschließend, dass der allgemeine Modellbegriff über die Originalbezogenheit hinaus, dreifach pragmatisch zu relativieren ist. Modelle erfüllen hierbei eine Ersetzungsfunktion für bestimmte modellnutzende Subjekte, eine Funktion innerhalb eines Zeitintervalls und werden abschließend zu einem bestimmten Zweck konstruiert (s. ZELEWSKI 2008, S. 131ff.).

Die Einordnung von Modellen variiert mit dem kontextspezifischen Darstellungszweck und den damit einhergehenden unterschiedlichen Erkenntniszielen des Modells (s. ZELEWSKI 2008, S. 43). ZELEWSKI beschreibt drei wesentliche Erkenntnisziele, die mithilfe der Modellbildung in der Wissenschaft verfolgt werden (s. ZELEWSKI 2008, S. 24):

- das deskriptive Erkenntnisziel, reale Sachverhalte zutreffend zu beschreiben *(Beschreibungsziel)*
- das theoretische Erkenntnisziel, reale Sachverhalte zu erklären *(Erklärungsziel)* und
- das pragmatische Erkenntnisziel, reale Sachverhalte zu gestalten *(Gestaltungsziel)*

Abbildung 5-1 veranschaulicht die Zugehörigkeit der unterschiedlichen Modelltypen. Im Folgenden werden aus Gründen der Einfachheit nur jene Modelltypen vorgestellt, die expliziter Natur, also natürlich- oder formalsprachlich sind. Diesen Modelltypen konnte in der Vergangenheit eine besonders hohe Lösungskraft realer Problemstellungen beigemessen werden (s. ZELEWSKI 2008, S. 44).

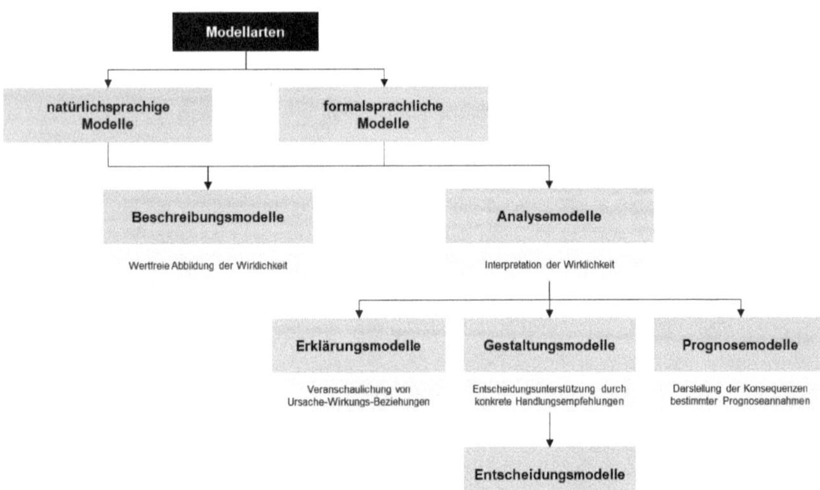

Abbildung 5-1: Modellarten expliziter Modelle (eigene Darstellung i. A. a. ZELEWSKI 2008, S. 45)

Mithilfe von deskriptiven **Beschreibungsmodellen** erfolgt die wertfreie Abbildung empirischer Erscheinungen, ohne dass diese analysiert oder interpretiert werden (s. WÖHE U. DÖRING 2000, S. 39; ZELEWSKI 2008, S. 44). Der Fokus liegt hierbei auf dem Informationsgewinn über die Attribute eines Originals und deren Beziehungsstrukturen (s. STACHOWIAK 1973, S. 139). **Analysemodelle** hingegen fassen alle Modellarten zusammen, die über eine reine Sachverhaltsdeskription hinausgehen und eine Interpretation der Wirklichkeit darstellen (s. ZELEWSKI 2008, S. 44). Hierzu zählen u. a. **Erklärungsmodelle**, mit deren Hilfe die Ursachen betrieblicher Prozessabläufe über eine Hypothesenbildung erklärt werden sollen (s. WÖHE U. DÖRING 2000, S. 39). **Gestaltungsmodelle** hingegen haben die Aufgabe, die Bestimmung optimaler Handlungsmöglichkeiten zu erleichtern, um die Verwirklichung einzelner Gestaltungsalternativen zu empfehlen oder von ihrer Realisierung abzuraten (s. WÖHE U. DÖRING 2000, S. 40; ZELEWSKI 2008, S. 46; ULRICH U. HILL 1976b, S. 349). Da es sich hierbei um die Entscheidung zwischen mehreren denkbaren Gestaltungsalternativen handelt, fallen Gestaltungsmodelle im betriebswirtschaftlichen Bereich mit **Entscheidungsmodellen** zusammen (s. ZELEWSKI 2008, S. 46). Schlussendlich ermöglichen **Prognosemodelle** die Ermittlung von Konsequenzen, die aus konkreten Modellannahmen resultieren, und können sowohl die Erklärung als auch die Gestaltung betriebswirtschaftlicher Sachverhalte unterstützen (s. ZELEWSKI 2008, S. 46).

Eignung für dieses Dissertationsvorhaben

Laut FORRESTER kann der Modellbildung auch in Zukunft eine hohe Bedeutung beigemessen werden, um ein besseres Verständnis, erleichterte Kommunikation und verbessertes Management von sozialen Systemen zu gewährleisten (s. FORRESTER 1972, S. 79). Ausgehend von dem Verständnis der allgemeinen Modelltheorie finden die zuvor beschriebenen expliziten Modelle im weiteren Verlauf der vorliegenden Arbeit Anwendung. Die Entwicklung des Ordnungsrahmens für die softwarebasierte Automatisierung administrativer Prozesse erfolgt hierbei durch eine beschreibende, erklärende und gestaltende Abstraktion partialer Modelle.

5.1.2 Grundlagen der Fallstudienforschung

Die vorliegende Dissertationsschrift folgt der Explorationsstrategie nach KUBICEK und dient dem Ziel, theoretisch angeeignetes Wissen durch die Formulierung problemrelevanter Fragestellungen an die Realität zu überprüfen. Durch das Sammeln von Daten und deren kritische Reflexion werden die Erkenntnisse in einem iterativen Lernprozess vertieft (s. KUBICEK 1977, S. 13f.). Hierbei besteht der Anspruch, in Anlehnung an die *Grounded Theory* neue Theorien und Modelle zu entwickeln (s. GLASER U. STRAUSS 2009). Diese Methode wurde seit der Entstehung in den 60er Jahren von zahlreichen Autoren beschrieben und weiterentwickelt (vgl. EISENHARDT 1989; EISENHARDT U. GRAEBNER 2007; YIN 2003; GLASER U. STRAUSS 2009). Einen Ansatz stellt die Fallstudienforschung nach EISENHARDT dar (s. EISENHARDT 1989). EISENHARDT erweiterte bestehende Konzepte in den Bereichen der A-priori-Methode, der fallinternen und -externen Analysen sowie der Integration vorhandener Literatur und entwickelte eine Vorgehensweise zur Bildung neuer Theorien und Modelle (s. EISENHARDT 1989, S. 533). Im Unterschied zu quantitativen Forschungsmethoden kombiniert der Ansatz der Fallstudienforschung verschiedene qualitative Methoden der Datensammlung, wie Interviews, Umfragen und Beobachtungen, um daraus ableitend Theorien und Modelle zu generieren, anstatt diese zu überprüfen (s. EISENHARDT 1989, S. 534f.; GASSMANN 1999, S. 11). Experimentelle Kontrollen, Randomisierung oder Manipulationen werden anders als bei quantitativen Methoden im Rahmen der Fallstudienforschung vermieden, um Beobachtungen in einer natürlichen Umgebung durchführen zu können (s. MEREDITH 1998, S. 442f.).

Die Anwendung der Fallstudienforschung findet eine breite Anwendung in diversen Forschungsbereichen. Eine besondere Eignung bietet die Untersuchung ganzheitlicher und in der Praxis relevanter, komplexer Zusammenhänge, wie sie unter anderem in organisatorischen Prozessen zu finden sind (s. YIN 2003, S. 2). Der Prozess der Fallstudienforschung nach EISENHARDT ist in Abbildung 5-4 dargestellt.

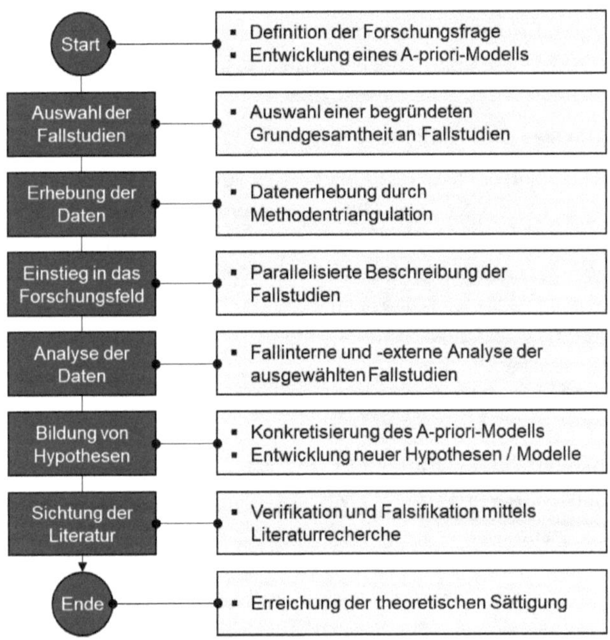

Abbildung 5-2: Prozess der Fallstudienforschung (eigene Darstellung i. A. a. EISENHARDT 1989, S. 533)

Der Prozess der Fallstudienforschung beginnt mit der anfänglichen **Definition einer Forschungsfrage**, um den Forschungsschwerpunkt für die Modellbildung mittels Fallstudien zu spezifizieren. Darüber hinaus unterstützt die **Entwicklung eines A-priori-Modells** dabei, ein erstes Design für die theorie- bzw. modellbildende Forschung zu gestalten. Hierbei werden potenziell wichtige Variablen, welche einen Bezug zur vorhandenen Literatur aufweisen, im Vorfeld spezifiziert. Ein solches Konstrukt bietet den Forschenden eine solide empirische Grundlage für die entstehenden Theorien und Modelle (s. EISENHARDT 1989, S. 536).

Im zweiten Schritt der Fallstudienforschung erfolgt die **Auswahl der Fallstudien**, welche zur Beantwortung der Forschungsfrage sowie zur Verifikation oder Falsifikation des A-priori-Modells beitragen. Die Auswahl einer solchen Grundgesamtheit sollte begründet erfolgen, um relevante Fallstudien mit replizierendem oder erweiterndem Charakter zu identifizieren (s. EISENHARDT 1989, S. 537). YIN empfiehlt, **sechs bis zehn Fallstudien** auszuwählen, um das A-priori-Modell zu bestätigen. Sind die Fallstudien widersprüchlich, muss das ursprüngliche Modell überarbeitet und mit einem neuen Fallstudiensatz geprüft werden (s. YIN 2003, S. 47).

Die **Datenerhebung** stellt den dritten Schritt im Prozess dar. Hierbei werden typischerweise mehrere Methoden kombiniert, um eine **Triangulation in der Datenerhebung** zu gewährleisten. Mögliche Datenquellen sind Befragungen, Beobachtungen, existierende Literatur oder Archivquellen. EISENHARDT hebt hervor, dass eine Kombination von qualitativen und quantitativen Erhebungsverfahren sowie das Einbeziehen unterschiedlicher Perspektiven zielführend ist, um konvergierende Wahrnehmungen in die empirische Prüfung mit einfließen zu lassen (s. EISENHARDT 1989, S. 537f.).

Im vierten Schritt erfolgt der **Einstieg in das Forschungsfeld**. Dieses Vorgehen ist durch eine Überschneidung der Datenanalyse und -erhebung gekennzeichnet. Dies ermöglicht den Forschenden eine flexible Datensammlung, da Anpassungen in der Datenerhebung vorgenommen werden können. So kann beispielsweise das Auftauchen neuer Themen dazu beitragen, zusätzliche Fallstudien in die folgende Analyse mit einzubeziehen und die resultierende Theorie oder das resultierende Modell sukzessive zu optimieren (s. EISENHARDT 1989, S. 538f.).

Die **Analyse der Daten** bildet das Kernelement der Fallstudienforschung. Im Rahmen der Analyse werden zunächst die Muster jedes einzelnen Falls erarbeitet und anschließend nach fallübergreifenden Mustern gesucht. Dies befähigt eine abschließende Verallgemeinerung der Erkenntnisse, um Aussagen für die Theorie oder das Modell treffen zu können. EISENHARDT betont, dass das Vorgehen bei der Analyse der am wenigsten standardisierte Teil des Fallstudienforschungsprozesses ist, da Schlussfolgerungen oftmals ergebnisoffen getroffen werden (s. EISENHARDT 1989, S. 539f.).

Im sechsten Schritt werden auf Basis der Datenanalyse Hypothesen gebildet. In diesem Rahmen erfolgt die **Schärfung des entwickelten A-priori-Modells**. Die Erkenntnisse aus der Fallstudienanalyse tragen dazu bei, das Konstrukt zu bestätigen oder mit weiteren relevanten Variablen anzureichern (s. EISENHARDT 1989, S. 541ff.).

Den Abschluss der Fallstudienforschung bildet die **Verifikation oder Falsifikation** des entwickelten Modells. Hierbei erfolgt ein Abgleich mit der identifizierten Literatur. Ziel ist es, eine **theoretische Sättigung** zu erreichen. Diese besteht zu dem Zeitpunkt, an dem die inkrementelle Verbesserung des Modells oder der Theorie so minimal ist, dass keine ausschlaggebenden Ergänzungen mehr vorgenommen werden können. Zum einen kann das Ergebnis des zuvor aufgezeigten Prozesses eine neue Theorie, ein neues Konzept oder ein konzeptioneller Rahmen sein. Zum anderen kann die Datenanalyse zu dem Schluss führen, dass keine relevanten Muster erkennbar sind und lediglich vorhandene Theorien und Modelle repliziert werden (s. EISENHARDT 1989, S. 545ff.).

Eignung für dieses Dissertationsvorhaben

Die Fallstudienforschung stellt einen iterativen Lernprozess dar, bei dem das auf Vorwissen basierende Abbild der Realität durch Datensammlung reflektiert und schrittweise geschärft wird (s. GASSMANN 1999, S. 11). Da dieser Prozess der Explorationsstrategie nach KUBICEK entspricht, wird die Anwendung der Fallstudienforschung im Rahmen der vorliegenden Dissertationsschrift als zielführend angesehen. Darüber hinaus bestehen nur bedingt Literaturansätze zur Entwicklung einzelner partialer Modelle. Die Fallstudienforschung trägt somit dazu bei, die unzureichende Literatur durch eine praxisorientierte Sichtweise zu ergänzen.

5.1.3 Klassifikation, Typisierung und morphologische Methode

Der Erfolg einer Lösung für betriebswirtschaftliche Problemstellungen ist geknüpft an die Anwendung von Forschungsmethoden. Solche systematischen Verfahren lassen sich generell in analytische und interpretative Forschungsmethoden sowie Schlussfolgerungsverfahren unterteilen (s. WELTER 2006, S. 113.). Analytische Forschungsmethoden, wie die Klassifikation, die Typisierung oder die morphologische Methode, verfolgen das Ziel, die systematische Ordnung einer Menge von Untersuchungsobjekten über eine beschreibende Funktion sicherzustellen (s. WELTER 2006, S. 113). Zur Einordnung der drei analytischen Forschungsmethoden wird nachfolgend ein kurzer Überblick gegeben, der in Abbildung 5-3 veranschaulicht wird.

	Erforderliche Anzahl Merkmale	Logische Wahrheit der Lösungen?	Faktische Wahrheit der Lösungen?	Primäre Anwendung
Typisierung	> 1	ja	ja	Systematik, Entscheidungsunterstützung
Klassifikation	1	ja	ja	Systematik, Entscheidungsunterstützung
Morphologische Methode	< 1	ja	nicht Zwingend	Systematik, Entscheidungsunterstützung und Aufdeckung neuer Lösungen

Abbildung 5-3: Abgrenzung der drei analytischen Forschungsmethoden (WELTER 2006, S. 114)

Klassifikationen stellen die Einteilung eines Objektbereichs in mehrere Klassen aufbauend auf einem einzigen Merkmal dar (s. WELTER 2006, S. 113; KLUGE 1999, S. 32f.; BAILEY 1994, S. 4; SODEUR 1974, S. 10). Anforderungen, die an Klassifikationen gestellt werden, sind die *Eindeutigkeit* (jedem Objekt kann eine Merkmalsausprägung zugewiesen werden), die *Ausschließlichkeit* (jedem Objekt kann nur eine Merkmalsausprägung zugewiesen werden) und die *Vollständigkeit* (kein Objekt ohne Merkmalsausprägung) (s. KLUGE 1999, S. 33). Dieses Anforderungsprofil zeigt, dass die Grenzen zwischen gebildeten Klassen trennscharf zu definieren sind (s. KLUGE 1999, S. 32). HEMPEL U. OPPENHEIM verweisen hierbei auf den Umstand, dass Klassifikationen mit solch trennscharfen Grenzen für die Darstellung komplexer Systeme nur selten Anwendung finden und vielmehr fließende Übergänge beobachtet werden können (s. HEMPEL U. OPPENHEIM 1936, S. 16; KLUGE 1999, S. 32).

Die **Typisierung** zielt auf eine Systematisierung von Untersuchungsobjekten ab, indem mithilfe der Definition zweckmäßiger Merkmale und Merkmalsausprägungen eine Isolation wesentlicher Erscheinungsformen der für das Untersuchungsziel relevanten Objekte herbeigeführt wird (s. WELTER 2006, S. 113). Oftmals erfolgen Typenbildungen, um eine Reihe von Untersuchungselementen nach ihren Gemeinsamkeiten und Unterschieden ordnen und gruppieren zu können (s. KLUGE 1999, S. 22). Die damit einhergehende Transparenz über die komplexe Realität ermöglicht es, einen geordneten Überblick des adressierten Gegenstandsbereichs zu erhalten (s. KLUGE 1999, S. 22; KNOBLICH 1969, S. 31). WELTER betont, dass Typisierungen neben der logischen Wahrheit insbesondere das reale Vorhandensein der Merkmalsausprägungen eines Untersuchungsbereichs (faktische Wahrheit) in den Vordergrund stellen (s. WELTER 2006, S. 114). Im Gegensatz zur Klassifikation besteht eine typologische Ordnung aus mindestens zwei Merkmalen zur Kennzeichnung der untersuchten Objekte, womit die Anzahl der verwendeten Merkmale entscheidend für die Abgrenzung von der Klassifikation ist (s. KNOBLICH 1969, S. 27; WELTER 2006, S. 113). Wie bereits angemerkt, stellten bereits HEMPEL U. OPPENHEIM heraus, dass sich zwischen einzelnen Typen keine trennscharfen Grenzen ziehen lassen, weshalb die Übergänge zwischen diesen in einer Typisierung als fließend charakterisiert werden können (s. HEMPEL U. OPPENHEIM 1936, S. 7; KLUGE 1999, S. 32).

Ein weiterer wesentlicher Vertreter analytischer Forschungsmethoden ist die **morphologische Methode**. Diese dient dem Zweck, *„[...] bei wichtigen Problemen und Sachlagen alle einschlägigen Faktoren vorurteilslos in Betracht zu ziehen und alle möglichen Lösungen und Vorgehen zu ergründen [...]"* (ZWICKY 1972, S. 130). Hierbei ist es zunächst unerheblich, ob den betrachteten Merkmalen eine Sinnhaftigkeit beigemessen werden kann, da die vorurteilsfreie und vollständige Erfassung der komplexen Realwelt im Fokus steht (s. ZWICKY 1972, S. 130f.). Aus diesem Grund wird die morphologische Methode auch als Kreativitätstechnik zur Synthese von Lösungen eingestuft (s. HABERFELLNER ET AL. 2018, S. 399). Eine Möglichkeit zur Illustration dieser Untersuchung liefert der morphologische Kasten.

Aufgrund eines breiten Anwendungsspektrums kann die Typisierung als Forschungsmethode für verschiedene Verwendungszwecke genutzt werden; sie fand bereits in einer Vielzahl Forschungsvorhaben als erfolgversprechendes Instrument Anwendung (s. ANSORGE 2014, S. 70; vgl. RHENSIUS 2010; RÜHMANN 2008; MEIER 2007; SCHWARTZ 2018; SCHIEGG 2005; DÜNNEBACKE 2016; KLUGE 1999; KNOBLICH 1969; ISENMANN 2003). Die Forschungsmethode der Typisierung umfasst hierbei die in Abbildung 5-4 dargestellten Sichtweisen. Die dynamische Sichtweise beschreibt den Denkprozess der Typenbildung, der im Ergebnis zur angestrebten Typologie führt (s. WELTER 2006, S. 113). Im Gegensatz dazu charakterisiert die statische Sichtweise die einzelnen Typen sowie deren Ordnung in der Typologie und somit das Denkergebnis des Typenbildungsprozesses (s. WELTER 2006, S. 113).

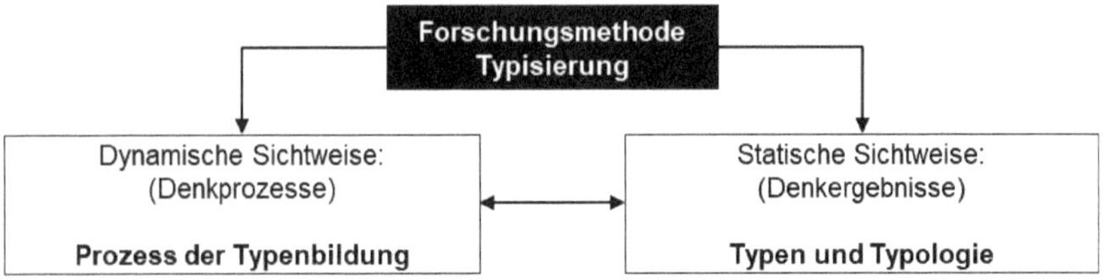

Abbildung 5-4: Dynamische und statische Sichtweise der Typisierung (ISENMANN 2003, S. 168)

Die Typenbildung erfolgt hierbei grundsätzlich durch zwei verschiedene Vorgehensweisen: Zum einen finden die statistischen Verfahren Anwendung, bei denen die Typenbildung anhand einer breiten Datenbasis erfolgt. Zum anderen kann die Typenbildung durch eine sachlogische Herleitung erfolgen. Hierbei werden die Typen über Intuition und Konstruktion gewonnen (s. KNOBLICH 1969, S. 30). Eine weitere Unterteilung findet die sachlogische Herleitung in progressiv-synthetisch und retrograd-analytisch gebildeten Typen (s. KNOBLICH 1969, S. 31f.; WELTER 2006, S. 116):

- **Progressiv-synthetische Typenbildung:** Dieser Prozess führt, ausgehend von einzelnen Merkmalen, über eine sinnvolle Kombination zu Typen und kann daher als eine vorwärts gerichtete Typenbildung eingestuft werden. Das Zusammenfügen (die Synthese) steht hierbei im Mittelpunkt und zielt nicht von vornherein auf ein bestimmtes Ergebnis ab, weshalb diese Vorgehensweise oftmals als zweckfrei charakterisiert wird.
- **Retrograd-analytische Typenbildung:** Bei diesem Verfahren bestehen bereits auf Basis fundierter Kenntnisse über den Untersuchungsbereich konkrete Typen. Durch eine rückwärts schreitende (retrograde) Vorgehensweise werden Merkmalskombinationen gesucht, die den jeweiligen Typen entsprechen. Die Ableitung der typprägenden Merkmale wird hierbei als zerlegender (analytischer) Prozess betrachtet.

Eignung für dieses Dissertationsvorhaben

Aufgrund des breiten Anwendungsspektrums wird das Verfahren der Typisierung als analytische Forschungsmethode im weiteren Verlauf der Arbeit zur Herleitung des Beschreibungsmodells in Kapitel 6.1 verwendet. Diese Vorgehensweise ermöglicht es, die Komplexität der Typenbildung softwarebasierter Automatisierungstechnologien zu reduzieren. WELTER empfiehlt, eine Verbindung und integrative Anwendung der beiden Vorgehensweisen, um aussagekräftige Typen herleiten zu können (s. WELTER 2006, S. 116). Anhand der sinnvollen Kombination progressiv-synthetischer und retrogradanalytischer Vorgehensweisen werden die konstituierenden Merkmale und Merkmalsausprägungen softwarebasierter Automatisierungstechnologien aus der Literatur mit etablierten Ansätzen aus der betrieblichen Praxis verknüpft. Die in der Literatur bestehenden Typen werden durch das Erfahrungswissen des Autors dieser Arbeit angereichert und in gemeinsamer Abstimmung mit Vertretern aus der betrieblichen Praxis hergeleitet. Die Existenz der darin enthaltenen und daraus resultierenden Typen in der Realwelt stellt die von WELTER geforderte faktische Wahrheit sicher. Die iterative Einbindung unterschiedlicher Unternehmen gewährleistet die Validierung der entwickelten Merkmalskombinationen sowie die Überprüfung der daraus resultierenden Typen und stellt somit eine hohe partiale Modellgüte im finalen Ordnungsrahmen sicher.

5.1.4 Cross-Consistency-Assessment

Die im Rahmen der Typisierung identifizierten Merkmale und Merkmalsausprägungen bilden die notwendige Informationsgrundlage, um konsistente Typen abzuleiten. Konnektive Beziehungen zwischen den einzelnen Ausprägungen müssen mithilfe eines Cross-Consistency-Assessments (CCA) zugeordnet werden. Das Ziel dieser Methodik besteht darin, alle intern widersprüchlichen oder anderweitig inkompatiblen Beziehungen durch paarweisen Vergleich auszuschließen, um die Menge der intern konsistenten Konfigurationen zu finden, die einen entsprechenden Fit darstellen (s. RITCHEY 2015, S. 1; 2002, S. 5). Die Durchführung eines solchen CCAs legitimiert sich durch die Erkenntnis, dass es bei der Ausgestaltung morphologischer Kästen zahlreiche Paare von Bedingungen geben kann, die miteinander unvereinbar sind (s. RITCHEY 2002, S. 5). Daraus resultiert die Notwendigkeit, Inkonsistenzen zwischen den erhobenen Merkmalsausprägungen zu identifizieren und auszuschließen. RITCHEY unterteilt jene Inkonsistenzen in drei Kategorien (s. RITCHEY 2015, S. 8ff.):

- **Logische Widersprüche** (engl. *logical or analytical contradictions*): Logische Widersprüche liegen vor, wenn diese allein auf der Natur der formalen Beziehungen zwischen den Konzepten selbst und nicht auf empirischen Konzepten beruhen. Solche Widersprüche sind bei der Identifikation von Inkonsistenzen in politischen Positionen und Stakeholder-Perspektiven von großem Interesse, in der Praxis jedoch nur für einen kleinen Teil der Einschränkungen verantwortlich. Die wichtigsten Arten von Beschränkungen, die in morphologischen Modellen gefunden werden, betreffen empirische und normative Beziehungen.
- **Empirische Inkonsistenzen** (engl. *empirical incompatibilities*): Empirische Inkonsistenzen sind deskriptiver Natur und resultieren aus bekannten Zusammenhängen, die durch erworbenes Wissen und Erfahrungswerte für unmöglich oder unwahrscheinlich gehalten werden. Dies beinhaltet unter anderem Naturgesetze, den Stand der Forschung und Technik oder die Folgen von wahrgenommenen begrenzten Ressourcen.
- **Normative Einschränkungen** (engl. *proscriptive constraints*): Einschränkungen, die aus normativen Einschätzungen folgen, besitzen einen präskriptiven Charakter und fokussieren die Frage, wie Zustände sein sollten oder wie sie als wünschenswert erachten werden. Hierzu zählen beispielsweise wertorientierte

Urteile zu ethischen und weltanschaulichen Fragen, aber auch Strategie- und Politikmodellierungen, welche starke normative Aspekte aufweisen.

Da für die Bildung eines angestrebten Fits zwischen Merkmalsausprägungen keine weiteren Vorgehensweisen oder Kriterien in der Literatur existieren, muss im Folgenden das Verfahren zur Durchführung des CCAs tiefergelegt werden. RITCHEY betont, dass morphologische Analysen mit einer Reihe wissenschaftlicher Disziplinen in Verbindung gebracht werden, in denen insbesondere die Struktur und nicht das quantitative Vorgehen ein zentrales Thema ist (s. RITCHEY 2002, S.3). Ausgehend von dieser Erkenntnis wird auf eine quantitative Bewertung der Merkmalsausprägungen verzichtet und qualitative Hilfskriterien zur Bewertung möglicher Kombinationen herangezogen (s. SIEGERS 2016, S. 162f.):

- **Positiver Zusammenhang (+):** Die vorliegenden Merkmalsausprägungen besitzen einen hohen Fit zueinander. Aus diesem Grund können sie logisch miteinander verknüpft werden, wodurch das Vorkommen dieser Kombination in einem konsistenten Idealtyp als sehr hoch einzuschätzen ist. Die reale Existenz dieser Merkmalskombination wird in der Literatur durch zahlreiche Beispiele belegt.
- **Neutraler Zusammenhang (0):** Die vorliegenden Merkmalsausprägungen stehen in keinem offensichtlichen Widerspruch zueinander, weisen jedoch auch keine logische oder empirisch nachweisbare Verknüpfung auf. Eine sich gegenseitig verstärkende oder abschwächende Abhängigkeit kann nicht identifiziert werden. Auch die reale Existenz dieser Merkmalskombination ist in der Literatur nicht nachgewiesen. Somit ist die Kombination in einem konsistenten Idealtyp nicht ausgeschlossen.
- **Negativer Zusammenhang (-):** Die vorliegenden Merkmalsausprägungen weisen einen offensichtlichen Widerspruch zueinander auf, der entweder logisch, empirisch oder normativen Charakter besitzt. Eine Verknüpfung ist nicht möglich. Auch die reale Existenz konnte durch Bemühungen in Forschung und Praxis bereits widerlegt werden. Die Kombination in einem konsistenten Idealtyp ist somit ausgeschlossen.

Eignung für dieses Dissertationsvorhaben

Da das angestrebte Beschreibungsmodell durch die Konfigurationstheorie (siehe Kapitel 3.4) beeinflusst wird, sollen logisch widerspruchsfreie, empirisch verifizierbare und praktisch brauchbare Kombinationen der Merkmalsausprägungen identifiziert werden, um einen Fit herbeizuführen (s. WELTER 2006, S. 115). Aus diesem Grund findet die Methode des CCAs im vorliegenden Dissertationsvorhaben Anwendung.

5.2 Anforderungen an die Gestaltung des Ordnungsrahmens

Mit der Bildung und Anwendung von Modellen wird, wie zuvor beschrieben, das Ziel verfolgt, komplexe Zusammenhänge der Realität mithilfe einer Abstraktion darzustellen. Zur erfolgreichen Umsetzung dieses Vorhabens müssen Modelle konkreten formal-konzeptionellen und inhaltlichen Anforderungen genügen. Die formal-konzeptionellen Anforderungen bilden hierbei den Rahmen für die Systematik und Struktur der Modellbildung. Inhaltliche Anforderungen hingegen gewährleisten die Zielerfüllung des angestrebten Modells. In diesem Kapitel soll daher ein Anforderungsprofil formal-konzeptioneller und inhaltlicher Ansprüche abgeleitet werden, welches die Konzeption eines Ordnungsrahmens erlaubt.

5.2.1 Formal-konzeptionelle Anforderungen

Die vorliegende Arbeit fokussiert die Entwicklung eines Ordnungsrahmens für die softwarebasierte Automatisierung administrativer Prozesse. Die darin enthaltenen Modelle sollen in Anlehnung an die Grundsätze ordnungsmäßiger Modellierung entwickelt werden, um mithilfe konkreter Modellierungskonventionen eine systematische und strukturierte Vorgehensweise sicherzustellen, die zu einer hohen Güte der angestrebten Modelle beiträgt (s. PATZAK 1982, S. 309f.; STACHOWIAK 1973, S. 128ff.; BECKER ET AL. 2012, S. 31ff.). Diese Grundsätze, anhand derer eine Bewertung der Konstruktion von Modellen vorgenommen werden kann, sind im Folgenden dargestellt (s. BECKER ET AL. 2012, S. 31ff.; PATZAK 1982, S. 309f.):

- **Grundsatz der Richtigkeit**: Modelle müssen zwei Formen der Richtigkeit aufweisen. Zum einen fordert dieser Grundsatz die *empirische* Richtigkeit von Modellen. Hierbei muss das Verhalten der Abbildung mit den Beobachtungen der Realität in möglichst hohem Maße übereinstimmen. Zum anderen wird eine *formale* Richtigkeit des Modells gefordert. Diese liegt vor, wenn das Modell durch eine formal einwandfreie Gestaltung eine Widerspruchsfreiheit aufweist und Aussagen reproduzierbar und nachprüfbar sind.
- **Grundsatz der Relevanz:** Den entwickelten Modellen liegen nur die Sachverhalte zugrunde, die für den Modellierungszweck relevant sind. Hierbei sollen alle Sachverhalte eingebunden werden, die in der Realwelt existent sind. Dieser Grundsatz erhebt weiterhin den Anspruch, dass Modelle keine Elemente enthalten, die nicht ihr entsprechendes Pendant in der Realwelt aufweisen.
- **Grundsatz der Klarheit:** Der Aspekt der Klarheit rückt die Lesbarkeit, Anschaulichkeit und Verständlichkeit des Modells in den Vordergrund. Hierbei sind adressatengerechte Hierarchisierung, Layoutgestaltung und Filterung wesentliche Teilaspekte der Klarheit.
- **Grundsatz der Handhabbarkeit:** Die Handhabbarkeit und Nutzerfreundlichkeit eines Modells stellen sicher, dass dieses für den Endnutzer leicht anzuwenden und die Ergebnisse leicht zu interpretieren sind.
- **Grundsatz der Wirtschaftlichkeit:** In Bezug auf die Modellierung postuliert dieser Grundsatz, dass der gegebene Modellierungszweck mit minimalem Aufwand erreicht werden soll. So sollen auch der Aufwand für die Modellerstellung und -anwendung möglichst niedrig gehalten werden.

BECKER ET AL. führen darüber hinaus die Grundsätze der *Vergleichbarkeit* und des *systematischen Aufbaus* ein. Die *Vergleichbarkeit* rückt hierbei die Verwendung einheitlicher Modellierungssprachen sowie die Gleichheit zwischen Realwelt und Modell in den Vordergrund. Der Grundsatz des *systematischen Aufbaus* hingegen strebt an, Sachverhalte aus unterschiedlichen Sichten zu beschreiben, um die Konsistenz des Gesamtmodells sicherzustellen (s. BECKER ET AL. 2012, S. 36). Die zentrale Zielsetzung der formalen Konventionen stellt die Erhöhung der Modellqualität dar, wobei die aufgezeigten Grundsätze ordnungsmäßiger Modellierung in ihrer Form allgemein gehalten sind und somit ihre Gültigkeit für alle Modellarten besitzen (s. BECKER ET AL. 2012, S. 37). Dennoch stehen die aufgezeigten Bewertungskriterien teilweise in Konkurrenz zueinander, weshalb jedes Modell einen Kompromiss in Bezug auf die Einhaltung jener darstellt und somit auch eine sorgsame Abwägung der Anforderungen für die nachfolgende Modellbildung durchgeführt werden muss (s. PATZAK 1982, S. 310).

5.2.2 Inhaltliche Anforderungen

Neben den formal-konzeptionellen Anforderungen sind ergänzend solche erforderlich, welche die inhaltliche Qualität des zu entwickelnden Ordnungsrahmens sicherstellen. Jene gewährleisten die Anwendung der Modelle in der betrieblichen Praxis und unterstützen Unternehmen dabei, begründete und praxisnahe Handlungsempfehlungen zur Gestaltung soziotechnischer Systeme abzuleiten, auf deren Basis die organisatorische Anpassungsfähigkeit in Abhängigkeit der jeweiligen Typen softwarebasierter Automatisierungstechnologien sichergestellt werden kann. Der Stand der Erkenntnisse (siehe Kapitel 4.2) hat gezeigt, dass aktuelle Beiträge aus Wissenschaft und Praxis die Typisierung softwarebasierter Automatisierungstechnologien, die damit zusammenhängenden soziotechnischen Systemveränderungen sowie deren wechselseitige Wirkungsbeziehungen nur unzureichend berücksichtigen. In Anlehnung an die Zielstellung der vorliegenden Dissertationsschrift werden nachfolgend die inhaltlichen Anforderungen des Ordnungsrahmens abgeleitet.

Eine zentrale Anforderung an das Modell softwarebasierter Automatisierungstechnologien ist die Abbildung entsprechender **Merkmale und Merkmalsausprägungen** zur Beschreibung jener. Die Analyse relevanter Beiträge aus der Literatur führt zu der Erkenntnis, dass eine hohe terminologische Heterogenität der Technologie besteht, da kein Konsens über die unterschiedlichen Beschreibungsartefakte gegeben ist. Aus diesem Grund muss gewährleistet sein, dass die zu identifizierenden Merkmale und Merkmalsausprägungen die bisherigen Erkenntnisse berücksichtigen und eine hohe theoretische sowie praxisorientierte Qualität aufweisen. Eine Erfüllung der inhaltlichen Anforderung an das Beschreibungsmodell liegt vor, wenn die wesentlichen Merkmale und Merkmalsausprägungen vollständig, praxistauglich und überschneidungsfrei sind (s. WELTER 2006, S. 114).

Ein weiteres Teilziel des Ordnungsrahmens besteht in der **heterogenen Typenbildung**. Dies bedeutet, dass sich die identifizierten Typen klar voneinander unterscheiden lassen. Auf Basis der abgeleiteten Merkmale und Merkmalsausprägungen soll demnach ein konsistentes Verständnis für die verschiedenen Ebenen der Technologieleistung softwarebasierter Automatisierungstechnologien über die Typenbildung entwickelt werden. Diese erfolgt in einem retrograd-analytischen Vorgehen, in dessen Mittelpunkt die Synthese der identifizierten Merkmalsausprägungen steht (s. WELTER 2006, S. 116). Eine ergänzende inhaltliche Anforderung resultiert aus der **realen Existenz der identifizierten Typen**, deren beschreibenden Merkmalskombinationen logisch widerspruchsfrei, empirisch verifizierbar und praktisch brauchbar sind (s. WELTER 2006, S. 115f.).

Da die derzeitige Geschwindigkeit des technologischen Fortschritts exponentiell und die Adaptionsfähigkeit der Organisation zeitglich fast nicht vorhanden ist, entsteht eine immer größere Lücke zwischen dem Versprechen technischer Lösungen und der Fähigkeit in Unternehmen, diese zu nutzen (s. PASMORE ET AL. 2019, S. 73). Aus diesem Grund besteht ein weiteres Teilziel darin, das durch die Einführung softwarebasierter Automatisierungstechnologien beeinflusste soziotechnische System einer Organisation umfassend zu beschreiben. Auch SYED ET AL. betonen die Notwendigkeit soziotechnischer Forschungsaktivitäten im Zuge der steigenden Komplexität von Automatisierungstechnologien, wie bspw. RPA (s. SYED ET AL. 2020, S. 37). Aufgrund der Vielzahl historisch gewachsener Beiträge im allgemeinen soziotechnischen Untersuchungsraum besteht die inhaltliche Anforderung dieses Modells darin, eine **kontextuelle Beschreibung des soziotechnischen Systems** zu gewährleisten, welche lediglich die relevanten und tatsächlich beeinflussten Dimensionen und Elemente aufzeigt. Damit wird eine hohe Akzeptanz in der Anwendung des finalen Ordnungsrahmens sichergestellt.

Des Weiteren sind die in der Praxis vorhandenen und nachweisbaren **wechselseitigen Wirkungsbeziehungen** zwischen den ersten beiden Modellen darzulegen und zu erklären. Solche Ursache-Wirkungs-Beziehungen sind vor dem Hintergrund steigender Technologiekomplexität bislang nicht betrachtet worden (siehe Kapitel 4.2.2). Das Schließen dieser Forschungslücke ermöglicht es Unternehmen, den Einfluss verschiedener Typen softwarebasierter Automatisierungstechnologien auf die jeweiligen soziotechnischen Elemente einzuschätzen. Jene Wirkungsbeziehungen dienen darüber hinaus als Grundlage zur Herleitung **praxisorientierter Gestaltungsempfehlungen**. Diese ergänzende inhaltliche Anforderung ist mit der Beantwortung der Forschungsfrage erfüllt und besitzt somit eine besondere Bedeutung für die vorliegende Dissertationsschrift.

Neben den modellspezifischen inhaltlichen Anforderungen werden zusätzlich solche definiert, welche die Akzeptanz zur Anwendung des finalen Ordnungsrahmens erhöhen sollen. Eine dieser Anforderungen ist die **innere Konsistenz** der einzelnen Modelle. Diese gewährleistet, dass die Summe der Partialmodelle ein widerspruchsfreies Abbild der komplexen Realität widerspiegelt und somit ein lückenloser verständlicher Zusammenhang im Ordnungsrahmen für die Anwendung in der Praxis gegeben ist. Darüber hinaus wird eine **Visualisierung** in Form graphischer Darstellungen der einzelnen Modelle gefordert. Diese tragen dazu bei, verbal unanschaulich darstellbare

Sachverhalte übersichtlich wiederzugeben (s. WELTER 2006, S. 116). Eine letzte inhaltliche Anforderung ist die **Adaptionsfähigkeit des Ordnungsrahmens**. Da sich die Praxis des soziotechnischen Systems, angesichts des kontinuierlichen (technologischen) Wandels, genau wie die derzeitige Arbeitswelt weg von einmaligen intensiven Bemühungen hin zu einer agilen Neugestaltung bewegt, soll auch das Dissertationsvorhaben diese Entwicklung mitberücksichtigen (s. PASMORE ET AL. 2019, S. 77). Aus diesem Grund erfolgt die Gestaltung der partialen Modelle unter Berücksichtigung einer entsprechenden Adaptionsfähigkeit.

Die nachfolgende Abbildung 5-5 veranschaulicht die zuvor aufgeführten inhaltlichen und formal-konzeptionellen Anforderungen, welche im Zuge der Entwicklung des finalen Ordnungsrahmens Berücksichtigung finden.

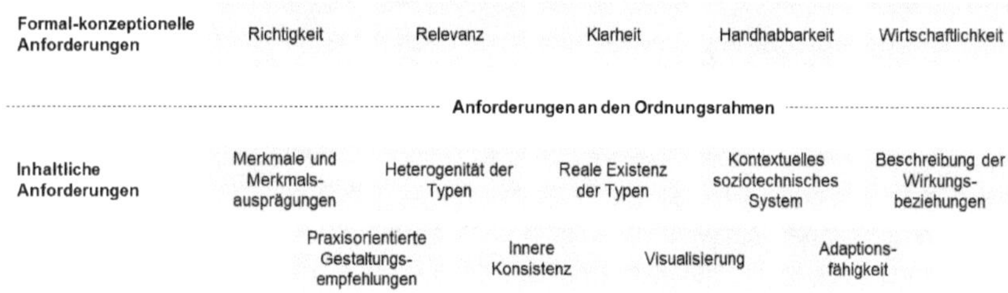

Abbildung 5-5: Formal-konzeptionelle und inhaltliche Anforderungen an die Entwicklung des Ordnungsrahmens (eigene Darstellung)

Auf Basis der dargestellten Anforderungen erfolgt im nachstehenden Kapitel die Grobkonzeption des Ordnungsrahmens.

5.3 Grobkonzeption des Ordnungsrahmens

Ausgehend von der Zielstellung des Ordnungsrahmens, praxisnahe Handlungsempfehlungen zur Gestaltung soziotechnischer Systeme aufzuzeigen, um die organisatorische Adaptionsfähigkeit in Abhängigkeit der Typen softwarebasierter Automatisierungstechnologien sicherzustellen, werden vier Partialmodelle entwickelt. Diese Modularität ermöglicht die Abbildung der komplexen Realität durch ein strukturiertes Vorgehen. Da die Geschwindigkeit des technologischen Fortschritts exponentiell steigt, lässt die Modularität die Berücksichtigung zukünftiger technologischer Entwicklungen zu und gewährleistet die dauerhafte Anwendbarkeit des Ordnungsrahmens. Die einzelnen Modelle werden aufeinander aufbauend entwickelt und stehen in direkter Abhängigkeit zueinander. In Anlehnung an die Zielstellung der vorliegenden Dissertationsschrift und auf Basis des metatheoretischen Bezugsrahmens (siehe Kapitel 3.5) werden jene in den Kontext des soziotechnischen Systems eingebunden. Abbildung 5-6 veranschaulicht die Wirkungsbeziehungen zwischen den einzelnen Elementen sowie deren Positionierung im Kontext des soziotechnischen Systems. Im Folgenden werden die jeweiligen Funktionen der Modelle näher betrachtet.

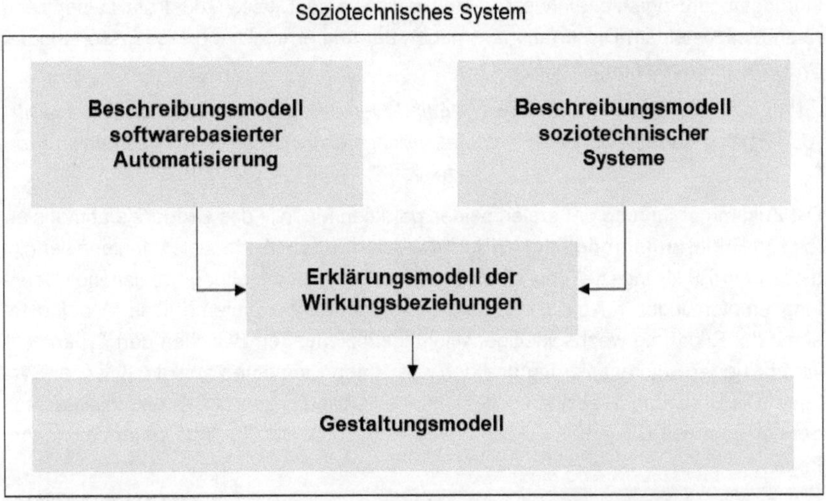

Abbildung 5-6: Grobkonzept des Ordnungsrahmens (eigene Darstellung)

Die Motivation zur Entwicklung des **Beschreibungsmodells softwarebasierter Automatisierung** resultiert aus der identifizierten Forschungslücke (siehe Kapitel 4.3). Ebendiese zeigt auf, dass eine hohe terminologische Heterogenität existiert, welche im Rahmen des ersten Modells adressiert werden soll. Der Modellierungszweck orientiert sich hierbei an einem deskriptiven Erkenntnisziel (s. ZELEWSKI 2008, S. 24). Das Modellierungsziel besteht in der Identifikation von Merkmalen und Merkmalsausprägungen softwarebasierter Automatisierungstechnologien. Auf Basis dessen werden Merkmalsverbünde gebildet, welche die Ableitung konsistenter und realexistierender Typen ermöglichen. Die Vorgehensweise im Modell orientiert sich hierbei an dem in Kapitel 5.1.4 beschriebenen Vorgehen einer Typisierung und dient somit der Beantwortung der ersten Unterforschungsfrage:

„Was sind die relevanten Merkmale und Merkmalsausprägungen zur Beschreibung softwarebasierter Automatisierungstechnologien für administrative Prozesse?“.

Da die Technologie die kontextgebende Situation und somit den Ausgangspunkt der wechselseitigen Wirkungszusammenhänge im Ordnungsrahmen darstellt, findet sich das Modell im technischen Subsystem wieder. Die theoretischen Schlussfolgerungen für den Ordnungsrahmen (siehe Kapitel 3.7) zeigen, dass die technologisch geprägte Situation sowohl einen Einfluss auf die Strukturen als auch auf die Mitglieder einer Organisation ausübt (Dualität von Struktur). Dieser Erkenntnis folgend, wird weiterführend das **soziotechnische Beschreibungsmodell** spezifiziert und detailliert beschrieben. Analog zum ersten Teilmodell verfolgt jenes partiale Element ebenfalls ein deskriptives Erkenntnisziel (s. ZELEWSKI 2008, S. 24). Das Modell dient der Identifikation relevanter Dimensionen soziotechnischer Systeme und der Ableitung sowie Beschreibung von Elementen, welche durch die Einführung softwarebasierter Automatisierungstechnologien beeinflusst werden et vice versa. Dieses Modell stellt einen zentralen Meilenstein im Dissertationsvorhaben dar und ermöglicht die Beantwortung der zweiten Unterforschungsfrage:

„Was sind die relevanten Dimensionen und Elemente soziotechnischer Systeme für den Einsatz softwarebasierter Automatisierungstechnologien in administrativen Prozessen?“.

Die Zusammenführung der ersten beiden partialen Modelle des Ordnungsrahmens erfolgt im **Erklärungsmodell der Wirkungsbeziehungen**. Anders als ebenjene verfolgt dieses ein Erklärungsziel und bildet die Grundlage zur Ableitung praxisnaher Handlungsempfehlungen für die Gestaltung soziotechnischer Systeme. Das Modell dient somit der Erklärung wechselseitiger Wirkungsbeziehungen zwischen den Typen softwarebasierter Automatisierung und den relevanten Elementen soziotechnischer Systeme. Die Erklärung der Wirkungsbeziehungen stellt das zentrale Erkenntnisinteresse der vorliegenden Dissertationsschrift dar und beantwortet die dritte Unterforschungsfrage:

„Wie lassen sich die wechselseitigen Wirkungsbeziehungen zwischen den Typen softwarebasierter Automatisierungstechnologien und den Elementen soziotechnischer Systeme erklären?“.

Das abschließende **Gestaltungsmodell** bildet das finale Element des Ordnungsrahmens und liefert eine Entscheidungsunterstützung auf Basis konkreter Handlungsempfehlungen. Das pragmatische Erkenntnisziel des Modells besteht darin, die Koordination zwischen den beteiligten Entitäten im soziotechnischen System zu verringern und somit der steigenden technologischen Komplexität softwarebasierter Automatisierungstechnologien zu begegnen. Daher erfolgt zunächst die Ableitung konkreter Koordinierungsmechanismen auf Basis bestehender Ansätze aus der Literatur. Eine Adaption dieser Ansätze auf den vorliegenden Anwendungsfall dient der Beantwortung der vierten Unterforschungsfrage:

„Welche Gestaltungsempfehlungen ergeben sich auf Basis der wechselseitigen Wirkungsbeziehungen für die Praxis?“.

Analog zum Wirkmodell wird auch das abschließende Modell des Ordnungsrahmens an der Schnittstelle des sozialen und technischen Subsystems verortet.

5.4 Zusammenfassung

Das vorangegangene Kapitel diente der Grobkonzeption des finalen Ordnungsrahmens. Vor diesem Hintergrund wurden zunächst die methodischen Grundlagen dargestellt, welche das Fundament für eine wissenschaftlich adäquate Ausarbeitung darstellen. Neben den Grundlagen der Modelltheorie sind die Fallstudienforschung, die analytischen Forschungsmethoden der Klassifikation, Typisierung und morphologischen Methode sowie das CCA vorgestellt worden. Des Weiteren konnten sowohl formal-konzeptionelle als auch inhaltliche Anforderungen an den Ordnungsrahmen hergeleitet werden. Die formal-konzeptionellen Vorgaben orientieren sich an den Richtlinien ordnungsgemäßer Modellierung und spiegeln sich in der Richtigkeit, Relevanz, Klarheit, Handhabbarkeit und Wirtschaftlichkeit wider. In Anlehnung an die Zielstellung der Dissertationsschrift wurden darüber hinaus sieben inhaltliche Anforderungen beschrieben. Darauf aufbauend wurde in Kapitel 5.3 das Grobkonzept des Ordnungsrahmens vorgestellt. Dieser unterteilt sich in vier partiale Modelle, die im Kontext des soziotechnischen Systems verortet wurden und jeweils zur Beantwortung der eingangs dargestellten Forschungsfragen beitragen. Das erste Beschreibungsmodell umfasst die Identifikation relevanter Merkmale und Merkmalsausprägungen softwarebasierter Automatisierungstechnologien. Die Ableitung spezifischer Merkmalsverbünde ermöglicht eine anschließende Typisierung. Das zweite Beschreibungsmodell beinhaltet die Darlegung der Merkmale und Merkmalsausprägungen soziotechnischer Systeme, welche durch den Einsatz softwarebasierter Automatisierungstechnologien beeinflusst werden et vice versa. Jenes Modell gestattet die detaillierte Einschätzung der technologischen Einflüsse auf die Strukturen und Mitglieder einer Organisation. In einem dritten Erklärungsmodell werden die zuvor beschriebenen Inhalte zusammengeführt, um deren wechselseitige Wirkungsbeziehungen zu verdeutlichen. Den Abschluss des Ordnungsrahmens bildet das Gestaltungsmodell. Dieses nutzt die Erkenntnisse der vorangegangenen Partialmodelle und adressiert die entsprechenden Wirkungsbeziehungen durch konkrete gestalterische Handlungsempfehlungen für die Praxis.

6 Detaillierung des Ordnungsrahmens

Im vorangegangenen Kapitel erfolgten die grobe Konzeptualisierung des angestrebten Ordnungsrahmens und die Vorstellung der darin einfließenden partialen Modelle. Kapitel 6 verfolgt das Ziel, die einzelnen Elemente des Ordnungsrahmens zu detaillieren. Zunächst wird in Kapitel 6.1 das Modell der softwarebasierten Automatisierungstechnologien erarbeitet. Beginnend mit den grundlegenden Rahmenbedingungen werden, der analytischen Forschungsmethode der Typisierung folgend, die konstituierenden Merkmale und Merkmalsausprägungen des Modells hergeleitet. Auf Basis dieser deskriptiv-strukturellen Vorgehensweise erfolgt weiterhin die Ableitung konkreter Typen der softwarebasierten Automatisierungstechnologien. Im Kapitel 6.2 wird anschließend das soziotechnische Beschreibungsmodell spezifiziert. Hierbei werden relevante theoretische Ansätze zur Beschreibung aus der Wissenschaft genauer untersucht. Durch die Zusammenführung theoretischer Erkenntnisse sowie den Anforderungen durch die Automatisierung können analog zu Kapitel 6.1 relevante Merkmale und Merkmalsausprägungen soziotechnischer Systeme abgeleitet und beschrieben werden. Auf Basis der zuvor entwickelten partialen Modelle wird in Kapitel 6.3 die deskriptiv-funktionale Erarbeitung eines Erklärungsmodells angestrebt, welches als explikative Abbildung des Systemverhaltens zur Erklärung wechselseitiger Wirkungsbeziehungen genutzt werden soll. Im Rahmen des abschließenden Gestaltungsmodells (siehe Kapitel 6.4) soll untersucht werden, wie mithilfe vorhandener Instrumente aus der Literatur die Koordination im Zuge der Automatisierung bewerkstelligt werden kann. Die Ableitung konkreter Gestaltungsempfehlungen soll es Unternehmen ermöglichen, die Komplexität softwarebasierter Automatisierungstechnologien sowie deren Auswirkungen auf das soziotechnische System zielgerichtet handhaben zu können. Abbildung 6-1 zeigt den Ordnungsrahmen sowie die darin enthaltenen partialen Elemente.

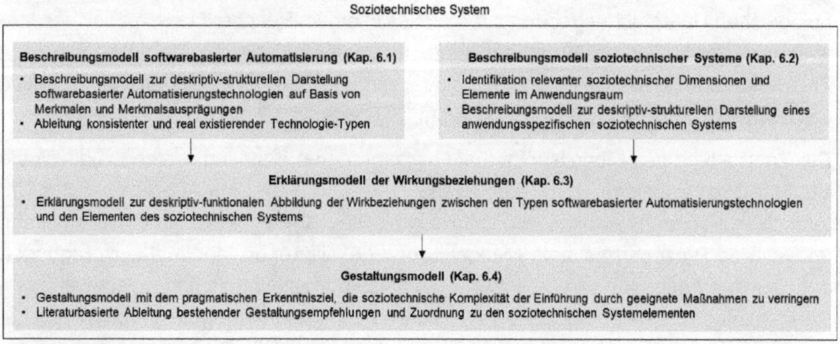

Abbildung 6-1: Ordnungsrahmen für die softwarebasierte Automatisierung administrativer Prozesse

Kapitel 6.5 führt die entwickelten Partialmodelle in dem finalen Ordnungsrahmen zusammen und reflektiert die einzelnen Elemente. Abschließend wird in Kapitel 6.6 die

Vorgehensweise zur Anwendung des Ordnungsrahmens erläutert. Dies dient als Grundlage für die Validierung des entwickelten Modells in der betrieblichen Praxis (siehe Kapitel 7).

6.1 Beschreibungsmodell der softwarebasierten Automatisierung

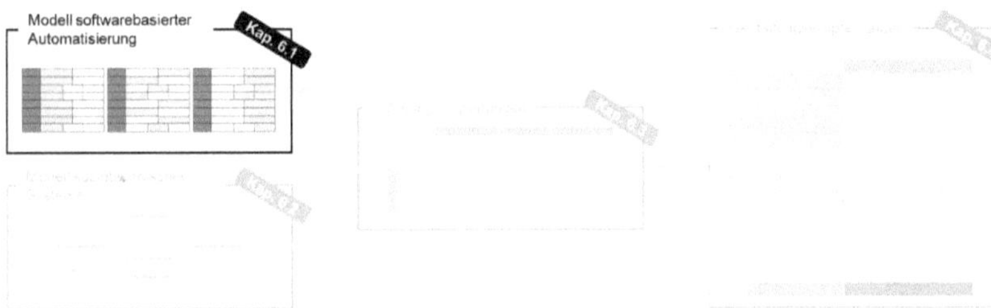

Abbildung 6-2: Modell softwarebasierter Automatisierung im Zusammenhang des Gesamtmodells (eigene Darstellung)

Das nachfolgende Kapitel dient der Beantwortung der ersten untergeordneten und handlungsleitenden Forschungsfrage:

Was sind die relevanten Merkmale und Merkmalsausprägungen zur Beschreibung softwarebasierter Automatisierungstechnologien für administrative Prozesse?

Aufgrund steigender Entwicklungsdynamik fehlt ein klares Verständnis darüber, wie sich unterschiedliche Technologiemerkmale auf die Arbeitsumgebung eines Unternehmens auswirken. Daher ist es notwendig, ein konsistentes Verständnis für die verschiedenen Typen softwarebasierter Automatisierungstechnologien zu entwickeln, um diese zielgerichtet im Kontext der Arbeitsumgebung zu verorten. Das angestrebte Ergebnis liegt in der systematischen Analyse, Identifikation und Strukturierung des technologischen Untersuchungsbereichs, welches in einem Beschreibungsmodell der softwarebasierten Automatisierung resultiert. In Anlehnung an die Modelltheorie nach ZELEWSKI verfolgt das Beschreibungsmodell ein deskriptives Erkenntnisziel, um reale Sachverhalte zutreffend zu beschreiben (s. ZELEWSKI 2008, S. 24).

Die Entwicklung des Modells folgt fünf übergeordneten Schritten, welche zugleich die Struktur des Kapitels 6.1 darstellen (siehe Abbildung 6-3). Eine Abgrenzung des Untersuchungsbereichs erfolgte bereits in den Kapiteln 1 – 4. Darauf aufbauend werden im weiteren Prozess relevante Merkmale und detaillierende Merkmalsausprägungen zur Beschreibung softwarebasierter Automatisierungstechnologien ausgewählt. Im Rahmen eines CCAs erfolgt die logisch widerspruchsfreie Verknüpfung von Merkmalsausprägungen, um real existierende Typen abzuleiten. Diese werden für eine übersichtliche Zusammenfassung der Ergebnisse in Form eines morphologischen Kastens visualisiert.

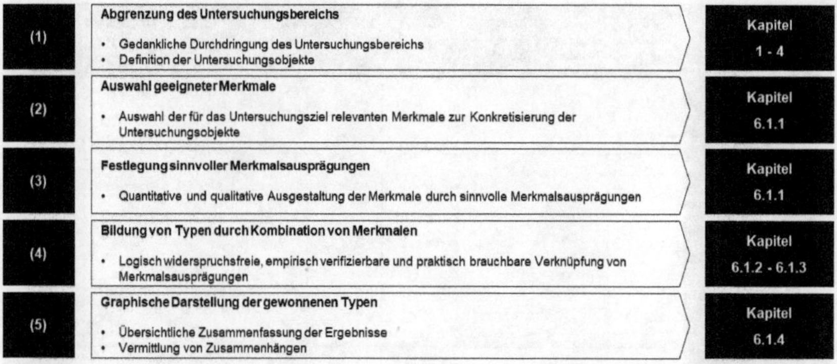

Abbildung 6-3: Darstellung des Typisierungsprozesses (eigene Darstellung i. A. a. WELTER 2006, S. 115f.)

6.1.1 Merkmale zur Beschreibung softwarebasierter Automatisierung

In Anlehnung an den in Kapitel 3.7 dargestellten metatheoretischen Bezugsrahmen (siehe Abbildung 3-8) der Dissertationsschrift befasst sich das vorliegende Kapitel mit der Konzeption der multivariaten Situation, welche als kontextgebend angesehen wird. Hierbei streben die nachfolgenden Inhalte an, relevante Merkmale und Merkmalsausprägungen aus der Literatur zu synthetisieren. In Kapitel 4.2.1 wurden bereits umfangreiche Erkenntnisse zur Typisierung softwarebasierter Automatisierungstechnologien vorgestellt. Diese Untersuchung stellt den theoretischen Rahmen für die Ableitung von Merkmalen im vorliegenden Kapitel. Eine tiefergehende Betrachtung dieser Beiträge zeigt, dass alle Ansätze dem Zweck dienen, eine Typenbildung vorzunehmen. Dabei besteht Einigkeit über die Notwendigkeit dieser Zielsetzung. Die analysierten Autorenbeiträge begründen die Ausrichtung der Forschungsaktivitäten mit der steigenden technologischen Entwicklungsdynamik von KI, welche in einem sukzessiven Anstieg der Technologiefähigkeiten resultiert (vgl. HULL U. MOTAHARI NEZHAD 2016, S. 8; POLAK ET AL. 2019, S. 1; SCHMITZ ET AL. 2019b, S. 349; SINDHGATTA ET AL. 2020, S. 451). Im Hinblick auf die Terminologie softwarebasierter Automatisierungstechnologien zeigt ein Vergleich der bestehenden Publikationen, dass mit Ausnahme des Begriffs RPA keine definitorische Homogenität besteht. Dies resultiert in einem inkonsistenten Bild der stufenweisen Technologiefähigkeiten. Abbildung 6-4 veranschaulicht diesen Sachverhalt.

Stufenkriterien / Autoren	Rizun et al. (2019)	Hull u. Motahari Nezhad (2016)	Polak et al. (2019)	Schmitz et al. (2019)	Sindhgatta et al. (2020)	Beuckes et al. (2018)	Bhatnagar (2018)	Burnett et al. (2018)	Chao (2018)
Desktop-Einsatz mittels Scripting, Screen Scraping, Makros und Workflows			Stufe 1	Stufe 1	Stufe 1			Stufe 1	
Entscheidungsunterstützung		Stufe 1					Stufe 1		Stufe 1
Mitarbeit- oder Systemsteuerung mit regelbasierter, strukturierter Datenverarbeitung	Stufe 1		Stufe 2	Stufe 2	Stufe 2 / Stufe 3	Stufe 1		Stufe 2	
Teilaufgabenbearbeitung ohne vordefinierte Regeln	Stufe 2								
Intelligente Entscheidungsfindung	Stufe 3							Stufe 3	
Unstrukturierte Datenverarbeitung mittels OCR			Stufe 3						
Unstrukturierte Datenverarbeitung mittels ML				Stufe 3		Stufe 2		Stufe 4	Stufe 2
Unstrukturierte Datenverarbeitung mittels NLP			Stufe 4	Stufe 4		Stufe 3 / Stufe 4	Stufe 2		
Multimodale Mensch-Computer-Interaktion		Stufe 2							
Prozesslernen mittels Deep Learning		Stufe 3	Stufe 5				Stufe 3		
Ereignisspezifische Prozesssteuerung		Stufe 4							Stufe 3

Abbildung 6-4: Vergleich bestehender Ansätze zur Typisierung (eigene Darstellung)

Abbildung 6-4 fasst die unterschiedlichen Auffassungen der vorgestellten Beiträge im Rahmen einer Matrix zusammen. Hierbei wurde versucht, die aufgezeigten Merkmale aller Autoren in einer logischen Reihenfolge zu ordnen. Die Matrix veranschaulicht, dass die Einordnung softwarebasierter Automatisierungstechnologien eine Vielzahl Unterschiede hinsichtlich der Stufenkriterien sowie der Anzahl an Technologieausprägungen aufweist. Diese Inkonsistenz begründet sich in der unzureichenden Merkmalsauflistung bestehender literarischer Ansätze. In der Wissenschaft zielt eine Typisierung auf eine Systematisierung von Untersuchungsobjekten ab. Mithilfe der Definition zweckmäßiger Merkmale und Merkmalsausprägungen wird eine Isolation wesentlicher Erscheinungsformen der für das Untersuchungsziel relevanten Objekte herbeigeführt (s. WELTER 2006, S. 113). RIZUN ET AL. erfüllen diese Voraussetzung, indem sie die Beschreibung der identifizierten Typen mit konkreten Merkmalen und Merkmalsausprägungen (Regeln, Informationen, Auswirkungen etc.) begründen und im Rahmen von Fallstudien evaluieren (s. RIZUN ET AL. 2019, S. 79f.). Während ein Großteil der beschriebenen Ansätze die Auflistung konkreter Merkmale in Teilen behandelt (vgl. HULL U. MOTAHARI NEZHAD 2016, S. 8f.; POLAK ET AL. 2019, S. 10; SCHMITZ ET AL. 2019b, S. 349f.; BEUCKES ET AL. 2018, S. 2ff.; BHATNAGAR 2018, S. 5; CHAO ET AL. 2018, S. 12ff.), wird die Typenbildung in den Beiträgen von SINDHGATTA ET AL. und BURNETT ET AL. nicht mit solchen Merkmalen begründet (vgl. SINDHGATTA ET AL. 2020, S. 456;

BURNETT ET AL. 2018, S. 4f.). Im Hinblick auf den Modellierungszweck der einzelnen Publikationen wird deutlich, dass alle Autoren ein Beschreibungsziel verfolgen. Dieses wird durch vereinzelte Erklärungsversuche und Gestaltungsempfehlungen unterstützt (vgl. RIZUN ET AL. 2019, S. 76f.; SINDHGATTA ET AL. 2020, S. 453; BEUCKES ET AL. 2018, S. 5; BURNETT ET AL. 2018, S. 4f.). Auffällig ist zudem, dass die Herleitung und Überprüfung der beschriebenen Beiträge auf einem sachlogischen Ansatz basiert. Ein Großteil der Publikationen identifiziert die Technologietypen auf Basis logischer Schlussfolgerungen. Lediglich RIZUN ET AL. begründen ihre Forschungsarbeit mit empirisch quantitativen und qualitativen Befunden aus Literaturrecherchen und Fallstudien (vgl. RIZUN ET AL. 2019, S. 1ff.). SINDHGATTA ET AL. und POLAK ET AL. orientieren sich ebenfalls an einem fallstudienbasierten Ansatz, wobei dieser keine Anwendung auf die Typisierung softwarebasierter Automatisierungstechnologien findet (vgl. POLAK ET AL. 2019, S. 5ff.; SINDHGATTA ET AL. 2020, S. 459). Ein abschließender Vergleich des Geltungsbereichs der Beiträge zeigt, dass alle Publikationen, mit Ausnahme des Finanzfokus von POLAK ET AL., die dargelegten Inhalte aus einer generischen Perspektive beschreiben.

Um die resultierende Forschungslücke der unvollkommenen Betrachtung zu adressieren, werden im Folgenden relevante Merkmale softwarebasierter Automatisierungstechnologien aufgelistet und mithilfe detaillierender Merkmalsausprägungen spezifiziert. Dies geschieht, in Anlehnung an die Explorationsstrategie, auf Basis relevanten Vorwissens des Autors dieser Dissertationsschrift, gepaart mit Erkenntnissen aus der Literatur. Ein Auszug der nachfolgenden Erkenntnisse wurde bereits durch den Autor veröffentlicht (vgl. GÖTZEN ET AL. 2021).

Leistungsumfang

Der Leistungsumfang ist ein zentrales Merkmal bei der Beschreibung softwarebasierter Automatisierungstechnologien. In der Literatur und Praxis besteht ein konsistentes Bild dahingehend, dass diese Technologie die interne Effizienz steigern und den Zeitaufwand für administrative Aufgaben maßgeblich reduzieren kann (s. POLAK ET AL. 2019, S. 3; vgl. SINDHGATTA ET AL. 2020, S. 451; SCHMITZ ET AL. 2019b, S. 349). Die Art und Weise, wie der Leistungsumfang umgesetzt wird, variiert jedoch stark mit den jeweiligen technologischen Fähigkeiten der Automatisierungslösung. Das Merkmal verdeutlicht, inwieweit die Technologie in der Lage ist, Prozesse vollständig und durchgängig zu automatisieren oder eine Beschränkung auf die Automatisierung einzelner und isoliert betrachteter Aktivitäten vorliegt. Diese Aktivitäten können hierbei in sich abgeschlossene Aufgaben oder auch partielle Teile eines Geschäftsprozesses sein. Softwarelösungen für die Bearbeitung solch spezifischer Aktivitäten haben den Zweck, monotone und regelbasierte Tätigkeiten durch das Folgen einfacher Algorithmen zu automatisieren. Typische Beispiele zur Bearbeitung sind Makros, Maus-/Tastatur-Emulation oder die Automatisierung von Office-Programmen (s. SCHMITZ ET AL. 2019b, S. 349). Erfolgt jedoch die Automatisierung einer *„Kette von funktional zusammenhängenden Aktivitäten […]“* (SCHULTE-ZURHAUSEN 2010, S. 57) liegt der Leistungsumfang für eine Organisation in der Automatisierung eines ganzen Prozesses.

Ausgehend von den in der Literatur diskutierten Unterschieden hinsichtlich des Leistungsumfangs lassen sich folgende Merkmalsausprägungen in der vorliegenden Dissertationsschrift abgrenzen (siehe Abbildung 6-5):

- **Automatisierung einzelner Aktivitäten:** Die Automatisierung beschränkt sich auf eine spezifische Aktivität. Hierbei handelt es sich um abgeschlossene Aufgaben oder partielle Teile eines Geschäftsprozesses.
- **Automatisierung vollständiger Prozesse:** Die Automatisierung zielt auf die sukzessive Bearbeitung funktional zusammenhängender Aktivitäten ab. Hierbei handelt es sich um einen gesamten Prozess, welcher die Summe partieller Aktivitäten darstellt.

Merkmal	Merkmalsausprägungen	
Leistungsumfang	Automatisierung einzelner Aktivitäten	Automatisierung vollständiger Prozesse

Abbildung 6-5: Ausprägungen des Merkmals „Leistungsumfang“ (eigene Darstellung)

Prozesscharakteristik

Neben der Möglichkeit, den Leistungsumfang der Automatisierung nach einzelner Aktivitäten und vollständiger Prozesse zu untergliedern, ist die Charakteristik ebenjener von zentraler Bedeutung für die Beschreibung softwarebasierter Automatisierungstechnologien. RIZUN ET AL. verdeutlichen, dass die Kognitionsebene stark mit der Routinemäßigkeit eines Prozesses, also mit der Existenz konkreter Regelwerke variiert (vgl. RIZUN ET AL. 2019, S. 77). In der Literatur sind *regelbasierte Prozesse* nicht einheitlich definiert. In Anlehnung an die Definition von Geschäftsregeln nach SCHEER U. WERTH können Prozessregeln jedoch als Richtlinien definiert werden, mit deren Hilfe das Verhalten eines Prozesses vollständig beschrieben werden kann (vgl. SCHEER U. WERTH 2006, S. 52). Im Zuge der Automatisierung besteht in der Literatur Einigkeit darüber, dass niedrigere Kognitionsebenen einen statisch regelbasierten Charakter der zu automatisierenden Aktivität oder des Prozesses erfordern (vgl. RIZUN ET AL. 2019, S. 79f.; POLAK ET AL. 2019, S. 11; BEUCKES ET AL. 2018, S. 2f.; BHATNAGAR 2018, S. 5). Dies impliziert, dass eine Informationsbeschaffung oder zusätzliche Informationsbereitstellung nicht notwendig ist, um einen Automatisierungsvorgang durchzuführen. Die vorhandenen Regeln stellen eine valide und konsistente Steuerungslogik bereit, um die effektive Prozessausführung zu gewährleisten (s. GROB ET AL. 2008, S. 269). Die Automatisierungslösung greift diese Regeln in Form konkreter Wenn-dann-Befehle auf und folgt somit klar definierten Vorgaben bei der sukzessiven Automatisierung funktional zusammenhängender Aktivitäten.

Neben regelbasierten Prozessen beruht jedoch eine Vielzahl ebendieser auf den menschlichen Anstrengungen, Entscheidungen auf Grundlage fundierter Erfahrungen oder unter Bezugnahme großer Mengen von Daten zu treffen (s. HULL U. MOTAHARI NEZHAD 2016, S. 8; CHAO ET AL. 2018, S. 14). Ein solches Prozessverhalten kann nicht durch exakte Regelwerke und infolge dessen nicht durch konkrete Wenn-dann-Befehle abgebildet werden. Das Treffen von dynamischen Urteilen und Ad-hoc-Entscheidungen erfordert den Einsatz von KI und resultiert somit in höheren Kognitionsebenen bei der Anwendung softwarebasierter Automatisierungstechnologien. Diese Charakteristik wird in der vorliegenden Dissertationsschrift als dynamisch entscheidungsbasiert und somit als Pendant zum statisch regelbasierten Prozess deklariert.

Zusammenfassend beschreibt das Merkmal der Prozesscharakteristik, ob der zu automatisierende Prozess über vordefinierte Wenn-dann-Befehle, also konkrete Regelwerke, abgebildet werden kann oder ob dieser inferenzbasiert ist, also wissens- bzw. entscheidungsbasierte Prozessbausteine enthält. Mithilfe der einzelnen Merkmalsausprägungen kann die Frage beantwortet werden, ob eine Entscheidungsunterstützung oder eine intelligente Entscheidungsfindung im Zuge der Automatisierung notwendig ist. Dies wirkt sich unmittelbar auf die Anforderungen an die technologische Leistungsfähigkeit und den Grad der aufzubringenden Kognition aus.

Anhand der vorangegangenen Diskussion werden im weiteren Verlauf der Arbeit die folgenden Merkmalsausprägungen bei der Beschreibung der Prozesscharakteristik unterschieden (siehe Abbildung 6-6):

- **Statisch regelbasiert:** Der zu automatisierende Prozess folgt klar definierten Regeln, welche in Form von Wenn-dann-Befehlen bei der Automatisierung operationalisiert werden können. Eine zusätzliche Informationsbeschaffung oder -bereitstellung durch den Mitarbeiter ist nicht notwendig.
- **Dynamisch entscheidungsbasiert:** Der zu automatisierende Prozess folgt keinen klar definierten Regeln. Eine vollständige Operationalisierung in Form von Wenn-dann-Befehlen ist nicht möglich. Die Automatisierung unterliegt einer Dynamik, die sich in wissens- bzw. entscheidungsbasierten Prozessbausteinen manifestiert.

Merkmal	Merkmalsausprägungen	
Prozess-charakteristik	statisch regelbasiert	dynamisch entscheidungsbasiert

Abbildung 6-6: Ausprägungen des Merkmals „Prozesscharakteristik“ (eigene Darstellung)

Automatisierungsergebnis

Das Ergebnis der Automatisierung ist ein weiteres relevantes Merkmal für die Beschreibung softwarebasierter Automatisierungstechnologien. Ausgehend von den einzelnen Ausprägungen wird ein starker Einfluss auf die Anforderungen an die technologische Leistungsfähigkeit ausgeübt. Das Merkmal gibt Auskunft darüber, ob das angestrebte Resultat der Automatisierung statisch vorgegeben und somit vordefiniert oder aufgrund vielfältiger Einflussfaktoren einer entsprechenden Dynamik unterliegt. Im zweiten Fall sind Ergebnisse variabel und können in Abhängigkeit der äußeren Einflüsse vorhersehbarer oder unvorhersehbarer Natur sein.

Vordefinierte Ergebnisse liegen vor, wenn kein Spielraum für Standardabweichungen gegeben ist. Bereits zu Beginn der Automatisierung ist das Resultat vorhersehbar. Diese Form der Automatisierung erfordert oftmals die aktive Betätigung und Interaktion des Mitarbeiters, welcher den Vorgang stets überwacht. Variable und vorhersehbare Ergebnisse liegen vor, wenn die Automatisierungslösung systemübergreifend interagiert und auf Basis zugrundeliegender Regelwerke Wenn-dann-Befehle ausführt. Diese Form der Prozessautomatisierung erlaubt eine Integration von Entscheidungsbäumen, wodurch die Ergebnisse eine vorgegebene, aber dennoch vorhersehbare Varianz aufweisen. Wird mit der Automatisierung hingegen angestrebt, Muster in vorhandenen Daten aufzudecken und verschiedene Variablen flexibel in die Automatisierung mit einzubinden, entsteht eine Varianz der Ergebnisse, die nicht vorhersehbar ist. Mithilfe der Integration von KI-Lösungen können unvorhersehbare Muster ausgewertet werden, wodurch die Möglichkeit einer Automatisierung von Prozessen mit variablen und unvorhersehbaren Ergebnissen entsteht (s. CHAO ET AL. 2018, S. 14; SCHMITZ ET AL. 2019b, S. 350; RIZUN ET AL. 2019, S. 80).

Die Bewertung dieses Merkmals gibt Aufschluss darüber, inwieweit aus dem Prozess ereignisspezifische Ergebnisse resultieren und ob eine höhere Kognitionsebene des Prozesslernens für die Automatisierung erforderlich ist. Im Folgenden wird das Merkmal des Automatisierungsergebnisses in drei Ausprägungen unterschieden (siehe Abbildung 6-7):

- **Vordefiniert:** Das Automatisierungsergebnis weist keinen Spielraum für Varianz auf. Es steht bereits vor Beginn der Automatisierung fest.
- **Variabel und vorhersehbar:** Das Automatisierungsergebnis weist einen eingeschränkten Spielraum für Varianz auf. Es ist daher variabel, aber dennoch vorhersehbar.
- **Variabel und unvorhersehbar:** Das Automatisierungsergebnis weist einen uneingeschränkten Spielraum für Varianz auf. Es ist daher variabel und unvorhersehbar.

Merkmal	Merkmalsausprägungen		
Automatisierungsergebnis	vordefiniert	variabel und vorhersehbar	variabel und unvorhersehbar

Abbildung 6-7: Ausprägungen des Merkmals „Prozessergebnis“ (eigene Darstellung)

Datencharakteristik

Als zusätzlich relevantes Merkmal kann die Datencharakteristik zur Beschreibung softwarebasierter Automatisierungstechnologien herangezogen werden. Die Betrachtung der einzelnen Merkmalsausprägungen ermöglicht die Beurteilung der notwendigen Technologieleistung, da für die Erkennung und Verarbeitung von semi- und unstrukturierten Daten algorithmische Werkzeuge der KI erforderlich sind. Dies bedeutet, dass mit abnehmendem Standardisierungsgrad von Daten die Anforderungen an das Kognitionsniveau der Technologie steigen (s. VIEHHAUSER 2020, S. 111). Dadurch verschieben sich diese in Richtung intelligenter Systeme.

In der Literatur herrscht ein Konsens hinsichtlich der Unterscheidung einer strukturierten und unstrukturierten Datenverwertung durch die Automatisierungslösung (s. CHAO ET AL. 2018, S. 14; POLAK ET AL. 2019, S. 11; VIEHHAUSER 2020, S. 101). Die trivialste Form der Automatisierung nutzt im Zusammenhang der Datencharakteristik strukturierte Daten. Konkrete Anforderungen an die Technologieleistung sind daher nicht vorhanden. Beispiele für strukturierte Daten sind Online-Eingabeformulare oder generelle Daten, welche von anderen Informationssystemen kreiert werden (s. IRPAAI 2019, S. 3). Unstrukturierte Daten, wie Video-, Audio- oder Bilddateien, erfordern den Einsatz von OCR, NLP etc., um eine Standardisierung zu erzielen und somit eine maschinelle Verarbeitung zu ermöglichen (vgl. BEUCKES ET AL. 2018, S. 5; BHATNAGAR 2018, S. 5). Semi-strukturierte Daten werden nur selten in wissenschaftlichen Beiträgen erwähnt (vgl. SYED ET AL. 2020, S. 28), da eine lediglich partiell vorhandene Struktur den Einsatz von KI erfordert. Semi-strukturierte Daten haben daher neben unstrukturierten Daten als Merkmalsausprägung keinen zusätzlichen Einfluss auf die Leistungsfähigkeit softwarebasierter Automatisierungstechnologien, sollen jedoch der Vollständigkeit halber im finalen morphologischen Kasten mitberücksichtigt werden. Ein Beispiel für semistrukturierte Daten ist eine E-Mail. Diese weist zwar eine Grundstruktur (z. B. Absender, Empfänger, Betreff, Nachricht) auf, ist im Kern aufgrund variabler Texte aber wiederum strukturlos (s. LANGMANN U. TURI 2020, S. 12).

Ausgehend von der zuvor dargelegten Beschreibung relevanter Ausprägungen der Datencharakteristik werden im Folgenden drei Möglichkeiten differenziert (siehe Abbildung 6-8) (s. LANGMANN U. TURI 2020, S. 12):

- **Strukturiert:** Als strukturierte Daten werden jene bezeichnet, die eine vordefinierte Struktur und ein festes Format aufweisen. Aufgrund dieser standardisierten Struktur können die Daten maschinell verarbeitet werden. Der Einsatz von KI ist nicht erforderlich.
- **Semi-strukturiert:** Als semi-strukturierte Daten werden jene bezeichnet, die keine vordefinierte, sondern nur eine partielle Struktur aufweisen. Semi-strukturierte Daten enthalten Marker, anhand derer eine inhaltliche Zuordnung bzw. Trennung ermöglicht wird. Aufgrund der nicht vollständig standardisierten Struktur können die Daten nicht ohne Zuhilfenahme von KI verarbeitet werden.
- **Unstrukturiert:** Als unstrukturierte Daten werden jene bezeichnet, die keinerlei vordefinierte Struktur aufweisen. Lediglich der Datentyp (z. B. Textdateien, Bilder, Audiodateien) ist bekannt. Aufgrund der fehlenden Struktur können die Daten nicht ohne Zuhilfenahme von KI verarbeitet werden.

Merkmal	Merkmalsausprägungen		
Daten-Charakteristik	strukturiert	semi-strukturiert	unstrukturiert

Abbildung 6-8: Ausprägungen des Merkmals „Datencharakteristik“ (eigene Darstellung)

Softwareschnittstellen

Dieses Merkmal untersucht, ob Automatisierungsanwendungen lokal in einer einzelnen und isolierten Anwendung laufen oder ob eine übergreifende Interaktion zwischen mehreren Informationssystemen stattfindet. Softwareschnittstellen beziehen sich somit auf die Fähigkeit der Technologie, eine statisch aktivitätsspezifische oder durchgängig automatisierte Prozessabwicklung durchzuführen. Bei Automatisierungslösungen mit niedrigem Kognitionsgrad fungiert die Anwendung als eine Art digitaler Assistent und vereinfacht die Arbeit des menschlichen Operators. Eine solche Anwendung läuft hierbei auf dem Desktop des Anwenders und unterstützt die Durchführung einzelner Aktivitäten, welche durchaus komplex, aber nicht systemübergreifend sein können (s. BARANAUSKAS 2018, S. 252ff.; BURNETT ET AL. 2018, S. 4; SAFAR 2019). Technologisch fortschrittlichere Automatisierungslösungen hingegen streben an, einen Informations- und Datenaustausch über mehrere Informationssysteme hinweg zu gewährleisten. Dies entspricht dem Prinzip des *Straight Through Processing,* welcher sich auf die Prozessdurchführung ohne menschliche Beteiligung bezieht, indem digital erfasste Informationen von einem System zum anderen übertragen werden (s. VAN DER AALST ET AL. 2018, S. 271). Dabei greift die Anwendung mit einer Anmelde-ID und einem Passwort auf andere Informationssysteme zu (s. LACITY U. WILLCOCKS 2016b, S. 23). Diese Fähigkeit ist bei lokal ausgelegten Lösungen nicht gegeben.

Ausgehend von der technologischen Fähigkeit der softwarebasierten Automatisierungslösung, mit einem oder mehreren Informationssystemen zu interagieren, werden zwei Merkmalsausprägungen für die Typenbildung unterschieden (siehe Abbildung 6-9):

- **Lokal:** Die Automatisierung erfolgt lokal, wenn die Interaktion der Automatisierungslösung isoliert in einem einzelnen Informationssystem erfolgt.
- **Systemübergreifend:** Die Automatisierung erfolgt systemübergreifend, wenn die Interaktion der Automatisierungslösung zwischen zwei oder mehreren Informationssystemen erfolgt.

Merkmal	Merkmalsausprägungen	
Softwareschnittstellen	lokal	systemübergreifend

Abbildung 6-9: Ausprägungen des Merkmals „Softwareschnittstellen“ (eigene Darstellung)

Systemseitige Integration

Bei Innovationen wie der Prozessautomatisierung unterscheidet BYGSTAD zwischen sogenannter *Lightweight IT* und *Heavyweight IT* (s. BYGSTAD 2017, S. 181f.). Die Unterscheidung findet im Aufbau des jeweils zugrundeliegenden Wissensregimes statt. Ein Wissensregime setzt sich hierbei aus den relevanten Akteuren, den Arbeitsmethoden, den verwendeten Technologien sowie der zugrundeliegenden Wissensbasis zusammen. Lightweightlösungen werden nicht- oder minimalinvasiv auf die bestehende IT-Architektur aufgesetzt und erfordern somit keinen oder lediglich marginalen Eingriff in die bestehende IT-Landschaft. Dies kann auch als Outside-in-Ansatz beschrieben werden, bei dem die bestehenden Informationssysteme unverändert bleiben. (s. VAN DER AALST ET AL. 2018, S. 269) Heavyweight-IT hingegen wird der traditionellen IT- und Softwareentwicklung zugeordnet und folgt einem Inside-out-Ansatz zur Verbesserung von Informationssystemen (s. VAN DER AALST ET AL. 2018, S. 269). Das bedeutet, dass Heavyweight-IT aus der IT-Abteilung von Experten mittels Softwareentwicklung und bestehenden digitalen Lösungen getrieben wird und die gesamte IT-Landschaft auf Basis ihrer Natur grundlegend verändern kann (s. BYGSTAD 2017, S. 182; STOPLE ET AL. 2017, S. 4). Schlussfolgernd aus dieser Erkenntnis muss eine Unterscheidung von softwarebasierten Automatisierungslösungen nach den beiden Möglichkeiten der systemseitigen Integration erfolgen. Die Verarbeitung strukturierter Daten mit vordefinierten Regeln und Ergebnissen erfordert keine Integration der Automatisierungslösung in die Geschäftslogik. Aus diesem Grund ist eine systemseitige Integration über die grafische Benutzeroberfläche – engl. *graphical user interface* (GUI) – möglich. Die Automatisierungslösung ist in der Lage, mit verschiedenen Informationssystemen und Anwendungen mit diversen Layouts und GUIs zu interagieren, indem sie auf diese über das Frontend, den sogenannten Presentation-Layer, zugreift (s. HOFMANN ET AL. 2020, S. 102; s. PENTTINEN ET AL. 2018, S. 3). Daher können solche Systeme auch als GUI-Automatisierung oder Frontend-Lösung deklariert werden, die dem Bereich der Lightweight-IT zuzuordnen sind (s. PENTTINEN ET AL. 2018, S. 3; BYGSTAD 2017, S. 182). Während Anwendungen, die regelbasierten Wenn-dann-Befehlen Folge leisten und mit strukturierten Daten arbeiten, auf dem Presentation-Layer aufgesetzt und somit über das Frontend integriert werden können, erfordert die Verarbeitung semi- und unstrukturierter Daten den Einsatz von KI-Werkzeugen (s. LACITY U. WILLCOCKS 2016b, S. 23f.). Diese erfordern im Gegensatz zu regelbasierten Systemen den Zugriff auf Server und Datenbanken, um die dort hinterlegten Datenbestände umfangreichen Analysen unterziehen zu können. Dies verdeutlicht die Notwendigkeit einer Backend-Automatisierung mit invasiver Integration in den Datenzugriffs- und Businesslogik-Layer von Informationssystemen und somit in die bestehende IT-Landschaft (s. PENTTINEN ET AL. 2018, S. 3).

Ausgehend von der zuvor dargelegten Beschreibung relevanter Ausprägungen der IT-Struktur und damit einhergehender Anforderungen an die systemseitige Integration werden im Folgenden zwei Merkmalsausprägungen differenziert (siehe Abbildung 6-10):

- **Frontend:** Eine systemseitige Integration von softwarebasierten Automatisierungslösungen erfolgt dann über das Frontend, wenn eine Verarbeitung strukturierter Daten mit vordefinierten Regeln und Ergebnissen vorliegt. Die Anwendung greift nicht-/minimalinvasiv über das GUI auf den Presentation-Layer zu und kann somit als Lightweight-IT deklariert werden.
- **Backend:** Eine systemseitige Integration von softwarebasierten Automatisierungslösungen erfolgt dann über das Backend, wenn eine Verarbeitung semi- oder unstrukturierter Daten ohne vordefinierte Regeln und mit unvorhersehbaren Ergebnissen vorliegt. Die Anwendung muss invasiv über den Datenzugriffs-

und Businesslogik-Layer integriert werden und kann somit als Heavyweight-IT deklariert werden.

Merkmal	Merkmalsausprägungen	
Systemseitige Integration	nicht-/minimalinvasiv (Frontend)	invasiv (Backend)

Abbildung 6-10: Ausprägungen des Merkmals „Systemseitige Integration" (eigene Darstellung)

Mensch-Maschine-Interaktion

Auf niedrigeren Automatisierungsebenen ist oftmals die Entscheidungsunterstützung des menschlichen Operators erforderlich, nachdem die Automatisierung abgeschlossen wurde (s. SINDHGATTA ET AL. 2020, S. 456). Automatisierungslösungen auf dieser Ebene zeichnen sich dadurch aus, dass sie Tastatureingaben und Mausklicks des Benutzers aufzeichnen. Solche Lösungen sind oftmals so konzipiert, dass sie die Kontrolle in die Hände der Mitarbeiter legen. Aus der Sicht eines Softwareroboters besteht kein „Wissen" über den Kontext, indem sie sich bewegen. Ein menschlicher Operator kontrolliert den Prozessfluss vom Start bis zum Endschritt, stoppt den Prozess im Bedarfsfall und übernimmt den Rest des Prozesses, der auf menschlichen Entscheidungen basiert (s. BARANAUSKAS 2018, S. 255). Die softwarebasierte Anwendung hat lediglich eine Reihe auszuführender Aktionen, die nach Aufforderung durch den Mitarbeiter oder entsprechenden Prozessauslöser abgearbeitet werden (s. WILLCOCKS ET AL. 2017, S. 19). Eine Mensch-Maschine-Interaktion ist somit erforderlich. Auf höheren Automatisierungsebenen üben Mitarbeiter hingegen nur noch eine Überwachungsfunktion aus. Das menschliche Eingreifen ist in der Regel nicht erforderlich. Ausnahmen entstehen dann, wenn dies aufgrund von Ausfällen, Fehlern oder schlechter Ausführungsqualität notwendig ist. Zusätzlich können menschliche Überprüfungsaufgaben während der Prozessausführung dynamisch hinzugefügt werden (s. SINDHGATTA ET AL. 2020, S. 456). Dies ist oftmals der Fall, wenn regulatorische Rahmenbedingungen und Compliance-Anforderungen eine vollständige Automatisierung nicht zulassen. Der Zweck höherer Automatisierungsstufen besteht jedoch darin, die Notwendigkeit eines solches Eingreifens zu minimieren bzw. vollständig zu beseitigen. Ein Eingreifen des Mitarbeiters ist somit zwar nicht erforderlich, aber unter Umständen dennoch erwünscht.

Zusammenfassend lässt sich festhalten, dass komplexe technische Systeme vollständig auf eine Mensch-Maschine-Interaktion verzichten und auf Autonomie setzen. Weniger komplexe Automatisierungslösungen erfordern weiterhin die Befehlseingabe des menschlichen Akteurs. Der Grad der Mensch-Maschine-Interaktion beschreibt daher das Ausmaß, in dem der menschliche Akteur in das Geschehen der Automatisierung eingreift oder die Kontrolle vollständig an den Softwareroboter abgibt. Aufbauend auf dieser Erkenntnis werden im Folgenden zwei Merkmalsausprägungen unterschieden (siehe Abbildung 6-11):

- **Erforderlich:** Die Mensch-Maschine-Interaktion basiert auf einer stark ausgeprägten Zusammenarbeit zwischen der Software und dem Mitarbeiter. Zur erfolgreichen Durchführung der Automatisierung ist das Eingreifen durch den menschlichen Akteur erforderlich.
- **Nicht erforderlich:** Die Mensch-Maschine-Interaktion ist nicht auf eine Zusammenarbeit zwischen der Software und dem Mitarbeiter angewiesen. Zur erfolgreichen Durchführung der Automatisierung ist das Eingreifen durch den menschlichen Akteur nicht erforderlich, kann jedoch unter gewissen Rahmenbedingungen erwünscht sein.

Merkmal	Merkmalsausprägungen	
Mensch-Maschine-Interaktion	erforderlich	nicht erforderlich

Abbildung 6-11: Ausprägungen des Merkmals „Mensch-Maschine-Interaktion" (eigene Darstellung)

Technologische Leistungsbausteine

Anhand dieses Merkmals kann klassifiziert werden, ob es sich bei der softwarebasierten Automatisierungslösung um ein intelligentes oder ein regelbasiertes / überwachtes System handelt. Diesem Merkmal kann besondere Bedeutung beigemessen werden, da die hohe terminologische Heterogenität in vielen Fällen auf die unterschiedliche Interpretation des Einsatzes von KI zurückzuführen ist. In der Regel integrieren fortschrittliche Softwarelösungen die technologischen Komponenten der vorherigen Typen. Daher folgt die Spezifikation der Merkmalsausprägungen einem sukzessiven Aufbau, bei dem zunächst die befähigenden Technologiekomponenten (z. B. Screen-Scraping) erklärt werden. Anschließend werden zusätzliche Komponenten veranschaulicht, die in einem Anstieg der technologischen Leistungsfähigkeit hin zu kognitiven Systemen resultieren.

Die Funktionsweise der trivialsten Ausprägungen softwarebasierter Automatisierungstechnologien basiert auf der Nutzung von Scripting, Makros und insbesondere Screen-Scraping-Technologien (s. Scheppler u. Weber 2020, S. 1; Smeets et al. 2019, S. 8). Der Begriff Screen-Scraping bezeichnet das Sammeln von Daten eines Webdienstes, welcher keine Programmierschnittstelle – engl. *application programming interface* (API) – anbietet (s. Newman 2013, S. 255). Mithilfe der Screen-Scraping-Anwendung erfolgt die Abfrage vorab definierter Inhalte auf mehreren frei zugänglichen Online-Datenbanken, die anschließend aufbereitet dargestellt werden und somit insbesondere als Entscheidungsgrundlage dienen (s. Elteste 2015, S. 447; s. Willcocks u. Lacity 2016, S. 87). Fortschritte in der Anwendung von Automatisierungstechnologien erweiterten die Möglichkeiten, Informationen zu verarbeiten. Heute existieren zahlreiche Funktionsweisen, wie Softwareroboter aufgesetzt werden und interagieren. Hierbei können grundlegend zwei Möglichkeiten unterschieden werden: Zum einen eignen sich Prozessbaukästen, welche Drag-and-drop-Funktionen sowie bestehende Auswahllisten vordefinierter Befehle inkludieren. Zum anderen besteht die Möglichkeit der

Nutzung sogenannter Prozessrekorder-Funktionen (engl. *process recording*), mithilfe derer ganze Prozesse während der Durchführung durch den Mitarbeiter aufgezeichnet werden (s. SMEETS ET AL. 2019, S. 17; NICE LTD. 2019). Um höhere Kognitionsebenen zu befähigen, erfordern softwarebasierte Automatisierungstechnologien die Integration verschiedener KI-Werkzeuge. Diese ermöglichen den Umgang mit semi- und unstrukturierten Daten sowie das Fahren von Datenauswertungen durch eine Vielzahl integrierter Algorithmen. Die am häufigsten genutzten KI-Werkzeuge sollen im Folgenden spezifiziert werden, um die technologische Leistungsfähigkeit klar abgrenzen zu können:

Kognitive Ausprägungen der Technologie verwenden **ML**, um historische Daten zu analysieren und auszuwerten und somit Muster in Datensätzen zu erkennen (engl. *pattern recognition*). Somit haben CPA-Lösungen die Fähigkeit, aus Datenmengen zu lernen und sich an bestimmte Situationen anzupassen, statt unflexibel vordefinierten Regeln Folge zu leisten (s. BEUCKES ET AL. 2018, S. 3; IVANČIĆ ET AL. 2019, S. 287; SCHMITZ ET AL. 2019b, S. 350). Darüber hinaus wird **NLP** genutzt, um über natürliche Sprachverarbeitung mündliche oder schriftliche Eingaben zu verstehen und wie der menschliche Akteur angemessen darauf reagieren zu können (s. SCHMITZ ET AL. 2019b, S. 350; RIBEIRO ET AL. 2021, S. 54). Neben NLP verwenden fortschrittliche Softwarelösungen **NLG**, wodurch ein Transfer von Daten in Texte ermöglicht wird. Diese Fähigkeit stellt das Pendant zu NLP dar (s. SMEETS ET AL. 2019, S. 142). Ergänzend zu den zuvor erwähnten Werkzeugen integrieren Automatisierungstechnologien mit hoher Kognitionsebene die Möglichkeit, Daten aus Dokumenten zu erfassen und in verschiedene Formen zu extrahieren. Diese Fähigkeit kann als **OCR** deklariert werden (s. RIBEIRO ET AL. 2021, S. 54).

Zusammenfassend lässt sich festhalten, dass die Fähigkeiten softwarebasierter Automatisierungslösungen aus einem sukzessiven Anstieg der integrierten Leistungsbausteine dieser Technologie resultieren. Dieser Anstieg wird im Folgenden in Form von drei konkreten Merkmalsausprägungen repräsentiert (siehe Abbildung 6-12):

- **Screen-Scraping und Makros:** Diese technologischen Leistungsbausteine ermöglichen die Automatisierung einfacher Aktivitäten, indem vorab definierte Klickmodelle durch Maus-/Tastatur-Emulationen durchgeführt werden.
- **Prozessbaukästen, Process-Recording:** Diese technologischen Leistungsbausteine ermöglichen das Designen leistungsfähiger Softwareroboter durch die Zusammenführung von Komponenten aus vorab definierten Auswahllisten oder das Aufzeichnen ganzer Prozesse.
- **Künstliche Intelligenz:** Diese technologischen Leistungsbausteine ermöglichen die Automatisierung hochkomplexer Prozesse durch die Integration von KI-Werkzeugen in Automatisierungslösungen.

Merkmal	Merkmalsausprägungen		
Technologische Leistungsbausteine	Screen-Scraping, Makros	Prozessbaukästen, Process-Recording	Künstliche Intelligenz

Abbildung 6-12: Ausprägungen des Merkmals „Technologische Leistungsbausteine" (eigene Darstellung)

Anhand der Literaturrecherche nach bewährten Ansätzen zur Sicherstellung der methodischen Strenge konnte der aktuelle Stand der Forschung zu den verschiedenen Klassifizierungen der softwarebasierten Automatisierung abgebildet werden (siehe Kapitel 4.2.1). Ein Vergleich dieser Ansätze ermöglichte die Definition von relevanten Merkmalen und spezifizierenden Merkmalsausprägungen als Ausgangspunkt für weitere Forschungsaktivitäten. Als Ergebnis dieser Untersuchung unter Einbeziehung des bisherigen Wissens aus Forschung und Praxis konnten acht verschiedene Merkmale sowie insgesamt 19 Merkmalsausprägungen identifiziert werden, welche die Eigenschaften softwarebasierter Automatisierung aus einer technologischen Perspektive deskriptiv-strukturell beschreiben. Ein morphologischer Kasten bestimmt die Leistungsfähigkeit der Technologie mit hoher Präzision (siehe Abbildung 6-13).

Merkmal	Merkmalsausprägungen		
Leistungsumfang	Automatisierung einzelner Aktivitäten	Automatisierung vollständiger Prozesse	
Prozesscharakteristik	statisch regelbasiert	dynamisch entscheidungsbasiert	
Prozessergebnis	vordefiniert	variabel und vorhersehbar	variabel und unvorhersehbar
Datencharakteristik	strukturiert	semi-strukturiert	unstrukturiert
Softwareschnittstellen	lokal	systemübergreifend	
Systemseitige Integration	nicht-/minimalinvasiv (Frontend)	invasiv (Backend)	
Mensch-Maschine-Interaktion	erforderlich	nicht erforderlich	
Technologische Leistungsbausteine	Screen-Scraping, Makros	Prozessbaukästen, Process-Recording	Künstliche Intelligenz

Abbildung 6-13: Morphologischer Kasten zur Beschreibung softwarebasierter Automatisierungstechnologien (eigene Darstellung)

6.1.2 Durchführung des Cross-Consistency-Assessments

Für die Durchführung eines CCAs im vorliegenden Untersuchungsraum kann davon ausgegangen werden, dass insbesondere empirische Inkonsistenzen vorgefunden werden, da ein Großteil der Zusammenhänge durch den gegenwärtigen Stand der Forschung bekannt ist. Ein Ausschluss dieser empirischen Inkonsistenzen ermöglicht die Identifikation eines Fits im Sinne der Konfigurationstheorie.

Die durchgeführte Bewertung der Merkmalsausprägungen ist in der folgenden Abbildung 6-14 zusammenfassend als Matrix dargestellt.

\+ positiver Zusammenhang
0 neutral
\- negativer Zusammenhang

		Leistungsumfang		Prozesscharakteristik		Prozessergebnis			Datencharakteristik			Softwareschnittstellen		Systemseitige Integration		Mensch-Maschine-Interaktion		Technologische Leistungsbausteine		
		Automatisierung einzelner Aktivitäten	Automatisierung vollständiger Prozesse	statisch regelbasiert	dynamisch entscheidungsbasiert	vordefiniert	variabel und vorhersehbar	variabel und unvorhersehbar	strukturiert	semi-strukturiert	unstrukturiert	lokal	systemübergreifend	nicht-/minimalinvasiv (Frontend)	invasiv (Backend)	erforderlich	nicht erforderlich	Screen-Scraping und Makros	Prozessbaukästen, Process-Recording	Künstliche Intelligenz
Leistungsumfang	Automatisierung einzelner Aktivitäten			+	-	+	0	-	+	0	0	+	-	+	-	+	0	+	0	0
	Automatisierung vollständiger Prozesse			+	+	+	+	+	+	0	+	-	+	+	+	0	+	0	+	+
Prozesscharakteristik	statisch regelbasiert					+	+	-	+	+	0	+	+	+	0	+	+	+	+	0
	dynamisch entscheidungsbasiert					-	0	+	0	0	+	0	+	-	+	0	+	-	0	+
Prozessergebnis	vordefiniert								+	0	0	+	+	+	0	+	0	+	+	0
	variabel und vorhersehbar								+	+	0	0	+	+	0	0	+	0	+	+
	variabel und unvorhersehbar								0	0	0	-	+	-	+	0	+	-	0	+
Datencharakteristik	strukturiert											0	0	+	-	0	0	+	+	-
	semi-strukturiert											0	+	+	0	0	0	-	0	+
	unstrukturiert											-	+	-	+	0	0	-	0	+
Softwareschnittstellen	lokal													0	0	+	0	+	0	0
	systemübergreifend													+	+	0	+	-	0	+
Systemseitige Integration	nicht-/minimalinvasiv (Frontend)															0	0	+	+	-
	invasiv (Backend)															0	+	-	0	+
Mensch-Maschine-Interaktion	erforderlich																	+	0	0
	nicht erforderlich																	-	0	+
Technologische Leistungsbausteine	Screen-Scraping und Makros																			
	Prozessbaukästen, Process-Recording																			
	Künstliche Intelligenz																			

Abbildung 6-14: Cross-Consistency-Assessment der Merkmalsausprägungen softwarebasierter Automatisierungstechnologien (eigene Darstellung)

Die Bewertung der einzelnen Merkmalsausprägungen softwarebasierter Automatisierungstechnologien erfolgt auf Basis existierender forschungsseitiger und praktischer Kenntnisse über Zusammenhänge. Das zusätzliche Fachwissen des Autors, welches aus seiner langjährigen forschungs- und praxisorientierten Tätigkeit als Projektmanager und Fachgruppenleiter am FIR e. V. an der RWTH Aachen resultiert, ergänzt jene Perspektive. Die Validierung der getroffenen Annahmen konnte durch umfangreiche gemeinsame Diskussionen und eine iterative Optimierung mit Experten im Themenfeld sichergestellt werden. Diese Experten standen insbesondere durch ihr Mitwirken im projektbegleitenden Ausschuss der AiF-Forschungsprojekte *RPAsset* und *RPAcceptance* in regem Austausch mit dem Autor. Im Folgenden soll eine Auswahl der relevanten Widersprüche und Inkonsistenzen von Merkmalskombinationen kurz dargestellt werden, um eine Transparenz für den darauffolgenden Typenbildungsprozess zu gewährleisten. Die nachstehenden Ausführungen betrachten jedes Merkmal und konzentrieren sich hierbei auf die wichtigsten Merkmalskombinationen.

Da sich die technologische Leistungsfähigkeit softwarebasierter Automatisierungstechnologien stetig verbessert, gilt die Annahme, dass es sich bei den finalen Typen um Weiterentwicklungen des jeweiligen Vorgängers handelt. Dies bedeutet, dass bestimmte Merkmalsausprägungen, wie die Datencharakteristik, auch denen des vorherigen Typs entsprechen. Somit wäre eine softwarebasierte Automatisierungslösung, die unstrukturierte Daten verarbeitet, ebenfalls in der Lage, strukturierte und semistrukturierte Daten zu verwerten. Die angestrebte Vorgehensweise verfolgt jedoch das Ziel, real existierende Typen softwarebasierter Automatisierungstechnologien deskriptiv-strukturell zu beschreiben, um diese trennscharf voneinander abgrenzen zu können. Die Bewertung im Rahmen des CCAs wird daher aus Gründen der Komplexitätsreduktion vorwärtsgerichtet durchgeführt. Rückwärtsgewandte Merkmalskombinationen, die nicht dem Primärzweck (z.B. Umgang mit unstrukturierten Daten) der Technologie folgen, werden vernachlässigt.

Der **Leistungsumfang** der Technologie gliedert sich in die Automatisierung einzelner Aktivitäten und vollständiger Prozesse. Anwendungsfälle in der Praxis zeigen, dass die Automatisierung spezifischer Aktivitäten konkreten Regeln folgt und weder den Einsatz von Werkzeugen der KI erfordert noch systemübergreifend stattfindet. Diese und weitere Merkmalskombinationen, die aus dem Einsatz von KI resultieren, können daher als empirische Inkonsistenz ausgeschlossen werden.

Eine Betrachtung möglicher Merkmalskombinationen zwischen der **Prozesscharakteristik** und dem **Prozessergebnis** zeigt, dass statisch regelbasierte Abläufe keine variablen und unvorhersehbaren Ergebnisse aufweisen können. Umgekehrt unterliegen dynamisch entscheidungsbasierte Prozesse oftmals äußeren Einflüssen und Schwankungen, wodurch die Ergebnisse nicht vordefiniert sind. Diese Merkmalskombinationen werden somit ebenfalls als empirische Inkonsistenz vernachlässigt.

Kognitive Technologien, welche KI-Werkzeuge einsetzen, zielen primär darauf ab, Prozesse mit unstrukturierter **Datencharakteristik** zu automatisieren (vgl. IVANČIĆ ET AL. 2019, S. 8ff.). Zugleich besitzen diese Technologien jedoch auch die Fähigkeit, strukturierte Daten zu verwerten. Da dies jedoch nicht den Primärzweck der Anwendung widerspiegelt, wird eine Merkmalskombination zwischen KI und strukturierter Datencharakteristik als normative Einschränkung ausgeschlossen.

Die Automatisierung eines gesamten Prozesses umfasst eine beliebige Anzahl **Softwareschnittstellen**. Eine lokale Interaktion widerspricht dem Leistungsumfang der

Ende-zu-Ende-Automatisierung, wodurch diese Merkmalskombination als logischer Widerspruch ausgeschlossen wird.

Weitere Abhängigkeiten bestehen zwischen den **technologischen Leistungsbausteinen** und der **systemseitigen Integration**. Erfolgt der Einsatz von KI in Automatisierungstechnologien, erfordert dies einen invasiven Eingriff in die IT-Landschaft. Eine Implementierung über die Benutzeroberfläche des Anwenders (GUI) ist nicht möglich, was in der Folge ein Eingreifen in die Datenzugriffsschicht erfordert und somit mit einer Backend-Integration gleichzusetzen ist. Daher kann die Kombination einer Frontend-Integration und des Einsatzes von KI als empirische Inkonsistenz ausgeschlossen werden.

Eine Betrachtung der **Mensch-Maschine-Interaktion** zeigt, dass in den meisten Fällen keine allgemeingültigen Inkonsistenzen abgeleitet werden können. Dies resultiert aus dem Umstand, dass die Mensch-Maschine-Interaktion von den Eigenschaften der zu automatisierenden Aktivität oder des Prozesses abhängig ist. Diese können unterschiedliche Komplexitätsgrade aufweisen und somit ein Eingreifen erfordern. Hervorzuheben ist jedoch, dass der Einsatz des Screen-Scrapings in jedem Fall eine Handlung des Mitarbeiters erfordert, da dieser hierbei als Auslöser für die Automatisierung fungiert. Somit besteht eine logische Inkonsistenz zwischen dem Screen-Scraping und der nicht erforderlichen Mensch-Maschine-Interaktion.

6.1.3 Typen softwarebasierter Automatisierung

Aufbauend auf den zuvor identifizierten relevanten Merkmalskombinationen erfolgt nachstehend die Herleitung konsistenter Typen. Das Vorgehen folgt hierbei der retrograd-analytischen Typenbildung, da sich bereits konkrete Typen in der Literatur und Praxis etablieren konnten, jedoch Uneinigkeit bei der Ausdifferenzierung einzelner Merkmale besteht. Durch eine rückwärts schreitende (retrograde) Vorgehensweise werden daher im Folgenden, unter Berücksichtigung der identifizierten Widersprüche und Inkonsistenzen, Merkmalskombinationen gesucht, die den jeweiligen Typen entsprechen (s. KNOBLICH 1969, S. 31f.; WELTER 2006, S. 116). Zusätzlich wird eine Auswahl repräsentativer Fallstudien für die Typenbildung herangezogen, um sicherzustellen, dass die Merkmalskombinationen entsprechend dem retrograd analytischen Prozess auch in der Praxis ihre Gültigkeit haben (Tabelle 6-1).

Tabelle 6-1: Betrachtete Fallstudien zur Durchführung der retrograd analytischen Typenbildung (eigene Darstellung)

Lfd. Nr.	Quelle	Unternehmen	Branche
1	WILLCOCKS ET AL. (2015a)	XChanging	Dienstleistung
2	LACITY U. WILLCOCKS (2016b)	Telefónica O2	Telekommunikation
3	ASATIANI U. PENTTINEN (2016)	OpusCapita	Finanz
4	SEASONGOOD (2016)	n/a	Rechnungswesen
5	GEYER-KLINGEBERG ET AL. (2018)	Vodafone	Telekommunikation
6	ANAGNOSTE (2018d)	n/a	Energie
7	MANAGER MAGAZIN (2019)	Innogy	Energie
8	ZHANG (2019)	n/a	Wirtschaftsprüfung
9	KEDZIORA U. PENTTINEN (2020)	Nordea Bank	Finanz

Auf Basis der Verknüpfung des CCAs mit den ausgewählten Fallstudien konnten drei Typen identifiziert werden. Diese wurden im Rahmen eines Treffens mit dem projektbegleitenden Ausschuss des Forschungsvorhabens *RPAcceptance* kritisch reflektiert und validiert (siehe Anhang A.5). Aufgrund der stetig wachsenden Anzahl an Möglichkeiten, Teilkomponenten der Softwarelösungen auf Plattformen zu kombinieren, werden die drei Typen zunehmend in Cloud-Lösungen, individuelle Tool-Kits oder Online-Bibliotheken einzelner Anbieter integriert (vgl. WILLCOCKS ET AL. 2019, S. 71). Diese Entwicklungsdynamik wird im Zuge der Typenbildung nicht berücksichtigt, da dies einen nicht handhabbaren Anstieg der Komplexität zur Folge hätte.

Typ I: Robotic-Desktop-Automation

Der erste identifizierte Typ, Robotic-Desktop-Automation (RDA), ist die derzeit trivialste Ausprägung softwarebasierter Automatisierungstechnologien (siehe Abbildung 6-15). Dieser Typ zeichnet sich insbesondere dadurch aus, dass die Automatisierung einzelner isoliert betrachteter Aktivitäten als zentraler Leistungsumfang angesehen wird. Anwendungen zielen daher weniger auf die Automatisierung kompletter Prozessabläufe, als vielmehr auf die Wiedergabe von singulären Anwendereingaben ab (s. SMEETS ET AL. 2019, S. 8f.). Typische Beispiele sind Makros, Maus-/Tastatur-Emulation oder die Automatisierung von Office-Programmen (s. SCHMITZ ET AL. 2019b, S. 349). Die Charakteristik ebendieser Aktivitäten ist durch klar definierte Regeln geprägt, da Softwareroboter dieses Typs kein Wissen über den Kontext ihrer Operationen besitzen. Diese Erkenntnis zeigt, dass die Automatisierungsergebnisse vordefiniert sind und keinen Spielraum für Varianz aufweisen, da lediglich die Aktionen des Mitarbeiters imitiert werden. RDA arbeitet im Vergleich zu technologisch ausgereifteren Typen lediglich mit strukturierten Daten. Der Einsatz dieser Technologie erfordert somit vollständig digital erfasste Informationen mit einer einheitlichen Datenstruktur. Automatisierungslösungen dieses Typs umfassen oftmals Client-basierte Programme und Plug-ins, welche auf einem einzelnen Arbeitsplatz, dem Desktop des Anwenders, installiert werden und somit für die lokale Automatisierung in konkreten Informationssystemen ausgelegt sind (s. SCHMITZ ET AL. 2019b, S. 349). Oftmals agieren jene Anwendungen lokal. Eine softwareübergreifende Interaktion ist jedoch möglich. Da Anwendungen des Typs RDA über das GUI eines Informationssystems agieren und keine Anbindung an den Datenzugriffs- und Businesslogik-Layer erfordern, können sie als nicht-/minimalinvasive Technologie deklariert werden, welche systemseitig über das Frontend integriert wird. Die Durchführung der festgelegten Handlungsfolgen wird durch den Mitarbeiter oder einen konkreten Prozessauslöser getriggert. Da der Mitarbeiter die Automatisierung durch aktives Handeln auslöst, ist RDA auf die Eingabe des Mitarbeiters angewiesen und daher stark auf ein Zusammenspiel zwischen Mensch und Maschine ausgelegt. Die Funktionsweise solcher Anwendungen basiert auf der Nutzung von Technologien wie Makros und insbesondere Screen-Scraping-Technologien (s. SCHEPPLER U. WEBER 2020, S. 1; SMEETS ET AL. 2019, S. 8).

<table>
<tr><th>Merkmal</th><th colspan="4">Merkmalsausprägungen</th></tr>
<tr><td>Leistungsumfang</td><td colspan="2">Automatisierung einzelner Aktivitäten</td><td colspan="2">Automatisierung vollständiger Prozesse</td></tr>
<tr><td>Prozess-charakteristik</td><td colspan="2">statisch regelbasiert</td><td colspan="2">dynamisch entscheidungsbasiert</td></tr>
<tr><td>Prozessergebnis</td><td>vordefiniert</td><td colspan="2">variabel und vorhersehbar</td><td>variabel und unvorhersehbar</td></tr>
<tr><td>Daten-charakteristik</td><td>strukturiert</td><td colspan="2">semi-strukturiert</td><td>unstrukturiert</td></tr>
<tr><td>Softwareschnitt-stellen</td><td colspan="2">Lokal</td><td colspan="2">systemübergreifend</td></tr>
<tr><td>Systemseitige Integration</td><td colspan="2">nicht-/minimalinvasiv (Frontend)</td><td colspan="2">invasiv (Backend)</td></tr>
<tr><td>Mensch-Maschine-Interaktion</td><td colspan="2">Erforderlich</td><td colspan="2">nicht erforderlich</td></tr>
<tr><td>Technologische Leistungsbausteine</td><td>Screen-Scraping, Makros</td><td colspan="2">Prozessbaukästen, Process-Recording</td><td>Künstliche Intelligenz</td></tr>
</table>

Abbildung 6-15: Typ I: Robotic-Desktop-Automation (eigene Darstellung)

Anwendungen in der Praxis finden sich überwiegend im Servicebereich, in dem die Bots überall da unterstützen, wo eine digitale Assistenz benötigt wird (s. SAFAR 2019). Nach CLAEẞEN assistieren RDA-Systeme dem Mitarbeiter, indem diese in Echtzeit Daten aus einem System zusammenstellen, bei Berechnungen unterstützen und Handlungsempfehlungen bereitstellen (s. CLAEẞEN 2019, S. 2). Weit verbreitete Anwendungsfelder sind u. a. die Bereitstellung von vorliegenden Informationen für Vertragsänderungen, Aufnahme von Informationen für den Umtausch oder die Rückgabe von

Bestellungen. Als Ergebnis dieses Einsatzes profitieren Unternehmen von einer erhöhten Produktivität und Effizienz der Mitarbeiter sowie von optimierten Services. (s. SAFAR 2019)

Kurzbeschreibung: Der Typ „Robotic-Desktop-Automation" zeichnet sich dadurch aus, dass einzelne regelbasierte Aktivitäten durch die Zusammenarbeit von Mensch und Maschine automatisiert werden. Die lokale und nicht-/minimalinvasive Automatisierung erfordert eine strukturierte Datenbasis, um vordefinierte Ergebnisse erzielen zu können. Die vorrangig genutzten technologischen Methoden sind das Screen-Scraping sowie der Einsatz von Makros. Weiterführende Definitionen zu RDA können im Anhang A.6 eingesehen werden.

Typ II: Robotic-Process-Automation

Der zweite identifizierte Typ, Robotic-Process-Automation, ist die derzeit prominenteste Ausprägung softwarebasierter Automatisierungstechnologien (siehe Abbildung 6-16). RPA erweitert den vorherigen Typ RDA, indem sich der Leistungsumfang weg von der Automatisierung einzelner Aktivitäten und hin zur Automatisierung vollständiger Geschäftsprozesse verschiebt (s. WILLCOCKS ET AL. 2015b, S. 4). RPA-Technologien finden genau wie RDA in statisch regelbasierten Prozessen, deren Workflows in vordefinierten Wenn-dann-Befehlen operationalisiert werden, Anwendung (s. SCHMITZ ET AL. 2019b, S. 350). Diese Form der Prozessautomatisierung ist anders als RDA nicht auf eine wechselseitige Mensch-Maschine-Interaktion angewiesen, da angestrebt wird, Prozesse von Anfang bis Ende ohne das Eingreifen des menschlichen Akteurs zu automatisieren (s. BEUCKES ET AL. 2018, S. 4). Dies bietet die Möglichkeit, Entscheidungsbäume in den Prozess zu integrieren, wodurch die Ergebnisse eine vorgegebene, aber dennoch vorhersehbare Varianz aufweisen. RPA besitzt zudem die Fähigkeit, systemübergreifend zu interagieren und Informationen über mehrere Informationssysteme hinweg auszutauschen (s. VAN DER AALST ET AL. 2018, S. 271). Traditionelle RPA-Lösungen ohne integrierte KI-Komponenten nutzen, analysieren oder manipulieren dabei strukturierte Daten, welche entweder durch formatierte Eingabeformulare oder von anderen Informationssystemen erzeugt werden (s. IRPAAI 2019, S. 3; SCHMITZ ET AL. 2019b, S. 350). Die Besonderheit von RPA besteht darin, dass diese Technologie ausschließlich über die grafische Benutzeroberfläche (GUI) des jeweiligen Informationssystems interagiert und dabei wie der menschliche Akteur mit einer Anmelde-ID und einem Passwort auf dieses zugreift (s. SMEETS ET AL. 2019, S. 16; LACITY U. WILLCOCKS 2016b, S. 23). Daher kann diese Form der Prozessautomatisierung der Lightweight-IT zugeordnet werden und besitzt aufgrund der systemseitigen Frontend-Integration einen nicht-/minimalinvasiven Charakter (s. BYGSTAD 2017, S. 181f.; LACITY U. WILLCOCKS 2016b, S. 23). Ausgehend von diesem Outside-in-Ansatz wird weder die Datenzugriffs- noch die Businesslogikschicht beeinflusst, wodurch bestehende Informationssystem unverändert bleiben (s. VAN DER AALST ET AL. 2018, S. 269). Bei dem Design von RPA-Bots können zwei Möglichkeiten unterschieden werden: Die klassische Herangehensweise bei dem Aufbau stabiler Bots besteht darin, diese von Grund auf über Prozessbaukästen, Drag-and-drop-Funktionen sowie bestehende Auswahllisten vordefinierter Befehle zu entwickeln. Eine zweite Möglichkeit und RPA-spezifische Besonderheit besteht jedoch in der Fähigkeit, über Prozessrekorder-Funktionen (engl. *process recording*) ganze Prozesse während der Durchführung durch den Mitarbeiter aufzuzeichnen (s. SMEETS ET AL. 2019, S. 17; NICE LTD. 2019).

Merkmal	Merkmalsausprägungen		
Leistungsumfang	Automatisierung einzelner Aktivitäten	Automatisierung vollständiger Prozesse	
Prozess-charakteristik	statisch regelbasiert	dynamisch entscheidungsbasiert	
Prozessergebnis	vordefiniert	variabel und vorhersehbar	variabel und unvorhersehbar
Daten-charakteristik	strukturiert	semi-strukturiert	unstrukturiert
Softwareschnitt-stellen	lokal	systemübergreifend	
Systemseitige Integration	nicht-/minimalinvasiv (Frontend)	invasiv (Backend)	
Mensch-Maschine-Interaktion	erforderlich	nicht erforderlich	
Technologische Leistungsbausteine	Screen-Scraping, Makros	Prozessbaukästen, Process-Recording	Künstliche Intelligenz

Abbildung 6-16: Typ II: Robotic-Process-Automation (eigene Darstellung)

Eine Analyse der praktischen Anwendungsfälle von RPA durch IVANČIĆ ET AL. zeigt, dass ein Großteil der Implementierungsprojekte die Telekommunikations- und Finanz-/Versicherungsbranche fokussiert, da der Anteil repetitiver administrativer Aktivitäten in diesen Bereichen signifikant höher ist als bspw. im produzierenden Gewerbe. Dabei fällt auf, dass, obwohl die Personalverwaltung, das Finanz- und Rechnungswesen sowie generelle administrative Back-Office-Prozesse als die besten Kandidaten für die Automatisierung erkannt wurden, RPA-Initiativen insbesondere in den Bereichen *Outsourcing von Dienstleistungen*, *Vertrieb* und *Einkaufsprozesse* durchgeführt worden sind (s. IVANČIĆ ET AL. 2019, S. 288).

Kurzbeschreibung: Der Typ „Robotic-Process-Automation" zeichnet sich durch die Automatisierung repetitiver und regelbasierter Geschäftsprozesse aus. Das Eingreifen des menschlichen Akteurs ist hierbei nicht erforderlich. Die systemübergreifende und nicht-/minimalinvasive Automatisierung erfordert eine strukturierte Datenbasis, um vordefinierte Ergebnisse erzielen zu können, die einen hohen Spielraum für Varianz aufweisen. Die vorrangig genutzte technologische Methode ist die Prozessrekorder-

Funktion. Zusätzliche Funktionalitäten wie Prozessbaukästen, Drag-and-drop-Funktionen oder Auswahllisten sind zusätzliche Komponenten dieser Technologie. Weiterführende Definitionen zu RPA können im Anhang A.7 eingesehen werden.

Typ III: Cognitive-Process-Automation

Der dritte identifizierte Typ, Cognitive-Process-Automation (CPA), ist die derzeit komplexeste Ausprägung softwarebasierter Automatisierungstechnologien (siehe Abbildung 6-17). Inkonsistenzen in der Terminologie von CPA lassen sich insbesondere auf jenen Typ zurückführen, da bislang keine trennscharfe und homogene Zuordnung konsistenter Merkmalsausprägungen in der Literatur vorgenommen wurde. CPA zeichnet sich wie RPA durch einen Leistungsumfang aus, welches auf die Automatisierung vollständiger Geschäftsprozesse abzielt. Da es sich um eine Erweiterung handelt, sind jedoch auch aktivitätsbasierte Anwendungen denkbar. Im Gegensatz zur repetitiven und regelbasierten Automatisierung ist der Einsatz von CPA nicht an vordefinierte Wenn-dann-Befehle geknüpft. So kann der Einsatzweck auf eine Automatisierung von dynamisch entscheidungsbasierten Geschäftsprozessen abstellen, bei denen Ad-hoc-Entscheidungen des Mitarbeiters oder umfassende kognitive Leistungen erforderlich sind (s. SCHMITZ ET AL. 2019b, S. 350). Ergebnisse weisen somit keine vordefinierten Muster auf und können in Abhängigkeit der auf den Prozess wirkenden Einflussfaktoren variabel und oftmals unvorhersehbarer Natur sein (s. POLAK ET AL. 2019, S. 1f.). Dies ist in der Praxis der Fall, wenn bspw. unstrukturierte oder semi-strukturierte Daten in Form von Texten, Audiodateien, E-Mails oder sonstigem verarbeitet werden müssen oder der Mitarbeiter auf Grundlage einer vorhandenen Datenbasis Muster in den Informationen erkennen und diese in den Prozess integrieren muss. CPA ist in der Lage, durch den Einsatz verschiedener KI-Werkzeuge mit semi- und unstrukturierten Daten umzugehen sowie durch eine Vielzahl integrierter Algorithmen Datenauswertungen zu fahren. Die am häufigsten genutzten KI-Werkzeuge wurden bereits in Kapitel 6.1.1 detailliert beschrieben. Zusammengefasst integriert CPA ML, NLP, NLG sowie OCR. Der Einsatz dieser Vielzahl KI-Werkzeuge erfordert im Gegensatz zu regelbasierten Systemen wie RDA oder RPA den Zugriff auf Server und Datenbanken. Dies verdeutlicht die Notwendigkeit einer systemseitigen Backend-Integration mit invasivem Eingriff in den Datenzugriffs- und Businesslogik Layer von Informationssystemen und somit in die bestehende IT-Landschaft (s. PENTTINEN ET AL. 2018, S. 3). CPA kann somit dem Bereich der Heavyweight-IT zugeordnet werden. Wie bei dem Einsatz von RPA wird der Eingriff durch den Mitarbeiter obsolet. Der Primärzweck dieses Typs setzt auf eine Verarbeitung semi-/unstrukturierter Daten ohne menschliches Eingreifen. Zeitaufwendiges Einlesen und Synthetisieren von Informationen durch den Mitarbeiter sollen somit vermieden werden.

<table>
<tr><th>Merkmal</th><th colspan="4">Merkmalsausprägungen</th></tr>
<tr><td>Leistungsumfang</td><td colspan="2">Automatisierung einzelner Aktivitäten</td><td colspan="2">Automatisierung vollständiger Prozesse</td></tr>
<tr><td>Prozess-charakteristik</td><td colspan="2">statisch regelbasiert</td><td colspan="2">dynamisch entscheidungsbasiert</td></tr>
<tr><td>Prozessergebnis</td><td>vordefiniert</td><td colspan="2">variabel und vorhersehbar</td><td>variabel und unvorhersehbar</td></tr>
<tr><td>Daten-charakteristik</td><td>strukturiert</td><td colspan="2">semi-strukturiert</td><td>unstrukturiert</td></tr>
<tr><td>Softwareschnitt-stellen</td><td colspan="2">lokal</td><td colspan="2">systemübergreifend</td></tr>
<tr><td>Systemseitige Integration</td><td colspan="2">nicht-/minimalinvasiv (Frontend)</td><td colspan="2">invasiv (Backend)</td></tr>
<tr><td>Mensch-Maschine-Interaktion</td><td colspan="2">erforderlich</td><td colspan="2">nicht erforderlich</td></tr>
<tr><td>Technologische Leistungsbausteine</td><td>Screen-Scraping, Makros</td><td colspan="2">Prozessbaukästen, Process-Recording</td><td>Künstliche Intelligenz</td></tr>
</table>

Abbildung 6-17: Typ III: Cognitive-Process-Automation (eigene Darstellung)

CPA-Lösungen werden in der Praxis überall dort eingesetzt, wo die Verarbeitung unstrukturierter Daten erforderlich ist. Zusätzlich findet sich eine Vielzahl Anwendungsfälle analog zu RPA in dem Finanz- und Versicherungssektor, da CPA in diesen Branchen dazu beitragen kann, Kundenverhalten zu analysieren und Angebote an die jeweiligen Bedürfnisse anzupassen (s. POLAK ET AL. 2019, S. 1ff.; IRPAAI 2019, S. 4ff.).

Kurzbeschreibung: Der Typ „Cognitive-Process-Automation" zielt auf eine interaktive, entscheidungsbasierte Automatisierung durch die Verarbeitung semi- und unstrukturierter Daten mittels KI ab. Dies ermöglicht die Automatisierung von variablen und unvorhersehbaren Ereignissen, was mit der Notwendigkeit einer Anbindung in die Datenzugriffs- und Businesslogik-Layer von Informationssystemen einhergeht. CPA ist daher mit invasivem Eingriff in die vorhandene IT-Landschaft verbunden. Weiterführende Definitionen zu CPA können im Anhang A.8 eingesehen werden.

6.1.4 Reflexion und Zusammenfassung der Ergebnisse

Die vorangegangenen Kapitel konnten ausgehend von einer Literaturrecherche acht relevante Merkmale sowie 19 dazugehörige Merkmalsausprägungen identifizieren. Mithilfe eines CCAs wurden im weiteren Vorgehen logische Widersprüche, empirische Inkonsistenzen und normative Einschränkungen zwischen Merkmalsausprägungen softwarebasierter Automatisierungstechnologien ausgeschlossen. Anhand des retrograd analytischen Typenbildungsprozesses sind darauf aufbauend die drei konsistente Typen *Robotic-Desktop-Automation*, *Robotic-Process-Automation* und *Cognitive-Process-Automation* abgeleitet worden (siehe Abbildung 6-18). Ebenjene sind in der betrieblichen Praxis bereits vorzufinden, konnten jedoch mithilfe der vorangegangenen Untersuchung hinsichtlich ihrer Leistungsfähigkeit spezifiziert und trennscharf voneinander abgegrenzt werden. Die drei Technologietypen zeichnen sich durch einen sukzessiven Anstieg der technologischen Fähigkeiten hin zu einer hohen KI-basierten Kognitionsebene aus. Dies führt zu sinkender Partizipation durch den Mitarbeiter, jedoch steigenden Partizipation durch die IT-Abteilungen. Wie bereits in Kapitel 6.1.2 herausgestellt wurde, handelt es sich bei den finalen Typen um Weiterentwicklungen des jeweiligen Vorgängers. Um jedoch im weiteren Verlauf der Arbeit die Wirkung dieser Typen auf die Organisation sowie deren Mitglieder bewerten zu können, wurden rückwärtsgewandte Merkmalskombinationen, die nicht dem Primärzweck der Technologie folgen, vernachlässigt.

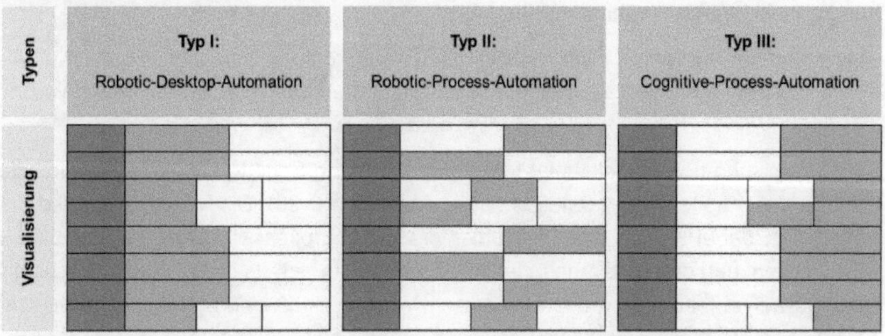

Abbildung 6-18: Schematische Zusammenfassung der drei konsistenten Typen softwarebasierter Automatisierungstechnologien (eigene Darstellung)

Das Kapitel 6.1 konnte, dem explorativen Forschungsprozess nach KUBICEK folgend, durch das Sammeln von Daten aus Literatur und Praxis sowie die kritische Reflexion des eigenen theoretischen Verständnisses wertvolle Erkenntnisse sammeln und in einem iterativen Lernprozess vertiefen (vgl. KUBICEK 1977, S. 13f.). Somit wurde das durch steigende Entwicklungsdynamik ausgelöste Praxisproblem eines inkonsistenten Verständnisses für die verschiedenen Typen softwarebasierter Automatisierungstechnologien durch die Beantwortung der ersten untergeordneten und handlungsleitenden Forschungsfrage gelöst:

Was sind die relevanten Merkmale und Merkmalsausprägungen zur Beschreibung softwarebasierter Automatisierungstechnologien für administrative Prozesse?

6.2 Beschreibungsmodell soziotechnischer Systeme

Abbildung 6-19: Soziotechnisches Beschreibungsmodell im Zusammenhang des Gesamtmodells (eigene Darstellung)

Das nachfolgende Kapitel dient der Beantwortung der zweiten untergeordneten und handlungsleitenden Forschungsfrage:

Was sind die relevanten Dimensionen und Elemente soziotechnischer Systeme für den Einsatz softwarebasierter Automatisierungstechnologien in administrativen Prozessen?

Die Entwicklung des Modells folgt fünf übergeordneten Schritten, welche zugleich die Struktur des Kapitels 6.2 darstellen (siehe Abbildung 6-20). Die Vorgehensweise orientiert sich dabei an der des Fallstudienforschungsprozesses (siehe Kapitel 5.1.3). Eine Abgrenzung des Untersuchungsbereichs erfolgte bereits in den Kapiteln eins bis vier. Darauf aufbauend wird im weiteren Prozess ein A-priori-Modell aus wissenschaftstheoretischer Perspektive entwickelt (siehe Kapitel 6.2.1). Im Rahmen der Literaturrecherche zum Stand der Forschung werden neben den in Kapitel 4.2.2 vorgestellten Modellen, welche hauptsächlich der Charakterisierung zeitgemäßer soziotechnischer Systeme galten, zusätzliche Quellen herangezogen, um eine vollständige Synthese von soziotechnischen Elementen vorzunehmen. Anschließend werden diese detailliert beschrieben und ein Fit mit zugehörigen soziotechnischen Dimensionen erzeugt. Da in der soziotechnischen Literatur Defizite im Kontext softwarebasierter Automatisierungstechnologien existieren, stellen die abgeleiteten Dimensionen und Elemente des A-priori-Modells ein Zwischenergebnis dar. Dieses wird im Rahmen des Fallstudienforschungsprozesses in Kapitel 6.2.2 auf eine Anwendbarkeit im Kontext der Automatisierung hin überprüft. Dazu werden Fallstudien selektiert, die eine Einführung von softwarebasierter Automatisierung in der Administration thematisieren und auf die Erwähnung der zuvor identifizierten soziotechnischen Elemente hin untersucht. Das Ziel der Fallstudienbetrachtung ist eine Spezifikation des A-priori-Modells, um neben wissenschaftstheoretischen Ansätzen, welche den Fokus auf die Charakterisierung soziotechnischer Systeme legen, auch Erkenntnisse aus konkreten Anwendungsfällen von RDA, RPA und CPA zu berücksichtigen. Um eine optimale Praxistauglichkeit des angestrebten Beschreibungsmodells zu erreichen, wird in Kapitel 6.2.3 zunächst eine Kategorisierung der Vielzahl Elemente vorgenommen. Mithilfe einer Concept-Map werden sämtliche soziotechnischen Elemente zueinander in Beziehung gesetzt. Jene, die sich für die Praxis als weniger relevant erweisen, werden im Rahmen dieses Prozesses ausgeschlossen oder mit anderen Elementen zusammengefasst. Dies ermöglicht die Reduktion der Komplexität im Gesamtsystem. Ausgehend von den Erkenntnissen wird das soziotechnische Beschreibungsmodell entwickelt. Das Kapitel schließt mit einer Reflexion und übersichtlichen Zusammenfassung der Ergebnisse.

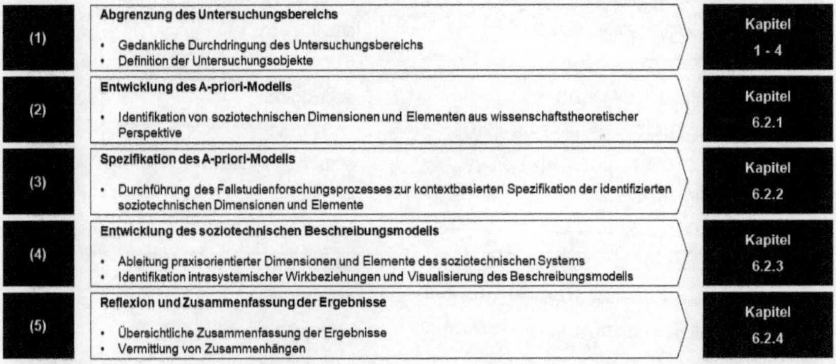

Abbildung 6-20: Vorgehensweise zur Entwicklung des soziotechnischen Beschreibungsmodells (eigene Darstellung)

Ein Auszug der nachfolgenden Erkenntnisse wurde bereits durch den Autor veröffentlicht (vgl. GÖTZEN ET AL. (im Druck)).

6.2.1 Entwicklung des A-priori-Modells

Die Modelle, welche im Rahmen der Literaturrecherche zum Stand der Forschung in Kapitel 4.2.2 vorgestellt wurden, dienen der Charakterisierung aktueller soziotechnischer Systemansätze. Der Schwerpunkt der Betrachtung lag dabei in der wissenschaftstheoretischen Darstellung soziotechnischer Systeme im Zuge der Digitalisierung. Diese stellen im Folgenden die Grundlage für die Identifikation soziotechnischer Elemente dar, welche im Zuge der Implementierung softwarebasierter Automatisierungstechnologien eine potenzielle Relevanz darstellen. Weiterhin konnten die Modelle Aufschluss über eine zeitgemäße Strukturierung von soziotechnischen Systemen liefern. Der aktuelle wissenschaftliche Stand betrachtet softwarebasierte Automatisierung im Bereich der Administration und in der Verrichtung von Wissensarbeit noch nicht präzise, erlaubt jedoch eine Identifikation von soziotechnischen Elementen in einem erweiterten Themenfeld. Da derzeit kein ganzheitliches Modell in der wissenschaftlichen Literatur existiert, welches das Thema der vorliegenden Dissertationsschrift ausreichend abdeckt, wurden neben den vorgestellten Modellen aus Kapitel 4.2.2 zusätzlich zehn weitere Quellen herangezogen, um den Untersuchungsbereich weiter auszudehnen und eine lückenlose Erfassung aller relevanten soziotechnischen Elemente zu ermöglichen. Diese Quellen beleuchten die soziotechnische Perspektive in einem erweiterten Kontext. In Tabelle 6-2 ist die untersuchte Literatur dargestellt.

Tabelle 6-2: Untersuchte Quellen für die Identifikation soziotechnischer Elemente (eigene Darstellung)

Lfd. Nr.	Untersuchte Quelle	Herleitung / Validierung der Ergebnisse
1	Bednar u. Welch (2020)	sachlogisch
2	Beier et al. (2020)	sachlogisch
3	Koopman u. Seymour (2020)	empirisch qualitativ
4	Makarius et al. (2020)	sachlogisch
5	Urze et al. (2020)	sachlogisch
6	Sony u. Naik (2020)	sachlogisch
7	Guterres Ferreira et al. (2015)	sachlogisch
8	Pasmore et al. (2019)	empirisch qualitativ
9	Maguire (2014)	sachlogisch
10	Amaldi u. Smoker (2013)	empirisch qualitativ
11	Borges et al. (2020)	sachlogisch
12	Frantz u. Nowostawski (2019)	sachlogisch
13	Jarrahi (2018)	sachlogisch
14	Hughes et al. (2017)	sachlogisch
15	Naumann (2016)	sachlogisch
16	Oosthuizen u. Pretorius (2014b)	sachlogisch
17	Winter et al. (2014)	sachlogisch
18	Di Maio (2014)	sachlogisch
19	Whitworth u. Ahmad (2013)	sachlogisch
20	Baxter u. Sommerville (2011)	sachlogisch

Bei der Auswahl der ausgewerteten Literatur wurde analog zu den Rechercherichtlinien in Kapitel 4.2.2 vorgegangen. Der aktuelle Forschungsstand zur Charakterisierung zeitgemäßer soziotechnischer Systeme umfasst bis auf wenige Ausnahmen überwiegend Veröffentlichungen sachlogischen Ursprungs, welche einer theoriegeleiteten Erarbeitung, ausgehend von Literaturrecherchen, entstammen. Die empirisch qualitativen Erkenntnisse wurden aus Mitarbeiterbefragungen (vgl. Koopman u. Seymour 2020) oder aus Workshops mit Experten und Anwendern generiert (vgl. Pasmore et al. 2019). Auf eine detaillierte Beschreibung der zusätzlichen Quellen (11 – 20) wird an dieser Stelle verzichtet. Die weiterführende Literatur wurde in erster Linie auf die Erwähnung und Bestätigung der soziotechnischen Elemente und nicht auf die allgemeine Modellierung soziotechnischer Systeme hin untersucht, um die Repräsentativität und Vollständigkeit des angestrebten A-priori-Modells zu gewährleisten. Eine inhaltliche Beschreibung der untersuchten Quellen findet sich im Anhang A.9.

Die insgesamt 20 selektierten Quellen wurden inhaltlich auf die Erwähnung von soziotechnischen Elementen hin untersucht, welche als relevant für einen zeitgemäßen soziotechnischen Ansatz im Kontext der softwarebasierten Automatisierung erachtet werden. Jene werden im Folgenden aufgezeigt und in Anlehnung an das Fit-Konzept der Konfigurationstheorie einzelnen Dimensionen zugeordnet. Die zusammengefassten Erkenntnisse bilden das **A-priori-Modell** für den darauffolgenden Fallstudienforschungsprozess. Sowohl in der Erstellung des A-priori-Modells als auch in der Fallstudienanalyse werden die einzelnen Elemente identifiziert und quantitativ bewertet. Dieses Vorgehen erlaubt einerseits, den Themenschwerpunkt der untersuchten Quelle zu identifizieren und vergleichbar zu machen. Andererseits kann eine für die Praxis adäquate Komplexität des Beschreibungsmodells erzielt werden. Betrachtet werden dabei der Dimensionswert sowie die durchschnittliche Anzahl soziotechnischer Elemente pro Dimension. Der Bewertungsansatz ist in Abbildung 6-21 grafisch dargestellt und wird nachstehend erläutert.

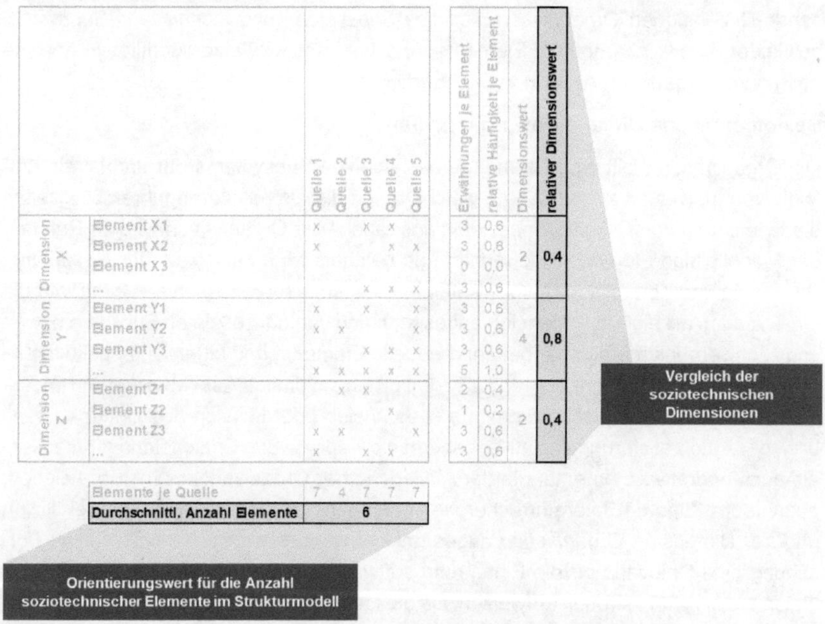

Abbildung 6-21: Vorgehensweise zur quantitativen Bewertung der soziotechnischen Elemente (eigene Darstellung)

Die Berechnung der Dimensionswerte über die Auswertung der Erwähnungen je Element erfolgt in den rechts befindlichen Spalten, während die Ermittlung der durchschnittlichen Anzahl Elemente der untersten Zeile der Darstellung zu entnehmen ist. Die Erwähnungen je Element sagen aus, in wie vielen Quellen eine Nennung erfolgt. Die relative Häufigkeit stellt die Anzahl der Erwähnungen je Element in Abhängigkeit zu der Gesamtanzahl untersuchter Quellen dar. Für die Bestimmung des Dimensionswerts werden die Erwähnungen je Element einer Dimension summiert und durch die Anzahl der Elemente, die in dieser Dimension enthalten sind, dividiert. Der Wert wird aus Gründen der Einfachheit anschließend auf eine ganze Zahl gerundet. Der relative Dimensionswert setzt diesen Wert in Beziehung zu der Anzahl untersuchter Quellen.

Die Dimensionswerte erlauben einen quantitativen Vergleich der literarischen Behandlungen einzelner soziotechnischer Dimensionen. Somit können Aussagen über den Untersuchungsschwerpunkt der jeweiligen Quelle getroffen werden. So kann beispielsweise gefolgert werden, ob soziale Faktoren von den untersuchten Quellen stärker thematisiert werden als technische. In der unteren Zeile der Abbildung 6-21 wird die durchschnittliche Anzahl erwähnter Elemente ermittelt. Für das finale Beschreibungsmodell lässt sich daraus eine sinnvolle Anzahl an Systemelementen für die praktische Anwendbarkeit ableiten. Die Komplexität sollte bei gleichzeitiger Vollständigkeit des Modells so weit wie möglich reduziert werden.

Im weiteren Verlauf dieses Abschnitts erfolgt die Beschreibung der drei soziotechnischen Dimensionen *Organisation*, *soziales Subsystem*, und *technisches Subsystem* sowie der jeweils zugehörigen Elemente. Abschließend wird eine quantitative Analyse nach dem Vorgehen in Abbildung 6-21 durchgeführt.

Soziotechnische Dimension: *Organisation*

Die Organisation stellt eine Teilmenge des sozialen Subsystems dar und ist als Kollektiv von Individuen zu verstehen, welche durch die Orchestrierung ihrer Tätigkeiten die Erreichung von Organisationszielen anstreben. Die Organisation wird im Rahmen der Modellbildung top-down betrachtet und beinhaltet Elemente, die der Gestaltung, Steuerung und Kontrolle intraorganisationaler Zusammenarbeit dienen. Somit wird die Organisation als eigene Dimension angesehen und von dem sozialen Subsystem, welches schwerpunktmäßig mitarbeiterindividuelle Elemente und unternehmenskulturelle Thematiken beleuchtet, abgegrenzt. Zu den organisationalen Aspekten werden im Folgenden sowohl strategische Elemente (z. B. Vision oder Mission des Unternehmens bzw. der Automatisierungsinitiative, Leadership-Aspekte und Entscheidungsprozesse) als auch operative Elemente, die der Auslegung der Organisationsstrukturen dienen, gezählt. Im Zuge der Literaturrecherche konnten insgesamt elf Elemente identifiziert und der Dimension *Organisation* zugeordnet werden, die nach dem Stand der Forschung eine Relevanz für die Einführung softwarebasierter Automatisierungstechnologien in der Administration aufweisen. Da die identifizierten Elemente zum derzeitigen Standpunkt automatisierungsunabhängig sind und durch den Fallstudienforschungsprozess (siehe Kapitel 6.2.2) weiter spezifiziert werden, erfolgt an dieser Stelle keine detaillierende Beschreibung derselben. In Anlehnung an die Vorgehensweise zur quantitativen Bewertung erfolgt nachstehend die Evaluation der organisationalen Dimension (siehe Tabelle 6-3).

Tabelle 6-3: Quantitative Bewertung der soziotechnischen Elemente in der organisatorischen Dimension (eigene Darstellung)

Organisation		Bednar u. Welch (2020)	Beier et al. (2020)	Koopman u. Seymour (2020)	Makarius et al. (2020)	Pasmore et al. (2019)	Sony u. Naik (2020)	Urze et al. (2020)	Guterres Ferreira et al. (2015)	Maguire (2014)	Arnaldi u. Smoker (2013)	Borges et al. (2020)	Whitworth u. Ahmad (2013)	Winter et al. (2014)	Baxter u. Sommerville (2011)	DiMaio (2014)	Frantz u. Nowostawski (2019)	Hughes et al. (2017)	Jarrahi (2018)	Naumann (2016)	Oosthuizen u. Pretorius (2014)	Erwähnungen je Element	relative Häufigkeit je Element	Dimensionswert	relativer Dimensionswert
Lfd. Nr.		1	2	3	4	5	6	7	8	9	10	11	12	13	14	15	16	17	18	19	20				
Organisation	Purpose/Vision/Mission	x		x	x	x	x				x		x	x		x		x	x		x	12	0,6		
	Leadership	x		x	x	x			x		x		x						x			8	0,4		
	Governance			x		x							x	x		x	x	x	x			8	0,4		
	Entscheidungsprozesse	x	x	x	x	x	x	x	x	x	x	x	x	x	x	x	x	x	x	x	x	20	1,0		
	Stakeholder-Management	x			x	x	x		x			x	x		x	x		x	x		x	12	0,6		
	Operating-Model					x			x	x										x		4	0,2	12	0,6
	Compliance			x					x	x					x		x					5	0,3		
	(De-)Zentralisierung		x		x		x										x					4	0,2		
	Organisationsstrukturen	x	x	x	x	x	x	x	x	x	x	x	x	x	x	x	x	x		x	x	19	1,0		
	Prozess- und Aufgabengestaltung	x	x	x	x	x	x	x	x	x	x	x		x	x	x	x	x	x	x	x	19	1,0		
	Rollen und Verantwortlichkeiten	x	x	x	x	x	x	x	x	x	x	x		x	x	x	x	x	x		x	18	0,9		
	Elemente je Quelle	7	5	8	8	9	7	4	8	6	6	5	6	6	6	7	7	7	7	4	6				
	Durchschnittl. Anzahl Elemente	6																							

Deutlich zu erkennen ist eine ungleiche Häufigkeitsverteilung der Erwähnungen je Element in der untersuchten Literatur. Während die Relevanz von Entscheidungsprozessen von allen untersuchten Beiträgen hervorgehoben wird, berücksichtigen lediglich vier Quellen die (De-)Zentralisierung und die Formulierung eines Betriebsmodells. Weiterhin betrachten nur fünf Quellen die Compliance, während operative Elemente in Form von Prozess- und Aufgabengestaltung sowie die Rollenzuweisung und Verortung von Verantwortlichkeiten von nahezu allen Autoren erwähnt werden. Die durchschnittliche Nennung organisationaler Elemente (normiert auf die Anzahl der Nennungen und Elemente) beträgt zwölf, d. h., ein Element wird durchschnittlich in zwölf von 20 Veröffentlichungen thematisiert. Dies zeigt, dass die Untersuchung organisationaler Elemente in der soziotechnischen Forschung einen hohen Stellenwert einnimmt. Die ungleiche Verteilung lässt entweder darauf schließen, dass Elemente wie (De-)Zentralisierung, Operating Model oder Compliance für das untersuchte Themenfeld gegenüber Entscheidungsprozessen oder Organisationsstrukturen eine geringere Relevanz aufweisen oder dass die Gliederung der organisationalen Elemente zu komplex gewählt wurde und deren Differenzierung zu kleinschrittig erfolgte. Diese Vermutung wird durch die durchschnittliche Anzahl von lediglich sechs erwähnten Elementen pro Quelle unterstützt. Im weiteren Prozess der Modellbildung muss daher überprüft werden, inwieweit Aussagen zur Relevanz einzelner Elemente abhängig von der Anzahl ihrer Erwähnungen getroffen werden können und ob die Komplexität durch Kategorisierung oder Zusammenfassung reduziert werden muss.

Soziotechnische Dimension: *Soziales Subsystem*

Das soziale Subsystem umfasst solche Einflussfaktoren, die sich auf die Zusammenarbeit von Organisationsmitgliedern auswirken. Im Rahmen dieser Untersuchung werden sowohl die zwischenmenschliche Interaktion als auch die zwischen Mensch und Maschine betrachtet. Dies ist notwendig, um spätere Rückschlüsse auf den Anwendungskontext der softwarebasierten Automatisierung ziehen zu können. Soziotechnische Elemente, die nachstehend dem sozialen Subsystem zugeordnet werden, betreffen sowohl den Mitarbeiter als Individuum als auch soziale Gruppen. Einflüsse der Unternehmenskultur sowie Ausprägungen der Zusammenarbeit von Teams in Form von unternehmensinterner Kommunikation und Kollaboration werden im sozialen Subsystem genauso berücksichtigt wie individuelle Faktoren (z. B. Mitarbeiterverhalten, Technologieakzeptanz, Fähigkeiten und Kompetenzen, persönliche Ziele oder die Motivation der Mitarbeiter). Im Rahmen der Literaturrecherche konnten zunächst sieben soziale Elemente abgeleitet werden, die im Rahmen des soziotechnischen Beschreibungsmodells zu berücksichtigen sind. Nachstehend erfolgt die quantitative Bewertung der einzelnen soziotechnischen Elemente im sozialen Subsystem (siehe Tabelle 6-4).

Tabelle 6-4: Quantitative Bewertung der soziotechnischen Elemente im sozialen Subsystem (eigene Darstellung)

	Soziales Subsystem	Bednar u. Welch (2020)	Beier et al. (2020)	Koopman u. Seymour (2020)	Makarius et al. (2020)	Pasmore et al. (2019)	Sony u. Naik (2020)	Urze et al. (2020)	Guterres Ferreira et al. (2015)	Maguire (2014)	Amaldi u. Smoker (2013)	Borges et al. (2020)	Whitworth u. Ahmad (2013)	Winter et al. (2014)	Baxter u. Sommerville (2011)	DiMaio (2014)	Frantz u. Nowostawski (2019)	Hughes et al. (2017)	Jarrahi (2018)	Naumann (2016)	Oosthuizen u. Pretorius (2014)	Erwähnungen je Element	relative Häufigkeit je Element	Dimensionswert	relativer Dimensionswert
Lfd. Nr.		1	2	3	4	5	6	7	8	9	10	11	12	13	14	15	16	17	18	19	20				
soziale Elemente	Unternehmenskultur	x		x	x	x	x	x	x	x	x	x	x	x	x	x		x				15	0,8		
	Kommunikation	x	x	x	x	x	x	x	x		x	x	x		x	x		x		x	x	16	0,8		
	Kollaboration	x	x		x	x		x				x			x	x		x	x		x	11	0,6		
	Verhalten/Akzeptanz	x			x		x	x	x	x		x	x	x	x			x			x	12	0,6	15	0,8
	Fähigkeiten/Kompetenzen	x	x	x	x	x	x	x	x	x	x	x	x	x		x		x	x		x	17	0,9		
	individuelle Ziele/Motivation	x		x		x	x	x	x	x		x	x	x	x	x		x			x	14	0,7		
	HMI/HCI/HRI	x	x	x	x	x	x	x	x	x	x	x	x	x	x	x	x	x	x	x	x	20	1,0		
	Element je Quelle	7	4	5	6	6	6	7	6	5	4	7	6	5	6	6	1	7	3	2	6				
	Durchschnittl. Anzahl Elemente	5																							

Verglichen mit der organisationalen Dimension fällt die Erwähnungsverteilung der sozialen Elemente gleichmäßiger aus. Die Kollaboration und das Verhalten / Akzeptanz werden mit jeweils elf und zwölf Erwähnungen in den untersuchten 20 Quellen am seltensten genannt. Die Interaktion von Mensch und Maschine hingegen wird von allen Quellen thematisiert. Auch die Kompetenzen und Fähigkeiten sowie Kommunikationsaspekte sind mit 17 und 16 Nennungen überdurchschnittlich repräsentiert. Verglichen mit der organisationalen Dimension wird zudem klar, dass Elemente des sozialen Subsystems mit durchschnittlich 15 Nennungen in Forschungsarbeiten zu soziotechnischen Systemen stärker thematisiert werden. Dies lässt darauf schließen, dass soziale

Elemente entweder eine übergeordnete Rolle spielen oder in der Theorie überrepräsentiert sind. Die durchschnittliche Anzahl sozialer Elemente in der Literatur beträgt fünf und weist damit eine deutlich niedrigere Diskrepanz zu der Anzahl organisationaler Faktoren auf.

Soziotechnische Dimension: *Technisches Subsystem*

Das technische Subsystem erfasst auf der einen Seite Elemente, die als grundlegende technische Voraussetzung angesehen werden können. Dazu zählen u. a. die IT-Infrastruktur des Unternehmens oder die Ressourcen, die für die Wartung und Instandhaltung von Softwarelösungen zur Verfügung gestellt werden müssen. Auf der anderen Seite werden die Eigenschaften einer Technologie betrachtet. Hierbei werden zudem das erwartete Leistungsspektrum und die Handhabbarkeit der Software bewertet. Kombiniert mit der vorhandenen Infrastruktur sind zusätzlich Performance- und Risikofaktoren relevant. Diese betreffen die Sicherheit und die Zuverlässigkeit der Software unter Berücksichtigung des gesamten IT-Systems, die Integrationsfähigkeit und Kompatibilität sowie die resultierende Effizienz und Flexibilität der Lösung. Im Rahmen der Literaturrecherche konnten zunächst neun Elemente identifiziert und dem technischen Subsystem zugeordnet werden. Analog zu den vorherigen Dimensionen erfolgt nachstehend die quantitative Bewertung der soziotechnischen Elemente im technischen Subsystem (siehe Tabelle 6-5).

Tabelle 6-5: Quantitative Bewertung der soziotechnischen Elemente im technischen Subsystem (eigene Darstellung)

Technisches Subsystem		Bednar u. Welch (2020)	Beier et al. (2020)	Koopman u. Seymour (2020)	Makarius et al. (2020)	Pasmore et al. (2019)	Sony u. Naik (2020)	Urze et al. (2020)	Guterres Ferreira et al. (2015)	Maguire (2014)	Amaldi u. Smoker (2013)	Borges et al. (2020)	Whitworth u. Ahmad (2013)	Winter et al. (2014)	Baxter u. Sommerville (2011)	DiMaio (2014)	Frantz u. Nowostawski (2019)	Hughes et al. (2017)	Jarrahi (2018)	Naumann (2016)	Oosthuizen u. Pretorius (2014)	Erwähnungen je Element	relative Häufigkeit je Element	Dimensionswert	relativer Dimensionswert
Lfd. Nr.		1	2	3	4	5	6	7	8	9	10	11	12	13	14	15	16	17	18	19	20				
Technische Elemente	Nutzenversprechen									x								x				2	0,1	6	0,3
	Benutzerfreundlichkeit				x			x		x			x	x	x					x		7	0,4		
	Effizienz	x	x	x	x	x				x	x	x		x						x		10	0,5		
	Zuverlässigkeit			x						x		x	x	x	x							5	0,3		
	Infrastruktur			x			x	x		x		x	x			x	x	x				9	0,5		
	Kompatibilität/Integrationsfähigkeit		x	x	x					x												4	0,2		
	IT-Sicherheit	x	x	x						x			x	x								6	0,3		
	Maintenance									x			x			x	x					4	0,2		
	Flexibilität		x	x						x				x								4	0,2		
Elemente je Quelle		2	4	6	3	1	1	2	0	9	1	3	5	5	2	2	2	2	0	2	0				
Durchschnittl. Anzahl Elemente		3																							

Elemente des technischen Subsystems werden in der Literatur am wenigsten betrachtet. Die durchschnittliche Nennung fällt für die technische Dimension mit einem Wert von sechs sehr gering aus. Mit Ausnahme von MAGUIRE mit neun erwähnten Elementen und KOOPMAN U. SEYMOUR mit sechs Elementen legen die anderen Autoren ihren Untersuchungsschwerpunkt auf das soziale Subsystem und die Organisation. Am häufigsten wurden die Effizienz mit zehn, die Infrastruktur mit neun und die Benutzerfreundlichkeit mit sieben Erwähnungen thematisiert. Da sich die ausschließliche Zuordnung der Effizienz zum technischen System in der Betrachtung soziotechnischer Systeme schwierig gestaltet, ist im Laufe der Modellentwicklung zu prüfen, inwiefern diese Einteilung für die praktische Anwendung sinnvoll ist. Mit zwei Nennungen wurde das Nutzenversprechen der Automatisierungssoftware am seltensten in den Quellen aufgegriffen. Hinsichtlich dieses Elements muss im Rahmen der Fallstudienanalyse untersucht werden, ob dieser Umstand auf eine unterschiedliche Ausrichtung von Theorie- und Praxisliteratur zurückzuführen ist oder das Element keine ausreichende Relevanz aufweist. Die durchschnittliche Anzahl von technischen Elementen je Quelle beträgt drei und weist damit eine sehr hohe Diskrepanz zu den neun berücksichtigten Faktoren dieser Dimension auf. Auch in diesem Fall ist nach dem Vergleich von Theorie- und Praxisliteratur abzuwägen, ob die technische Dimension mit neun Elementen eine zu hohe Komplexität für die praktische Anwendung besitzt und diese zusammengefasst oder reduziert werden sollte.

Tabelle 6-6: Darstellung des A-priori-Modells (eigene Darstellung)

A-priori-Modell		Bednar u. Welch (2020)	Beier et al. (2020)	Koopman u. Seymour (2020)	Makarius et al. (2020)	Pasmore et al. (2019)	Sony u. Naik (2020)	Urze et al. (2020)	Guterres Ferreira et al. (2015)	Maguire (2014)	Amaldi u. Smoker (2013)	Borges et al. (2020)	Whitworth u. Ahmad (2013)	Winter et al. (2014)	Baxter u. Sommerville (2011)	DiMaio (2014)	Frantz u. Nowostawski (2019)	Hughes et al. (2017)	Jarrahi (2018)	Naumann (2016)	Oosthuizen u. Pretorius (2014)	Erwähnungen je Element	relative Häufigkeit je Element	Dimensionswert	relativer Dimensionswert
Lfd. Nr.		1	2	3	4	5	6	7	8	9	10	11	12	13	14	15	16	17	18	19	20				
Organisation	Purpose/Vision/Mission	x		x	x	x	x				x		x	x		x		x	x		x	12	0,6		
	Leadership	x		x	x	x			x		x		x						x			8	0,4		
	Governance			x		x							x	x		x	x	x	x			8	0,4		
	Entscheidungsprozesse	x	x	x	x	x	x	x	x	x	x	x	x	x	x	x	x	x	x	x	x	20	1,0		
	Stakeholder-Management	x			x	x	x		x			x	x		x	x		x	x		x	12	0,6		
	Operating-Model					x			x	x										x		4	0,2	12	0,6
	Compliance			x					x	x					x		x					5	0,3		
	(De-)Zentralisierung		x		x		x										x					4	0,2		
	Organisationsstrukturen	x	x	x	x	x	x	x	x	x	x	x	x	x	x	x	x	x		x	x	19	1,0		
	Prozess- und Aufgabengestaltung	x	x	x	x	x	x	x	x	x	x	x		x	x	x	x	x	x	x	x	19	1,0		
	Rollen und Verantwortlichkeiten	x	x	x	x	x	x	x	x	x	x	x		x	x	x	x	x	x		x	18	0,9		
Soziales Subsystem	Unternehmenskultur	x		x	x	x	x	x	x	x	x	x	x	x	x	x		x				15	0,8		
	Kommunikation	x	x	x	x	x	x	x	x		x	x	x		x	x		x		x	x	16	0,8		
	Kollaboration	x	x		x	x		x				x			x	x		x	x		x	11	0,6		
	Verhalten/Akzeptanz	x			x		x	x	x	x		x	x	x	x			x			x	12	0,6	15	0,8
	Fähigkeiten/Kompetenzen	x	x	x	x	x	x	x	x	x	x	x	x	x		x		x	x		x	17	0,9		
	individuelle Ziele/Motivation	x		x		x	x	x	x	x		x	x	x	x	x		x			x	14	0,7		
	HMI/HCI/HRI	x	x	x	x	x	x	x	x	x	x	x	x	x	x	x	x	x	x	x	x	20	1,0		
Technisches Subsystem	Nutzenversprechen									x								x				2	0,1		
	Benutzerfreundlichkeit				x			x		x			x	x	x					x		7	0,4		
	Effizienz	x	x	x	x	x				x	x	x		x						x		10	0,5		
	Zuverlässigkeit			x						x		x	x	x	x							5	0,3		
	Infrastruktur			x			x	x		x		x	x			x	x	x				9	0,5	6	0,3
	Kompatibilität/Integrationsfähigkeit		x	x	x					x												4	0,2		
	IT-Sicherheit	x	x	x						x			x	x								6	0,3		
	Maintenance									x			x			x	x					4	0,2		
	Flexibilität		x	x						x				x								4	0,2		

Elemente je Quelle	1	2	3	4	5	6	7	8	9	10	11	12	13	14	15	16	17	18	19	20
Elemente je Quelle	16	13	19	17	16	14	13	14	20	11	15	17	16	14	15	10	16	10	8	12
Durchschnittl. Anzahl Elemente	14																			

Nachdem alle Dimensionen sowie die zugehörigen Elemente umfassend beschrieben worden sind, zeigt die Tabelle 6-6 zusammenfassend das entwickelte A-priori-Modell.

Das aus 20 Quellen abgeleitete A-priori-Modell umfasst insgesamt 27 soziotechnische Elemente, von denen jeweils elf der organisatorischen Dimension, sieben dem sozialen Subsystem und neun dem technischen Subsystem zugeordnet werden können. Die Darstellung verdeutlicht, dass die wissenschaftliche Literatur, welche sich hauptsächlich mit der theoretischen Betrachtung soziotechnischer Systeme im Zuge der Digitalisierung auseinandersetzt, sehr stark die sozialen Elemente fokussiert. Von den 20 untersuchten Quellen beträgt der Durchschnittswert für die Nennung organisationaler Elemente zwölf, für soziale Elemente 15 und lediglich sechs für technische Elemente. Vor dem Hintergrund, dass die Organisation, welche in dieser Arbeit aufgrund unterschiedlicher Betrachtungsschwerpunkte als eigene Dimension ausgewiesen wird, selbst eine Teilmenge des sozialen Subsystems darstellt, wird die Forschungsrichtung im Themenfeld soziotechnischer Systeme noch deutlicher. Einerseits lässt sich aus der ungleichen Verteilung ableiten, dass die Forschung die größten Herausforderungen eher der organisationalen Umsetzung, dem Management sowie kulturellen und mitarbeiterindividuellen Gegebenheiten zuordnet und jene weniger in der Technologie selbst sieht. Andererseits muss der Frage nachgegangen werden, inwiefern die soziotechnische Systemforschung möglicherweise zu intensiv auf soziale und zu wenig auf technische Aspekte ausgelegt sein könnte, um das überwiegend praxisgetriebene Thema der softwarebasierten Automatisierung administrativer Prozesse ganzheitlich zu beleuchten. Die durchschnittliche Anzahl erwähnter soziotechnischer Elemente beträgt nach der Literaturrecherche 14. Bezogen auf die untersuchten 27 Elemente wird deutlich, dass die Forschung die Relevanz einzelner Einflüsse sehr unterschiedlich bewertet. Daher kann geschlussfolgert werden, dass eine Unterscheidung von 27 Elementen im angestrebten soziotechnischen Beschreibungsmodell zu komplex ist. Um die vollständige Abbildung des Themengebiets sicherzustellen und den Nutzen für den konkreten Anwendungsfall zu gewährleisten, wird das A-priori-Modell im nachfolgenden Kapitel aus einer praxisorientierten Perspektive evaluiert. Im Rahmen der Fallstudienanalyse kann darüber hinaus festgestellt werden, ob die organisationalen und sozialen Aspekte bei der Einführung von RDA, RPA oder CPA auch in der Praxis eine höhere Relevanz besitzen als die technischen Aspekte.

6.2.2 Spezifikation des A-priori-Modells

Das A-priori-Modell, welches im vorherigen Kapitel aus wissenschaftstheoretischer Literatur entwickelt wurde, wird in diesem Kapitel mittels einer Fallstudienanalyse auf Übereinstimmungen und Unterschiede im Kontext der softwarebasierten Automatisierung untersucht. Zu diesem Zweck werden 15 Fallstudien ausgewertet, die einen konkreten Anwendungsfall in der betrieblichen Praxis dokumentieren. RPA ist derzeit die am weitesten verbreitete Automatisierungstechnologie für administrative Prozesse. Entsprechend der Verbreitung und aktueller Nutzenpotenziale entfällt der Großteil der untersuchten Fallstudien auf die Implementierung von RPA. Das zu entwickelnde Beschreibungsmodell soll industrieübergreifend eingesetzt werden können und Unternehmen unabhängig von ihrem Wirtschaftssektor bei der Umsetzung von Automatisierungsprojekten in der Administration unterstützen. Administrative Prozesse, die mithilfe von RDA, RPA oder CPA automatisiert werden können, finden sich in nahezu jedem Unternehmen weltweit. Daher wurde bei der Auswahl der Fallstudien darauf geachtet, dass die Berichte sowohl branchenunspezifisch als auch geografisch heterogen ausfallen. Weiterhin wurde der Untersuchungszeitraum von 2015 bis 2021 gewählt. Einerseits gewährleistet dieser Zeithorizont eine Aktualität der Erkenntnisse. Andererseits kann eine mögliche Entwicklung oder Veränderung der Anforderungen von Automatisierungstechnologien an das soziotechnische System über die Zeit nachvollzogen und im Beschreibungsmodell berücksichtigt werden. Eine Übersicht der analysierten Fallstudien, welche im Verlauf dieses Kapitels näher beschrieben werden, liefert Tabelle 6-7.

Tabelle 6-7: Darstellung ausgewählter Fallstudien (eigene Darstellung)

Lfd. Nr.	Autor(en)	Unternehmen	Land	Branche
1	Lindgren (2020)	N/A	Schweden	Öffentlicher Sektor
2	Aguirre u. Rodriguez (2017b)	N/A	Kolumbien	Outsourcing
3	Anagnoste (2018b)	N/A	N/A	Pharmaka
4	Lacity u. Willcocks (2016b)	Telefónica O2	Großbritannien	Telekommunikation
5	Fernandez u. Aman (2018)	N/A	Malaysia	Fossile Brennstoffe
6	Asatiani u. Penttinen (2016)	OpusCapita	Finnland	Software
7	Dias et al. (2019)	FinServ	Finnland	Öffentlicher Sektor
8	Reich u. Braasch (2019)	u. a. Allianz, AxA	Deutschland	Versicherung
9	Costa et al. (2019)	N/A	N/A	Maschinenbau
10	Cooper et al. (2019)	u. a. Accenture	N/A	Wirtschaftsprüfung
11	Willcocks et al. (2016)	Royal DSM	Niederlande	Finanzen
12	Schmitz et al. (2019a)	Telekom	Deutschland	Telekommunikation
13	Carden et al. (2019)	TECHSERV	USA	IT-Produkte
14	Kedziora u. Penttinen (2020)	Nordea Bank	Skandinavien	Finanzen
15	Willcocks et al. (2015a)	Xchanging	Großbritannien	Versicherungen

In der Praxisliteratur existiert aktuell eine Vielzahl an Fallstudien zum Thema RPA, deren Schwerpunkt jedoch nicht auf der Charakterisierung eines soziotechnischen Systems liegt. Dennoch erwähnen viele dieser Fallstudien soziotechnische Elemente im Zuge der RPA-Implementierung, ohne diese als solche zu benennen oder den Begriff des soziotechnischen Systems zu verwenden. Bei der Auswahl der Anwendungsfälle wurden daher Berichte herangezogen, die den Implementierungsprozess der Automatisierungstechnologie möglichst ganzheitlich dokumentieren.

Im Rahmen der Fallstudienanalyse wurden in Anlehnung an den Fallstudienforschungsprozess so lange Quellen auf die Erwähnung relevanter soziotechnischer Elemente untersucht und mit dem A-priori-Modell verglichen, bis ein hinreichendes Sättigungsverhalten zu beobachten war. Abbildung 6-22 veranschaulicht, dass nach elf untersuchten Quellen keine zusätzlichen soziotechnischen Elemente identifiziert werden konnten und daher von einer Sättigung auszugehen ist. Die Untersuchung wurde somit nach der Betrachtung von 15 Fallstudien beendet. Eine inhaltliche Beschreibung der untersuchten Fallstudien und Erläuterung ihrer Relevanz für das soziotechnische Beschreibungsmodell finden sich im Anhang A.10. Der Graph in Abbildung 6-22 illustriert den Verlauf der Anzahl neu identifizierter soziotechnischer Elemente je Quelle.

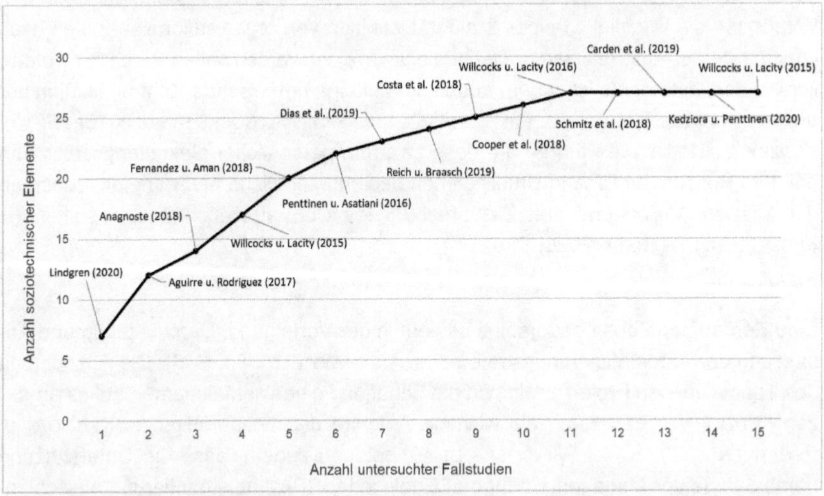

Abbildung 6-22: Sättigung der erfassten soziotechnischen Elemente aus der Fallstudienanalyse (eigene Darstellung)

Ein zeitlicher Zusammenhang zwischen der Anzahl erwähnter soziotechnischer Elemente und den Untersuchungsschwerpunkten kann nicht festgestellt werden. Dieser Umstand lässt sich darauf zurückführen, dass die Autoren LACITY U. WILLCOCKS mit ihren umfangreichen und repräsentativen Veröffentlichungen zu RPA-Implementierungen bereits seit 2015 die Forschung in diesem Themenfeld signifikant prägen. Die Variation in der Anzahl erwähnter Elemente resultiert aus Unterschieden zwischen den konkreten Anwendungsfällen und den korrespondierenden Schwerpunktsetzungen in der Dokumentation. Nachstehend werden die soziotechnischen Elemente auf ihre Erwähnung in den einzelnen Fallstudien untersucht. Unterteilt nach den soziotechnischen Dimensionen wird der Darstellungskontext der Elemente mit entsprechenden Quellen erläutert. Hierbei erfolgt nach jedem Abschnitt eine quantitative Auswertung gemäß dem Vorgehen aus Kapitel 6.2.1.

Soziotechnische Dimension: *Organisation*

Purpose, Vision, Mission

Als strategisches Element zur Implementierung von Automatisierungstechnologien wird ein übergeordneter Purpose, eine Vision oder Mission als Zielvorstellung genutzt. Entsprechende Statements werden speziell für Automatisierungsstrategien in dezentralen CoE (s. ANAGNOSTE 2018b, S. 5) oder allgemein für digitale Transformationsstrategien formuliert (s. SCHMITZ ET AL. 2019a, S. 17). WILLCOCKS ET AL. ergänzen, dass die Unternehmensführung und die Projektverantwortlichen vor der Implementierung definieren sollten, wie die Organisation nach erfolgreich abgeschlossener Robotisierung aussehen soll (s. WILLCOCKS ET AL. 2016, S. 14). Weiterhin betonen LACITY U. WILLCOCKS die Wichtigkeit einer exakten Definition von organisationalen Zielen, welche mithilfe der Automatisierungstechnologie erreicht werden sollen. Nach der Formulierung der Statements ist zudem unbedingt auf eine umfassende Kommunikation der Vision zu achten (s. LACITY U. WILLCOCKS 2016a, S. 5; WILLCOCKS ET AL. 2015a, S. 15). KEDZIORA U. PENTTINEN führen an, dass zwar ein persönlicher Gestaltungsspielraum bei dem Rollout von RPA in Unternehmen besteht, sämtliche Maßnahmen jedoch an der Mission, Vision und den Zielvorgaben des CoE ausgerichtet sein sollten (s. KEDZIORA U. PENTTINEN 2020, S. 5).

Leadership

Eine Kernaufgabe des Leaderships besteht in der Verfolgung, Durchsetzung und Anpassung der Automatisierungsstrategie (s. ANAGNOSTE 2018b, S. 6). Die Ausrichtung des Teams auf den Projekterfolg und die Schaffung eines gemeinsamen Fokus ergänzen KEDZIORA U. PENTTINEN als wichtige Aufgabe des Leaderships (s. KEDZIORA U. PENTTINEN 2020, S. 4). WILLCOCKS ET AL. betonen zudem, dass die Unterstützung durch das Senior-Management für den Erfolg jeder RPA-Implementierung ausschlaggebend ist (s. WILLCOCKS ET AL. 2016, S. 13). Konkret wird außerdem eine dedizierte leitende Person für die RPA-Initiative benötigt, die innerhalb der Organisation für die Durchführung des Projekts und die Vermittlung der notwendigen Fähigkeiten an die Mitarbeiter verantwortlich ist (s. WILLCOCKS ET AL. 2015a, S. 15). Eine solche Führungsrolle kann auch von externen Beratern oder dezentralen Projektbüros unterstützt werden, die in Zusammenarbeit mit organisationsinternen Verantwortlichen den Projektfortschritt vorantreiben (s. CARDEN ET AL. 2019, S. 74).

Governance

Den Aufbau einer Governance sehen mehrere Autoren als eine wesentliche Voraussetzung für den Erfolg von Automatisierungsprojekten an (s. SCHMITZ ET AL. 2019a, S. 21). Je größer das Unternehmen ist, desto wichtiger wird ein funktionierendes Governance-Modell für die organisationsübergreifende Implementierung und Skalierung von RPA (s. KEDZIORA U. PENTTINEN 2020, S. 3). WILLCOCKS ET AL. stellen heraus, dass erst durch eine effektive Governance Unternehmen in der Lage sind, finanzielle Vorteile durch RPA zu realisieren (s. WILLCOCKS ET AL. 2016, S. 3). Mit der Einführung einer

Governance allein ist der Erfolg der Automatisierungsinitiative jedoch keineswegs garantiert. Eine falsche Gestaltung der Governance kann dazu führen, dass wichtige Abläufe einfrieren und der Projekterfolg über Jahre hinweg stagniert (s. LACITY U. WILLCOCKS 2016a, S. 15). Der Aufbau einer robusten Governance sollte daher priorisiert werden und bereits mit dem Projektstart erfolgen (s. COSTA ET AL. 2019, S. 17), um eine frühzeitige Involvierung der IT zu bewerkstelligen und die Einhaltung von Compliance-Vorgaben kontrollieren zu können (s. CARDEN ET AL. 2019, S. 77).

Entscheidungsprozesse

Softwarebasierte Automatisierungslösungen im Bereich der Wissensarbeit dienen langfristig dazu, den Mitarbeiter in seiner Entscheidung zu unterstützen bzw. Entscheidungen auch ohne manuellen Eingriff selbständig auf Grundlage von ausgewerteten Daten zu treffen. RPA kann bereits so programmiert werden, dass die Software eigenständige Entscheidungen treffen kann, sofern eine klar definierte und nachvollziehbare Entscheidungsbasis vorliegt. Ein Ausschluss des Mitarbeiters aus dem Fallbearbeitungsprozess ist somit in diesen Fällen bereits heute möglich (s. LINDGREN 2020, S. 251). Viele Anwender sehen die aktuelle Entscheidungsfähigkeit von Softwarerobotern jedoch noch als eingeschränkt an (s. COSTA ET AL. 2019, S. 17). Für eine vollständig autonome Entscheidungsfindung durch Softwareroboter bedarf es einer Implementierung kognitiver Elemente (s. CARDEN ET AL. 2019, S. 78). CPA wird durch Fortschritte im Bereich der KI somit in der Lage sein, sowohl administrative Aufgaben als auch Entscheidungsprozesse Ende-zu-Ende zu automatisieren (s. AGUIRRE U. RODRIGUEZ 2017a, S. 66).

Stakeholder Management

Eine organisationsübergreifende Implementierung von Automatisierungstechnologien betrifft diverse Stakeholder-Gruppen und verkörpert einen disruptiven Wandel, für dessen Bewältigung ein ganzheitliches Change-Management notwendig sein kann. Für den Erfolg der Automatisierungsinitiative ist daher ein gezieltes Management von Stakeholdern, wie Seniormanagern und Mitarbeitern aus IT und Business-Units sinnvoll (s. WILLCOCKS ET AL. 2016, S. 10). Obwohl die meisten Automatisierungsprojekte von Business-Units verantwortet werden, sollte die IT so schnell wie möglich involviert werden, um einen reibungslosen Rollout zu ermöglichen (s. WILLCOCKS ET AL. 2015a, S. 15). SCHMITZ ET AL. raten dazu, Endanwender bereits in der Pilotphase einzubinden, um relevante Anwendungsfälle zu identifizieren und zu priorisieren (s. SCHMITZ ET AL. 2019a, S. 23). Neben der Vorbereitung und Projektbegleitung ist auch die Nachbereitung ein wesentliches Element des Stakeholder-Managements und sollte von den Projektverantwortlichen nicht vernachlässigt werden (s. KEDZIORA U. PENTTINEN 2020, S. 7). Erfolge können transparent kommuniziert, Kritikpunkte evaluiert und Feedbackschleifen eingearbeitet werden, um die größtmögliche Unterstützung der Stakeholder und die Optimierung des Automatisierungsprojekts zu erreichen.

Operating-Model

ANAGNOSTE sieht die Gestaltung eines Operating-Models als zentralen Erfolgsfaktor für RPA-Projekte an (s. ANAGNOSTE 2018b, S. 5). Konkret werden im Rahmen des Operating-Models Soll-Zustände für Prozesse definiert, die von den Softwarerobotern automatisiert werden sollen. Die Zuständigkeitsbereiche für Roboter und Mitarbeiter werden abgegrenzt und notwendige Instanzen menschlicher Intervention spezifiziert (s. CARDEN ET AL. 2019, S. 76). Das Betriebsmodell muss dabei nicht zwangsläufig vom Unternehmen selbst entwickelt werden. Softwareanbieter wie Blue Prism bieten zusätzlich zu ihren Produkten bereits spezielle Operating-Modelle an, die von den Endanwendern genutzt werden können. Die Implementationsgeschwindigkeit kann somit maßgeblich gesteigert werden, auch wenn das Unternehmen noch keine oder erst wenig Erfahrung mit Automatisierungstechnologien besitzt (vgl. WILLCOCKS ET AL. 2016, S, 11).

Compliance

Die Compliance wird von einem Großteil der untersuchten Praxisliteratur thematisiert. Im Zuge der Einführung softwarebasierter Automatisierungstechnologien betonen KEDZIORA U. PENTTINEN die hohe Relevanz von Compliance im Allgemeinen (s. KEDZIORA U. PENTTINEN 2020, S. 2). ANAGNOSTE ergänzt, dass Regulationen besonders in der Anfangsphase durch regelmäßige Compliance-Checks umgesetzt werden sollten (s. ANAGNOSTE 2018b, S. 2). Dabei ist es sinnvoll, bereits zu Beginn ein Projektteam aufzustellen, welches für die Anfertigung von Reports verantwortlich ist (s. SCHMITZ ET AL. 2019a, S. 21). Business-Units sollen in der Lage sein, die Einhaltung von Compliance-Vorgaben durch Softwareroboter jederzeit nachvollziehen zu können (s. WILLCOCKS ET AL. 2016, S. 13). Prozess-Bibliotheken, welche Schritt-für-Schritt-Instruktionen beinhalten, können die Einhaltung von Compliance-Vorgaben dabei unterstützen (s. ASATIANI U. PENTTINEN 2016, S. 7). Softwarebasierte Automatisierung kann die Compliance von Organisationen umfassend verbessern, da jeder Bearbeitungsschritt in Log-Files dokumentiert und somit im Rahmen von Audits überprüft werden kann (s. LACITY U. WILLCOCKS 2016a, S. 10). Compliance-Risiken durch Automatisierungssoftware sind daher als minimal zu bewerten, sofern die Programmierung dieser an den regulatorischen Vorgaben ausgerichtet ist und Verantwortliche für die Durchführung von Audits benannt werden.

(De-)Zentralisierung

In den Fallstudien wurde das Element (De-)Zentralisierung im Zusammenhang mit der Verortung des Projektmanagements und der Prozesssteuerung aufgezeigt. Dabei wurden verschiedene Ansätze erwähnt, die eine Zentralisierung der Projektverwaltung in einem CoE (s. ANAGNOSTE 2018b, S. 4) vorsehen oder die dezentrale Steuerung in einzelnen Business-Units diskutieren (s. CARDEN ET AL. 2019, S. 77). Überwiegend wird dennoch eine zentrale Abteilung, die für eine organisationsweite Umsetzung der Automatisierung zuständig ist und die Zusammenarbeit mit Business-Units und IT-Abteilung koordiniert, als sinnvollster Ansatz erachtet (s. LACITY U. WILLCOCKS 2016a, S. 14).

Organisationsstrukturen

Die Veränderung von Organisationsstrukturen im Zuge eines Automatisierungsvorhabens wird in mehreren Fallstudien hervorgehoben. Viele Unternehmen planen mit der Einführung von RPA anfangs kein ganzheitliches Change-Management und lernen erst im Verlauf des Projekts, ihre Organisationsstrukturen an die neuen Anforderungen anzupassen (s. KEDZIORA U. PENTTINEN 2020, S. 3). Dezentrale Automatisierungssilos müssen aufgebrochen und ein Zusammenwirken von Projekt- und Linienorganisation erreicht werden (s. SCHMITZ ET AL. 2019a, S. 21). WILLCOCKS ET AL. beschreiben in diesem Zusammenhang die Restrukturierung eines global agierenden Finanzdienstleisters. Durch das Freiwerden von Mitarbeiterkapazitäten änderte das Unternehmen sein pyramidales Organisationsdesign zu einem rautenförmigen Modell. Dies wurde möglich, da Mitarbeiter, welche im Fundament der Pyramide fast ausschließlich transaktionale Aufgaben ausführten, durch Roboter abgelöst und nach Umschulungen oder Fortbildungen verstärkt im mittleren Organisationssegment eingesetzt werden konnten (s. WILLCOCKS ET AL. 2016, S. 16).

Prozess- und Aufgabengestaltung

Die Anpassung von Prozessabläufen und Arbeitsaufgaben wurde ausnahmslos in allen Fallstudien als fundamental für die Funktionsfähigkeit und den Erfolg jedes Automatisierungsprojekts im administrativen Bereich herausgestellt (s. LINDGREN 2020, S. 3). Nicht jeder Prozess eignet sich von Anfang an für den Einsatz softwarebasierter Automatisierung (s. AGUIRRE U. RODRIGUEZ 2017a, S. 67). Daher ist zunächst eine Potenzialbewertung des Prozesses durchzuführen (s. KEDZIORA U. PENTTINEN 2020, S. 13). Hierbei wird der Prozess in Aufgaben zerlegt und auf Medienbrüche und notwendige menschliche Interventionen untersucht (s. ANAGNOSTE 2018b, S. 3). Wichtig ist zudem die vorherige Optimierung der Prozesseschritte, da ineffiziente Strukturen durch eine Automatisierung allein nicht verbessert werden (s. WILLCOCKS ET AL. 2015a, S. 17). Nach der Potenzialbewertung der Prozesse können individuelle Qualifikationsbögen für jeden Automatisierungskandidaten erstellt werden, welche eine Priorisierung der Prozesse durch Vergleich von Kostenpotenzialen, möglichen Wertschöpfungssteigerungen und Restrukturierungsaufwänden ermöglichen (s. SCHMITZ ET AL. 2019a, S. 23). Als Gesamtübersicht für das Projektmanagement eignet sich eine Process-Map, auf der aktuelle Ist-Zustände und zukünftige Soll-Strukturen der automatisierten Prozesse visualisiert werden können (s. CARDEN ET AL. 2019, S. 76f.).

Rollen und Verantwortlichkeiten

Automatisierung ist als umfassender Veränderungsprozess anzusehen, der eine Umgestaltung von Arbeitsroutinen und Aufgaben mit sich bringt (s. LINDGREN 2020, S. 253). Durch die Möglichkeit, repetitive Aufgaben an Softwareroboter abzutreten, können neue erweiterte Rollen an Mitarbeiter übertragen werden (s. WILLCOCKS ET AL. 2015a, S. 12). COSTA ET AL. erwähnen in ihrer Fallstudie, dass sich viele Mitarbeiter vor diesem Hintergrund fragen, welche Rolle sie in Zukunft erfüllen würden und welche Fähigkeiten von ihnen erwartet werden (s. COSTA ET AL. 2019, S. 17f.). Daher sollte die unmittelbare Aufgabe darin bestehen, zu definieren, welche Verantwortungsbereiche durch Softwareroboter und welche durch die Mitarbeiter abgedeckt werden (s. WILLCOCKS ET AL. 2016, S. 14). KEDZIORA U. PENTTINEN führen an, dass eine zentrale Herausforderung der Unternehmensführung u. a. in der Zuweisung von Verantwortlichkeiten für die Sicherstellung einer effektiven zukünftigen Entwicklung von Softwarerobotern liegt (s. KEDZIORA U. PENTTINEN 2020, S. 4). Die Unternehmensführung muss darüber hinaus entscheiden, welche Rollen Führungskräfte bei der Weiterentwicklung digitaler Technologien einnehmen sollen (s. CARDEN ET AL. 2019, S. 72). Automatisierung verändert nicht nur bestehende Rollen und Verantwortlichkeiten, sie schafft auch neue Arbeitsplätze im Management von Softwarerobotern, in der Beratung und der Analytik (s. ASATIANI U. PENTTINEN 2016, S. 4). Konkrete Rollen, die im Rahmen der untersuchten Fallstudien erwähnt werden, entfallen auf die Kontrolle und Verbesserung der Compliance (s. ANAGNOSTE 2018b, S. 3) und die Identifizierung, Gestaltung und Implementierung konkreter RPA-Anwendungsfelder (s. SCHMITZ ET AL. 2019a, S. 21).

Nachdem die relevanten organisationalen Elemente umfassend skizziert wurden, erfolgt im Anschluss die quantitative Bewertung und Diskussion derselben. Eine Übersicht liefert Tabelle 6-8.

Tabelle 6-8: Fallstudienbezogene Bewertung der soziotechnischen Elemente in der organisatorischen Dimension (eigene Darstellung)

Organisation		Lindgren (2020)	Aguirre u. Rodriguez (2017)	Anagnoste (2018)	Willcocks u. Lacity (2015)	Fernandez u. Aman (2018)	Penttinen u. Asatiani (2016)	Dias et al. (2019)	Reich u. Braasch (2019)	Costa et al. (2018)	Cooper et al. (2018)	Willcocks u. Lacity (2016)	Schmitz et al. (2018)	Carden et al. (2019)	Kedziora u. Penttinen (2020)	Willcocks u. Lacity (2015)	**Erwähnungen je Element**	**relative Häufigkeit je Element**	**Dimensionswert**	**relativer Dimensionswert**
Lfd. Nr.		1	2	3	4	5	6	7	8	9	10	11	12	13	14	15				
Organisationale Elemente	Purpose/Vision/Mission											x			x	x	3	0,2		
	Leadership									x		x	x	x		x	5	0,3		
	Governance				x	x					x	x	x	x	x	x	8	0,5		
	Entscheidungsprozesse	x	x			x			x	x	x						6	0,4		
	Stakeholder-Management				x				x	x		x	x		x	x	7	0,5		
	Operating-Model			x							x					x	3	0,2	8	0,5
	Compliance		x	x	x		x	x	x		x	x	x	x	x	x	12	0,8		
	(De-)Zentralisierung		x	x	x					x				x	x		6	0,4		
	Organisationsstrukturen							x		x		x	x		x	x	6	0,4		
	Prozess- und Aufgabengestaltung	x	x	x	x	x	x	x	x	x	x	x	x	x	x	x	15	1,0		
	Rollen und Verantwortlichkeiten	x			x	x	x	x	x	x	x	x	x	x	x	x	13	0,9		

	1	2	3	4	5	6	7	8	9	10	11	12	13	14	15
Elemente je Fallstudie	3	4	4	6	4	3	4	5	7	6	7	7	6	8	9
Durchschnittl. Anzahl Elemente								6							

Äquivalent zum A-priori-Modell ist auch in der Fallstudienanalyse teilweise eine hohe Diskrepanz bei der Erwähnungshäufigkeit einzelner organisationaler Elemente zu erkennen. So wird die *Prozess- und Aufgabengestaltung* von allen Quellen thematisiert, *Purpose, Vision und Mission* sowie *Operating Model* jedoch lediglich von drei Fallstudien erwähnt. Die durchschnittliche Nennung organisationaler Elemente weist im Gegensatz zum A-priori-Modell (zwölf) den Wert acht auf. Die sowohl im A-priori-Modell als auch im Rahmen der Fallstudien am häufigsten erwähnten Elemente der organisationalen Dimension sind die *Prozess- und Aufgabengestaltung* sowie die Zuweisung von *Rollen und Verantwortungen*. Diese können somit als besonders relevant für das soziotechnische Beschreibungsmodell hervorgehoben werden. Unterschiede bestehen zwischen den Erwähnungen der Elemente *Entscheidungsprozesse* und *Compliance*. Ersteres wird im A-priori-Modell in allen Quellen erwähnt, während in den Fallstudien lediglich sechs von 15 Beiträgen diesen Aspekt thematisieren. *Compliance* wird in der Praxisliteratur wiederum stärker fokussiert als in der Theorie. Im Rahmen der Fallstudienanalyse wird dieses Element in zwölf von 15 Quellen genannt. Im A-priori-Modell erwähnt hingegen nur jede vierte Quelle *Compliance* als relevantes Element. Wie auch im A-priori-Modell werden in den Fallstudien durchschnittlich sechs Elemente der organisationalen Dimension genannt. Zur Gewährleistung der Übersichtlichkeit und Praxistauglichkeit des angestrebten Beschreibungsmodells wird dieser Wert als Maximum angesetzt.

Soziotechnische Dimension: *Soziales Subsystem*

Unternehmenskultur

Viele Quellen berichten über den organisationsübergreifenden Veränderungsprozess, der mit einer Automatisierung von administrativen Prozessen einhergeht und der Notwendigkeit eines umfassenden Change-Managements (s. SCHMITZ ET AL. 2019a, S. 21; s. CARDEN ET AL. 2019, S. 76f.; WILLCOCKS ET AL. 2016, S. 3). ANAGNOSTE beschreibt den Wandel als Veränderung der Kulturen, Verhaltensweisen und des Wirtschaftens (s. ANAGNOSTE 2018b, S. 6). Konkrete kulturelle Effekte, Voraussetzungen und Veränderungen werden im Rahmen der Fallstudien jedoch nur am Rande erwähnt. Vorteilhaft für die Einführung von Automatisierungstechnologien scheint in jedem Fall eine unternehmenskulturelle Offenheit zu sein. Eine technologie-affine Unternehmenskultur unterstützt dabei, den Rückhalt der Mitarbeiter zu gewinnen, Ängste vor Automatisierung zu reduzieren und Hindernisse während der Implementierung abzubauen. WILLCOCKS ET AL. schreiben die schnelle und effektive Einführung von RPA in ihrer Fallstudie der Eigenschaft des Unternehmens zu, Technologie und Innovation im strategischen und kulturellen Kern verankert zu haben (s. WILLCOCKS ET AL. 2015a, S. 16). Bezogen auf die interdisziplinäre Zusammenarbeit zwischen den Mitgliedern des Automatisierungsteams setzen KEDZIORA U. PENTTINEN auf Vielfalt. Statt Diversität als Hindernis zu sehen, appellieren die Autoren daran, diese kulturell zu verankern und zu nutzen (s. KEDZIORA U. PENTTINEN 2020, S. 5).

Kommunikation

Eine effektive und transparente Kommunikation wird in vielen Fallstudien als wichtige Voraussetzung für den Erfolg einer Automatisierungsinitiative genannt. Die Kommunikation des aktuellen Status und der nächsten Schritte ist dabei in jeder Projektphase wichtig (s. ANAGNOSTE 2018b, S. 2). Eine von Anfang an regelmäßig geführte Kommunikation mit allen Stakeholdern bereitet die Mitarbeiter auf die Auswirkungen der Automatisierung vor, verdeutlicht der Geschäftsführung die unternehmerischen Vorteile der Technologie und hilft, Unklarheiten und Missverständnisse zu vermeiden sowie potenzielle Ängste zu adressieren. Dadurch werden die Effizienz in der Implementierung und die Erfolgswahrscheinlichkeit der Automatisierung maßgeblich gesteigert (s. SCHMITZ ET AL. 2019a, S. 30). Durch den Informationsaustausch zwischen den einzelnen Abteilungen können zudem geeignete Prozesse für die Automatisierung schneller identifiziert und angepasst werden (s. LACITY U. WILLCOCKS 2016a, S. 10). In einem Best-Practice-Beispiel beschreiben WILLCOCKS ET AL., wie eine effektive konzernweite Kommunikation zu der Unterstützung des Top-Managements und der Begeisterung der Mitarbeiter führte. Die Kommunikationsverantwortlichen hatten u. a. einen Wettbewerb für die Namensgebung von Softwarerobotern veranstaltet und allen Mitarbeitern die Möglichkeit eröffnet, die Automatisierungsaktivitäten über ein Dashboard zu beobachten (s. WILLCOCKS ET AL. 2015a, S. 20ff.).

Kollaboration

Für eine erfolgreiche Implementierung softwarebasierter Automatisierungstechnologien in der Administration bedarf es einer kollaborativen Zusammenarbeit zwischen allen Akteuren. LINDGREN betont die Wichtigkeit einer funktionierenden Kollaboration zwischen einer großen Anzahl von internen und externen Stakeholdern (s. LINDGREN 2020, S. 255). Insbesondere die frühe Einbindung und kollaborative Arbeit mit der IT-Abteilung stellt eine Notwendigkeit für ein erfolgreiches Implementierungsprojekt dar (s. WILLCOCKS ET AL. 2016, S. 15). Softwarebasierte Automatisierungstechnologien benötigen jedoch nicht nur zwischenmenschliche Kollaboration, sondern stellen ebenfalls hohe Anforderungen an die Zusammenarbeit zwischen Mensch und Softwareroboter. Daher wird dieser Form der Kollaboration eine zentrale Rolle im soziotechnischen System zuteil (s. WILLCOCKS ET AL. 2015a, S .19). ANAGNOSTE zieht aus seinen Fallstudien zur Implementierung von RPA in der Pharmaindustrie die Erkenntnis, dass die Automatisierung eine große Veränderung der Arbeitsweisen bewirkt und schlägt im Zuge dessen ein Kollaborationsmodell für Menschen und Roboter vor (s. ANAGNOSTE 2018b, S. 6).

Verhalten und Akzeptanz

Bei der Einführung neuer Technologien, welche potenzielle Veränderungen von Arbeitsabläufen bewirken, besteht unter Mitarbeitern oftmals ein Misstrauen. Vor diesem Hintergrund betonen viele Autoren die Relevanz von Akzeptanzmaßnahmen für beteiligte Stakeholder, um die Implementierung softwarebasierter Automatisierungstechnologien möglichst reibungslos zu gestalten. WILLCOCKS ET AL. erwähnen in ihrer Fallstudie, dass das RPA-Team für die Konfiguration der Software und die Durchführung von Akzeptanzstudien zuständig war (s. WILLCOCKS ET AL. 2016, S. 8). CARDEN ET AL. ergänzen, dass neben Akzeptanztests, welche hauptsächlich die Software selbst betreffen, auch das Management von Softskills wie Verhaltensweisen, Einstellungen und Motivationen wichtige Faktoren für eine effektive Kommunikation sind (s. CARDEN ET AL. 2019, S. 76f.) Hinsichtlich der Akzeptanz von und des Vertrauens in Automatisierungstechnologien werden in den untersuchten Fallstudien zwei unterschiedliche Fälle genannt. Einerseits besteht bei Mitarbeitern ein hohes Maß an Misstrauen oder Angst vor möglichen Jobverlusten, welche durch Akzeptanzmaßnahmen gemindert werden müssen (s. COSTA ET AL. 2019, S. 14; ASATIANI U. PENTTINEN 2016, S. 4). Andererseits werden Fälle geschildert, in denen die Einführung von RPA auf hohe Akzeptanz trifft und Begeisterung bei den Mitarbeitern auslöst (s. WILLCOCKS ET AL. 2015a, S. 5; KEDZIORA U. PENTTINEN 2020, S. 2). Die Akzeptanz der Technologie hängt von einer transparenten Kommunikation, Aufklärung und Bewerbung der Software ab. SCHMITZ ET AL. betonen in diesem Kontext die Aufklärung über Erleichterungen der Arbeitsaufgaben, welche durch eine RPA-Einführung ermöglicht werden (s. SCHMITZ ET AL. 2019a, S. 23). Allgemein vermitteln die Fallstudien den Anschein, dass Akzeptanz zwar ein wichtiger zu adressierender Faktor, jedoch kein Hemmnis für die Implementierung von Softwarerobotern ist. Effektive Kommunikation und Akzeptanzmaßnahmen, wie das Anthropomorphisieren jener, können Unternehmen dabei helfen, einerseits Ängste und Unsicherheiten abzubauen sowie andererseits Motivation und Unterstützung für das Projekt zu gewinnen (s. WILLCOCKS ET AL. 2015a, S. 5ff.).

Fähigkeiten und Kompetenzen

Die Automatisierung von Verwaltungsroutinen wird die derzeitigen Arbeitsbedingungen der Mitarbeiter infrage stellen und zu Veränderungen der Arbeitsinhalte, der Arbeitssituation und der Qualifikationsanforderungen der Mitarbeiter führen (s. LINDGREN 2020, S. 255). Die Möglichkeit, menschliche Arbeit auf wertschöpfende und kreative Aufgaben umzulegen, kann zu neuen interdisziplinären Kompetenzanforderungen an die Mitarbeiter führen (s. ASATIANI U. PENTTINEN 2016, S. 72). Während allgemein eine Veränderung der Anforderungen an Softskills und interdisziplinäre Fähigkeiten, welche für die Erfüllung neuer Arbeitsinhalte notwendig werden, als herausfordernd gilt, ist die Vermittlung von technischen Kenntnissen eher unkritisch. Zwar sprechen COSTA ET AL. bezogen auf steigende Automatisierungslevel von einem erhöhten Bedarf an Fortbildungen, jedoch sind die Anforderungen im technischen Bereich vergleichsweise gering (s. COSTA ET AL. 2019, S. 4). Nach Angaben der Fallstudien verlangt RPA nicht nach erweiterten Programmierkenntnissen, da die Interaktion mit der Software auf dem Benutzerinterface stattfindet (s. AGUIRRE U. RODRIGUEZ 2017a, S. 66). Die erforderlichen technischen Fähigkeiten für den Einsatz von Softwarerobotern können sich Mitarbeiter im Rahmen von Workshops und Fortbildungsangeboten von Softwareanbietern und Beratungsunternehmen bereits innerhalb von zwölf Wochen vollständig aneignen (s. LACITY U. WILLCOCKS 2016a, S. 8).

Individuelle Ziele und Motivation

Eine Organisation besteht aus einer Vielzahl von Individuen, die sich für das Erreichen von gemeinsamen Zielen zusammenschließen. Eine Organisation sollte sich daher auch der individuellen Ziele ihrer Mitglieder bewusst sein, um diese mit den übergeordneten Unternehmenszielen in Einklang bringen zu können. Werden Visionen geteilt und auch individuelle Ziele der Mitarbeiter erfüllt, so kann die Motivation der Letztgenannten erhöht und die Zufriedenheit gesteigert werden. LINDGREN postuliert vor diesem Hintergrund, dass das Interesse und Engagement der Organisationsmitglieder für ein erfolgreiches Automatisierungsprojekte geweckt werden müssen (s. LINDGREN 2020, S. 254). Die Motivation und die Befähigung zur Erreichung von eigenen Zielen können dabei eine wesentliche Rolle spielen. Das Engagement der Mitarbeiter steigt, sobald die Absicht, das Arbeitsleben durch Technologie einfacher zu gestalten, erkannt wird (s. KEDZIORA U. PENTTINEN 2020, S. 5). ASATIANI U. PENTTINEN warnen jedoch vor Spannungen zwischen Management und Mitarbeitern, die im Zuge der Implementierung auftreten können und dass diese die Mitarbeitermoral deutlich senken können (s. ASATIANI U. PENTTINEN 2016, S. 4). ANAGNOSTE merkt an, dass die Einführung von softwarebasierter Automatisierungstechnologie im administrativen Bereich nicht nur zu Verunsicherungen über erforderliche Fähigkeiten oder Jobängsten führen muss, sondern als gezielte Maßnahme zur Steigerung der Mitarbeitermotivation und Jobzufriedenheit genutzt werden kann. So beobachtete ANAGNOSTE eine drastische Senkung der Mitarbeiterfluktuation nach der Implementierung von RPA (s. ANAGNOSTE 2018b, S. 3). Auch WILLCOCKS ET AL. betonen, dass die Potenziale der Technologie nicht allein in der Reduktion von FTE bestehen, sondern insbesondere in der Steigerung der Arbeitsqualität, da transaktionale Aufgaben durch anspruchsvollere, interessantere und abwechslungsreichere Tätigkeiten ersetzt werden können (s. WILLCOCKS ET AL. 2016, S. 14; WILLCOCKS ET AL. 2015a, S. 12).

Mensch-Maschine-Interaktion

Mitarbeiter und Softwareroboter interagieren im Rahmen der softwarebasierten Automatisierung administrativer Prozesse über das GUI (s. AGUIRRE U. RODRIGUEZ 2017a, S. 66). Da Prozessinstanzen zum Teil nicht vollständig automatisiert werden können und Interventionen von Mitarbeitern in Ausnahmefällen notwendig sind, muss eine Methodik für die Mensch-Maschine-Interaktion geschaffen werden (s. ANAGNOSTE 2018b, S. 5), die Regeln und Ausnahmen für die Zusammenarbeit mit Softwarerobotern definiert und ausdetailliert (s. LACITY U. WILLCOCKS 2016a, S. 13). Obwohl sie in allen Quellen genannt wird, scheint die Mensch-Maschine-Interaktion als soziotechnisches Element wenig relevant, da diese von vielen anderen Faktoren geprägt wird. Bei soziotechnischen Systemen steht die Mensch-Maschine-Interaktion im Mittelpunkt (s. KEDZIORA U. PENTTINEN 2020, S. 8). Von hohem Interesse sind dabei diejenigen Faktoren, die entscheidenden Einfluss auf die Gestaltung jener interaktiven Kollaboration ausüben.

Die im Rahmen der Fallstudienanalyse untersuchten sozialen Elemente werden nachfolgend ausgewertet und diskutiert. Eine Übersicht liefert Tabelle 6-9.

Tabelle 6-9: Fallstudienbezogene Bewertung der soziotechnischen Elemente im sozialen Subsystem (eigene Darstellung)

Soziales Subsystem		Lindgren (2020)	Aguirre u. Rodriguez (2017)	Anagnoste (2018)	Willcocks u. Lacity (2015)	Fernandez u. Aman (2018)	Penttinen u. Asatiani (2016)	Dias et al. (2019)	Reich u. Braasch (2019)	Costa et al. (2018)	Cooper et al. (2018)	Willcocks u. Lacity (2016)	Schmitz et al. (2018)	Carden et al. (2019)	Kedziora u. Penttinen (2020)	Willcocks u. Lacity (2015)	**Erwähnungen je Element**	**relative Häufigkeit je Element**	**Dimensionswert**	**relativer Dimensionswert**
Lfd. Nr.		1	2	3	4	5	6	7	8	9	10	11	12	13	14	15				
Soziales Subsystem	Unternehmenskultur								x					x		x	3	0,2	9	0,6
	Kommunikation					x	x			x	x	x	x	x	x	x	9	0,6		
	Kollaboration	x	x	x		x		x	x		x	x		x	x	x	11	0,7		
	Verhalten/Akzeptanz					x	x			x	x	x	x	x		x	8	0,5		
	Fähigkeiten/Kompetenzen	x	x			x		x		x	x	x	x	x	x	x	11	0,7		
	individuelle Ziele/Motivation					x					x			x	x		4	0,3		
	HMI/HCI/HRI	x	x	x	x	x	x	x	x	x	x	x	x	x	x	x	15	1,0		
	Elemente je Fallstudie	3	3	2	1	6	3	3	3	4	6	5	4	7	5	6				
	Durchschnittl. Anzahl Elemente	4																		

Die in den Fallstudien am häufigsten erwähnten Elemente des sozialen Subsystems sind die *Mensch-Maschine-Interaktion*, die *Kollaboration* zwischen Menschen bzw. Mensch und Softwareroboter und die *Fähigkeiten und Kompetenzen* der Mitarbeiter. Es ist hervorzuheben, dass die *Unternehmenskultur* in den praktischen Anwendungsfällen mit drei Nennungen kaum Erwähnung findet, obwohl kulturelle Aspekte im Rahmen der A-priori-Untersuchung als wichtige Voraussetzung für Automatisierungsinitiativen identifiziert wurden. Insgesamt scheinen die Autoren der Fallstudien soziale Elemente bei der Implementierung von RPA oder anderen Automatisierungstechnologien nicht allzu stark in den Vordergrund zu rücken. Dennoch erwähnen CARDEN ET AL., COOPER ET AL., FERNANDEZ U. AMAN und WILLCOCKS ET AL. in ihren Veröffentlichungen mindestens jeweils sechs soziale Elemente. Die Relevanz dieser Elemente wird für Automatisierungsvorhaben somit sowohl von theoretischer als auch praktischer Seite bestätigt. Abgesehen von den Elementen *Unternehmenskultur* und *individuelle Ziele und Motivation* fällt die Häufigkeitsverteilung bei der Erwähnung sozialer Elemente homogen aus. Die durchschnittliche Anzahl erwähnter Elemente je Quelle liegt mit vier Elementen unterhalb des Wertes im A-priori-Modell (fünf). Daher wird eine Anzahl von vier bis maximal fünf soziale Elemente in der finalen Modellbildung angestrebt.

Soziotechnische Dimension: *Technisches Subsystem*

Nutzenversprechen

Die Fallstudien untersuchen fast ausschließlich RPA-Implementierungen und erwähnten in diesem Zusammenhang auch das Nutzenversprechen dieser Technologie. Zum Umfang des Nutzenversprechens von RPA zählen CARDEN ET AL. hohe Akkuratesse, Konsistenz und geringe Fehlerraten bei der Bearbeitung administrativer Aufgaben, eine hohe Flexibilität und Ortsunabhängigkeit durch eine nur minimal invasive und (de-

)zentral verwaltbare Technologie sowie die einfache Auditierbarkeit der Prozesse. Erzielt werden können zuverlässige Ergebnisse aufgrund der nahezu unbegrenzten Einsatzdauer der Softwareroboter (s. CARDEN ET AL. 2019, S. 73). ASATIANI U. PENTTINEN fügen hinzu, dass das Versprechen von RPA nicht allein auf Kostenreduktion begrenzt ist, sondern auch fehlerhafte Kommunikationen und andere Managementprobleme mithilfe von Softwarerobotern eliminiert werden können (s. ASATIANI U. PENTTINEN 2016, S. 4).

Benutzerfreundlichkeit

Neben dem erwarteten Nutzen ist auch die Benutzerfreundlichkeit für die Akzeptanz neuer Technologien ausschlaggebend. Automatisierungsprojekte werden in der Regel von den Business-Units und nicht von der IT-Abteilung des Unternehmens angestoßen. Vor diesem Hintergrund fehlt es vielen Mitarbeitern entweder an informationstechnischen Kompetenzen oder an notwendigem Prozessverständnis, um Automatisierungsvorhaben selbständig umzusetzen. Obwohl die IT von Anfang an involviert werden sollte, besteht die Projektleitung in der Regel bei der Business-Unit oder innerhalb eines zentralen CoE. Daher ist eine hohe Benutzerfreundlichkeit und einfache Handhabbarkeit der Software ein entscheidender Faktor für die Implementierung der Automatisierungslösungen (s. COSTA ET AL. 2019, S. 14). Diese ermöglichen dem Nutzer eine triviale Umsetzung der Automatisierung durch Drag-and-drop-Funktionen und durch Verknüpfung einzelner Baukastenkomponenten (s. AGUIRRE U. RODRIGUEZ 2017a, S. 66). Aufgrund der hohen Benutzerfreundlichkeit und intuitiven Bedienbarkeit sind besondere Programmierfähigkeiten für Anwender nicht erforderlich (s. WILLCOCKS ET AL. 2016, S. 10). In einigen Fällen werden laut KEDZIORA U. PENTTINEN jedoch auch Skill-Sets von Softwarearchitekten oder Softwareingenieuren benötigt (s. KEDZIORA U. PENTTINEN 2020, S. 6).

Effizienz

Aussagen der untersuchten Quellen zu Effizienz beziehen sich sowohl auf realisierte Effizienzsteigerungen bei administrativen Prozessen als auch auf eine effiziente Auslegung der notwendigen Infrastruktur. Obwohl nahezu alle Quellen Effizienzsteigerungen in der Administration thematisieren, sollen im Rahmen dieser Dissertationsschrift Effizienzfaktoren hinsichtlich Infrastruktur und Softwarekonfiguration vertieft werden, da diese als Voraussetzungen und nicht als Ergebnisse zu sehen sind und ausschließlich der technischen Dimension zugeordnet werden können. In der Fallstudie von WILLCOCKS ET AL. wird betont, dass Prozessdesign und anschließende Tests Kernfaktoren für die optimale Auslastung der Softwareroboter darstellen. Softwarekomponenten sollen effizient, einfach instand zu halten und wiederverwendbar sein, um den Leistungsumfang der Technologie vollständig ausschöpfen zu können (s. WILLCOCKS ET AL. 2015a, S. 11).

Zuverlässigkeit

Die Fallstudienanalyse stellt heraus, dass die Zuverlässigkeit softwarebasierter Automatisierungstechnologien von einem rein technologischen Standpunkt her, keine große Bedeutung bei der Planung, Umsetzung und Skalierung hat. Lediglich drei Fallstudien erwähnten die technische Zuverlässigkeit und diese meist positiv. Zuverlässigkeitsprobleme treten demnach hauptsächlich dann auf, wenn Prozesse nicht sinnvoll auf eine Automatisierung angepasst oder Softwareroboter falsch konfiguriert wurden (s. KEDZIORA U. PENTTINEN 2020, S. 6ff.). In Bezug auf RPA ist die Technologie bereits so weit ausgereift, dass die Zuverlässigkeit eines Softwareroboters in der Prozessbearbeitung, die eines Mitarbeiters im Regelfall deutlich übersteigt. Die Zuverlässigkeit vollständig kognitiver Automatisierung kann im Rahmen von Fallstudienauswertungen derzeit noch nicht konkret eingeschätzt werden. ANAGNOSTE erwähnt, dass nach Implementierung von RPA die anfängliche Skepsis schnell wich, da sich der Roboter bereits nach kurzer Zeit durch konsistent fehlerfreie Aufgabenbearbeitung beweisen konnte und seitdem einen Ruf der Zuverlässigkeit genießt (s. ANAGNOSTE 2018b, S. 3). CARDEN ET AL. fügen hinzu, dass Aspekte bei der Systemintegration von RPA eine größere Rolle spielen als die Zuverlässigkeit der Technologie selbst (s. CARDEN ET AL. 2019, S. 77).

IT-Infrastruktur

Bei der Einführung neuer Software spielt die vorhandene IT-Infrastruktur häufig eine große Rolle, da stets technische Voraussetzungen hinsichtlich Software und Hardware erfüllt sein müssen, bevor ein Programm effizient funktioniert. Für den RPA-Einsatz stellen die meisten Autoren im Rahmen ihrer Fallstudien fest, dass die Technologie oftmals nur sehr geringe Anforderungen an die IT-Infrastruktur stellt (s. SCHMITZ ET AL. 2019a, S. 29). Durch die Front-End-Integration der Technologie sind lediglich nicht-invasive Anpassungen der zugrundeliegenden Infrastruktur notwendig (s. SCHMITZ ET AL. 2019a, S. 29; KEDZIORA U. PENTTINEN 2020, S. 6). Gegenüber einer Back-End-Integration, welche im Zuge einer vollständig kognitiven Automatisierung notwendig wird, genießt die RPA-Technologie den Vorteil, dass keine Ressourcen für ständige Systemänderungen aufgebracht werden müssen (s. ASATIANI U. PENTTINEN 2016, S. 4). In der Pilotphase einer RPA-Implementierung ist zu gewährleisten, dass nötige Hardware- und Softwareressourcen zur Verfügung stehen, Zugangsrechte vergeben wurden und kontinuierliche Konnektivität sichergestellt ist (s. CARDEN ET AL. 2019, S. 75). Obwohl die Anforderungen von RPA an die Infrastruktur gering ausfallen, sollte bei dem Rollout dennoch akribisch auf die Leistungsfähigkeit des Gesamtsystems geachtet werden. Die Infrastruktur sollte stets verfügbar, sicher und skalierbar sein, damit Anlaufschwierigkeiten und Probleme beim weiteren Prozessablauf vermieden werden können (s. WILLCOCKS ET AL. 2016, S. 15; LACITY U. WILLCOCKS 2016a, S. 13).

Kompatibilität und Integrationsfähigkeit

Eine softwarebasierte Ende-zu-Ende-Automatisierung von Prozessen verlangt nach einer hohen Kompatibilität mit involvierten Systemen und einer Integrationsfähigkeit in die bestehende IT-Landschaft des Unternehmens. RPA interagiert nach der Konfiguration mit multiplen Applikationen und Datenbanken (s. ANAGNOSTE 2018b, S. 2). Auch AGUIRRE U. RODRIGUEZ betonen, dass RPA mit anderen Softwareprogrammen im Back-End kompatibel sein muss. Dies betrifft derzeit Systeme wie BPMS und ERP-Software

(s. AGUIRRE U. RODRIGUEZ 2017a, S. 70). Die Interaktion mit ERP-System, CRM-Software oder ähnlichen Anwendungen findet zumeist über APIs oder andere Standard-Integrationsmethoden statt (s. WILLCOCKS ET AL. 2016, S. 3f.). Als großer Vorteil von RPA ist zu bewerten, dass die Technologie in hohem Maße interoperabel ist und nach der Konfiguration nahezu problemlos auf jeder Plattform, Mainframes, Clientservern oder Cloudsystemen ausgeführt werden kann (s. LACITY U. WILLCOCKS 2016a, S. 10). SCHMITZ ET AL. betonen in diesem Zusammenhang, dass die Standardisierung von Interfaces in der Zukunft eine hohe Relevanz besitzt (s. SCHMITZ ET AL. 2019a, S. 31ff.). Fallstudienerkenntnisse zu Kompatibilität und Integrationsfähigkeit von kognitiver Automatisierung liegen derzeit noch nicht vor. Es ist jedoch anzunehmen, dass bei einer Einführung von CPA und der damit verbundenen Back-End-Integration größere Herausforderungen auftreten werden und dieses soziotechnische Element in Zukunft an Relevanz gewinnen wird.

IT-Sicherheit

IT-Sicherheitsvorgaben sind bei der Implementierung neuer Software grundsätzlich zu erfüllen (s. KEDZIORA U. PENTTINEN 2020, S. 2). Auch für Automatisierungssysteme gilt eine unbedingte Einhaltung der IT-Sicherheitsvorgaben und anderer von der Compliance vorgegebener Richtlinien (s. WILLCOCKS ET AL. 2016, S. 15). Technologieseitig wird RPA oftmals bereits vom Anbieter und spätestens nach der Konfiguration am Arbeitsplatz auf die Einhaltung der jeweiligen Sicherheitsvorschriften programmiert (s. WILLCOCKS ET AL. 2015a, S. 17). Dennoch sind Sicherheitsrisiken bei der Nutzung von RPA nicht ausgeschlossen. CARDEN ET AL. warnen vor externen Kräften, die Sicherheitslücken im Zuge neuer Systemanpassungen nutzen und Intranet-Sicherheitssysteme überwinden könnten (s. CARDEN ET AL. 2019, S. 76). Um sensible Daten zu schützen, raten SCHMITZ ET AL. dazu, die Vertraulichkeitsstufen aller von Softwarerobotern abrufbaren Informationen sorgfältig zu prüfen (s. SCHMITZ ET AL. 2019a, S. 24).

Maintenance

Die Durchführung eines erfolgreichen Automatisierungsvorhabens erfordert Wartungs- und Instandhaltungsarbeiten der Softwareroboter. Nur wenn diese stets auf aktuellem Stand gehalten werden, können Effizienzpotenziale nachhaltig realisiert werden. Die Software muss dabei sowohl durch Updates als auch hinsichtlich Veränderungen von Prozessabläufen aktualisiert werden. Für diese Aufgaben müssen Unternehmen, die RPA implementieren, die notwendigen Kompetenzen in der Belegschaft akkumulieren (s. KEDZIORA U. PENTTINEN 2020, S. 3). Während Softwareanbieter in der Anfangsphase des Automatisierungsprojekts bei der Wartung der Softwareroboter unterstützen können, empfiehlt die Praxisliteratur die Ausbildung eigener Maintenance-Verantwortlicher aus IT-Abteilungen und Business-Units. Der Maintenance-Aufwand scheint dabei mit fortschreitendem Automatisierungslevel zu sinken. Während Screen-Scraping-Applikationen wie RDA hohen Wartungsaufwänden unterlagen, fällt der Aufwand bei RPA gemäß den Fallstudien geringer aus (s. WILLCOCKS ET AL. 2016, S. 11). Im Hinblick auf CPA ist zu erwarten, dass aufgrund eigenständiger Problemlösefähigkeiten der Software regelmäßige Wartungsaufwände weiter reduziert werden können.

Flexibilität

Bei der Definition des technischen Elements *Flexibilität* handelt es sich primär um die Bewertung des organisationalen Nutzens softwarebasierter Automatisierung anhand der Identifikation adäquater Einsatzmöglichkeiten. Während Screen-Scraping-Anwendungen sehr beschränkt in der Bearbeitung andersartiger Aufgaben sind, können RPA-Softwareroboter bereits in kurzer Zeit neu konfiguriert und an Prozessanforderungen angepasst werden. Für CPA werden noch höhere Flexibilitäten bei gleichzeitig geringerem Maintenance-Aufwand erwartet. Neben dem großen Anwendungsspektrum der RPA-Technologie steigert auch die Front-End-Integration von RPA die Flexibilität und erhöht die Implementierungsgeschwindigkeit (s. ASATIANI U. PENTTINEN 2016, S. 4f.). Kombiniert mit agilem Prozessdesign kann die Flexibilität der Softwareroboter auf die Organisation übertragen und unternehmensweit genutzt werden (vgl. SCHMITZ ET AL. 2019a, S. 16).

Die im Zuge der Fallstudienforschung analysierten technischen Elemente werden nachfolgend ausgewertet und diskutiert. Eine Übersicht dieser liefert Tabelle 6-10.

Tabelle 6-10: Fallstudienbezogene Bewertung der soziotechnischen Elemente im technischen Subsystem (eigene Darstellung)

Technisches Subsystem		Lindgren (2020)	Aguirre u. Rodriguez (2017)	Anagnoste (2018)	Willcocks u. Lacity (2015)	Fernandez u. Aman (2018)	Penttinen u. Asatiani (2016)	Dias et al. (2019)	Reich u. Braasch (2019)	Costa et al. (2018)	Cooper et al. (2018)	Willcocks u. Lacity (2016)	Schmitz et al. (2018)	Carden et al. (2019)	Kedziora u. Penttinen (2020)	Willcocks u. Lacity (2015)	Erwähnungen je Element	relative Häufigkeit je Element	Dimensionswert	relativer Dimensionswert
Lfd. Nr.		1	2	3	4	5	6	7	8	9	10	11	12	13	14	15				
Technisches Subsystem	Nutzenversprechen						x			x				x			3	0,2		
	Benutzerfreundlichkeit		x						x		x						3	0,2		
	Effizienz	x					x	x	x		x		x			x	7	0,5		
	Zuverlässigkeit			x							x				x		3	0,2		
	Infrastruktur		x	x	x						x	x		x	x	x	8	0,5	6	0,4
	Kompatibilität/Integrationsfähigkeit		x		x		x	x	x		x	x	x	x	x		10	0,7		
	IT-Sicherheit				x			x	x		x	x	x	x	x	x	9	0,6		
	Maintenance										x	x			x	x	4	0,3		
	Flexibilität						x	x					x				3	0,2		
Elemente je Fallstudie		1	3	2	3	0	4	4	4	1	7	4	4	4	5	4				
Durchschnittl. Anzahl Elemente		3																		

Hinsichtlich der Häufigkeitsverteilungen von technischen Elementen in den Fallstudien werden die unterschiedlichen Betrachtungsschwerpunkte der einzelnen Autoren verglichen mit den anderen Dimensionen am deutlichsten. Während nahezu alle Quellen im Schnitt jeweils mindestens drei Elemente der organisationalen Dimension und des sozialen Subsystems erwähnen, betrachten sowohl LINDGREN als auch COSTA ET AL. nur jeweils ein technisches Element, FERNANDEZ U. AMAN sogar keines. In der Fallstudie von COOPER ET AL. finden hingegen sieben technische Elemente eine Erwähnung. Im Durchschnitt werden, verglichen mit dem A-priori-Modell, jedoch mehr technische Elemente aufgezeigt. *Kompatibilität und Integrationsfähigkeit* sowie *IT-Sicherheit* sind hierbei die am häufigsten erwähnten. Im Gegensatz dazu zeigen lediglich drei Quellen das *Nutzenversprechen*, die *Benutzerfreundlichkeit* und die *Flexibilität* auf. Da diese Elemente bereits im A-priori-Modell selten erwähnt wurden, ist die Relevanz dieser für das soziotechnische Beschreibungsmodell näher zu untersuchen. Die durchschnittliche Anzahl aufgezeigter Elemente beträgt sowohl in der Fallstudienanalyse als auch im A-priori-Modell drei. Aufgrund der hohen Differenz zwischen durchschnittlicher Elementanzahl und der Menge untersuchter Elemente ist von einer zu hohen Komplexität dieser Dimension auszugehen. Eine Zusammenfassung bzw. ein Ausschluss jener erscheint daher als sinnvoll für die Entwicklung des finalen Beschreibungsmodells.

Tabelle 6-11: Übersicht der soziotechnischen Elemente aus der Fallstudienanalyse (eigene Darstellung)

Fallstudienanalyse		Lindgren (2020)	Aguirre u. Rodriguez (2017)	Anagnoste (2018)	Willcocks u. Lacity (2015)	Fernandez u. Aman (2018)	Penttinen u. Asatiani (2016)	Dias et al. (2019)	Reich u. Braasch (2019)	Costa et al. (2018)	Cooper et al. (2018)	Willcocks u. Lacity (2016)	Schmitz et al. (2018)	Carden et al. (2019)	Kedziora u. Penttinen (2020)	Willcocks u. Lacity (2015)	**Erwähnungen je Element**	**relative Häufigkeit je Element**	**Dimensionswert**	**relativer Dimensionswert**
Lfd. Nr.		1	2	3	4	5	6	7	8	9	10	11	12	13	14	15				
Organisation	Purpose/Vision/Mission											x			x	x	3	0,2	8	0,5
	Leadership									x		x	x	x		x	5	0,3		
	Governance				x	x					x	x	x	x	x	x	8	0,5		
	Entscheidungsprozesse	x	x			x			x	x	x						6	0,4		
	Stakeholder Management				x				x	x		x	x		x	x	7	0,5		
	Operating Model			x							x					x	3	0,2		
	Compliance		x	x	x		x	x	x		x	x	x	x	x	x	12	0,8		
	(De-)zentralisierung		x	x	x					x				x	x		6	0,4		
	Organisationsstrukturen							x		x		x	x		x	x	6	0,4		
	Prozess- und Aufgabengestaltung	x	x	x	x	x	x	x	x	x	x	x	x	x	x	x	15	1		
	Rollen und Verantwortlichkeiten	x			x	x	x	x	x	x	x	x	x	x	x	x	13	0,9		
Soziales Subsystem	Unternehmenskultur								x					x		x	3	0,2	9	0,6
	Kommunikation					x	x			x	x	x	x	x	x	x	9	0,6		
	Kollaboration	x	x	x		x		x	x		x	x		x	x	x	11	0,7		
	Verhalten/Akzeptanz					x	x			x	x	x	x	x		x	8	0,5		
	Fähigkeiten/Kompetenzen	x	x			x		x		x	x	x	x	x	x	x	11	0,7		
	individuelle Ziele/Motivation					x					x			x	x		4	0,3		
	HMI/HCI/HRI	x	x	x	x	x	x	x	x	x	x	x	x	x	x	x	15	1		
Technisches Subsystem	Nutzenversprechen						x			x				x			3	0,2	6	0,4
	Benutzerfreundlichkeit		x						x		x						3	0,2		
	Effizienz	x					x	x	x		x		x			x	7	0,5		
	Zuverlässigkeit			x							x				x		3	0,2		
	Infrastruktur		x	x	x						x	x		x	x	x	8	0,5		
	Kompatibilität/Integrationsfähigkeit		x		x		x	x	x		x	x	x	x	x		10	0,7		
	IT-Sicherheit				x			x	x		x	x	x	x	x	x	9	0,6		
	Maintenance										x	x			x	x	4	0,3		
	Flexibilität						x	x					x				3	0,2		

	1	2	3	4	5	6	7	8	9	10	11	12	13	14	15
Neue Elemente	7	5	2	3	3	2	1	1	1	1	1	0	0	0	0
Elemente kumuliert	7	12	14	17	20	22	23	24	25	26	27	27	27	27	27
Elemente je Fallstudie	7	10	8	10	10	10	11	12	12	19	17	15	17	18	19

Durchschnittl. Anzahl Elemente	13

Die 27 soziotechnischen Elemente aus dem A-priori-Modell konnten im Rahmen der Fallstudienanalyse auf ihre Erwähnung in den anwendungsfallbezogenen Beiträgen untersucht werden. Nach der Detailbetrachtung erfolgt die Darstellung der Ergebnisse des Gesamtmodells. Die komplette Fallstudienanalyse ist in Tabelle 6-11 dargestellt. Die gewonnenen Erkenntnisse aus der Fallstudienanalyse werden abschließend zusammengefasst, mit dem A-priori-Modell verglichen und diskutiert.

Gemessen an dem A-priori-Modell fällt die homogene Verteilung der Elemente in der Fallstudienanalyse auf. Zwar finden die des technischen Subsystems in den Fallstudien ebenfalls am wenigsten Erwähnung, jedoch ist der Fokus auf das soziale Subsystem und die **Organisation** nicht so stark ausgeprägt wie in der theoretischen Literatur. Beträgt der Dimensionswert für die Benennung organisationaler Elemente im A-priori-Modell noch zwölf, so sind es in der Fallstudienanalyse acht. Auch mit Blick auf die Elemente des **sozialen Subsystems** ist ein Rückgang der Nennungen zu erkennen. Verglichen mit einem Wert von 15 im A-priori-Modell fällt der Wert von neun deutlich geringer aus. Bei der Betrachtung des **technischen Subsystems** und dessen Elementen ist in den Fallstudien ein marginaler Anstieg der Erwähnungen zu erkennen. Der Dimensionswert beläuft sich sowohl im A-priori-Modell als auch in den Fallstudien auf sechs. Allgemein kann der Fallstudienanalyse entnommen werden, dass soziale Aspekte zwar am häufigsten benannt werden, die Diskrepanz jedoch nicht so ausgeprägt ist wie in der theoretischen Literatur.

Die durchschnittliche Anzahl adressierter soziotechnischer Elemente je Quelle, bezogen auf das Gesamtmodell, ist mit 13 ähnlich hoch wie im A-priori-Modell (14). Daraus lässt sich schließen, dass 13 bis 14 soziotechnische Elemente für das finale Beschreibungsmodell geeignet sind. Eine Reduktion der Komplexität durch Kategorisierung und Zusammenfassung von Elementen mit großen inhaltlichen Überschneidungen sowie eine Vernachlässigung von Elementen mit nachweislich geringer Relevanz scheinen für die Entwicklung des soziotechnischen Beschreibungsmodells angebracht. Die teilweise stark abweichenden Untersuchungsschwerpunkte von Theorie und Praxis müssen im Beschreibungsmodell berücksichtigt werden. Auch wenn soziale Faktoren in den Fallstudien nicht stark fokussiert werden, kann daraus nicht automatisch eine Aussage zur Relevanz einzelner Elemente getroffen werden. Ein Zusammenhang muss untersucht und Möglichkeiten der Komplexitätsreduktion evaluiert werden. Elemente, die sowohl in der Theorie als auch in der Praxis kaum Erwähnung finden, werden jedoch aus der weiteren Modellbildung ausgeschlossen.

6.2.3 Entwicklung des soziotechnischen Beschreibungsmodells

Das Ziel des nachfolgenden Kapitels ist die Untersuchung der Beziehungen zwischen den einzelnen Elementen und die anschließende Kategorisierung dieser zur Komplexitätsreduktion. Zu diesem Zweck werden Redundanzen und Überschneidungen der Elemente sichtbar gemacht und ihre Relevanz für die Praxis bewertet. Aus Erkenntnissen zu den soziotechnischen Elementen des A-priori-Modells und der Fallstudienanalyse werden Beziehungen hergleitet, welche in Form einer **Concept-Map** in Anlehnung an die Methodik nach URZE ET AL. visualisiert werden. Dies erlaubt eine inhaltliche Zusammenfassung und Kategorisierung der untersuchten Elemente und dient der Nachvollziehbarkeit des Beschreibungsmodells. Neben neuen Kategorien werden auch Elemente, die für das finale Modell unverzichtbar sind und nicht sinnvoll zusammengefasst werden können, als Komponenten in das soziotechnische System eingefügt. Somit kann eine möglichst geringe Komplexität bei gleichzeitiger Vollständigkeit und hoher Praxistauglichkeit des soziotechnischen Beschreibungsmodells erreicht werden. Die entwickelte Concept-Map setzt die einzelnen Elemente über Verbindungspfeile zueinander in Beziehung (siehe Abbildung 6-23). Dabei werden neben den drei Subsystemen sowie deren zugehörigen Elementen auch die ausgeschlossenen Elemente des A-priori-Modells visualisiert. Mithilfe von Erklärungsgrößen wird angestrebt, eine hohe Reproduzierbarkeit der Modellentwicklung zu gewährleisten. Im folgenden Abschnitt werden die Bestandteile der Concept-Map erläutert und die Beziehungen zwischen diesen erklärt.

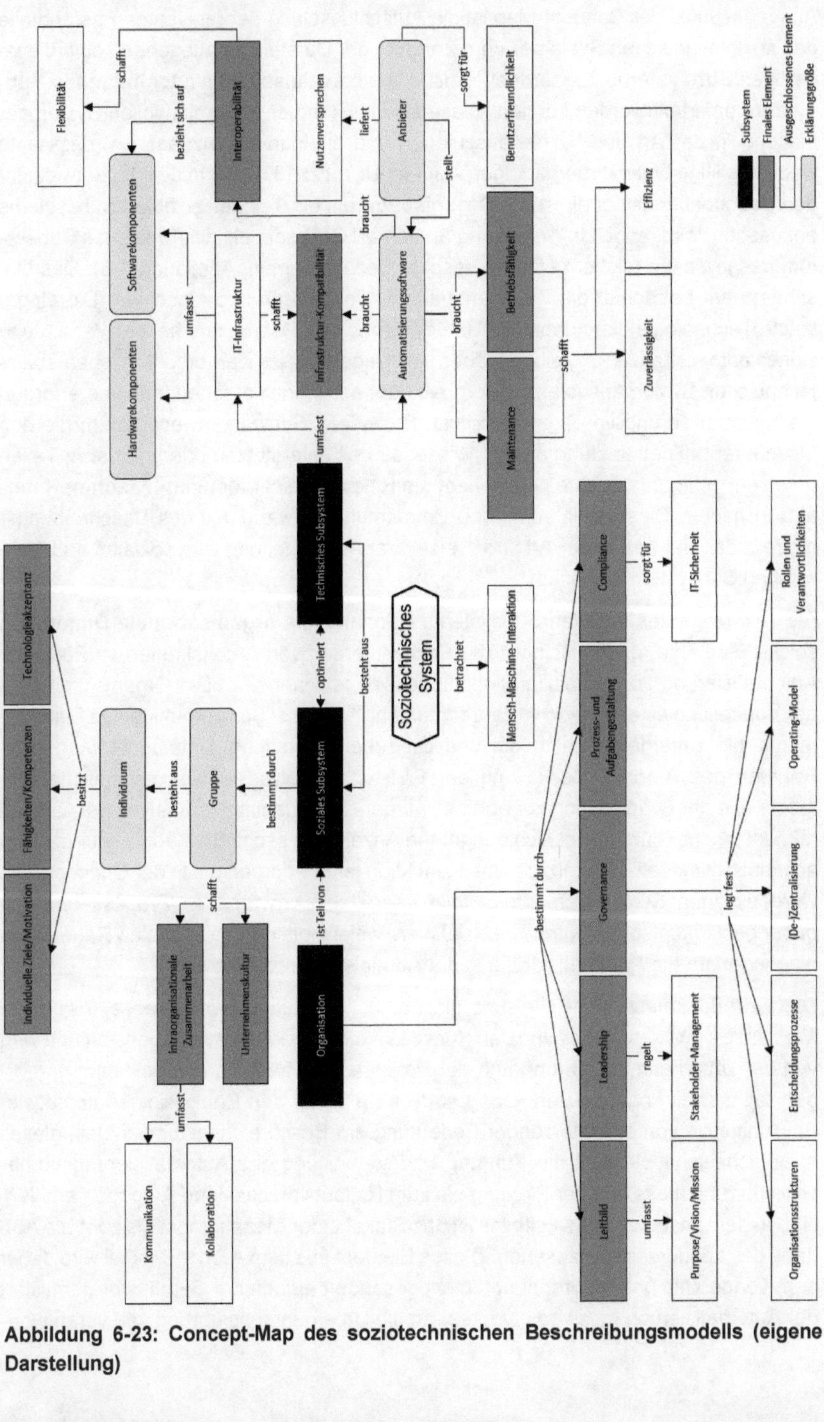

Abbildung 6-23: Concept-Map des soziotechnischen Beschreibungsmodells (eigene Darstellung)

Ausgangspunkt der Concept-Map ist die Aufschlüsselung der relevanten Bestandteile des soziotechnischen Systems. Vom Zentrum der Darstellung ausgehend sind die jeweiligen **Subsysteme** zugeordnet, welche in ein **soziales** und ein **technisches Subsystem** unterteilt werden können. Diese sind im Rahmen einer sinnvollen Systemgestaltung in der Art und Weise auszulegen und aneinander anzupassen, dass eine wechselseitige Optimierung erfolgen kann (s. ULICH 2013, S. 5). In dem zu entwickelnden Beschreibungsmodell ist die **Organisation** als ein Teil des sozialen Subsystems anzusehen, wird jedoch in Anlehnung an den MTO-Ansatz als differenziertes Subsystem ausgewiesen (siehe metatheoretischer Bezugsrahmen, Abbildung 3-6). Das Gesamtsystem betrachtet die Zusammenarbeit von Mensch und Maschine. Die eingesetzte Technologie dient dabei als Unterstützung des Mitarbeiters bei der Verrichtung seiner administrativen Arbeitsaufgaben. Im Gegensatz zu den ursprünglichen soziotechnischen Systemansätzen im Bergbau oder der produzierenden Industrie erfordert die Automatisierung von administrativen Prozessen Softwareanwendungen, die den Mitarbeiter bei der Ausführung von Wissensarbeit unterstützen oder ihn gar in Teilen ersetzen. Jede untersuchte Quelle hebt die Relevanz einer **Mensch-Maschine-Interaktion** hervor. Diese stellt somit den Betrachtungsschwerpunkt des Beschreibungsmodells dar und wird in der Art und Weise ihrer Ausgestaltung vom sozialen und technischen Subsystem beeinflusst.

Als Teilmenge des sozialen Subsystems beinhaltet die **organisationale Dimension** solche Elemente, die hinsichtlich der Orchestrierung von Arbeitskräften im Zuge der Automatisierung von Administrationsprozessen relevant sind. Die Organisation folgt der Vorstellung einer Top-down-Betrachtung und umfasst Schwerpunkte des Managements, der Unternehmensstruktur und der Arbeitsgestaltung. Untersucht wurden im Rahmen des A-priori-Modells und der Fallstudienanalyse elf soziotechnische Elemente, die der Organisation zugeordnet wurden. Die quantitative Analyse der Quellen mündet in einer durchschnittlich genannten Anzahl von sechs Elementen. Für das Beschreibungsmodell ist demnach eine Reduktion jener erforderlich. In der Concept-Map werden die fünf Systemelemente *Leitbild*, *Leadership*, *Governance*, *Prozess- und Aufgabengestaltung* sowie *Compliance* definiert, welche die organisationalen Rahmenbedingungen für die Automatisierung in der Administration bestimmen.

Das **Leitbild** umfasst sämtliche strategische Ausgestaltungen von Purpose, Vision und Mission. Es gibt den Zweck und den Kurs des Automatisierungsvorhabens an und wird von der Unternehmensführung und der Projektleitung formuliert, abgestimmt und organisationsweit kommuniziert. Das **Leadership** ist für den Erfolg einer Automatisierungsinitiative von entscheidender Bedeutung. Im Beschreibungsmodell stellt dieses soziotechnische Element die Führung und Verwaltung des Automatisierungsvorhabens dar und muss von der Planung bis zum Rollout verschiedene Aufgaben erfüllen. Neben der Umsetzung des Leitbilds ist das Stakeholder-Management als zentrale Aufgabe des Leaderships anzusehen. Dieses Element aus dem A-priori-Modell wird daher dem Leadership untergeordnet und nicht gesondert aufgeführt. Bereits vor dem Start der Automatisierung muss das Konzept an die Unternehmensführung, die verantwortlichen Business-Units und die IT-Abteilung kommuniziert werden. Kritisch für den Projekterfolg ist in dieser Phase die Gewinnung einflussreicher Projektsponsoren. Während des Projekts umfasst das Stakeholder-Management insbesondere die Motivation und Ausrichtung der Organisationsmitglieder sowie die Umsetzung und Anpassung von Gestaltungsvorschlägen. Projektfortschritte werden erfasst und an die Mitarbeiter kommuniziert. Darüber hinaus umfasst das Leadership den Informationsaustausch mit externen Stakeholdern, wie Softwareanbietern, Beratern und Kunden. Leadership wird im Beschreibungsmodell aufgrund der hohen Relevanz für den Erfolg von Automatisierungsvorhaben als differenziertes Element geführt. Individuelle Führungsstile sollen mit dem Element ebenso ausgedrückt werden wie allgemeine Rollen, Aufgaben und Verantwortungen der Führungskräfte. Eine Eingliederung in die Governance wird nicht als praktikabel erachtet. Denn unter diesem Element werden in der Concept-Map und letztendlich im Beschreibungsmodell die fünf soziotechnischen Aspekte *Organisationsstrukturen*, *Entscheidungsprozesse*, *(De-)Zentralisierung*, *Operating-Model* sowie *Rollen und Verantwortlichkeiten* zusammengefasst, da diese einen hohen Überschneidungsgrad aufweisen. Eine Zusammenfassung ermöglicht zudem die angestrebte Komplexitätsreduktion des finalen Modells. In Anlehnung an die integrierten Faktoren, legt eine Governance die Regeln organisationalen Handelns fest. Diese geben an, wie die Automatisierung aufbauorganisatorisch verankert sein soll, das Betriebsmodell zu gestalten ist, wer kritische Entscheidungen zu treffen hat und welche Verantwortungen von wem zu tragen sind (vgl. KLEIN ET AL. 2019, S. 6ff.; BARET ET AL. 2013, S. 1ff.). Als weiterführendes organisationales Element ist die **Prozess- und Aufgabengestaltung** sowohl als Konsequenz einer als auch als Vorbereitung auf eine Automatisierung zu verstehen. Dieses Element besitzt eine hohe Relevanz für das Beschreibungsmodell, da nahezu alle untersuchten Quellen die notwendigen oder anstehenden Veränderungen in zu automatisierenden Prozessen und Aufgaben intensiv thematisieren. Während das Leitbild den Kurs einer organisationsweiten Automatisierungsinitiative vorgibt, Leadership und Governance die notwendigen Rahmenbedingungen schaffen, Prozess- und Aufgabengestaltung erforderliche Anpassungen trifft, erzeugt die **Compliance** einen Fit mit unternehmensindividuellen rechtlichen Vorgaben. Der Compliance kommt weiterhin eine zentrale Rolle bei der Gewährleistung der IT-Sicherheit zu, da mögliche Risiken durch regelmäßige Kontrollen aufgedeckt werden können. Die im A-priori-Modell aufgezeigte IT-Sicherheit wird daher dem soziotechnischen Element Compliance und damit der organisationalen Dimension zugeordnet. Aufgrund der hohen Relevanz von Compliance und der Einhaltung von IT-Sicherheit in den untersuchten Fallstudien wird Compliance als eigenständiges Element in der Concept-Map gelistet. Die Anzahl der soziotechnischen Elemente in der organisationalen Dimension beläuft sich somit auf fünf.

Während die organisationale Dimension die Orchestrierung der Mitarbeiter in einem Unternehmen, also die Schaffung von Rahmenbedingungen für die Zusammenarbeit und die Gestaltung von Aufgaben und Prozessen, fokussiert, betrachtet das **soziale Subsystem** individuelle Merkmale und zwischenmenschliche Beziehungen. Dabei werden sowohl die einzelnen Mitarbeiter als Individuen sowie deren kollektiver Zusammenschluss als Gruppe berücksichtigt. Im Rahmen der Literaturrecherche und Fallstudienanalyse wurden sieben soziotechnische Elemente identifiziert, die dem sozialen Subsystem zugeordnet werden können. Die quantitative Analyse der Quellen zeigt für das A-priori-Modell, dass durchschnittlich fünf Elemente genannt werden. Im Zuge der Fallstudienanalyse liegt diese Anzahl bei vier. Für das Beschreibungsmodell ist die Gesamtheit der Elemente im sozialen Subsystem daher auf maximal fünf zu begrenzen. Vor diesem Hintergrund zeigt die Concept-Map fünf Systemelemente auf: *Unternehmenskultur*, *intraorganisationale Zusammenarbeit*, *Technologieakzeptanz*, *Fähigkeiten und Kompetenzen* sowie die *individuellen Ziele und die Motivation* der Mitarbeiter. Um die Elemente einordnen zu können, werden die beiden Erklärungsgrößen *Individuum* und *Gruppe* herangezogen. Mithilfe dieser Erklärungsgrößen können die Zusammenhänge zwischen individuellen Eigenschaften und der kollektiven Zusammenarbeit der Mitarbeiter visualisiert werden.

Der Gruppe kann die **Unternehmenskultur** zugewiesen werden, welche das soziale Zusammenwirken aller Individuen beschreibt. Eine technologie-affine Unternehmenskultur wurde im Rahmen des A-priori-Modells von einer deutlichen Mehrheit der untersuchten Quellen als erfolgskritisch hervorgehoben und wird daher als Element in das Beschreibungsmodell übernommen. Auch wenn im Rahmen der Fallstudienanalyse ein deutlich geringerer Anteil der Autoren die Bedeutung der Unternehmenskultur thematisiert, wird deren Relevanz unverändert als sehr hoch eingeschätzt. Die Diskrepanz zwischen dem A-priori-Modell und der Fallstudienanalyse ist auf eine Pragmatik der Anwendungsbeispiele zurückzuführen. Prozesse, Aufgaben und Kommunikationswege können einfacher neu gestaltet und auf eine Automatisierung ausgelegt werden als eine tiefgreifende vielschichtige Unternehmenskultur. Auch Mitarbeiter können schneller hinsichtlich erforderlicher Kompetenzen eingestellt oder ausgebildet werden als eine Unternehmenskultur angepasst werden kann. Weiterhin bestehen Herausforderungen hinsichtlich der objektiven Messbarkeit unternehmenskultureller Einflüsse. Das zweite Element, welches der Gruppe zugeordnet wird, ist die **intraorganisationale Zusammenarbeit**. Die Kommunikation und Kollaboration der Mitarbeiter werden aus Gründen der Komplexitätsreduktion in diesem Element zusammengefasst. Weitere soziotechnische Elemente des sozialen Subsystems werden im Folgenden dem Individuum zugeteilt, da jene den einzelnen Mitarbeiter charakterisieren. So verfügen diese über **individuelle Ziele und Motivationen** hinsichtlich ihrer Arbeitstätigkeit sowie über unterschiedliche **Fähigkeiten und Kompetenzen**, um diese auszuüben. Weiterhin kann der Grad der individuellen **Technologieakzeptanz** als relevanter Aspekt für den Erfolg der softwarebasierten Automatisierung betrachtet werden. Da diese soziotechnischen Elemente aus dem A-priori-Modell übernommen werden und ein Ausschluss oder eine Zusammenfassung nicht notwendig ist, erfolgt an dieser Stelle keine weitere Beschreibung. Detaillierte Informationen wurden bereits im vorangegangenen Kapitel aufgezeigt.

Neben der Schaffung organisationaler Rahmenbedingungen und der Bereitstellung von Tätigkeiten durch das soziale Subsystem, erfordert die Mensch-Maschine-Interaktion eine technologische Komponente. Diese wird durch das technische Subsystem bereitgestellt. In diesem Zusammenhang wird nicht nur die Technologie als solche, sondern auch die beeinflussten Elemente, die zur Sicherstellung der Leistungsfähigkeit notwendig sind, in die Betrachtung mit einbezogen. Im Rahmen der Literaturrecherche und Fallstudienanalyse wurden neun soziotechnische Elemente identifiziert, die dem technischen Subsystem zugeordnet werden können. Die quantitative Analyse der Quellen führt sowohl im A-priori-Modell als auch in der Fallstudienanalyse zu einer durchschnittlich genannten Anzahl von drei Elementen. Für das Beschreibungsmodell ist die Gesamtheit der Elemente im technischen Subsystem demnach stark zu reduzieren. Da eine Eingrenzung auf drei Elemente als zu gering erscheint, illustriert die Concept-Map vier relevante Systemelemente: *Infrastruktur-Kompatibilität*, *Interoperabilität*, *Maintenance* und *Betriebsfähigkeit*. Analog dem sozialen Subsystem werden Erklärungsgrößen herangezogen, mithilfe derer die Zusammenhänge anschaulich transportiert werden können.

Wie für den Einsatz jeder anderen Software integriert das technische Subsystem die zur Durchführung der Automatisierung notwendige Lösung (z. B. RPA), welche in die IT-Infrastruktur des Unternehmens eingebettet ist. Um die Funktionsfähigkeit jener zu gewährleisten, muss eine Kompatibilität zwischen beiden Komponenten sichergestellt sein. Die Kompatibilität bzw. Integrationsfähigkeit wird im A-priori-Modell von lediglich vier Autoren genannt, wohingegen diese in der Fallstudienanalyse den präsentesten Faktor darstellt. Dies verdeutlicht die hohe Relevanz in der Praxis. Daher muss die Kompatibilität auch im finalen Beschreibungsmodell integriert sein. Die Infrastruktur wird hingegen in der wissenschaftstheoretischen Literatur von neun Autoren hervorgehoben. Ähnlich verhält es sich in den praxisorientierten Beiträgen. Da eine Aufteilung von Infrastruktur und Kompatibilität für den vorliegenden Anwendungsfall nicht zielführend ist, jedes Element für sich jedoch eine hohe Relevanz aufweist, erfolgt ein Zusammenschluss zum technischen Systemelement **Infrastruktur-Kompatibilität**. Neben dieser benötigen softwarebasierte Automatisierungstechnologien gemäß den Fallstudien eine gewisse Flexibilität, um mit verschiedenen Applikationen interagieren zu können. Da Unternehmen die Flexibilität der Software jedoch nur schwer beeinflussen können, wird der Frage nachgegangen, wie diese geschaffen wird. Mit Bezug auf die vorliegende Technologie entsteht Flexibilität durch eine Interoperabilität zwischen bestehenden Softwareapplikationen im Unternehmen. In diesem Zusammenhang zeigt die Concept-Map die zwei Erklärungsgrößen *Hardware- und Softwarekomponenten*. Unter dem Einfluss steigender Reife von Computer- und Informationstechnologie eröffneten sich Unternehmen zunehmend neue Wege zur informationsverarbeitenden Kommunikation, was die Aufspaltung von Automatisierungssystemen in Hardware- und Softwarekomponenten zur Folge hatte (s. WELLER 2008, S. 11ff.). Während Automatisierungssysteme die Produktions- und Fertigungsstraßen vieler Unternehmen seit Jahrzehnten dominieren, ermöglichte die Weiterentwicklung der Computer- und Informationstechnologien zusätzlich den Einsatz softwarebasierter Automatisierungssysteme, welche die Bedienung informationeller Prozesse durch den Menschen ablösten (s. SCHEER 2020, S. 118). Diese Entwicklung führt dazu, dass Automatisierungslösungen wie RPA nicht an die Interaktion mit Hardware- und Softwarekomponenten gekoppelt sind, sondern lediglich in diversen Softwareanwendungen des Unternehmens arbeiten. Um diesen Zweck zu erfüllen, bedarf es einer Interoperabilität, welche das nächste Element im technischen Subsystem darstellt. Zwei weitere Elemente, die im A-priori-Modell aufgezeigt wurden, sind das Nutzenversprechen und die Benutzerfreundlichkeit der einzusetzenden Technologie. Während die Benutzerfreundlichkeit in der Theorie mit sieben Nennungen als sehr wichtig eingestuft wird, erwähnen lediglich drei Autoren diesen Aspekt in den Fallstudien. Das Nutzenversprechen findet sowohl im A-priori-Modell als auch in den Anwendungsfällen der Praxis selten Erwähnung. Um den Ausschluss dieser beiden Elemente zu begründen, wird eine weitere Erklärungsgröße herangezogen. Der *Anbieter* liefert ein Nutzenversprechen und sorgt im Zuge der Softwareentwicklung für die notwendige Benutzerfreundlichkeit. Da der Anbieter im Regelfall jedoch nicht dem Unternehmen angehört, ist dieser kein Bestandteil des soziotechnischen Systems. In Anlehnung an die Systemtheorie kann das Unternehmen durch eine mehr oder weniger willkürliche Systemgrenze zum Umfeld abgegrenzt werden (s. HABERFELLNER ET AL. 2018, S. 29). Hierbei besteht zwar eine offene Grenze zum gesamten Ökosystem, um Interaktionen mit den jeweiligen Umsystemen zuzulassen. Dennoch sind der Anbieter und die daran angeschlossenen Funktionen zur Bereitstellung des Nutzenversprechens sowie der Benutzerfreundlichkeit kein notwendiger Bestandteil des technischen Systems. Aus diesem Grund erfolgt ein Ausschluss dieser Elemente. Die letzten beiden Elemente aus den vorangegangenen Untersuchungen sind die Effizienz und die Zuverlässigkeit der Automatisierungstechnologie. Während die Effizienz sowohl im A-priori-Modell als auch in der Fallstudienanalyse häufig genannt wird, weist die Zuverlässigkeit eine geringere Relevanz auf. Analog der Flexibilität können auch diese beiden Elemente nur über Umwege durch das Unternehmen selbst beeinflusst werden. An dieser Stelle kommt der **Maintenance** eine zentrale Rolle zu. Durch umfassende Wartungs- und Instandhaltungsaufgaben werden sowohl die Zuverlässigkeit als auch die Effizienz kontinuierlich gewährleistet. Zudem wird die **Betriebsfähigkeit** als ein zusätzliches Element eingeführt, um jene Aspekte sicherzustellen. Die Betriebsfähigkeit umfasst alle notwendigen Aktivitäten eines Unternehmens, die dazu beitragen, Ausnahmesituationen zu beseitigen oder Notfallkonzepte zu erstellen, welche den Ausfall einer oder mehrere Bots kompensieren können und somit die Zuverlässigkeit und Effizienz dieser unterstützen.

Nachdem die einzelnen Bestandteile der Concept-Map erläutert und die Elemente des finalen Beschreibungsmodells aufgezeigt wurden, müssen diese Informationen in einer für die Praxis verständlichen Form visualisiert werden. Aus diesem Grund fasst Abbildung 6-24 alle relevanten soziotechnischen Subsysteme sowie die darin enthaltenen Elemente grafisch zusammen.

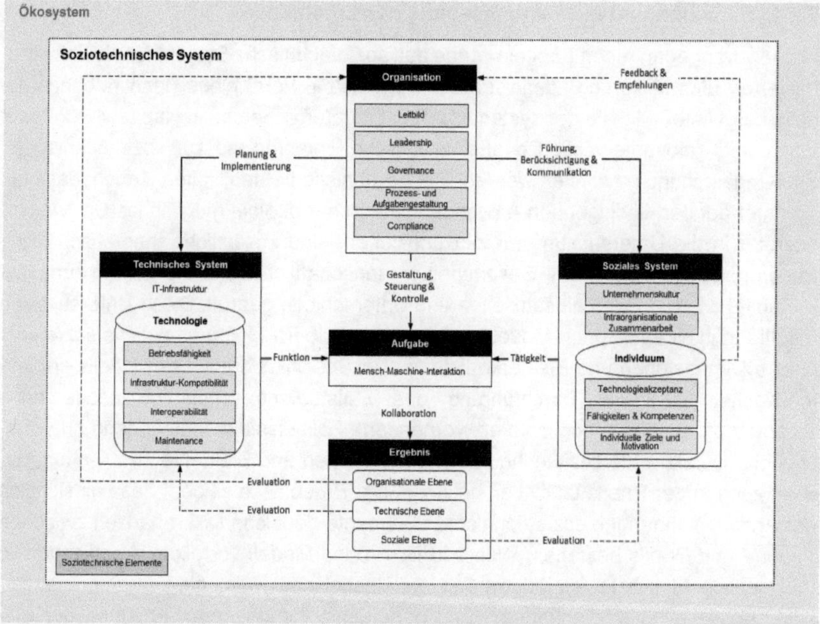

Abbildung 6-24: Darstellung des soziotechnischen Beschreibungsmodells (eigene Darstellung)

Wie in den vorangegangenen Ausführungen dargestellt, steht die Mensch-Maschine-Interaktion im Zentrum des soziotechnischen Systems. Die einzelnen Subsysteme üben hierbei einen entscheidenden Einfluss auf jene Interaktion aus. Die Organisation gestaltet, steuert und kontrolliert die notwendigen Rahmenbedingungen zur Durchführung der Automatisierung. Das technische Subsystem und die darin enthaltene Technologie (hier: RDA, RPA oder CPA) liefern eine Funktion, welche zur Durchführung der Automatisierung erforderlich ist. Das soziale System mit seinen Individuen, welche als Kollektiv die Unternehmenskultur und die Zusammenarbeit prägen, stellt die notwendige Tätigkeit zur Ausübung der Automatisierung. Durch das Zusammenspiel der drei Subsysteme wird die Grundlage der Mensch-Maschine-Interaktion geschaffen. Darüber hinaus visualisiert das Beschreibungsmodell die intrasystemischen Beziehungen und die daraus resultierende wechselseitige Optimierung. Aus der Kollaboration zwischen Mensch und Maschine entsteht im Zuge der Automatisierung ein Ergebnis. Da die Einführung softwarebasierter Automatisierung in der Administration durch einen kontinuierlichen Lernprozess geprägt ist, muss jenes in die entsprechenden Subsysteme zurückgeführt und evaluiert werden. Abschließend kann hervorgehoben werden, dass das Beschreibungsmodell in Anlehnung an PASMORE ET AL. mit offenen Systemgrenzen in das Ökosystem eingegliedert ist und permanent durch die Dynamik der Unternehmensumwelt beeinflusst wird.

6.2.4 Reflexion und Zusammenfassung der Ergebnisse

In den vorangegangenen Kapiteln wurde das soziotechnische System für die softwarebasierte Automatisierung administrativer Prozesse in Form eines Beschreibungsmodells hergeleitet. Mithilfe der systematischen Literaturrecherche in Kapitel 4.2.2 konnten bereits relevante wissenschaftstheoretische Erkenntnisse zur soziotechnischen Systemgestaltung gewonnen werden. Die Ergebnisse verdeutlichten jedoch, dass ein Transfer auf den vorliegenden Anwendungsraum nur bedingt möglich ist. Um weitere Literatur in die Untersuchung mit einzubeziehen, sind zusätzliche theoretische Beiträge analysiert worden. Die Gesamtheit wissenschaftlicher Literatur wurde zunächst in Kapitel 6.2.1 auf Gemeinsamkeiten und Unterschiede geprüft. Diese Untersuchung resultierte in einem A-priori-Modell, welches einen Überblick über mögliche soziotechnische Dimensionen und Elemente lieferte. Zur Spezifikation dieses Modells erfolgte in Kapitel 6.2.2 die Durchführung des Fallstudienforschungsprozesses nach EISENHARDT. Dieser ermöglichte es, vorhandene Fallbeispiele dahingehend zu untersuchen, inwiefern die soziotechnischen Dimensionen und Elemente des A-priori-Modells auch in der Praxis Gültigkeit besitzen. Die Ergebnisse zeigen, dass hinsichtlich der Anzahl Nennungen soziotechnischer Elemente deutliche Diskrepanzen zwischen Theorie und Praxis bestehen. Während im A-priori-Modell vor allem organisationale und soziale Elemente forciert werden und technische Elemente unterrepräsentiert sind, zeigt die Fallstudienanalyse eine bedeutend homogenere Verteilung der Elemente. Sowohl in Kapitel 6.2.1 als auch in Kapitel 6.2.2 wurde zudem eine quantitative Bewertung der einzelnen Beiträge durchgeführt, um Referenzwerte für das finale Beschreibungsmodell ableiten zu können. Demnach sind circa 13 Elemente notwendig, um dieses sowohl vollständig als auch hinreichend präzise entwickeln zu können. Da mit Abschluss des Fallstudienforschungsprozesses jedoch 27 Elemente eine potenzielle Relevanz für das Beschreibungsmodell aufwiesen, wurden diese im weiteren Vorgehen auf Redundanzen hin geprüft und zum Teil zusammengefasst oder ausgeschlossen. Zur Gewährleistung der Nachvollziehbarkeit dieses Vorgehens wurde in Kapitel 6.2.3 eine Concept-Map nach URZE ET AL. dargestellt. Diese illustriert die Gedankengänge des Autors bei der Eingrenzung. Im Ergebnis der zuvor aufgezeigten Untersuchung entstand ein Beschreibungsmodell, welches 14 soziotechnische Elemente in die drei Dimensionen *Organisation*, *Soziales* und *Technisches Subsystem* integriert. Das Beschreibungsmodell wurde darüber hinaus in einer für die Praxis verständlichen Form visualisiert und erhebt den Anspruch, die Gesamtheit aller relevanten Elemente eines Unternehmens aufzuzeigen, welche durch die Einführung softwarebasierter Automatisierungstechnologien tangiert werden. Darüber hinaus schließen die Ausführungen die in Kapitel 4.3 aufgezeigte Forschungslücke und beantworten die zweite untergeordnete und handlungsleitende Forschungsfrage:

Was sind die relevanten Dimensionen und Elemente soziotechnischer Systeme für den Einsatz softwarebasierter Automatisierungstechnologien in administrativen Prozessen?

6.3 Modell zur Erklärung der Wirkungsbeziehungen

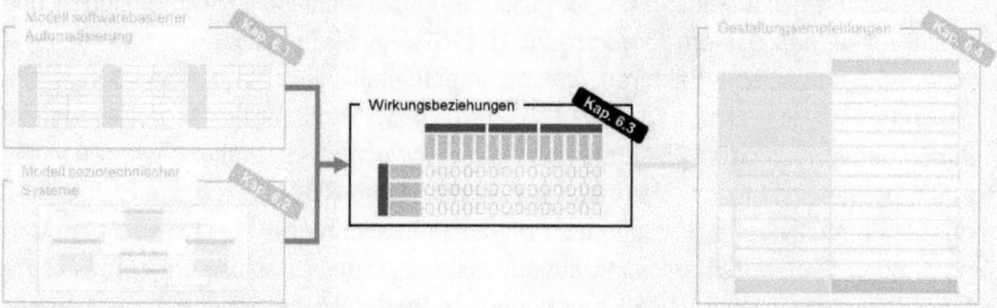

Abbildung 6-25: Modell der Wirkungsbeziehungen im Zusammenhang des Gesamtmodells (eigene Darstellung)

Das nachfolgende Kapitel dient der Beantwortung der dritten untergeordneten und handlungsleitenden Forschungsfrage:

Wie lassen sich die wechselseitigen Wirkungsbeziehungen zwischen den Typen softwarebasierter Automatisierungstechnologien und den Elementen soziotechnischer Systeme erklären?

In Kapitel 6.1 wurden die unterschiedlichen Typen softwarebasierter Automatisierungstechnologien voneinander abgegrenzt. Kapitel 6.2 betrachtete daraufhin die relevanten soziotechnischen Dimensionen und Elemente, die bei der Einführung jener Technologie zu berücksichtigen bzw. zu gestalten sind. Da die existierenden Fallstudien, welche in Kapitel 6.2.2 herangezogen wurden, insbesondere RPA fokussieren, gilt es, den Gestaltungsbedarf des soziotechnischen Systems für alle drei Typen der Automatisierung zu identifizieren. Daher werden die beiden Beschreibungsmodelle in diesem Kapitel zusammengeführt und die wirkenden Abhängigkeiten typenspezifisch untersucht. Dieses Vorgehen und die damit angestrebten Ergebnisse spiegeln ein zentrales Erkenntnisinteresse dieses Dissertationsvorhabens wider. Dem Ansatz einer praxisorientierten Forschungskonzeption folgend, sollen die gewonnenen Erkenntnisse dazu dienen, adäquate Gestaltungsempfehlungen zur Lösung der praktischen Problemstellung abzuleiten. In Kapitel 6.3.1 wird zunächst die Vorgehensweise zur Erklärung der Wirkungsbeziehungen veranschaulicht. Hierbei werden auf Basis des Fallstudienforschungsprozesses geeignete Datenerhebungsquellen dargestellt und eine Methodik zur systematischen Bewertung der Wirkungsbeziehungen erörtert. Aufgrund der geringen theoretischen Sättigung in der Literatur werden praxisorientierte Verfahren herangezogen, um Wirkungsbeziehungen aufzeigen zu können. Darauf aufbauend betrachten die Kapitel 6.3.2 bis Kapitel 6.3.4 die typenspezifischen Wirkungsbeziehungen für die *organisationale Dimension*, das *technische* und das *soziale Subsystem*. Hierbei wird der Einfluss der Typen *RDA*, *RPA* und *CPA* auf die einzelnen Elemente jener Subsysteme detailliert veranschaulicht und die Ergebnisse der Untersuchung vorgestellt. Das Kapitel schließt mit einer Reflexion und Zusammenfassung der Ergebnisse, welche den Ausgangspunkt für das abschließende Gestaltungsmodell bilden (siehe Kapitel 6.3.5).

6.3.1 Vorgehensweise zur Erklärung der Wirkungsbeziehungen

Die Gesamtheit der in Kapitel 6.2 identifizierten soziotechnischen Dimensionen und Elemente stellt das System *Organisation* dar. Dieses wird in Anlehnung an die Systemtheorie durch äußere Faktoren, welche unterschiedlichster Natur sein können, beeinflusst (s. HABERFELLNER ET AL. 2018, S. 206). Die wirkenden Einflussgrößen sind im Rahmen der vorliegenden Dissertationsschrift technischer Herkunft und wurden in Kapitel 6.1 bereits spezifiziert. Demnach stellen die Typen RDA, RPA und CPA die kontextgebende multivariate Situation dar, welche in bestimmter Art und Weise eine Wirkung auf das System *Organisation* ausübt. HABERFELLNER ET AL. stellen heraus, dass jedes System in eine derartige Umgebung eingebettet ist und Beziehungen vorherrschen (s. HABERFELLNER ET AL. 2018, S. 206). Ebendiese sollen im weiteren Verlauf der Untersuchung spezifiziert werden, um Wirkungszusammenhänge aufdecken zu können. Oftmals sind diese jedoch nicht direkt ersichtlich, sondern lediglich an *„Symptomen"* zu erkennen (s. HABERFELLNER ET AL. 2018, S. 208). Aus diesem Grund gilt es im Folgenden, eine geeignete Vorgehensweise zur Identifikation und Erklärung der Wirkungsbeziehungen aufzuzeigen.

Im **ersten Schritt** müssen geeignete Datenerhebungsquellen identifiziert werden. Die aufgedeckte Forschungslücke (siehe Kapitel 4.3) zeigt, dass bislang weder Typen softwarebasierter Automatisierungstechnologien homogen bestimmt noch soziotechnische Systeme in diesem Anwendungsraum beschrieben worden sind. Da für die Beschreibung dieser beiden partialen Elemente keine theoretische Sättigung vorhanden ist, existieren auch keine adäquaten Beiträge, welche die Wirkungsbeziehungen vollumfänglich betrachten. Ausgehend von diesem Erkenntnisstand sind eigene empirische Untersuchungen notwendig, um entsprechende Quellen zur Datenerhebung bereitzustellen. Die Entwicklung des soziotechnischen Beschreibungsmodells (siehe Kapitel 6.2) betrachtete lediglich in der Literatur vorhandene Fallstudien, um eine Bestätigung des zuvor aufgestellten A-priori-Modells vorzunehmen. Dieses Vorgehen ist für die Identifikation von Wirkungsbeziehungen nicht möglich, weshalb **Interviews mit Ansprechpartnern** aus der Praxis geführt werden, um Erkenntnisse in Anlehnung an den Fallstudienforschungsprozess zu generieren.

Qualitative Interviews werden in allen Arten von Forschung eingesetzt und ermöglichen die Erfassung reichhaltiger Daten, müssen aber sorgfältig durchgeführt werden, um qualitativ hochwertige Ergebnisse zu erzielen (s. MYERS U. NEWMAN 2007, S. 2). Je nach Interviewdesign gibt es verschiedene Arten von qualitativen Interviews. In dieser Arbeit wird das halbstrukturierte Interview verwendet. Das halbstrukturierte Interview wird sowohl mit vorbereiteten als auch mit improvisierten Fragen mit freier Konversation geführt (s. MYERS U. NEWMAN 2007, S. 4). Diese Art des Interviews folgt einer allgemeinen Gliederung, um die notwendigen Informationen zu sammeln, gibt dem Forscher aber auch genügend Spielraum, sich auf die Befragten einzustellen, um detailliertere Ergebnisse zu sammeln (s. LIEBOLD U. TRINCZEK 2009, S. 35). Der verwendete Fragebogen kann im Anhang A.11 eingesehen werden. Eine häufig verwendete Form des qualitativen Interviews ist das **Experteninterview** (s. LIEBOLD U. TRINCZEK 2009, S. 32). Die Einstufung einer Person als Experte ist flexibel. Menschen werden durch ihr spezifisches Wissen oder durch ihre praktischen Erfahrungen zu Experten (s. HELFFERICH 2011, S. 162). Im Wesentlichen müssen sie mit dem Thema sehr vertraut sein, entweder durch ein Studium oder durch ihren beruflichen Hintergrund. Der wichtigste Ansatz, um gute Daten zu erhalten, ist der Einsatz von sehr sachkundigen **Experten aus verschiedenen Organisationen, Hierarchieebenen oder Funktionsbereichen**, um unterschiedliche Perspektiven zu erfassen (s. EISENHARDT U. GRAEBNER 2007, S. 28). Im Rahmen der beiden Forschungsprojekte *RPAsset* und *RPAcceptance*, welche der Autor der vorliegenden Dissertationsschrift leitet, konnten sechs Ansprechpartner aus der Praxis für Experteninterviews gewonnen werden. EISENHARDT betont, dass diese Auswahl begründet erfolgen sollte, um relevante Fallstudien mit replizierendem oder erweiterndem Charakter erstellen zu können (s. EISENHARDT 1989, S. 537). Die Interviewpartner wurden bewusst aus verschiedenen Unternehmen gewählt, um differenzierte Perspektiven in die Untersuchung einfließen zu lassen. Zum einen wurden **Softwareanbieter** und **Integrationspartner** befragt, da diese nah mit den Endanwendern zusammenarbeiten und ein hohes Erfahrungswissen vorweisen. Tabelle 6-12 zeigt einen Überblick über die Interviewpartner, die gezielt ausgesucht wurden, um von ihren praktischen Erfahrungen im Feld zu profitieren und zusätzliche Daten zur Entwicklung und Validierung des Wirkmodells zu liefern. Die Interviewpartner sind auf eigenen Wunsch in einer anonymisierten Form dargestellt.

Tabelle 6-12: Übersicht der Interviewpartner (eigene Darstellung)

Lfd. Nr.	Umsatz [in Mio. €]	Produktlebenszyklus	Anzahl Mitarbeiter	Branche
I1	< 200	Entwicklung und Einführung	> 1.000	IT und Services
I2	< 100	Entwicklung und Einführung	< 100	IT und Services
I3	< 10	Einführung	< 100	IT-Dienstleistungen
I4	< 10	Einführung	< 100	IT-Dienstleistungen
I5	> 18.000	Anwendung	< 30.000	Versicherung
I6	> 4.000	Anwendung	> 12.000	Hotel- und Gastgewerbe
I7	> 4.000	Anwendung	> 12.000	Hotel- und Gastgewerbe
I8	< 20.000	Anwendung	< 80.000	Elektronik

Da die Integration softwarebasierter Automatisierungstechnologien in verschiedenen Unternehmen durchgeführt wurde, konnten die Interviewpartner wertvolle Einblicke aus diversen Szenarien liefern, wodurch eine Verallgemeinerung als Transferleistung ermöglicht wird. Zum anderen wurden **Anwenderunternehmen** befragt, um individuelle Implementierungsszenarien zu analysieren. Die Experten wurden aufgrund ihrer einschlägigen Berufserfahrung und der damit einhergehenden Vertrautheit bei der Einführung softwarebasierter Automatisierungstechnologien in Unternehmen ausgewählt.

Interviewpartner, die lediglich einen akademischen Hintergrund, jedoch keine praktische Expertise im Feld aufweisen konnten, wurden bewusst vernachlässigt. Die Interviews wurden als **Telefoninterviews über einen Zeitraum von vier Wochen** geführt, nachdem die Entwicklung der beiden notwendigen Modelle in Kapitel 6.1 und Kapitel 6.2 abgeschlossen war. Die gesprochene Sprache war Deutsch.

Im **zweiten Schritt** erfolgt die **Analyse der durchgeführten Interviews**. Anhand der Expertenmeinungen wird bewertet, inwiefern die drei Typen RDA, RPA und CPA auf die einzelnen soziotechnischen Elemente wirken. Hierbei wird nicht nur der Frage nachgegangen, ob eine Wirkung besteht, sondern auch, mit welcher Intensität diese gegeben ist. PROBST U. GOMEZ postulieren, dass der Einsatz einer **Intensitätskennziffer/-stufe** dabei unterstützt, die Eigenschaft einer Wirkungsbeziehung zu bestimmen (s. PROBST U. GOMEZ 1991, S. 13). Die Analyse der Interviews orientiert sich an dieser Empfehlung und nutzt die in Tabelle 6-13 dargestellten Intensitätsstufen.

Tabelle 6-13: Darstellung der Intensitätsstufen (eigene Darstellung)

Intensität	Beschreibung	Erklärung
	keine oder äußerst geringe Intensität	Die Wirkung des Automatisierungstyps auf das soziotechnische Systemelement ist vernachlässigbar, **kann** jedoch bei der Ableitung von Gestaltungsmaßnahmen berücksichtigt werden.
+	normale Intensität	Die Wirkung des Automatisierungstyps auf das soziotechnische Systemelement ist vorhanden und **sollte** bei der Ableitung von Gestaltungsmaßnahmen berücksichtigt werden.
++	starke Intensität	Die Wirkung des Automatisierungstyps auf das soziotechnische Systemelement ist vorhanden und **muss** bei der Ableitung von Gestaltungsmaßnahmen berücksichtigt werden.

Die Bestimmung der Wirkungsbeziehungen stellt den notwendigen Ausgangspunkt für die Ableitung soziotechnischer Gestaltungsempfehlungen dar. Aus diesem Grund werden die Wirkungsbeziehungen hinsichtlich ihrer Intensität beschrieben. Hierbei werden drei Intensitätsstufen unterschieden. Gestaltungsempfehlungen können vernachlässigt werden, wenn keine oder lediglich eine geringe Intensität besteht. Insofern eine Intensität (+ oder ++) gegeben ist, werden in jedem Fall Gestaltungsempfehlungen definiert. Die Matrix, die zur grafischen Darstellung der Wirkungsbeziehungen verwendet wird, resultiert aus den beiden Beschreibungsmodellen der Kapitel 6.1 und Kapitel 6.2. Die Typen der softwarebasierten Automatisierung dienen als Spaltenwerte. Die soziotechnischen Systemelemente werden als Zeilenwerte genutzt. Abbildung 6-26 illustriert die vorangegangene Herleitung des Vorgehens zur Erklärung der Wirkungsbeziehungen.

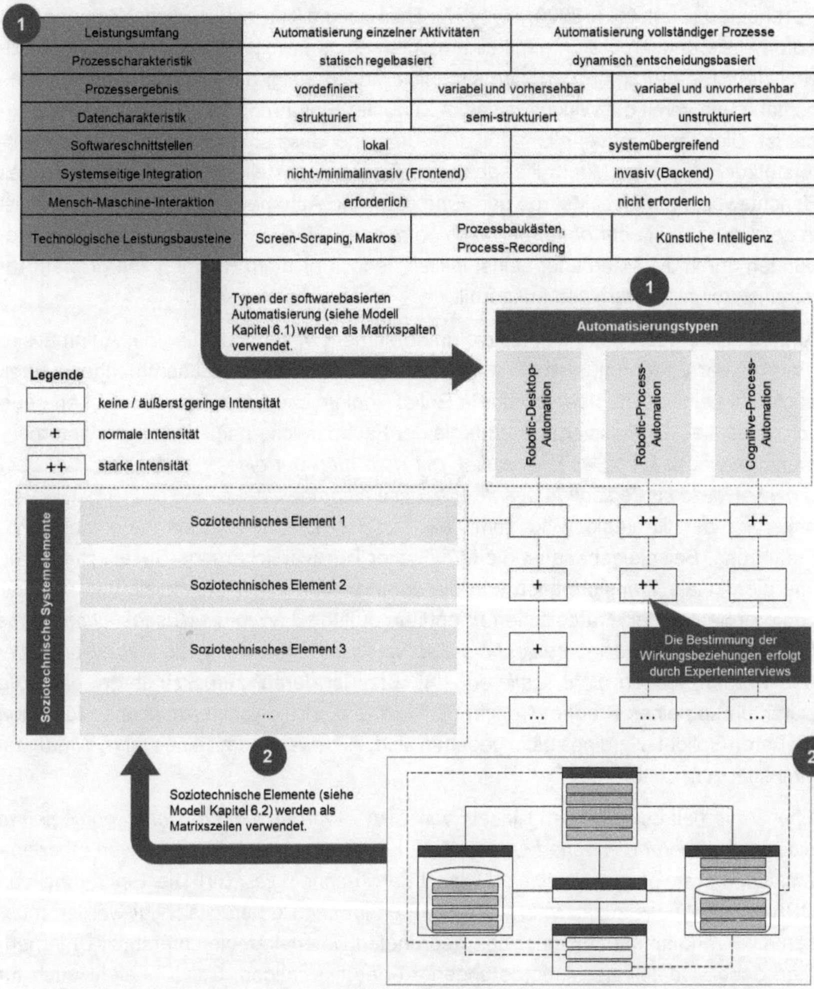

Abbildung 6-26: Herleitung des Vorgehens zur Erklärung der Wirkungsbeziehungen (eigene Darstellung)

6.3.2 Typenspezifische Wirkungsbeziehungen: Organisation

Zu Beginn werden die Wirkungsbeziehungen zwischen den Automatisierungstypen und den soziotechnischen Elementen der Dimension *Organisation* erklärt. Punktuelle Aussagen der Experten veranschaulichen die Wirkungsbeziehungen und ermöglichen die Einstufung der jeweiligen Wirkintensität.

Leitbild

Das Leitbild unterstützt dabei, die strategische Ausrichtung der Automatisierung an den Unternehmenszielen sicherzustellen (s. WILLCOCKS u. LACITY 2016, S. 268;

PETERSEN U. SCHRÖDER 2020, S. 1147). Dies schafft den notwendigen Rahmen, um Automatisierungsprogramme mit einem unternehmensweiten konsistenten Zielbild zu skalieren. Die befragten Experten sind sich jedoch einig, dass die strategische Ausrichtung und somit die Wirkintensität im Zuge der Einführung von RDA vernachlässigbar ist. Dies resultiert vor allem aus dem Umstand, dass solche Initiativen auf die Unterstützung einzelner Mitarbeiter abzielen. Ein Beispiel stellt die Automatisierung des Berichtswesens mittels Makros dar. Eine mögliche Automatisierung durch Makros ist in der Praxis *„[...] sehr opportunistisch getrieben [...]"* (I3) und wird oftmals zweckgebunden durch die Mitarbeiter selbst initiiert, jedoch nicht im Rahmen von großen Automatisierungsprogrammen ausgerollt.

Anders als bei RDA steht oftmals die unternehmensweite Skalierung der Automatisierung bei der Einführung von RPA im Vordergrund. In diesem Zusammenhang spielt auch das Leitbild eine übergeordnete Rolle. Erfolgreiche Unternehmen machen deutlich, dass die Automatisierungsstrategie der Fachbereiche eng mit der des Unternehmens verwoben ist. *„Der Blickwinkel, mit dem man auf dieses Thema schaut, trägt dazu bei, dass strategisch relevante Prozesse automatisiert werden [...]"* (I4). Die Verankerung der Strategie wirkt somit als maßgeblicher Erfolgsfaktor bei der RPA-Einführung. Beispielgebend ist die Münchener Rückversicherungs-Gesellschaft, welche die digitale Transformation und die damit verbundene Automatisierung als eine von drei Säulen der strategischen Prioritäten aufführt.[3] *„Wird die Ausgestaltung eines Leitbildes vernachlässigt, besteht die Gefahr, dass RPA-Initiativen punktuell angestoßen werden, jedoch nicht skalieren"* (I8). Dies ist darauf zurückzuführen, dass die Durchführung eines Proof-of-Concept forciert wird, strategische Ambitionen für einen größeren Rollout allerdings nicht gegeben sind. RPA weist somit eine starke Wirkungsintensität zum Leitbild auf.

Ebenso verhält es sich beim Einsatz von CPA. *„Werden weitere Dritttechnologien in die Automatisierung integriert, von externen Anbietern oder im Rahmen von Eigenentwicklungen, steigt der Komplexitätsgrad der Technologie."* (I1) Die Einführung von CPA bedingt, dass zusätzliche Komponenten im Leitbild berücksichtigt werden müssen. Die Verknüpfung mit einer übergeordneten Datenstrategie unterstützt Unternehmen dabei, Compliance-Anforderungen zu berücksichtigen. Somit besteht auch für CPA eine starke Wirkungsbeziehung zum Leitbild.

Leadership

RDA-Initiativen werden in der Praxis *„[...] oftmals aus den Fachbereichen getrieben."* (I1) Wie die Untersuchungen zeigen, wird die Einführung jener Technologieausprägung sehr opportunistisch durchgeführt. Die befragten Experten sind sich einig, dass ein übergreifendes Leadership, welches unter anderem durch die Bereitstellung eines

---

[3] Informationen wurden der Website des Unternehmens entnommen: https://www.munichre.com/de/unternehmen/ueber-munich-re/strategie.html (Link zuletzt geprüft: 12.09.2021)

Projektsponsors charakterisiert ist, nicht benötigt wird. Dies ist ebenfalls darauf zurückzuführen, dass RDA-Projekte in der Regel nicht skalieren, sondern lediglich punktuell umgesetzt werden. Die Wirkungsintensität ist somit als sehr gering einzustufen.

Im Gegensatz zu RDA wird die Notwendigkeit eines Leaderships im Zuge der RPA-Implementierung von allen Experten als hoch eingestuft. Es wird hervorgehoben, dass ein Top-down-Sponsorship erforderlich ist, welches den Mitarbeitern Zeit und Budget zur Verfügung stellt, um ausreichend Raum für die Auseinandersetzung mit der Automatisierung zu schaffen. Darüber hinaus nimmt ein *„[…] Top-down-Ansatz die Projektverantwortlichen in die Pflicht, den Automatisierungserfolg transparent nachzuweisen, wodurch eine langfristige Nutzung ermöglicht wird."* (I1) Ein Interviewpartner stellte heraus, dass RPA-Initiativen zwar wie zuvor dargestellt ein Top-down-Sponsorship benötigen, die Koordinationsaufwände jedoch anders als bei der Einführung von CPA überschaubar sind (I3). Des Weiteren unterstreichen die Experten, dass kontinuierliches Wachstum des RPA-Einsatzes ein paralleles organisches Wachstum verlangt, um erforderliche Ressourcen bereitzustellen. *„Der Mangel an fachkundigem Automatisierungspersonal in den Fachabteilungen ist oftmals eine Ursache dafür, dass RPA nicht skaliert."* (I1) Die Wirkungsintensität zwischen RPA und Leadership wird somit als stark eingestuft.

Im Zuge des CPA-Einsatzes empfehlen LACITY U. WILLCOCKS, die Implementierung als Innovations- und Lernprogramm zu managen und somit eine Ausrichtung an den Unternehmenszielen zu befähigen (s. LACITY U. WILLCOCKS 2018, S. 232). Diese Empfehlung wird durch die Experten bestätigt. An Beispielen aus der Versicherungsbranche wird deutlich, dass zahlreiche Labs / Hubs geschaffen werden, um *„[…] Start-ups mit Unternehmen zusammenzubringen […]"* (I1). Solche Initiativen sind nicht ausschließlich mit der Automatisierung verknüpft, leisten jedoch einen hohen Beitrag zur erfolgreichen Einführung von CPA. Darüber hinaus betonen die Experten, dass der CPA-Einsatz anders als bei RPA nicht mit Standard-IT-Projekten abgewickelt werden kann. Die erfolgreiche Integration in das Unternehmen erfordert hohe Denkleistungen einzelner Mitarbeiter, die sich umfassend einarbeiten. Ein übergeordnetes Leadership ist somit notwendig, um den entsprechenden Freiraum in Form von zeitlichen Ressourcen zur Verfügung zu stellen. Diese Aufgabe obliegt daher einer Top-down-Verantwortung. Die Wirkung weist demnach eine starke Intensität auf.

Governance

Eine Vielzahl der RPA-Initiativen in der Industrie startete mit dem Grundgedanken einer lokalen Automatisierung und dem Einsatz von RDA. Beispielgebend sind *„[…] Citizen-Developer- oder Power-User-Ansätze […]"* (I3), bei denen fachkundige Mitarbeiter eigenständig Applikationen zur Automatisierung von Geschäftsprozessen entwickeln. In der Praxis zeigt sich jedoch, dass die Komplexität von Prozessen schnell zunimmt, sodass Fachabteilungen nicht mehr in der Lage sind, die Automatisierung jener zu handhaben. Unternehmen stehen hierbei vor der Herausforderung, dass Effizienzerwartungen nicht eintreten. Wie in Kapitel 6.3.3 im Kontext des soziotechnischen Elements *Maintenance* herausgestellt wurde, nimmt die manuelle Wartung der lokalen

Programme oftmals viel Zeit in Anspruch, sodass im Voraus gesetzte Ziele nicht erreicht werden. Die *„[...] Festlegung von Verantwortlichkeiten unterstützt dabei, eine effektive Steuerung von Instandhaltungsaufgaben zu gewährleisten"* (I7). Umfangreiche Governance-Standards sind im Zuge des RDA-Einsatzes zwar nicht erforderlich, *„[...] jedoch sollten Rahmenbedingungen für den Einsatz geschaffen werden, um das Wachstum von Schatten-IT-Lösungen zu unterbinden"* (I4). Da Governance somit ein Soll-Kriterium darstellt, ist eine Wirkung mit normaler Intensität gegeben.

Wie in zahlreichen Literaturbeiträgen belegt und von den Experten bestätigt, ist die *„[...] Governance eine tragende Säule der RPA-Einführung [...]"* (I1). Analog RDA gilt es, Verantwortlichkeiten festzulegen, um die im Einsatz befindlichen Automatisierungslösungen dauerhaft betriebsfähig zu halten. Ergänzend dazu existieren in der Praxis *„[...] die unterschiedlichsten Ansätze"* (I6), um Governance-Standards zu implementieren. Mögliche Szenarien sind die *„[...] zentrale, dezentrale oder hybride [...]"* (I8) Verankerung des Betriebsmodells in den Strukturen einer Organisation. Insbesondere in Unternehmen mit internationalen Standorten ist dies eine Herausforderung. Am Beispiel diverser Versicherungen wird deutlich, dass eine Vielzahl an Landesgesellschaften mit unterschiedlicher Größe existiert. *„Da stellt sich die Frage, ob überhaupt ausreichend Kapazitäten in den einzelnen Landesgesellschaften existieren, um ein CoE aufzubauen oder ob die Infrastruktur an einem zentralen Platz steht [...]"* (I1). Governance-Strukturen variieren demnach mit den Rahmenbedingungen der Unternehmen. Ein rein dezentrales Modell ergibt jedoch wenig Sinn, da einerseits das Wissen der Prozesse in den Fachabteilungen liegt und permanent transferiert werden muss. Andererseits braucht es Experten, die für die Umsetzung verantwortlich sind und die entwickelten Lösungen in den Fachabteilungen zur Verfügung stellen. *„Einige Unternehmen fahren auch ein hybrides Modell, wobei die Fachabteilungen der verlängerte Arm des CoE sind [...]"* (I2). Die Aussagen der Experten zeigen, dass die Ausgestaltung der Governance keinem One-Size-fits-all-Ansatz folgt, sondern vielmehr eine unternehmensindividuelle Fragestellung ist. *„Die erforderliche Governance-Struktur muss mit allen beteiligten Stakeholdern im Vorhinein umfassend diskutiert und definiert werden [...]"* (I5). Daher kann die Wirkintensität als stark eingestuft werden.

Um die Wirkintensität zwischen CPA und der Governance zu bestimmen, ist es zielführend, den Status quo in der Industrie zu betrachten. Einer Expertenmeinung nach beträgt die Aufteilung des Einsatzes der drei Technologietypen derzeit rund *„[...] 40 Prozent lokal, 40 bis 50 Prozent RPA und vereinzelt intelligente Leuchtturmprojekte"* (I3). Die Notwendigkeit einer Governance besteht Aussagen zufolge erst ab dem Zeitpunkt einer Institutionalisierung, wobei eine kritische Menge automatisierter Prozesse erreicht wird (I3). In vielen Unternehmen stellt der CPA-Einsatz bislang lediglich Einzelprojekte dar, bei denen die Etablierung einer Governance nicht notwendig ist. Beachtet man den CPA-Reifegrad der Industrie, sind Governance-Überlegungen nicht relevant. Im Rahmen dieser Dissertationsschrift sollen jedoch zukünftige Szenarien erforscht werden, weshalb die Annahme getroffen wird, dass auch CPA zukünftig skaliert. Dieser Annahme folgend gilt es, die verschiedenen Einsatzszenarien von KI-Services zu untersuchen. *„Werden KI-Services lediglich als Cloud-Lösungen genutzt,* *gibt es keine zusätzlichen Governance-Anforderungen. Bei einer On-Prem-Nutzung hingegen kommen weitere Komplexitätsfaktoren bei der Ausgestaltung eines adäquaten Betriebsmodells hinzu"* (I1). Analog RPA bestehen für den CPA-Einsatz mindestens die gleichen Anforderungen an eine Governance, weshalb die Wirkung mit einer starken Intensität charakterisiert wird.

Prozess- & Aufgabengestaltung

Die Automatisierung von administrativen Prozessen mittels RDA erfolgt wie in den vorherigen Abschnitten dargestellt vereinzelt durch den Mitarbeiter, welcher über das notwendige Prozesswissen verfügt. Alle Experten bekräftigen, dass eine Anpassung der Prozesse ein *„[...] Kann-Szenario [...]"* (I1) darstellt. Die Wirkung von RDA auf das soziotechnische Systemelement ist daher vernachlässigbar, kann jedoch bei der Ableitung von Gestaltungsmaßnahmen berücksichtigt werden.

Bei der Einführung von RPA wird hingegen empfohlen, eine *„[...] Prozessanalyse zu fahren, bevor die Automatisierung greift [...]"* (I6). Dies trägt dazu bei, dass die zu automatisierenden Abläufe effizient und robust gestaltet sind, wodurch das SLA *„[...] beispielsweise bei Überweisungen [...]"* (I1) gegenüber dem Endkunden optimiert wird. Alle Experten vertreten die Meinung, dass eine Wirkung zwischen dem Einsatz von RPA und der Prozessgestaltung gegeben ist. In der Praxis wird diese Wirkung jedoch häufig vernachlässigt. Einer Expertenmeinung zufolge zeigt sich, dass *„[...] 80 Prozent der Prozesse oftmals in ihrer bestehenden Form digitalisiert werden [...]"* (I3), da kein ausreichendes Budget für umfassende Prozessanalysen gegeben ist. *„Klassische Prozessoptimierung ist sehr zeitaufwendig und kostenintensiv. Daher ist eine Einzelfallbetrachtung notwendig, um zu entscheiden, ob ein pragmatischer und schneller Ansatz oder eine langwierige Optimierung umgesetzt wird [...]"* (I5). Eine Berücksichtigung der Prozess- und Aufgabengestaltung sollte demnach vor dem Einsatz von Automatisierungslösungen erfolgen, ist jedoch kein Muss-Kriterium für den Erfolg der Automatisierung. Die Wirkintensität wird daher als normal charakterisiert.

Die Prozessautomatisierung durch CPA sollte analog dem RPA-Einsatz mit einer Anpassung und Optimierung der Geschäftsprozesse verknüpft sein, um die Betriebsfähigkeit von CPA sicherzustellen. Hinzu kommt eine weitere Komplexitätsstufe, da CPA insbesondere mit den im Unternehmen vorhandenen Daten arbeitet. Eine *„[...] Datenschnittstelle ist notwendig, da die KI eine Datenbasis verwendet und nicht völlig autark läuft"* (I2). Da die Betriebsfähigkeit von CPA ohne eine solche Datenschnittstelle nicht gegeben ist, muss die Verfügbarkeit der Informationen im Prozessablauf gewährleistet sein. Es besteht somit eine starke Wirkintensität.

Compliance

Die Compliance adressiert insbesondere rechtliche Fragestellungen, die bei der Einführung softwarebasierter Automatisierung zu berücksichtigen sind. Dieses soziotechnische Element besitzt im Zuge des RDA-Einsatzes eine hohe Relevanz. *„Wenn beispielsweise Jahresabschlüsse automatisiert werden und der Wirtschaftsprüfer diese am Ende des Jahres sichtet, dann stellt sich mitunter die Frage, wie bestimmte Zahlen,*

Daten, Fakten in den Bericht gelangt sind" (I1). Diese Aussage lässt erkennen, dass bereits lokale Automatisierungsinitiativen gewährleisten müssen, dass Transparenz über die Informationsherkunft sichergestellt ist. Aus einer rechtlichen Perspektive ist also nachzuvollziehen, ob der Bot oder der Mitarbeiter die Daten erstellt hat. Diese Nachvollziehbarkeit ist in der Praxis mitunter nicht gegeben, da der Systemzugang durch die Software oftmals über den Mitarbeiter-Account erfolgt. Darüber hinaus existieren Aufgaben, welche *„[...] durch den Mitarbeiter automatisiert werden können, obwohl dies im Widerspruch mit den internen Compliance-Vorgaben steht [...]"* (I2). Rechtliche Rahmenbedingungen und definierte Compliance-Richtlinien müssen demnach bereits für lokale Automatisierungsanwendungen wie RDA Anwendung finden, womit eine Wirkintensität mit starker Ausprägung gegeben ist.

Analog dem RDA-Einsatz bedingt eine Automatisierung mittels RPA und CPA, dass Transparenz und Nachvollziehbarkeit gewährleistet sind. Diese Themen sind insbesondere in hochregulierten Bereichen, wie der Versicherungs- oder Pharmabranche, unerlässlich. Unter Berücksichtigung von Compliance-Anforderungen muss ebenfalls geklärt sein, welche Daten an welchem Ort und durch welche Accounts verarbeitet werden. Da RPA-Initiativen im Gegensatz zu RDA-Initiativen häufig skaliert werden, empfehlen die Experten, *„[...] die Bots als digitale Ressourcen oder als externe Mitarbeiter im HR-System zu hinterlegen, um Zugriffsberechtigungen für die Zielanwendungen bereitzustellen"* (I1). Eine weitere Compliance-relevante Problemstellung sind die Kundendaten, welche mitunter für die Automatisierung unabkömmlich sind. Werden diese auf lokalen Servern im Unternehmen gespeichert, gelten die regulären DSGVO-Richtlinien. Werden Daten jedoch über einen Serviceanbieter extern ausgelagert, gilt es, den Standort dieser zu prüfen. Daten, die an externe, im europäischen Ausland ansässige Server weitergereicht werden, können zu Verstößen gegen das geltende Datenschutzrecht verstoßen. Diese Herausforderung ist nicht explizit auf die Automatisierung begrenzt, jedoch für diese relevant. Daher ist eine starke Wirkintensität sowohl bei RPA als auch bei CPA gegeben.

6.3.3 Typenspezifische Wirkungsbeziehungen: Soziales Subsystem

Im Folgenden werden die Wirkungsbeziehungen zwischen den Automatisierungstypen und den soziotechnischen Elementen des sozialen Subsystems erklärt. Die durch den Autor geführten Experteninterviews werden herangezogen, um jene Wirkungsbeziehungen durch konkrete Aussagen zu veranschaulichen. Für jeden Automatisierungstyp erfolgt eine Einstufung der jeweiligen Wirkintensität. Dies wird durch die Darstellung des Stimmungsbildes in der Industrie, welches durch die Experten vermittelt wird, ermöglicht.

Unternehmenskultur

Die Unternehmenskultur stellt das übergeordnete soziotechnische Element im sozialen Subsystem dar. Im Zuge der Einführung von RDA postulieren die Experten, dass die Einführung dieser Technologieausprägung mitarbeiterindividuell erfolgt. Ein Interviewpartner betont, dass der Wandel der Zeit und der demografische Wandel in vielen

Unternehmen durch eine gestiegene digitale Kultur spürbar sind. *„Selbst in ländlichen Mittelstandsunternehmen haben Mitarbeiter Interesse, sich mit Automatisierung zu befassen […]"* (I3). In diesem Zusammenhang stellten bereits WILLCOCKS ET AL. heraus, dass eine solche digitale Kultur die Annahme von Automatisierungstechnologien unterstützt und deren Verbreitung beschleunigt (s. WILLCOCKS ET AL. 2019, S. 113f.). Ebendieses gestiegene Interesse trägt jedoch vermehrt dazu bei, dass *„[…] Mitarbeiter eigenständig lokale Automatisierungsinitiativen anstoßen, wodurch die Gefahr von Schatten-IT-Lösungen steigt […]"* (I8). Somit muss in Unternehmen der Frage nachgegangen werden, inwiefern Richtlinien für einen kontrollierten Einsatz von Automatisierung dazu beitragen, Schatten-IT zu unterbinden. Dieser Aspekt wird in den Untersuchungen der soziotechnischen Elemente *Governance* und *Compliance* weiterführend betrachtet. Die Wirkintensität wird aufgrund der Tatsache, dass die notwendige Offenheit in den meisten Unternehmen gegeben ist, kulturelle Richtlinien jedoch die Art und Weise des Einsatzes beeinflussen und steuern sollten, als normal eingestuft.

Im Hinblick auf die RPA-Einführung bestätigen alle Experten die Notwendigkeit einer digital-affinen und offenen Unternehmenskultur sowie die Einbindung der Automatisierung in ebendiese. *„Es geht um das Thema Vertrauen. Es gibt eine starke Wechselwirkung mit der Kommunikation, da Automatisierung oft mit dem Verlust des Arbeitsplatzes in Verbindung gebracht wird. Dies ist auch nicht von der Hand zu weisen. Die Frage ist, welche Kultur vorliegt und wie man das Thema in diese einbindet […]"* (I1). Diese Aussage zeigt, dass eine kulturelle Annahme insbesondere bei den direkt von der Automatisierung betroffenen Mitarbeitern geschaffen werden muss, indem die Angst vor Arbeitsplatzverlusten adressiert und genommen wird. *„Man muss den Mitarbeitern erläutern, wie sich die Automatisierung auf die Arbeitswelt auswirkt"* (I4). Darüber hinaus ist die kulturelle Annahme auf Managementebene sicherzustellen, um die Automatisierung top-down im Unternehmen zu etablieren (s. WILLCOCKS U. LACITY 2016, S. 267). Expertenmeinungen zufolge beeinflusst die Unternehmenskultur hierbei das Bestreben des Managements, dem Kunden ein höheres SLA durch die Automatisierung zu ermöglichen. *„Neue Serviceangebote bringen dem Unternehmen nicht immer mehr Umsatz. Es hängt also stark davon ab, wie das Management eingestellt ist"* (I1). Als ein prominentes Beispiel nennt der Interviewpartner die Tracking-Funktion des Lieferdienstes DHL. Diese Funktion generiert keinen zusätzlichen Umsatz. Die Kultur des Unternehmens strebt jedoch an, kundenzentrierte Mehrwerte zu liefern. Die Unternehmenskultur hat somit einen Einfluss darauf, ob Investitionen in Automatisierungsinitiativen getätigt werden, um lediglich Effizienzsteigerungen herbeizuführen oder um darüber hinaus ganz neue Services zu etablieren. Alle Experten vertreten die Ansicht, dass die Offenheit gegenüber der Automatisierung mittels RPA, aber auch CPA zur Hebung von Effizienzpotenzialen, als primärer Zweck, in den Unternehmen sehr hoch ist. Nichtsdestotrotz sollten kulturelle Aspekte adressiert werden. Soziotechnische Gestaltungsempfehlungen stellen daher ein Soll-Szenario dar. Aus diesem Grund wird die Wirkintensität ebenfalls als normal eingestuft.

Intraorganisationale Zusammenarbeit

Die Ausprägung der intraorganisationalen Zusammenarbeit bei RDA-Initiativen ist Expertenmeinungen zufolge von der automatisierten Aufgabe abhängig. *„Ist ein Mitarbeiter für die Erstellung des Monatsberichts zuständig und ein anderer für die Bereitstellung der Zahlen, gibt es definitiv Abhängigkeiten“* (I1). Auch andere Interviewpartner stellen heraus, dass es wie bei allen Themen ein Mindestmaß an Kommunikation, Koordination und Kollaboration benötigt. Im Zuge der RDA-Einführung ist dieses soziotechnische Element jedoch nicht erfolgskritisch und bedarf keinerlei eigenständiger Gestaltungsmaßnahmen. Die Wirkung wird somit als gering bzw. vernachlässigbar angesehen.

Im Gegensatz dazu bewerten alle Experten die Zusammenarbeit bei der RPA-Einführung als explizit zu adressierenden Aspekt. *„Wir haben es oftmals als verzögernden Faktor wahrgenommen, wenn ein Prozess mehrere Fachbereiche betrifft. Die Abstimmung zwischen diesen ist zumeist nicht so schnell wie gewünscht“* (I5). Um Unternehmen die intraorganisationale Zusammenarbeit zu erleichtern, existieren heutzutage Plattformen, auf denen die jeweiligen Prozessteams mit Verantwortlichkeiten und Rechten ausgestattet werden. *„Wenn bspw. der CIO Interesse hat, sich etwas anzuschauen, dann kann er dies im System mit entsprechenden Leserechten tun und sieht alle beteiligten Stakeholder“* (I2). Solche Plattformen ermöglichen es Unternehmen, relevante Stakeholder zentral zu orchestrieren und diese zugleich mit notwendigen Rechten auszustatten. Intraorganisationale Zusammenarbeit wird somit oftmals integriert in einer Plattform angeboten, um Unternehmen eine konkrete Hilfestellung an die Hand zu geben. Erfahrungswerte der Experten weisen jedoch darauf hin, dass die Zusammenarbeit im Zuge der RPA-Einführung zusätzlich über passende Organisationsstrukturen (*„[...] bspw. Circles of Excellence [...]“* (I5)) geregelt werden muss. Darüber hinaus wird die frühzeitige Integration der Betriebsräte von allen Interviewpartnern hervorgehoben. Trotz unterstützender Plattformen müssen also Anstrengungen unternommen werden, um eine zielführende intraorganisationale Zusammenarbeit zu gewährleisten. *„Es ist sehr abstimmungs- und vor allem erklärungsintensiv. Stakeholder sind u.a. die direkt betroffenen Fachbereiche, deren Technikdienstleister, die Gesamtarchitektur, IT-Security, Datenschutz, Betriebsräte, Mitbestimmungsgremien, aber auch Process-Owner und Vorstände.“* (I5) Die Vielzahl dieser Interessengruppen zeigt, dass hohe Aufwände zur Sicherstellung einer effektiven und effizienten Zusammenarbeit notwendig sind. Die Wirkintensität wird daher als stark eingestuft.

Da die *„[...] CPA-Einführung eine Vielzahl der zuvor dargestellten Stakeholder beinhaltet [...]“* (I5), wird deren Wirkung auf die intraorganisationale Zusammenarbeit ebenfalls mit starker Intensität charakterisiert. Alle Experten bekräftigen diesen Zusammenhang. Zusätzliche Aufwände entstehen zudem in der Kommunikation mit der IT. *„Es kommt auch darauf an, welche KI man einführt. Wenn man diese eigenständig anlernen möchte, ist das nochmal eine ganz andere Komplexität, die in der Zusammenarbeit entsteht“* (I4).

Technologieakzeptanz

Die Technologieakzeptanz spielt eine maßgebliche Rolle für die erfolgreiche Einführung softwarebasierter Automatisierungstechnologien. Im Zuge des RDA-Einsatzes akzentuieren die Experten jedoch, dass *„[...] Akzeptanzprobleme nur sporadisch [...]“* (I8) auftreten. Dies begründet sich darin, dass *„[...] RDA-Tools überwiegend einem Citizen-Developer-Ansatz entspringen [...]“* (I3), bei dem fachkundige Mitarbeiter eigenständig Applikationen zur Automatisierung von Geschäftsprozessen entwickeln. Da dieser Einsatz sehr individuell initiiert wird, ist die Wirkung der Technologieakzeptanz vernachlässigbar.

Vor dem Hintergrund des RPA-Einsatzes unterstreichen alle Interviewpartner, dass die Technologieakzeptanz einen kritischen Erfolgsfaktor darstellt. *„Wenn Akzeptanz nicht da ist, wird die RPA-Einführung nicht gelingen und die KI-Einführung noch viel weniger“* (I4). Nachstehend werden Herausforderungen der Technologieakzeptanz, die sich im Rahmen der Interviews herauskristallisierten, auf drei Ebenen (allgemein, sozial und technisch) veranschaulicht. Die unterschiedlichen Perspektiven zeigen auf, dass *„RPA von Mitarbeitern ohne Kenntnisse unglaublich überschätzt wird, nach dem Motto „ich muss nicht mehr arbeiten“. Die allgemeine Technologieakzeptanz ist anfangs oft zu hoch und sinkt dann, wenn Erwartungen nicht getroffen werden“* (I1). Diese Aussage wurde von weiteren Interviewpartnern bestätigt und zeigt, dass die allgemeine Akzeptanz gegenüber der Automatisierung anfangs deutlich höher ist als zunächst angenommen. Allgemein wird jedoch postuliert, dass die generelle Technologieakzeptanz sehr stark von der Offenheit einzelner Mitarbeiter abhängt. *„Es gibt Mitarbeiter, die eine „Das-klappt-doch-eh-nicht“-Einstellung haben. Auch Prozessverantwortliche und Führungskräfte sind manchmal skeptisch. Hier gilt es, die Potenziale durch Workshops und Präsentationen aufzuzeigen und gemeinsam Lösungen zu finden“* (I5). Neben der allgemeinen Technologieakzeptanz existieren Hemmnisse auf der sozialen Ebene. Am Beispiel der Versicherungsbranche erklärt ein Experte folgendes: *„Durch die Automatisierung gab es seit Ende der 90er Jahre ein Sinken der Mitarbeiteranzahl. Dies führt natürlich zu einem Zwang, jedes Jahr neue Mitarbeiter abzubauen, was sich stark auf die Unternehmenskultur auswirkt. Automatisierung unterstützt solche Sparkurse sehr“* (I5). In Branchen und Unternehmen, die von solchen Sparmaßnahen betroffen sind, resultieren Akzeptanzprobleme aus sozialen Unsicherheiten, wie der Existenzangst durch einen Arbeitsplatzverlust. *„Die große Herausforderung besteht darin, die Geschwindigkeit der Automatisierung und des FTE-Abbaus in Einklang zu bringen, um zum einen wirtschaftlich zu bleiben, zum anderen aber soziale Verwerfungen zu vermeiden“* (I5). Aus technischer Perspektive pointieren die Interviews, dass Technologieakzeptanz mit den verschiedenen Stakeholdern variiert. Demnach findet sich in der IT weniger Akzeptanz, da RPA oftmals *„[...] der Ruf einer Bastellösung anhängt [...]“* (I6). *„Auf der Fachseite ist die Akzeptanz hoch, weil viel pragmatischer rangegangen wird. Dem Mitarbeiter ist es oftmals nicht wichtig, welche Architektur hinter einer Lösung steht“* (I5). Ausgehend von der Vielschichtigkeit von Herausforderungen der Technologieakzeptanz wird die Wirkung als stark charakterisiert.

Im Rahmen der CPA-Einführung vermitteln die Experten ein sehr homogenes Bild: *„Da CPA oftmals aufbauend zu RPA eingesetzt wird, konnten die Mitarbeiter bereits Erfahrungen sammeln. Zudem lernen diese immer mehr, mit Bots zu kommunizieren“* (I2). Somit ist die Akzeptanz gegenüber Automatisierung oftmals vor der KI-Integration gelegt. Diese Aussage wurde durch den Großteil der Experten bestätigt. Eine abweichende Meinung betont: *„Je höher der Automatisierungsgrad, desto geringer ist die Akzeptanz“* (I4). Da diese Aussage einen Ausreißer darstellt, jedoch mitberücksichtigt werden sollte, wird die Intensität der Wirkung zwischen Technologieakzeptanz und CPA-Einführung als normal eingestuft.

Fähigkeiten & Kompetenzen

Spezielle Fähigkeiten und Kompetenzen sind vor dem Hintergrund der Automatisierung erforderlich. Darin besteht Einigkeit unter den Experten. Im Zuge der RDA-Einführung wird angemerkt, dass *„[...] jegliche Form von Automatisierung [...] Fähigkeiten und Kompetenzen* [benötigt]*“* (I8). *„Selbst bei der Erstellung von Makros oder der Installation von RDA-Anwendungen sind besondere Fähigkeiten und Kompetenzen notwendig“* (I2). Zudem akzentuieren die Gesprächspartner, dass außerhalb von Smarten Unternehmen und insbesondere im Mittelstand oftmals keine Kompetenzen vorliegen, um Makros zu schreiben oder RDA-Anwendungen einzusetzen. *„Da müssen Mitarbeiter viel allein treiben, wie z. B. bei dem Citizen-Developer-Ansatz. Bei RDA hängt es auch vom Tool ab, aber ganz ohne Anlernen von Fähigkeiten funktioniert es nicht“* (I4). Die Aussagen verdeutlichen, dass die Ausbildung von Fähigkeiten und Kompetenzen für die RDA-Einführung berücksichtigt werden sollte. Daher besteht eine Wirkung mit normaler Intensität.

Im Kontext einer RPA-Einführung bekräftigen alle Interviewpartner, dass Fähigkeiten und Kompetenzen eine starke Wirkung aufweisen. Speziell vor dem Hintergrund einer angestrebten Skalierung *„[...] wird es schwierig, den Effizienzgewinn ohne Fähigkeiten zu realisieren, insbesondere bei der Maintenance“* (I7). Die Experten stellen zudem heraus, dass Fähigkeiten in den Fachabteilungen unabdingbar sind, *„[...] auch wenn der Fachbereichsmitarbeiter die Automatisierung nicht selber erstellt. Er ist aber für den Ablauf des Fachprozesses verantwortlich und muss wissen, was er da tut“* (I2). Diese Aussage lässt darauf schließen, dass ein Verständnis für RPA in den Fachbereichen die Grundvoraussetzung für eine effektive Zusammenarbeit mit der IT darstellt. Die Anforderungen an Fähigkeiten und Kompetenzen der Mitarbeiter in administrativen Funktionen werden demnach in Bezug auf Technik- bzw. IT-Affinität steigen. *„Mitarbeiter müssen mindestens in der Lage sein, Prozesse zu identifizieren und zu bewerten oder eine Klickstrecke aufzubauen, was viele oftmals nicht schaffen. Zusätzlich war ein Grundverständnis für Programmierlogik noch nie hinderlich“* (I4). Weiterhin betonen die Experten, dass die oft als trivial dargestellte Prozessbewertung in vielen Unternehmen eine Herausforderung ist. *„Auch die als intuitiv angepriesenen Prozessbewertungen können nicht mal eben so vorgenommen werden. Mitarbeiter müssen verstehen, warum bestimmte Prozesscharakteristika als automatisierungskompatibel bewertet werden und das geht nicht ohne ein entsprechendes Grundverständnis“* (I4). Zusammenfassend hoben die Experten hervor, dass die Einführung von RPA ohne

Weiterbildungskonzepte nicht möglich ist. In Anbetracht dessen wird die Wirkung mit einer starken Intensität beschrieben.

In Bezug auf die CPA-Einführung sind sich die Experten einig, dass mindestens dieselben zuvor dargestellten Anforderungen an Fähigkeiten und Kompetenzen bestehen. Weiterführend unterstreicht ein Interviewpartner, dass es derzeit eine sehr komplexe Aufgabe ist, einen stimmigen *„[...] CPA-Case zu finden und zu bewerten [...]"* (I3). *„Daran scheitern die meisten Unternehmen, weil dies Kompetenzen erfordert, die bislang kaum gegeben sind. Hierzu zählt auch das Anlernen der KI"* (I4). Angesichts dieser Ausführungen wird die Wirkintensität zwischen den Fähigkeiten und Kompetenzen mit CPA ebenfalls als stark eingestuft.

Individuelle Ziele & Motivation

Im Rahmen einer RDA-Einführung kommentieren die Experten, dass insbesondere *„[...] die eigene Motivation des Mitarbeiters eine Rolle* [spielt]*, da dieser bestimmte Aufgaben nicht länger manuell abwickeln möchte"* (I1). Diese Aussage spiegelt sich auch in einem sehr homogenen Stimmungsbild der Befragten wider. Die individuellen Ziele sowie die Motivation der Mitarbeiter üben demnach keinen negativen Einfluss auf die erfolgreiche Einführung dieses Automatisierungstyps aus. Daher kann die Wirkung vernachlässigt werden.

„Für den erfolgreichen RPA-Einsatz müssen die Mitarbeiterbedürfnisse adressiert und in den Prozess mit einbezogen werden" (I8). Diese Aussage unterstreicht, dass den individuellen Zielen und der Motivation der beteiligten Stakeholder im Gegensatz zu RDA eine wichtige Rolle zuteilwird. Die großen Anbieter für softwarebasierte Automatisierungstechnologien haben diesen Erfolgsfaktor in der Vergangenheit erkannt und bewusst adressiert. *„Die Erfolgsgeschichte der Anbieter besteht darin, dass sie es geschafft haben, ein IT-Thema zu einem Business-Thema zu machen"* (I3). Softwareanbieter wie UiPath oder Blue Prism haben in der Vergangenheit gezielt die Stakeholder im Unternehmen motiviert, *„[...] indem sie neue Aufgabenfelder geschaffen haben. Wenn du z. B. 50 Bots ausrollst, bist du in drei Jahren Head of Automation konzernweit. Diese Anreize motivieren die Mitarbeiter ungemein"* (I3). Solche Initiativen weisen deutlich darauf hin, dass die bewusste Adressierung tiefsitzender Bedürfnisse (z. B. Karrierechancen) einen positiven Einfluss auf die RPA-Einführung ausübt. *„Insbesondere IT-affine Mitarbeiter profitieren bei ihrer Karriere in unerfahrenen Unternehmen von der Automatisierung"* (I3). Nichtsdestotrotz existieren in der Praxis zahlreiche Beispiele, in denen individuelle Ziele die Einführung negativ beeinträchtigen: *„Es gibt definitiv auch Hidden Agendas, wo beispielsweise Prozesse automatisiert wurden, die wirtschaftlich keinen Sinn ergeben, nur um dem Bereichsleiter etwas zu präsentieren, damit das Projekt nicht torpediert wird"* (I4). Zudem besteht eine starke Wechselwirkung mit der Technologieakzeptanz, da die Angst vor sozialem Abstieg, bedingt durch einen Arbeitsplatzverlust, die Motivation zur Automatisierung hemmen kann. Zusammenfassend äußern alle Experten, dass individuelle Befindlichkeiten der Mitarbeiter

ein relevanter und zu adressierender Aspekt der RPA-Einführung sind. Die Wirkintensität zwischen diesem soziotechnischen Merkmal und RPA wird somit als stark eingestuft.

Gleichermaßen verhält es sich bei der Implementierung kognitiver Ausprägungen der Automatisierung. Daher gelten auch hier die zuvor dargestellten Aspekte. Zusätzlich wird erwähnt, dass *„[...] bei CPA der größte Teil der Projekte ohne guten Business-Case ist. Einzelne Head of Data Scientists wollen nochmal zeigen, dass man komplexe Fälle wie das Beschwerdemanagement automatisieren kann“* (I3). Individuelle Ziele tragen demnach häufig dazu bei, dass Prozesse automatisiert werden, die keinen wirtschaftlichen Nutzen aufweisen, unter Umständen jedoch das SLA erhöhen. Dies gilt es im Rahmen des CPA-Einsatzes zu berücksichtigen, indem die Motivation der Initiatoren kritisch hinterfragt wird. Die Wirkung kann somit ebenfalls als stark charakterisiert werden.

6.3.4 Typenspezifische Wirkungsbeziehungen: Technisches Subsystem

Abschließend werden die Wirkungsbeziehungen zwischen den Automatisierungstypen und den soziotechnischen Elementen des technischen Subsystems erklärt. Wie im vorangegangenen Kapitel werden Aussagen der Experten herangezogen, um die Wirkungsbeziehungen sowie deren Intensitäten zu begründen.

Betriebsfähigkeit

Die Betriebsfähigkeit zielt darauf ab, die Anwendung softwarebasierter Automatisierungstechnologien in höchstmöglichem Maße zuverlässig zu gestalten. Um die Notwendigkeit soziotechnischer Gestaltungsmaßnahmen zu identifizieren, wurden die Experten dahingehend befragt, ob Ausfälle der Software einen kritischen Einfluss auf die Wirtschaftlichkeit oder das SLA ausüben. *„Ausfälle in der Betriebsfähigkeit haben lediglich Auswirkungen auf den Endanwender, aber nicht auf das Unternehmen, da keine große Menge an Prozessen automatisiert wird“* (I1). Diese Aussage veranschaulicht, dass aufgrund der opportunistisch getriebenen Automatisierung mittels RDA keine negativen Effekte zu erwarten sind. Zudem betont ein Interviewpartner, dass die Sicherstellung der Betriebsfähigkeit für lokale Automatisierungsanwendungen nur selten umsetzbar ist: *„Exception und Error Handling sind für lokale Lösungen nicht möglich, da diese überwiegend in Silos vorhanden sind. Es fehlt oftmals die Qualitätssicherung bei der Initiierung“* (I4). Da die Auswirkungen eines Betriebsausfalls als nicht erfolgskritisch eingestuft werden, besteht eine Wirkung mit geringer Intensität.

Im Gegensatz zur RDA-Einführung ist die Sicherstellung der Betriebsfähigkeit *„[...] bei großskalierten RPA-Anwendungen [...] sehr relevant“* (I3). *„Wenn ich 500 Bots betreibe, die einen essenziellen Teil meines Betriebs übernehmen, ist das ein Riesenthema“* (I1). In Abhängigkeit von den umgesetzten Prozessen müssen Expertenmeinungen zufolge zusätzliche Überlegungen angestellt werden, inwiefern das SLA bei einem Betriebsausfall beeinträchtigt wird. Dies spielt insbesondere dann eine Rolle, wenn Kundenservices über Nacht automatisiert werden. *„Aber auch bei tagesbasierten SLA muss sichergestellt sein, dass der Prozess bearbeitet wurde. Dasselbe* *gilt für CPA"* (I1). Demzufolge muss wie auch bei den Mitarbeitern nachgehalten werden, dass Prozesse durch die Automatisierungslösung bearbeitet worden sind. *„Man benötigt einen ordentlichen Bot-Betrieb, um das Business aufrechterhalten zu können"* (I1). Zudem wird darauf hingewiesen, dass die Themen Error und Exception Handling umfangreich adressiert werden müssen, damit *„[...] jeder Bot mit einem definierten Status live geht"* (I4). In diesem Zusammenhang spielen auch die Fertigkeiten der Entwickler eine essenzielle Rolle, weshalb die Betriebsfähigkeit eine starke Wechselwirkung mit den Fähigkeiten und Kompetenzen der IT aufweist (I5). Die Wirkintensität wird daher als stark eingestuft.

Im Zuge der CPA-Einführung variieren die Expertenmeinungen. So muss die Betriebsfähigkeit der Aussage eines Interviewpartners zufolge auch bei CPA sichergestellt sein, um das SLA zu gewährleisten (I1). Ein anderer Interviewpartner betont hingegen, dass CPA *„[...] kein großes Massenbusiness* [ist]. *CPA ist eher nice-to-have, da nur Leuchtturmprojekte automatisiert werden. Wenn der Bot da ausfällt, übernehmen die Mitarbeiter und alles läuft wie gewohnt"* (I3). Ein weiterer Interviewpartner bestätigt diese Aussage: *„Es gibt wenig hochskalierte CPA-Initiativen"* (I7). Ergänzend wird hervorgehoben, dass *„[...] Unternehmen existieren, in denen CPA skaliert. Z. B. im Telekommunikationsbereich bei den Customer-Services mit der semantischen Spracherkennung. Da hat CPA definitiv einen Skaleneffekt"* (I4). Unter Berücksichtigung einer zukunftsorientierten Perspektive, bei der Unternehmen zunehmend auch CPA-Initiativen skalieren, muss die Wirkung analog RPA mit hoher Intensität charakterisiert werden.

Infrastruktur-Kompatibilität

Die Infrastruktur-Kompatibilität muss durch eine robuste Architektur geschaffen werden, welche mit dem Einsatz neuer Technologien für die Automatisierung kompatibel ist. Im Rahmen der RDA-Einführung wird hervorgehoben, dass diese Anwendungen oftmals über die Cloud betrieben werden, um Inkompatibilitäten zu vermeiden. Dennoch wird betont, dass die IT frühzeitig mit einbezogen werden muss, um *„[...] das Gesamtsystem dahingehend zu prüfen, ob die Software zur Infrastruktur passt und wie oft diese aktualisiert werden muss"* (I6). In der Praxis zeigt sich jedoch, dass *„[...] die Verantwortung eher lokal bei dem Mitarbeiter und nicht bei der IT liegt"* (I8). Dies ist oftmals problematisch, da die IT grundsätzlich einen Überblick darüber benötigt, auf wie vielen Endgeräten die Software installiert ist, *„[...] um im Anbieter-Audit nicht festzustellen, dass die Software auf 1000 Rechnern installiert, aber nicht genutzt wurde. Gezahlt werden muss nämlich trotzdem"* (I1). Ein Interviewpartner merkt an, dass eine zentrale Verantwortung zur Prüfung der Infrastruktur-Kompatibilität in der Praxis nur selten zu finden ist, da RDA zumeist als Schatten-IT-Lösungen umgesetzt wird (I4). Dennoch besteht die Notwendigkeit zur Prüfung der Kompatibilität, weshalb die Wirkintensität als stark eingestuft wird.

Analog verhält es sich bei der RPA-Einführung. *„Der ursprüngliche Gedanke von RPA war es, keine Inkompatibilitäten mit der Infrastruktur zu haben. RPA geht inzwischen* *aber deutlich weiter: Eine End-to-End-Automatisierung kann heute auch mit APIs verknüpft werden, wo Infrastruktur-Themen relevant sind"* (I2). Diese Aussage zeigt, dass sich RPA zunehmend von dem Grundgedanken entfernt und in der technologischen Reife komplexer werden wird. Ein weiterer Experte bestätigt diesen Trend: *„Für RPA geht der Trend immer mehr in die Richtung, nicht mehr ausschließlich über die Benutzeroberfläche zu automatisieren, um an Geschwindigkeit zu gewinnen"* (I4). Diese Entwicklungsprognose untermauert die Annahme des Autors, dass Infrastruktur-Kompatibilität zunehmend an Bedeutung gewinnen wird und auch in Zukunft nur mithilfe der IT sichergestellt werden kann. *„Es hat sich gezeigt, dass Fachbereiche, die einen Alleingang versuchen, irgendwann hängenbleiben, weil doch etwas von der IT benötigt wird"* (I2). Zusätzlich bekräftigen alle Interviewpartner, dass Infrastruktur-Kompatibilität auch bei CPA eine wichtige Rolle spielt. Hier kommt jedoch ein weiterer Faktor hinzu: *„Bei CPA werden darüber hinaus Datenschnittstellen benötigt, weshalb die Kompatibilität eine besondere Relevanz aufweist"* (I4). Auf Basis der Expertenmeinungen werden die Wirkintensitäten zwischen RPA bzw. CPA und der Infrastruktur-Kompatibilität als stark eingestuft.

Interoperabilität

Die Interoperabilität spielt im Rahmen der RDA-Einführung insbesondere dann eine Rolle, *„[...] sobald die Anwendung in anderen Systemen agiert"* (I1). Entsprechende Rechtekonzepte zur Auslesefähigkeit von Feldinhalten sind den Experten zufolge in diesem Fall relevant. *„Allerdings wird das durch die Mitarbeiter oftmals selbst durchgeführt, da nur in Systemen gearbeitet wird, die der Mitarbeiter ohnehin schon nutzt"* (I7). Da RDA nicht auf die Automatisierung ganzer Geschäftsprozesse abzielt, sondern lediglich auf die automatisierte Durchführung partieller Aufgaben, ist die Gewährleistung der Interoperabilität durch eine zentrale Instanz ein Kann-Kriterium. Die Wirkung wird somit als äußerst gering eingestuft.

Im Gegensatz zu RDA, kann bei dem Einsatz von RPA das Szenario eintreten, dass *„[...] in Systemen automatisiert wird, in denen der Mitarbeiter keine Rechte besitzt"* (I4). Dieser systemübergreifende Charakter ist eines der Hauptmerkmale von RPA. Daraus resultiert die Notwendigkeit, Rechtekonzepte zu erstellen. *„Der Bot muss dieselben Rechte haben, die auch der Mitarbeiter besitzt. Das geht los mit SAP-Zugängen, über E-Mail-Postfachzugriffe, bis hin zu sämtlichen weiteren Lese- und Schreibrechten"* (I1). Demnach muss die Automatisierungsanwendung Zugriffs-, Schreib- und Leserechte für jedes bediente System besitzen. Zudem pointieren viele Experten, dass Fragestellungen der Interoperabilität rechtzeitig beantwortet werden müssen, um rechtliche Probleme zu vermeiden. *„Es muss sichergestellt sein, dass keine falschen User-Credentials in den Logfiles stehen, sondern stets eingesehen werden kann, welcher Bot was wann getan hat"* (I8). Diese Aussage verdeutlicht, dass die Sicherstellung der Interoperabilität im Einklang mit der Wahrung von Compliance-Richtlinien im Unternehmen steht. Ein weiterer relevanter Punkt, der mithilfe eines durchdachten Interoperabilitätskonzepts adressiert werden kann, ist die Performanceauswertung der Mitarbeiter. Mithilfe eigener Zugangsdaten können Softwareapplikationen bei solchen Auswertungen vernachlässigt werden, um Verzerrungen zu vermeiden. Alle Experten unterstreichen, dass die zuvor dargestellten Herausforderungen ebenfalls im Zuge der CPA-Einführung von Bedeutung sind. Weitere Aspekte wurden im Rahmen der Interviews nicht herausgestellt. Daher wird die Wirkung zwischen RPA bzw. CPA und der Interoperabilität als stark eingestuft.

Maintenance

Alle Experten weisen mit Nachdruck auf die Notwendigkeit von Wartungs- und Instandhaltungsmaßnahmen im Zuge des RDA-Einsatzes hin. *„Unternehmen haben oft die Herausforderung, dass Erwartung der Effizienz nicht getroffen werden, weil die manuelle Wartung der lokalen Programme zu viel Zeit in Anspruch genommen hat“* (I3). Häufig sind es *„[...] Upgrades vom Betriebssystem oder Upgrades der Automatisierungslösung [...]“* (I1), die dazu führen, dass Wartungsarbeiten erforderlich sind. In diesem Zusammenhang wird jedoch auch herausgestellt, dass Auswirkungen lediglich den einzelnen Mitarbeiter und nur selten das gesamte Unternehmen negativ beeinträchtigen. Auch hier ist die Auswirkung lediglich für den Einzelnen vorhanden, weniger aber für das gesamte Unternehmen. Da alle Experten diese Auffassung vertreten, wird die Wirkung somit als normal eingestuft.

Im Gegensatz zu den opportunistisch getriebenen RDA-Anwendungen werden RPA-Lösungen häufig skaliert. In diesem Zusammenhang postulieren die Experten, dass *„[...] die Wartungsaufwände mit der Anzahl der Prozesse steigen, weniger mit der eingesetzten Anzahl an Bots“* (I1). Insbesondere eingespielte Batches oder Sicherheits-Updates bringen hohen Aktualisierungsaufwand mit sich. Ein Interviewpartner zeigt auf, *„[...] dass bei rund 50 eingesetzten Bots in etwa 400 Aktualisierungen im Jahr notwendig* [sind]“ (I5). Die Ausführungen der anderen Experten machen deutlich, dass diese Zahl für den Einsatz von Automatisierungssoftware gängiger Standard ist. In der Praxis werden Änderungen üblicherweise von den Fachabteilungen über einen Change-Prozess eingesteuert und anschließend von der IT umgesetzt. In diesem Zusammenhang wird betont, dass *„[...] bei größeren Veränderungen das gesamte Releasemanagement mit einbezogen und Schnittstellen in der Zusammenarbeit berücksichtigt werden müssen“* (I5). Aufgrund der hohen Aufwände für Wartungs- und Instandhaltungsaktivitäten ist eine starke Wirkintensität gegeben.

Ähnlich verhält es sich beim Einsatz von CPA-Lösungen. Die Experten bestätigen auch hier die hohe Relevanz der Wartung. Zusätzlich hebt ein Interviewpartner hervor, dass es *„[...] in 90 Prozent der Ausfälle Dateninputfehler* [sind]. *Da muss sich jemand reindenken. Das sind keine klassischen IT-Themen“* (I3). Demnach kann auch die Wirkintensität zwischen CPA und Maintenance als stark charakterisiert werden.

6.3.5 Reflexion und Zusammenfassung der Ergebnisse

In den vorangegangenen Kapiteln wurde zunächst die Vorgehensweise zur Erklärung der Wirkungsbeziehungen aufgezeigt. Anhand der Zusammenführung der ersten beiden Beschreibungsmodelle konnte eine Matrix aufgespannt werden, welche die Wirkungsbeziehungen zwischen den Typen der softwarebasierten Automatisierung und den soziotechnischen Systemelementen visualisiert. Die Bewertung der Wirkintensitäten erfolgte durch verschiedene Experten. Diese wurden bewusst heterogen ausgewählt, um differenzierte Perspektiven aus unterschiedlichen Branchen sowie Phasen des Produktlebenszyklus in die Bewertung einfließen zu lassen. Trotz dieser Heterogenität waren die Aussagen in den meisten Fällen identisch, wodurch sich ein homogenes Bild in Bezug auf die Wirkungsbeziehungen abzeichnet. Im Rahmen der vorangegangenen Untersuchung konnte erstmals ein umfassender Überblick über das Zusammenspiel von Mensch, Technik und Organisation im Kontext der Einführung softwarebasierter Automatisierungstechnologien vermittelt werden (siehe Abbildung 6-27). Die Erkenntnisse verdeutlichen, dass in den meisten Fällen eine sukzessive Steigerung der Wirkintensität vorliegt. Dies kann mit dem Anstieg des Automatisierungsgrades begründet werden, welcher mit zahlreichen zusätzlichen Anforderungen an die Elemente des soziotechnischen Systems einhergeht. Im Zuge der Einführung von RDA zeigen die Experteninterviews, dass bestimmte soziotechnische Elemente in den jeweiligen Subsystemen eine geringe Intensität aufweisen und Gestaltungsempfehlungen im Folgenden nicht notwendig sind. Im Gegensatz dazu sind alle Elemente für die RPA- und CPA-Einführung zu adressieren. Lediglich zwei der 14 Aspekte weisen jeweils eine normale Intensität auf. Alle verbleibenden Systemelemente wurden von den Experten als „mit einer starken Wirkintensität verknüpft“ charakterisiert. Dies exponiert die hohe Relevanz des Zusammenspiels soziotechnischer Dimensionen bei der Einführung hochautomatisierter Anwendungen wie RPA oder CPA. Die erzielten Ergebnisse der vorangegangenen Untersuchung weisen eine hohe Praxisrelevanz auf und ermöglichen es Unternehmen, die Auswirkungen der Einführung softwarebasierter Automatisierung auf das Unternehmen als abgeschossenes System einschätzen zu können. Eine solche Fähigkeit zur Beurteilung schafft die notwendige Grundlage, um im folgenden Kapitel Gestaltungsempfehlungen ableiten zu können. Diese tragen dazu bei, die Leistungsfähigkeit zur organisatorischen Adaption an die Leistungsfähigkeit der Technologie heranzuführen. Darüber hinaus schließen die Ausführungen die in Kapitel 4.3 aufgezeigte Forschungslücke und beantworten die dritte untergeordnete und handlungsleitende Forschungsfrage:

Wie lassen sich die wechselseitigen Wirkungsbeziehungen zwischen den Typen softwarebasierter Automatisierungstechnologien und den Elementen soziotechnischer Systeme erklären?

Legende

(leer)	keine / äußerst geringe Intensität
+	normale Intensität
++	starke Intensität

Soziotechnische Systemelemente			Automatisierungstypen: Robotic-Desktop-Automation	Robotic-Process-Automation	Cognitive-Process-Automation
	Organisation	Leitbild		++	++
		Leadership		++	++
		Governance	+	++	++
		Prozess- & Aufgabengestaltung		+	++
		Compliance	++	++	++
	Soziales Subsystem	Unternehmenskultur	+	+	+
		Intraorganisationale Zusammenarbeit	+	++	++
		Technologieakzeptanz		++	+
		Fähigkeiten & Kompetenzen	+	++	++
		Individuelle Ziele & Motivation		++	++
	Technisches Subsystem	Betriebsfähigkeit		++	++
		Infrastruktur-Kompatibilität	++	++	++
		Interoperabilität		++	++
		Maintenance	+	++	++

Abbildung 6-27: Übersicht der Wirkungsbeziehungen und Intensitätsstufen (eigene Darstellung)

6.4 Modell zur Gestaltung soziotechnischer Systeme

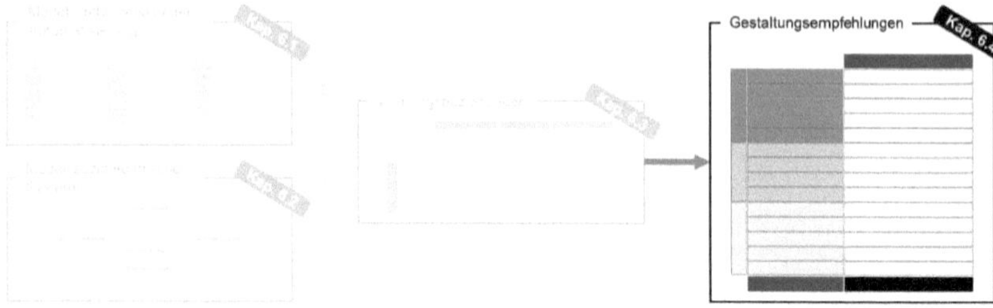

Abbildung 6-28: Gestaltungsmodell im Zusammenhang des Gesamtmodells (eigene Darstellung)

Das nachfolgende Kapitel dient der Beantwortung der vierten untergeordneten und handlungsleitenden Forschungsfrage:

Welche Gestaltungsempfehlungen ergeben sich auf Basis der wechselseitigen Wirkungsbeziehungen für die Praxis?

In der Literatur finden sich zahlreiche Maßnahmen, wie die Einführung softwarebasierter Automatisierungstechnologien ausgestaltet werden kann. Kapitel 6.2 verdeutlicht, dass eine Vielzahl soziotechnischer Elemente bei ebendieser Einführung berücksichtigt werden muss. Daher zielt das Kapitel darauf ab, bestehende Gestaltungsempfehlungen zu identifizieren und den einzelnen soziotechnischen Elementen zuzuordnen. Der daraus resultierende Maßnahmenkatalog stellt das Gestaltungsmodell dar, welches ein pragmatisches Erkenntnisziel verfolgt. Das Modell soll die Bestimmung optimaler Handlungsmöglichkeiten erleichtern, um die Verwirklichung einzelner Gestaltungsalternativen zu empfehlen (s. Wöhe u. Döring 2000, S. 40; Zelewski 2008, S. 46; Ulrich u. Hill 1976b, S. 349). In Kapitel 6.4.1 wird zunächst die Vorgehensweise zur literaturbasierten Herleitung geeigneter Gestaltungsempfehlungen beschrieben, um die Einbindung einer Vielzahl an Perspektiven zu gewährleisten. Die Darstellung der Gesamtheit identifizierter Handlungsoptionen erfolgt durch eine Zuordnung zu den soziotechnischen Dimensionen und Elementen im Rahmen der Kapitel 6.4.2 bis 6.4.4. Im darauffolgenden Kapitel 6.4.5 wird das Vorgehen zur Auswahl konsistenter Maßnahmenbündel anhand der drei Typen softwarebasierter Automatisierungstechnologien dargestellt. Damit wird angestrebt, Unternehmen eine Entscheidungshilfe an die Hand zu geben, mithilfe derer eine Auswahl geeigneter Gestaltungsempfehlungen, in Abhängigkeit des eingeführten Technologietyps und der dadurch tangierten soziotechnischen Systemelemente, befähigt wird. Das Kapitel schließt mit einer Reflexion und Zusammenfassung der Ergebnisse. Mit diesem Schritt ist zudem die Entwicklung des Ordnungsrahmens abgeschlossen, da die Zielstellung der vorliegenden Dissertationsschrift durch ein systematisches Vorgehen erarbeitet werden konnte.

6.4.1 Vorgehensweise zur Identifikation von Gestaltungsempfehlungen

In der Literatur finden sich zahlreiche Maßnahmen, welche auf die Gestaltung der identifizierten soziotechnischen Elemente einzahlen, ohne eine explizite Nennung des Begriffs *Soziotechnisches System* vorzunehmen. Zur Auswahl jener Maßnahmen wurden insbesondere solche Werke herangezogen, die den Implementierungsprozess softwarebasierter Automatisierungstechnologien ganzheitlich abdecken. Eine sehr ausführliche und systematische Betrachtung von Maßnahmen findet sich bei den Autoren LACITY U. WILLCOCKS, welche das Thema der softwarebasierten Automatisierung, insbesondere RPA, federführend geprägt haben. Aus diesem Grund wurden die vier Standardwerke[4] dieser beiden Autoren für die Ableitung von Maßnahmen verwendet. Zusätzlich finden sich bei SMEETS ET AL. (2019), TAULLI (2020), LANGMANN U. TURI (2020), PETERSEN U. SCHRÖDER (2020) und KOCH U. FEDTKE (2020) ergänzend aufgenommene Maßnahmen. Insgesamt wurden demnach neun repräsentative Werke aus den Jahren 2016 bis 2020 genutzt. Abbildung 6-29 zeigt, dass zusätzliche und in vorangegangenen Werken nicht erwähnte soziotechnische Gestaltungsempfehlungen ab der siebten Quelle nur noch vereinzelt herausgestellt werden können, weshalb von einem hinreichenden Sättigungsverhalten auszugehen ist. Die Identifikation von Gestaltungsempfehlungen wurde somit nach der neunten Quelle beendet.

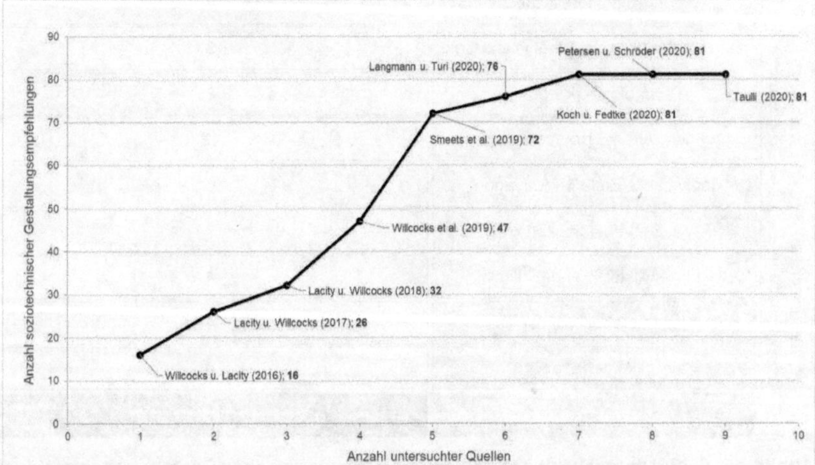

Abbildung 6-29: Sättigung der erfassten soziotechnischen Gestaltungsempfehlungen (eigene Darstellung)

4

WILLCOCKS U. LACITY 2016: Service Automation: Robots and the future of work.
LACITY U. WILLCOCKS 2017: Robotic Process Automation and Risk mitigation: The definitive Guide.
LACITY U. WILLCOCKS 2018: Robotic Process and Cognitive Automation: The next phase.
WILLCOCKS ET AL. 2019: Becoming strategic with Robotic Process Automation.

Die Untersuchung der aufgezeigten Werke ermöglichte die Ableitung eines Katalogs, der insgesamt 81 soziotechnische Gestaltungsempfehlungen umfasst (siehe Abbildung 6-30). Der vollständige Katalog ist im Anhang A.12 hinterlegt. Die Verteilung der soziotechnischen Gestaltungsempfehlungen zeigt, dass sich ein Großteil dieser (41 Prozent) auf das *soziale Subsystem* bezieht. Dies lässt sich insbesondere auf die Elemente *Technologieakzeptanz* sowie *Fähigkeiten und Kompetenzen* zurückführen, welche einen signifikant höheren Anteil an Gestaltungsempfehlungen aufweisen. Weitere 36 Prozent können der Organisation zugeordnet werden. Die verbleibenden 23 Prozent fokussieren die Gestaltung des *technischen Subsystems*.

		Anzahl Gestaltungsempfehlungen
Organisation	Leitbild	4
	Leadership	4
	Governance	9
	Prozess- und Aufgabengestaltung	4
	Compliance	8
Soziales Subsystem	Unternehmenskultur	4
	Intraorganisationale Zusammenarbeit	3
	Technologieakzeptanz	8
	Fähigkeiten & Kompetenzen	12
	Individuelle Ziele & Motivation	6
Technisches Subsystem	Betriebsfähigkeit	7
	Infrastruktur-Kompatibilität	4
	Interoperabilität	4
	Maintenance	4
	Gesamtergebnis	**81**

Abbildung 6-30: Übersicht über den Katalog soziotechnischer Gestaltungsempfehlungen (eigene Darstellung)

In den folgenden Kapiteln 6.4.2 bis 6.4.4 werden die Gestaltungsempfehlungen in den jeweiligen Dimensionen detailliert untersucht. Hierbei wird darauf verzichtet, jede einzelne Empfehlung im Detail aufzuzeigen. Entlang der soziotechnischen Elemente werden exemplarische Gestaltungsempfehlungen beschrieben und die inhaltliche Schwerpunktlegung dieser veranschaulicht. Somit wird ein Verständnis dahingehend geschaffen, welchen Aspekten im Zuge der ganzheitlichen soziotechnischen Gestaltung eine besondere Aufmerksamkeit beigemessen werden kann.

6.4.2 Gestaltungsempfehlungen: Organisation

Die verbleibenden Gestaltungsempfehlungen können der dritten und letzten soziotechnischen Dimension *Organisation* zugeordnet werden. Das Sättigungsverhalten in Abbildung 6-31 zeigt, dass die Anzahl Gestaltungsempfehlungen ab der siebten Quelle stagniert. Wie bei den vorherigen Dimensionen kann festgestellt werden, dass die Autoren WILLCOCKS U. LACITY sowie SMEETS ET AL. einen Großteil der Gestaltungsempfehlungen mit ihren Werken abdecken. Die verbleibenden vier Quellen greifen zwar eine Vielzahl dieser erneut auf, ergänzen jene allerdings nur sporadisch. Das Sättigungsverhalten lässt darauf schließen, dass eine vollständige Abdeckung der bislang in der Literatur existierenden Ansätze zur Gestaltung organisatorischer Rahmenbedingungen erreicht wurde.

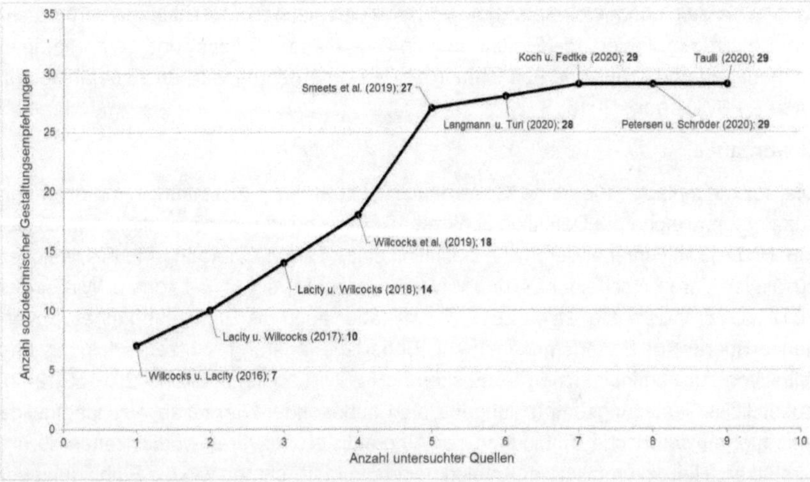

Abbildung 6-31: Sättigung der erfassten soziotechnischen Gestaltungsempfehlungen für die organisationale Dimension (eigene Darstellung)

Im Folgenden werden die soziotechnischen Elemente der Dimension *Organisation* sowie der Fokus der darin enthaltenen Gestaltungsempfehlungen anhand konkreter Beispiele veranschaulicht.

Leitbild

Soziotechnische Gestaltungsempfehlungen im Bereich Leitbild adressieren die Problematik, dass Automatisierungsinitiativen in vielen Unternehmen oftmals losgelöst von dessen strategischen Zielen angestoßen werden. Daher wurden zum einen Maßnahmen in den Katalog aufgenommen, welche die strategische Ausrichtung der Automatisierung an den Unternehmenszielen sicherstellen (s. WILLCOCKS U. LACITY 2016, S. 268; PETERSEN U. SCHRÖDER 2020, S. 1147). Zum anderen heben die Maßnahmen hervor, dass die Definition und Kommunikation eines Purpose dabei unterstützt, den Mitarbeitern ein Leitbild mitzugeben, welches sich positiv auf soziale Elemente wie Motivation oder Technologieakzeptanz auswirkt (s. LACITY U. WILLCOCKS 2018, S. 232).

Zusätzlich wurde der Einsatz kognitiver Technologien im Katalog berücksichtigt, indem die Entwicklung und Integration einer Datenstrategie in das Leitbild als Gestaltungsempfehlung mit aufgenommen wurde (s. TAULLI 2020, S. 201).

Leadership

Der Leadership-Gedanke spiegelt sich im Rahmen der Gestaltungsempfehlungen insbesondere darin wider, dass Implementierungsprojekte top-down initiiert werden und einen entweder einen Projektsponsor oder sonstigen Verantwortlichen für die Planung und Umsetzung benötigen (s. WILLCOCKS U. LACITY 2016, S. 271). Weitere Maßnahmen heben hervor, dass die Bereitstellung der erforderlichen finanziellen und personellen Ressourcen im Mittelpunkt der Führungsaufgaben eines Automatisierungsprojektes steht (s. WILLCOCKS ET AL. 2019, S. 52). Der Einsatz kognitiver Technologien wird im Katalog durch weitere soziotechnische Gestaltungsempfehlungen berücksichtigt. So wird empfohlen, die Einführung von CPA als Innovations- und Lernprogramm zu managen und somit eine Ausrichtung an den Unternehmenszielen zu befähigen (s. LACITY U. WILLCOCKS 2018, S. 232).

Governance

Die soziotechnische Elemente Governance fasst all jene Gestaltungsempfehlungen zusammen, welche die Definition konkreter Rollen und Verantwortlichkeiten fokussieren. Hierzu zählt unter anderem die Definition eines Target-Operating-Models, welches zusätzlich klare Entscheidungs- und Mitwirkungsrechte vergibt (s. LACITY U. WILLCOCKS 2017, S. 78; WILLCOCKS ET AL. 2019, S. 91), aber auch die Einrichtung eines Governance-Boards für Bedarfsmanagement, Bedarfsgenerierung, Nutzenverfolgung und Initiativen zur kontinuierlichen Verbesserung (s. WILLCOCKS U. LACITY 2016, S. 272). Zusätzliche Gestaltungsempfehlungen zielen insbesondere darauf ab, eine langfristige aufbauorganisatorische Einbindung der Automatisierungsverantwortlichkeiten zu unterstützen. Hierbei umfasst der Katalog generelle Maßnahmen wie die Einbindung der Linie oder die Verantwortungsübernahme durch den Geschäftsbetrieb oder die IT. Zudem wird die zentralisierte Einbindung durch das in der Literatur vielfach erwähnte CoE im Rahmen der Maßnahmen berücksichtigt (vgl. WILLCOCKS U. LACITY 2016, S. 272; SMEETS ET AL. 2019, S. 110; LANGMANN U. TURI 2020, S. 50; PETERSEN U. SCHRÖDER 2020, S. 1134; KOCH U. FEDTKE 2020, S. 73). Da neben einem zentralisierten Ansatz noch weitere Möglichkeiten der organisatorischen Verankerung (dezentral und hybrid) existieren (vgl. LANGMANN U. TURI 2020, S. 50ff.; SMEETS ET AL. 2019, S. 117ff.), erhebt der Katalog den Anspruch, die Summe aller Beiträge zu aggregieren und verfügbare Möglichkeiten abzubilden. Unternehmen können somit in Abhängigkeit der individuellen Rahmenbedingungen abwägen, ob ein zentraler, dezentraler oder hybrider Ansatz geeignet ist. LANGMANN U. TURI bieten eine Hilfestellung zur Auswahl, indem die drei Ansätze hinsichtlich verschiedener Kriterien wie Standardisierungsgrad, Freiheitsgrad und Ressourcenverfügbarkeit bewertet werden (s. LANGMANN U. TURI 2020, S. 57).

Prozess- und Aufgabengestaltung

Die Prozess- und Aufgabengestaltung strebt an, alle notwendigen Rahmenbedingungen zu schaffen, um erfolgreich automatisieren zu können. Priorität besitzt hierbei die Standardisierung der zu automatisierenden Prozesse, um Ausnahmesituationen bestmöglich zu beseitigen (s. WILLCOCKS U. LACITY 2016, S. 270). Darüber hinaus empfiehlt es sich, die gesamte Prozessaufnahme und -anpassung sowie (nicht) zu automatisierende Prozessumfänge zu dokumentieren, um das Wissen über Prozesse zu zentralisieren (s. SMEETS ET AL. 2019, S. 92f.; KOCH U. FEDTKE 2020, S. 61f.).

Compliance

Die verbleibenden Maßnahmen können der Compliance zugerechnet werden. Gestaltungsempfehlungen zielen insbesondere darauf ab, alle relevanten rechtlichen Themen bei der Einführung softwarebasierter Automatisierung zu berücksichtigen. Daher adressieren die Maßnahmen Themen wie IT-Security, Datenschutzrichtlinien, Datensicherheit, Berechtigungskonzepte, Schatten-IT und weitere Compliance-relevante Bereiche (vgl. WILLCOCKS ET AL. 2019, S. 87; SMEETS ET AL. 2019, S. 124). Mithilfe dieser Maßnahmen wird sichergestellt, dass alle Aktivitäten eines Softwareroboters mit den unternehmensindividuellen regulatorischen Vorgaben übereinstimmen und Abweichungen im Rahmen von Audits vermieden werden (s. LANGMANN U. TURI 2020, S. 43).

Die exemplarisch dargestellten Gestaltungsempfehlungen dienen Unternehmen als Möglichkeit, die soziotechnische Komplexität der Einführung softwarebasierter Automatisierungstechnologien handhabbar zu machen. Der entwickelte Katalog stellt eine Momentaufnahme der aktuell zur Verfügung stehenden Gestaltungsempfehlungen in der Literatur dar. Insbesondere der Einsatz von CPA und die Nutzung von KI-Werkzeugen wird im Rahmen dieser Ausführungen bislang weitestgehend vernachlässigt. Vor dem Hintergrund steigender technologischer Entwicklung und dem Einfluss von KI werden kognitive Technologieausprägungen in Zukunft vermehrt Anwendung finden. Diese Entwicklungsdynamik gilt es zukünftig zu berücksichtigen, indem der Katalog um Gestaltungsempfehlungen erweitert wird, welche kognitive Technologien fokussieren. Dies gewährleistet die langfristige Anwendbarkeit des Gestaltungsmodells in der Praxis.

6.4.3 Gestaltungsempfehlungen: Soziales Subsystem

Wie bereits herausgestellt wurde, können 41 Prozent der Gestaltungsempfehlungen dem sozialen Subsystem zugeordnet werden. Das Sättigungsverhalten in Abbildung 6-32 zeigt, dass die Anzahl Gestaltungsempfehlungen mit zunehmender Anzahl untersuchter Quellen steigt. Hierbei kann festgestellt werden, dass eine Sättigung mit der neunten Quelle noch nicht vollends erreicht ist. Jedoch zeigen die folgenden Untersuchungen der einzelnen soziotechnischen Elemente, dass die Inhalte der Gestaltungsempfehlungen mitunter sehr ähnlich sind und sich lediglich in einigen Aspekten unterscheiden. Eine vollständige Abdeckung aller in der Literatur vorhandenen Empfehlungen ist unter dem Anspruch, all jene Varianzen aufzudecken, nicht möglich. Das Sättigungsverhalten wird somit als hinreichend angenommen.

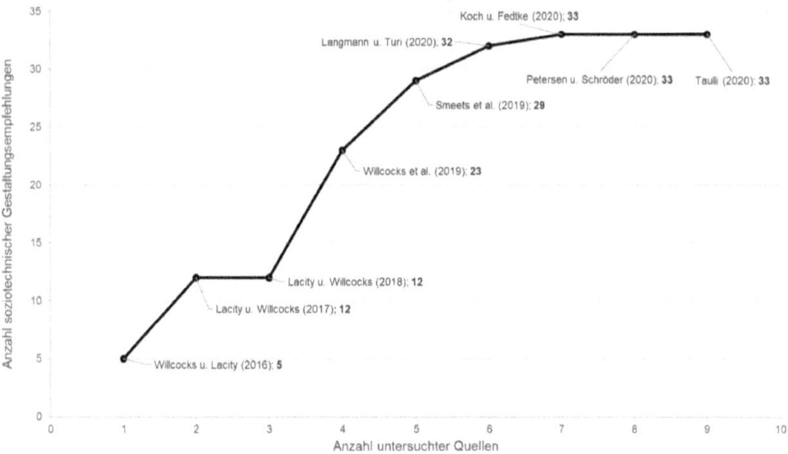

Abbildung 6-32: Sättigung der erfassten soziotechnischen Gestaltungsempfehlungen für das soziale Subsystem (eigene Darstellung)

Im Folgenden werden die soziotechnischen Elemente des sozialen Subsystems sowie der Fokus der darin enthaltenen Gestaltungsempfehlungen anhand konkreter Beispiele veranschaulicht.

Unternehmenskultur

Im Zuge der Schaffung einer automatisierungsfördernden Unternehmenskultur zeigen die Gestaltungsempfehlungen, dass insbesondere die Sicherstellung der kulturellen Annahme auf Managementebene sicherzustellen ist, um die Automatisierung top-down im Unternehmen zu etablieren (s. WILLCOCKS U. LACITY 2016, S. 267). Darüber hinaus stellen WILLCOCKS ET AL. heraus, dass eine digitale Kultur die Annahme von Automatisierungstechnologien unterstützt sowie deren Verbreitung beschleunigt. Hierbei wurden die von WESTERMAN ET AL. dargestellten Kernwerte einer digitalen Unternehmenskultur (*Impact*, *Speed*, *Openness*, *Autonomy*) aufgegriffen und als soziotechnische Gestaltungsempfehlungen in den Katalog integriert (s. WILLCOCKS ET AL. 2019, S. 113f.; WESTERMAN ET AL. 2019, S. 58ff.).

Intraorganisationale Zusammenarbeit

Ein essenzieller Aspekt, um die unternehmensweite und abteilungsübergreifende Zusammenarbeit sicherzustellen, ist die frühzeitige Einbindung aller beteiligten Stakeholder wie Management, Betriebsrat, IT und Mitarbeiter aus der Linie / den Fachabteilungen (s. WILLCOCKS ET AL. 2019, S. 84). Maßnahmen wie der Aufbau von Kommunikationsplattformen (z. B. Communitys oder Foren), aber auch die Durchführung von

Netzwerktreffen, können dazu beitragen, intraorganisationale Koordination, Kooperation und Kommunikation zu fördern (s. LANGMANN U. TURI 2020, S. 62; KOCH U. FEDTKE 2020, S. 81f.).

Technologieakzeptanz

Um den internen Support der Mitarbeiter sicherzustellen, gilt es, die Technologieakzeptanz für den Einsatz der Automatisierung zu fördern. Hierbei kann der transparenten Kommunikation eine besondere Rolle beigemessen werden, die auf verschiedenen Ebenen erfolgen muss. Zum einen sollten zunächst die Beweggründe für den Technologieeinsatz dargelegt werden (s. LANGMANN U. TURI 2020, S. 63). Dies kann mithilfe konkreter Change-Storys, Erklärvideos oder Analogien erfolgen, um ein Dringlichkeitsgefühl in der Organisation zu erzeugen, welches die Mitarbeiter auf verschiedenen Hierarchieebenen zum Handeln bewegt (s. TAULLI 2020, S. 132). Darüber hinaus müssen Veränderungen im Aufgabenbereich sowie die Auswirkungen auf Arbeitsplätze der Mitarbeiter in einem frühen Stadium des Prozesses kommuniziert werden, um Ängste vor Jobverlusten zu beseitigen (s. WILLCOCKS U. LACITY 2016, S. 272; LACITY U. WILLCOCKS 2017, S. 64). Weitere Maßnahmen wie Build-Your-Own-Robot-Workshops, interne Marktstände oder die Schaffung von Anerkennungs- und Belohnungssystematiken können dazu beitragen, eine proaktive und konstruktive Mitarbeitereinstellung zu fördern (s. LANGMANN U. TURI 2020, S. 61; KOCH U. FEDTKE 2020, S. 79f.; SMEETS ET AL. 2019, S. 104).

Fähigkeiten & Kompetenzen

Die hohe prozentuale Verteilung der soziotechnischen Gestaltungsempfehlungen auf das soziale Subsystem lässt sich vor allem auf die Elemente *Fähigkeiten & Kompetenzen* zurückführen. Dies resultiert daraus, dass nicht nur Aspekte des Wissensmanagements sowie die Notwendigkeit der Bereitstellung von Schulungsprogrammen, Trainingsmöglichkeiten und Zertifizierungen betrachtet wurden (s. SMEETS ET AL. 2019, S. 74). Vielmehr sind verschiedene Ansätze zur Schaffung neuer Jobs durch die Automatisierung berücksichtigt worden. Hierbei konnte eine Vielzahl unterschiedlicher Rollenprofile in den Maßnahmenkatalog integriert werden. Von Project-Champions und Automatisierungsmanagern über Prozess- und Businessanalysten bis hin zu Prozessentwicklern, Testanalysten und Solution-Architects werden zahlreiche Rollen und Verantwortlichkeiten in den einzelnen literarischen Beiträgen herausgestellt (s. TAULLI 2020, S. 95ff.; WILLCOCKS ET AL. 2019, S. 125f.; SMEETS ET AL. 2019, S. 112ff.; PETERSEN U. SCHRÖDER 2020, S. 1143ff.). Der Katalog erhebt den Anspruch, die Summe aller Beiträge zu aggregieren und ein Portfolio möglicher Rollenprofile abzubilden. Unternehmen können somit in Abhängigkeit der individuellen finanziellen und organisatorischen Rahmenbedingungen wie verfügbarer Budgets oder Humanressourcen abwägen, welche Stellen zur nachhaltigen Etablierung der Automatisierung geschaffen werden müssen und können.

Individuelle Ziele & Motivation

Soziotechnische Gestaltungsempfehlungen zur Adressierung der individuellen Ziele und Motivation der Mitarbeiter verfolgen den Ansatz, tiefsitzende psychologische Bedürfnisse zu erfüllen. So können Mitarbeiter, welche sich die Automatisierung zu eigen machen und als Vorreiter agieren, im Unternehmen als Innovatoren ausgezeichnet werden, was den Wunsch nach Anerkennung adressiert (s. LACITY U. WILLCOCKS 2017, S. 64). Weitere Maßnahmen wie die Kommunikation über Potenziale im Arbeitsalltag (z. B. Fokussierung anderer Aufgaben, Arbeitsentlastung) können zudem dazu beitragen, dem Wunsch nach sich ändernden Tätigkeitsfeldern nachzukommen und somit die intrinsische Motivation der Mitarbeiter zu fördern (s. LACITY U. WILLCOCKS 2017, S. 64).

6.4.4 Gestaltungsempfehlungen: Technisches Subsystem

Die verbleibenden Gestaltungsempfehlungen können dem technischen Subsystem zugeordnet werden. Das Sättigungsverhalten in Abbildung 6-33 zeigt, dass die Anzahl Gestaltungsempfehlungen ab der sechsten Quelle konstant bleibt. Hierbei kann festgestellt werden, dass ein Großteil der Empfehlungen von SMEETS ET AL. aufgedeckt wurde.

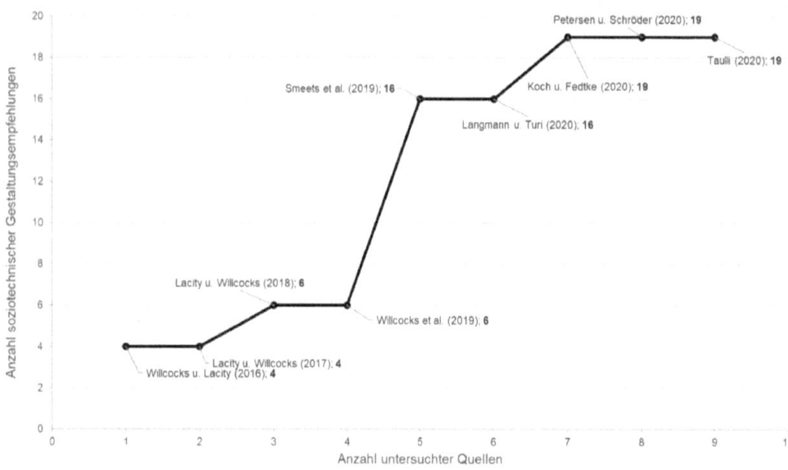

Abbildung 6-33: Sättigung der erfassten soziotechnischen Gestaltungsempfehlungen für das technische Subsystem (eigene Darstellung)

Im Folgenden werden die soziotechnischen Elemente des technischen Subsystems sowie der Fokus der darin enthaltenen Gestaltungsempfehlungen anhand konkreter Beispiele veranschaulicht.

Betriebsfähigkeit

Soziotechnische Gestaltungsempfehlungen im Bereich der Betriebsfähigkeit zielen darauf ab, technische Maßnahmen bereitzustellen, welche die Anwendung softwarebasierter Automatisierungstechnologien in höchstmöglichem Maße zuverlässig gestalten. Hier kann unter anderem das Testen eines Minimum-Viable-Products, also eines ersten einsatzfähigen Prototypens, dazu beitragen, Ausnahmesituationen zu beseitigen (engl. *Exception Handling*) (s. SMEETS ET AL. 2019, S. 83; TAULLI 2020, S. 165). Eine weitere Notwendigkeit zur Sicherstellung der Betriebsfähigkeit ist das Schaffen von Notfallkonzepten (engl. *Error Handling*), um den Ausfall einer oder mehrere Bots kompensieren zu können. Diese Maßnahmen gewährleisten, dass Mitarbeiter im Ausnahme- oder Notfallszenario die entsprechenden Prozesse und jeweiligen Ansprechpartner kennen (s. SMEETS ET AL. 2019, S. 89).

Infrastruktur-Kompatibilität

Die Sicherstellung einer Infrastruktur-Kompatibilität erfordert zahlreiche Gestaltungmaßnahmen, deren Ausgangspunkt die frühzeitige Einbindung der IT darstellt (s. WILLCOCKS U. LACITY 2016, S. 271). Dies ermöglicht den Aufbau einer robusten Infrastruktur, welche mit dem Einsatz neuer Technologien für die Automatisierung kompatibel ist. In diesem Zusammenhang müssen sowohl die vorherrschenden Architektur-Richtlinien des Unternehmens eingehalten als auch die Systemvoraussetzungen für den Einzelarbeitsplatz- und Serverbetrieb geschaffen werden (s. SMEETS ET AL. 2019, S. 75; WILLCOCKS U. LACITY 2016, S. 272). Darüber hinaus enthält der Katalog solche Gestaltungsempfehlungen, die der Berücksichtigung des Releasemanagements dienlich sind. Das Releasemanagement stellt sicher, dass Updates der Automatisierungssoftware, aber auch Änderungen organisationseigener Anwendungen (z. B. Änderungen der Benutzeroberfläche) kontinuierlich geprüft werden, um Ausfälle zu vermeiden (s. SMEETS ET AL. 2019, S. 90f.).

Interoperabilität

Um die systemübergreifende Interaktion zwischen der Automatisierungssoftware und bereits im Einsatz befindlichen Anwendungen sicherzustellen, sind zahlreiche Gestaltungsempfehlungen in den Katalog aufgenommen worden. So kann unter anderem das Testen der Softwarelösung im Rahmen eines kontrollierten Experiments dazu beitragen, die angestrebte Interoperabilität zu prüfen (s. LACITY U. WILLCOCKS 2018, S. 232). Weitere Möglichkeiten bestehen in der Erstellung einer Testkonzeption und -durchführung sowie Abnahme und Freigabe (s. SMEETS ET AL. 2019, S. 85ff.). Zudem wurden Maßnahmen definiert, welche die Prüfung der Zugriffsfähigkeit auf zu automatisierende Zielanwendungen, der (Aus-)Lesefähigkeit von Feldinhalten sowie der Schreibfähigkeit und Bedienbarkeit von Elementen der Zielanwendungen fokussieren (s. SMEETS ET AL. 2019, S. 75ff.).

Maintenance

Der Einsatz softwarebasierter Automatisierungstechnologien ist kein einmaliges Unterfangen. Die betriebenen Bots müssen dauerhaft gewartet und instandgehalten werden, um langfristig betriebsfähig zu sein (s. KOCH U. FEDTKE 2020, S. 95). Gestaltungsempfehlungen des soziotechnischen Elements *Maintenance* zielen darauf ab, diese Betriebsfähigkeit sicherzustellen. SMEETS ET AL. heben hervor, dass nicht nur die Automatisierungssoftware selbst, sondern auch die automatisierten Anwendungen regelmäßig Updates und Patches erhalten (z. B. neue Eingabemasken), woraus notwendige Anpassungen resultieren (s. SMEETS ET AL. 2019, S. 90f.). Diese werden oftmals im Rahmen von Change-Requests gestellt. Insbesondere bei Unternehmen, welche erstmals automatisieren, sollte hier der vollständige Test- und Freigabeprozess für jeden Change-Request durchlaufen werden, um routinierte Abläufe zu etablieren (s. KOCH U. FEDTKE 2020, S. 95f.).

6.4.5 Typenspezifische Zuordnung der Gestaltungsempfehlungen

Nachdem die Gestaltungsempfehlungen aus der Literatur extrahiert und auf die einzelnen Elemente des soziotechnischen Systems verteilt wurden, erfolgt im weiteren Vorgehen eine typenspezifische Zuordnung. Im Erklärungsmodell (siehe Kapitel 6.3) konnte die Wirkung der einzelnen Typen softwarebasierter Automatisierungstechnologien auf die soziotechnischen Elemente identifiziert werden. Abschließend besteht nun die Notwendigkeit, diese Wirkung im Gestaltungskatalog zu reflektieren.

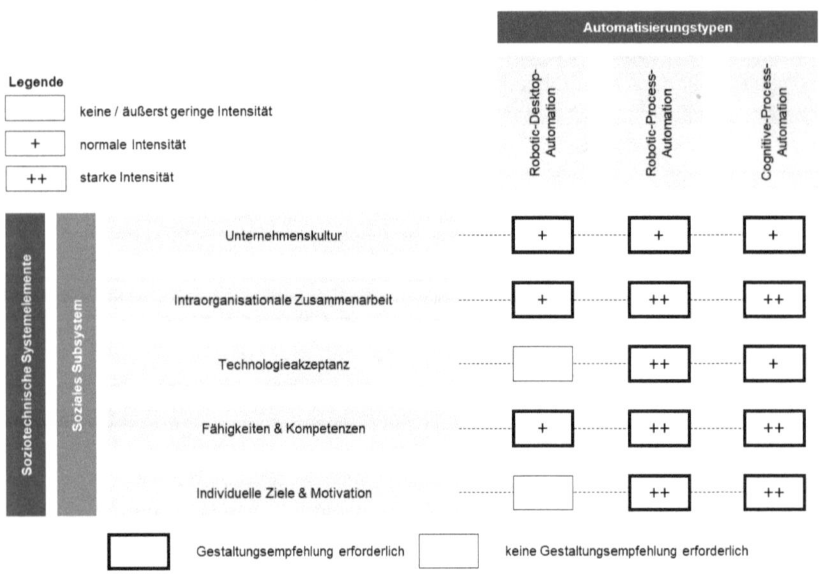

Abbildung 6-34: Herleitung der Notwendigkeit soziotechnischer Gestaltungsempfehlungen am Beispiel des sozialen Subsystems (eigene Darstellung)

Im **ersten Schritt** erfolgt eine typenspezifische Zuordnung der Gestaltungsempfehlungen anhand der Intention der Originalquelle. Die betrachteten Sammelwerke legen den Fokus auf konkrete Technologietypen (RDA, RPA und CPA). Dieser Fokus wird zunächst im Gestaltungkatalog festgehalten.

Im **zweiten Schritt** werden die Wirkungsbeziehungen des Erklärungsmodells herangezogen. Wirkungsbeziehungen mit geringer Intensität verdeutlichen, dass die Wirkung des Automatisierungstyps auf das soziotechnische Systemelement vernachlässigbar ist, jedoch bei der Ableitung von Gestaltungsmaßnahmen berücksichtigt werden kann. Gestaltungsempfehlungen sind daher nicht notwendig, können jedoch ausgesprochen werden. Für normale (+) und starke (++) Wirkintensitäten sollen bzw. müssen in jedem Fall Gestaltungsempfehlungen bereitgestellt werden. Abbildung 6-34 verdeutlicht dies am Beispiel des sozialen Subsystems.

Im **dritten Schritt** werden die bereits zugeordneten Gestaltungsempfehlungen sachlogisch auf die anderen Typen transferiert. Dies erfolgt anhand des Vorwissens des Autors. In den meisten Fällen können die Gestaltungsempfehlungen abwärtskompatibel übertragen werden, da es sich bei den Technologietypen um Aufbaustufen des jeweiligen Vorgängers handelt. Ob eine Aufwärtskompatibilität besteht, wird im Einzelfall geprüft. Mithilfe dieses Vorgehens konnten die in Kapitel 6.4.2 bis Kapitel 6.4.4 identifizierten Gestaltungsempfehlungen auf die drei Typen RDA, RPA und CPA übertragen werden. Somit sind Unternehmen in der Lage, geeignete Gestaltungsempfehlungen in Abhängigkeit des eingesetzten Technologietyps auszuwählen. Hierbei ist jedoch anzumerken, dass unternehmensindividuelle Rahmenbedingungen einen Einfluss auf die Auswahl jener ausüben können. Der entwickelte Maßnahmenkatalog (siehe Anhang A.12) bietet lediglich eine Übersicht möglicher Handlungsoptionen und somit eine Hilfestellung für Unternehmen. Die konkrete Auswahl, Priorisierung und Umsetzung von soziotechnischen Gestaltungsempfehlungen ist unternehmensindividuell und in Abhängigkeit der vorherrschenden Rahmenbedingungen zu prüfen.

6.4.6 Reflexion und Zusammenfassung der Ergebnisse

Das vorangegangene Kapitel konnte ausgehend von einer Literaturrecherche und in Anlehnung an den Fallstudienforschungsprozess 81 soziotechnische Gestaltungsempfehlungen in den einzelnen Subsystemen identifizieren. In den einzelnen Kapiteln wurden diese Dimensionen näher betrachtet und ein holistisches Bild über die einzelnen Empfehlungen vermittelt. Auf eine umfassende Beschreibung dieser Empfehlungen wurde in den einzelnen Kapiteln verzichtet. Der vollständige Maßnahmenkatalog kann im Anhang A.12 eingesehen werden. In Anlehnung an die Modelltheorie verfolgt der entwickelte Gestaltungskatalog das pragmatische Erkenntnisziel, die soziotechnische Komplexität der Einführung softwarebasierter Automatisierungstechnologien in der Administration durch geeignete Maßnahmen zu verringern. Mithilfe des Erklärungsmodells konnten Wirkungszusammenhänge zwischen RDA, RPA und CPA sowie den einzelnen soziotechnischen Systemelementen aufgezeigt werden. In Abhängigkeit der Intensitätsstufen jener Wirkungsbeziehungen wurden typenspezifische Gestaltungsempfehlungen abgeleitet. Die aufgezeigten Empfehlungen spiegeln den derzeitigen Stand der Forschung wider und sind ein Abbild aktueller Erkenntnisse aus der Industrie. Existierende Sammelwerke liefern Unternehmen bislang einen umfassenden Überblick zur Vorgehensweise der Einführung. In der Praxis besteht jedoch die Herausforderung, die Grundgesamtheit der dargestellten Maßnahmen in den Unternehmenskontext einzuordnen. Die Zusammenführung der entwickelten Modelle dieser Dissertation ermöglicht es, diesen Kontext zu definieren und systematisch Gestaltungsempfehlungen ableiten zu können. Somit wurde die vierte untergeordnete und handlungsleitende Forschungsfrage beantwortet:

Welche Gestaltungsempfehlungen ergeben sich auf Basis der wechselseitigen Wirkungsbeziehungen für die Praxis?

6.5 Anwendung des Ordnungsrahmens

In diesem Kapitel wird die Vorgehensweise zur Anwendung des Ordnungsrahmens beschrieben. Ziel ist die Einbindung der zuvor entwickelten partialen Modelle in einen anwendungsorientierten Kontext. Dieser wird durch den Implementierungsprozess softwarebasierter Automatisierungstechnologien repräsentiert. Zunächst werden die einzelnen partialen Modelle zusammengeführt und in einen holistischen Ordnungsrahmen integriert (siehe Kapitel 6.5.1), welcher das Fundament zur Anwendung in der Praxis darstellt. Kapitel 6.5.2 spezifiziert anschließend den Anwendungsraum ebendieses Ordnungsrahmens, indem eine differenzierte Betrachtung verschiedener Implementierungsformen vorgenommen wird. Darauf aufbauend zieht Kapitel 6.5.3 einen idealtypischen Prozess zur Einführung von RPA heran, in welchem die Verortung des Ordnungsrahmens erfolgt. Das Kapitel schließt mit der schrittweisen Erklärung zur sukzessiven Anwendung (siehe Kapitel 6.5.4), welche als Ausgangspunkt für die darauffolgende Validierung genutzt wird (siehe Kapitel 7).

6.5.1 Zusammenführung der partialen Modelle

Die vorangegangenen Untersuchungen befähigten die Entwicklung von vier partialen Modellen. Einzeln betrachtet schließen diese die in Kapitel 4.3 identifizierte Forschungslücke. In Anlehnung an die Strategie der angewandten Forschung nach ULRICH gilt es, diese partialen Elemente im Folgenden in eine systematische Vorgehensweise zu überführen, um deren Anwendbarkeit auf real existierende Problemstellungen zu ermöglichen.

Der Ordnungsrahmen für die soziotechnische Implementierung softwarebasierter Automatisierungstechnologien in administrativen Prozessen setzt sich aus vier inhaltlich aufeinander aufbauenden Modellen zusammen (siehe Abbildung 6-35). Das erste Modell ermöglicht hierbei die Identifikation und Spezifizierung der einzuführenden Technologie. Mithilfe des entwickelten morphologischen Kastens und der daraus abgeleiteten real existierenden Typen werden Unternehmen befähigt, ein tiefes technologisches Verständnis aufzubauen. In Anlehnung an die Systemtheorie beschreibt das zweite Modell das Unternehmen als soziotechnisches Zusammenspiel von Menschen (soziales Subsystem), Technik (technisches Subsystem) und Organisation. Dieses Modell gestattet es Unternehmen, einen ganzheitlichen Überblick über die tangierten soziotechnischen Dimensionen und dazugehörigen Elemente im Einführungsprozess zu erlangen. Das dritte Modell visualisiert darauf aufbauend die Wirkungsbeziehungen, welche ausgehend von dem einzuführenden Technologietyp zu berücksichtigen sind. Dieses Modell bildet den notwendigen Ausgangspunkt, um mithilfe des vierten Modells konkrete Empfehlungen zur soziotechnischen Gestaltung abzuleiten. Mithilfe dieses Aufbaus werden Unternehmen dazu befähigt, den Aufwand zur Umsetzung konkreter Maßnahmen auf die essenziellen Punkte zu reduzieren und die Implementierung systematisch zu steuern. Der Ordnungsrahmen erhebt somit den Anspruch, als Instrument zur zielgerichteten Navigation durch den Implementierungsprozess softwarebasierter Automatisierung genutzt werden zu können.

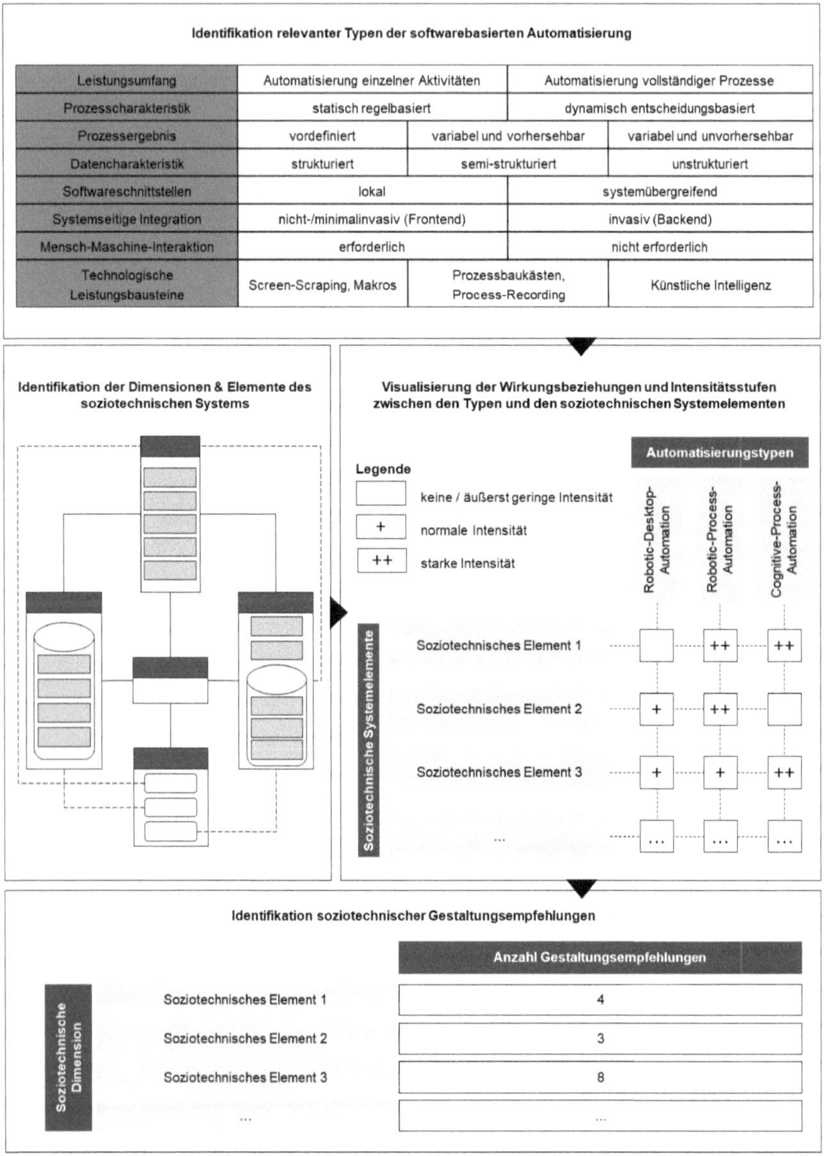

Abbildung 6-35: Ordnungsrahmen für die softwarebasierte Automatisierung administrativer Prozesse (eigene Darstellung)

6.5.2 Spezifizierung des Anwendungsraums für den Ordnungsrahmen

Im Folgenden wird der Anwendungsraum zur Nutzung des Ordnungsrahmens tiefergelegt. Die Notwendigkeit dieses Vorgehens begründet sich darin, dass die Implementierung softwarebasierter Automatisierungstechnologien in verschiedenen Stadien und Reifegraden erfolgen kann. Aus diesem Grund werden zunächst die verschiedenen Formen der Implementierung beschrieben und hinsichtlich ihrer Eignung für die Anwendung des Ordnungsrahmens analysiert. Abbildung 6-36 differenziert vier Formen der Implementierung.

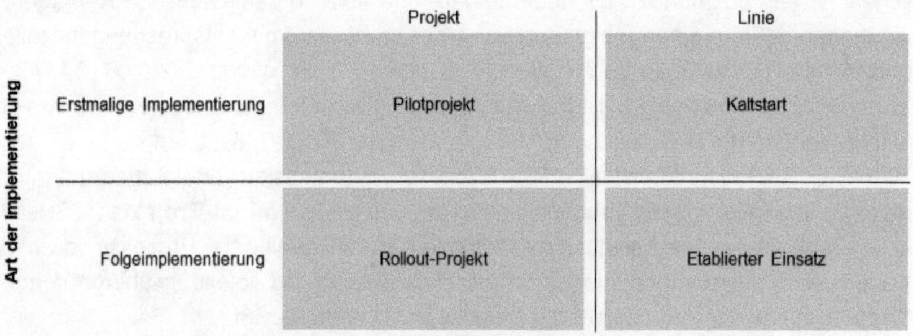

Abbildung 6-36: Implementierungsformen für softwarebasierte Automatisierungstechnologien (SMEETS ET AL. 2019, S. 58)

SMEETS ET AL. unterscheiden die Einführung softwarebasierter Automatisierungstechnologien im Unternehmen nach der erstmaligen Implementierung und einer Folgeimplementierung. Hierbei kann der Einsatz entweder in Form eines Projekts oder direkt in der Linie erfolgen. Die Autoren heben hervor, dass auch weitere Möglichkeiten der Implementierung denkbar sind, diese jedoch oftmals Abwandlungen der in Abbildung 6-36 aufgezeigten Formen darstellen und daher vernachlässigt werden können (s. SMEETS ET AL. 2019, S. 58). Eine Analyse der Fallstudien aus Kapitel 6.1.3 und 6.2.2 zeigt, dass die Einführung softwarebasierter Automatisierungstechnologien oftmals in Form eines **Projekts** stattfindet (vgl. WILLCOCKS ET AL. 2015a; KEDZIORA U. PENTTINEN 2020; DIAS ET AL. 2019).

Die Projektimplementierung zeichnet sich insbesondere dadurch aus, dass ausreichend Zeit, Budget und Ressourcen zur Verfügung stehen, um sich mit dem Aufbau der notwendigen Rahmenbedingungen auseinanderzusetzen. Dies begünstigt eine risikominimierende Einführung der Technologie, da Probleme frühzeitig erkannt und mit entsprechenden Maßnahmen adressiert werden können. Die Einführung im Rahmen eines abgeschlossenen Projekts bietet darüber hinaus einen geschützten Raum, um ausreichend Erfahrungen im Umgang mit der neuen Technologie zu sammeln. (s. SMEETS ET AL. 2019, S. 58) Somit wird zum einen die hohe Aufmerksamkeit des Managements gewährleistet und die Notwendigkeit einer systematischen Heranführung aller an der Automatisierung beteiligten Stakeholder sichergestellt (s. WILLCOCKS ET AL. 2019, S. 35f.; YRJÄNÄ 2020, S. 37; SMEETS ET AL. 2019, S. 58). Eine Herausforderung zeigt sich jedoch darin, dass der Wissenstransfer in die Linie nach Abschluss des Projekts erfolgen muss. Erfahrungswerte aus der Praxis zeigen, dass technologische Aspekte wie der nachhaltige Betrieb, das Releasemanagement sowie das Fehlerhandling hierbei oftmals vernachlässigt werden. (s. SMEETS ET AL. 2019, S. 60)

Eine Unterscheidung der Projekteinführung kann hinsichtlich des unternehmensindividuellen Reifegrads im Umgang mit der Technologie vorgenommen werden. **Pilotprojekte** sind erforderlich, wenn es sich um eine erstmalige Implementierung handelt (s. SMEETS ET AL. 2019, S. 58). Das Ziel eines Pilotprojekts besteht darin, sowohl technisches Wissen aufzubauen als auch aufbau- und ablauforganisatorische Rahmenbedingungen in Form einer geeigneten Governance-Struktur mit entsprechenden Rollen und Verantwortlichkeiten zu schaffen (s. KEDZIORA U. PENTTINEN 2020, S. 3; TAULLI 2020, S. 129). Dies bedingt die frühzeitige Einbindung zahlreicher Stakeholder wie die Mitarbeiter und die IT-Abteilung (s. WILLCOCKS ET AL. 2019, S. 84; LACITY U. WILLCOCKS 2016b, S. 33f.). Wurden bereits erste Prozesse automatisiert, erfolgt eine unternehmensweite Skalierung der Technologie im Rahmen eines **Rollout-Projekts** (s. SMEETS ET AL. 2019, S. 59). Hierbei steht vor allem die Auswahl geeigneter Prozesse sowie die Verankerung der zuvor definierten organisationsweiten und abteilungsübergreifenden Zusammenarbeit im Vordergrund (s. ANAGNOSTE 2018a, S. 56f.).

Neben der Implementierung in Projektform besteht für Unternehmen die Möglichkeit, softwarebasierte Automatisierungstechnologien direkt in der **Linie** einzuführen. Diese Form ermöglicht es Unternehmen, den Aufwand des Wissenstransfers zu reduzieren, welcher aus der Projekteinführung resultiert. Zudem werden alle Beschäftigten von Beginn an in den Implementierungsprozess involviert, was den Aufbau der notwendigen Mitarbeiterakzeptanz begünstigt. Ein weiterer Vorteil der Linieneinführung besteht darin, dass der Fokus nicht auf schnellen Projekterfolgen, sondern vielmehr auf einem langfristigen Einsatz der Technologie liegt. Ergänzend können beispielsweise Themen wie der Betrieb, das Releasemanagement und das Fehlerhandling adäquat durch die Einbindung der IT-Abteilung berücksichtigt werden, da der Einsatz direkt beim Adressaten erfolgt. (s. SMEETS ET AL. 2019, S. 59f.)

Eine Unterscheidung kann analog der Projekteinführung hinsichtlich des unternehmensindividuellen Reifegrads vorgenommen werden. SMEETS ET AL. deklarieren die erstmalige Einführung in der Linie als **Kaltstart** ohne vorheriges Pilotprojekt, welcher mit zahlreichen Voraussetzungen einhergeht. Zum einen bedingt diese Form der Einführung die Existenz einer eigenen organisatorischen Einheit, welche mit entsprechenden Rollen und Budgets ausgestattet ist, um einen Support der Mitarbeiter in der Linie zu gewährleisten. Zum anderen erfordert ein Kaltstart bereits umfangreiche Erfahrungen im Umgang mit der Technologie bei allen Beteiligten. Diese Form der Einführung lässt sich in der Praxis selten beobachten, da die notwendigen Voraussetzungen bei der erstmaligen Implementierung oftmals nicht gegeben sind. (s. SMEETS ET AL. 2019, S. 59f.) Dies wird durch die betrachteten Fallstudien verdeutlicht (vgl. WILLCOCKS ET AL. 2015a; KEDZIORA U. PENTTINEN 2020; DIAS ET AL. 2019).

Im Gegensatz zum Kaltstart findet der **etablierte Einsatz** aus der Linie heraus häufige Anwendung in Unternehmen (vgl. WILLCOCKS ET AL. 2015a; Lacity u. Willcocks 2016b). Nachdem erste Erfahrungen im Rahmen eines Pilotprojekts gesammelt wurden, kann der langfristige Einsatz durch eine Folgeimplementierung sichergestellt werden, da das Zusammenspiel zwischen Mensch, Technik und Organisation optimal berücksichtigt wird (s. SMEETS ET AL. 2019, S. 59f.).

Tabelle 6-14 fasst die einzelnen Vor- und Nachteile der Projekt- und Linieneinführung softwarebasierter Automatisierungstechnologien zusammen.

Tabelle 6-14: Vor- und Nachteile der Implementierungsformen softwarebasierter Automatisierungstechnologien (SMEETS ET AL. 2019, S. 58)

Vorteile der Projektimplementierung	Nachteile der Projektimplementierung	Vorteile der Linienimplementierung	Nachteile der Linienimplementierung
ausreichend Budget, Zeit und Ressourcen	Wissenstransfer in Linie nach Projektabschluss erforderlich	dauerhafte Verankerung der automatisierten und der Automatisierung dienenden Prozesse in der Organisation	höherer Ressourceneinsatz erforderlich, da Aufbau i. d. R. langfristig erfolgt
hohe Aufmerksamkeit des Managements	Gefahr der Vernachlässigung des Betriebs, Releasemanagements, Fehlerhandlings etc.	hohe Akzeptanz bei Beschäftigten	weniger Flexibilität im Reagieren auf Veränderung von Rahmenbedingungen
„Geschützter Raum", um Erfahrungen im Umgang mit der Technologie zu sammeln	-	Fokus nicht auf schnellem Erfolg, sondern langfristigem Einsatz	-
risikominimierend; zunächst Pilotierung möglich	-	Themen wie Betrieb, Fehlerhandling etc. meist stärker im Fokus	-
Stakeholder und Beschäftigte können „behutsam" an Technologie herangeführt werden	-	-	-

Nachdem die Vor- und Nachteile unterschiedlicher Implementierungsformen detailliert beschrieben wurden, gilt es, den geeigneten Anwendungsraum für den Ordnungsrahmen zu spezifizieren. Die Ausführungen zeigen, dass eine Vielzahl Aspekte sowohl für die Einführung im Rahmen von Projekten als auch in der Linie sprechen. Ein entscheidender Unterschied liegt darin begründet, dass die Implementierung softwarebasierter Automatisierungstechnologien in der Linie mit notwendigen Rahmenbedingungen wie der Existenz einer eigenen organisatorischen Einheit oder umfangreichen Erfahrungen im Umgang mit der Technologie verknüpft ist. Der Ordnungsrahmen soll Unternehmen befähigen, ebendiese Voraussetzungen durch die ganzheitliche Gestaltung des individuellen soziotechnischen Systems zu schaffen. Dabei wird das Ziel verfolgt, die Automatisierung erfolgreich einzuführen und zudem nachhaltig in der Organisation zu verankern. Da hierbei sowohl die Aufmerksamkeit des Managements als auch die Einbindung sämtlicher Stakeholder erforderlich ist, wird eine Anwendung des Ordnungsrahmens für die erstmalige Implementierung im Rahmen eines Pilotprojektes empfohlen. Der Kaltstart, welcher aufgrund der herausfordernden Umstände in der Praxis kaum anzutreffen ist, wird als Anwendungsraum ausgeschlossen. WILLCOCKS ET AL. postulieren jedoch, dass die projektgebundene Einführung die Linie als relevanten Stakeholder mit einbinden sollte, da die Notwendigkeit des Technologieeinsatzes oftmals aus einem operativen Problem heraus resultiert (s. WILLCOCKS ET AL. 2015b, S. 26). Mit diesem Vorgehen können die Vorteile der Projekteinführung genutzt und die Nachteile durch die Anwendung des Ordnungsrahmens sowie die Einbindung der Linie aufgewogen werden. Ergänzend dazu soll der Ordnungsrahmen auch solche Unternehmen befähigen, die bereits Erfahrungen mit dem Einsatz softwarebasierter Automatisierung sammeln konnten. Eine Anwendung des Ordnungsrahmens unterstützt dabei, bestehende Strukturen kritisch zu hinterfragen, um angestrebte Folgeimplementierungen zu optimieren. Somit eignet sich der entwickelte Ordnungsrahmens sowohl im Rahmen eines Rollout-Projektes als auch für den etablierten Einsatz in der Linie.

Zusammenfassend sind die direkten Profiteure der entwickelten Methodik solche Unternehmen, welche die erstmalige Implementierung als Pilotprojekt anstreben oder eine Folgeimplementierung in Projektform bzw. in der Linie planen. Diese drei Implementierungsformen sind zudem der Ausgangspunkt für die Validierung in Kapitel 7. Das Fallbeispiel der ERGO Group verdeutlicht, wie der Ordnungsrahmen Unternehmen unterstützt, die den Einsatz softwarebasierter Automatisierung in der Linie etabliert haben. Die Anwendung im Rahmen eines Pilotprojektes wird durch das Fallbeispiel der noltewerk GmbH & Co. KG repräsentiert. Schlussendlich ist die Blue Prism Group als Anbieter und Implementierungspartner ein geeigneter Experte, um die Eignung des Ordnungsrahmens für Rollout-Projekte zu validieren.

6.5.3 Einbindung des Ordnungsrahmens in den Implementierungsprozess

Im vorangegangenen Kapitel wurde das Pilotprojekt als geeigneter Anwendungsraum für den Ordnungsrahmen identifiziert. Im Folgenden wird darauf aufbauend ein idealtypischer Pilotierungsprozess aufgezeigt und die partialen Modelle in ebendiesen integriert. Somit werden die konkreten Anknüpfungspunkte des Ordnungsrahmens in der Praxis festgelegt und das notwendige Verständnis zur Anwendung geschärft. Eine Sichtung vorhandener Literatur zeigt, dass die Ansätze hinsichtlich der Anzahl an Projektphasen, aber auch der Ausgestaltung dieser stark variieren. HERM ET AL. führten ausgehend von dieser Heterogenität eine Metaanalyse durch, in der die Gemeinsamkeiten und Unterschiede von 23 verschiedenen Fallstudien untersucht und daraus ableitend ein idealtypischer Prozess konzipiert wurde. Tabelle 6-15 zeigt einen Überblick der untersuchten Literatur.

Tabelle 6-15: Ergebnisse der Literaturrecherche (HERM ET AL. 2020, S. 475)

Projektphase	ASATIANI U. PENTTINEN (2016)	AGUIRRE U. RODRIGUEZ (2017b)	FERSHT U. SLABY (2012)	WILLCOCKS ET AL. (2015b)	GEYER-KLINGEBERG ET AL. (2018)	SCHNEIDER (2019)	FICK ET AL. (2019): Fallstudie 1	FICK ET AL. (2019): Fallstudie 2	FICK ET AL. (2019): Fallstudie 3	ERNST & YOUNG (2016)	LACITY ET AL. (2015)	WILLCOCKS ET AL. (2016)	LANGMANN U. TURI (2020)	HALLIKAINEN ET AL. (2018)	LACITY U. WILLCOCKS (2016b)	WILLCOCKS ET AL. (2015a)	FICK ET AL. (2019)	CAMIN (2018)	WILLCOCKS ET AL. (2017)	JIMENEZ-RAMIREZ ET AL. (2019)	IT-ECONOMICS (2019)	SCHMITZ ET AL. (2019a)	SMEETS ET AL. (2019)
Identifikation des Bedarfs	X				X						X		X		X					X	X	X	X
Screening der Technologie		X							X		X			X								X	X
Prozessauswahl			X					X	X	X	X			X	X	X	X	X	X	X	X	X	X
Softwareauswahl												X		X	X	X						X	X
Proof of Concept		X	X		X	X	X	X	X	X		X	X	X	X	X			X	X	X	X	X
Business-Case-Erstellung			X	X		X	X			X		X		X	X	X	X	X	X	X	X	X	X
Skalierung				X			X				X	X	X			X	X	X	X			X	X
Center of Excellence		X		X				X		X			X	X	X	X			X	X	X	X	X
Langfristiger Einsatz					X												X	X	X		X		X
Rollout						X													X	X	X		X
Transfer																	X	X			X		X
Anzahl Projektphasen	1				3							4				5			6		8		11

Die Ergebnisse zeigen, dass alle Ansätze dem Zweck der erfolgreichen Implementierung dienen, die Ausgestaltung jedoch stark variiert. Zur Konkretisierung und praktischen Evaluierung der literaturbasierten Ergebnisse führten HERM ET AL. semi-strukturierte Experteninterviews mit insgesamt acht deutschsprachigen Praktikern durch, welche einen jeweils unterschiedlichen Hintergrund in Bezug auf Rollen, Branchen und Unternehmensgrößen vorweisen konnten. Dies befähigte die Autoren, einen idealtypischen Prozess zur Implementierung softwarebasierter Automatisierungstechnologien zu entwickeln, welcher in Abbildung 6-37 dargestellt ist. Dieser Prozess gliedert sich in die drei übergeordneten Phasen *Initialisierung*, *Implementierung* und *Skalierung*. Einige der darin integrierten Schritte werden einmal pro Projekt durchgeführt, während andere kontinuierlich wiederholt werden. Diese kontinuierlichen Schritte stellen projektexterne Einflüsse dar, welche die Implementierung unterstützen. Hierzu zählen insbesondere Aktivitäten, die der kontinuierlichen Verbesserung des Technologieeinsatzes dienlich sind. Da das Framework anhand von 23 Anwendungsfällen aus der Literatur sowie acht Experteninterviews aus verschiedenen Unternehmen entwickelt wurde, stellt es ein geeignetes Modell zur Unterstützung der systematischen Gestaltung, Entwicklung und Weiterentwicklung von Implementierungsprojekten für die Automatisierung dar. (s. HERM ET AL. 2020, S. 476f.) Eine Einbindung des Ordnungsrahmens in diesen Prozess wird somit als praxistauglich angesehen.

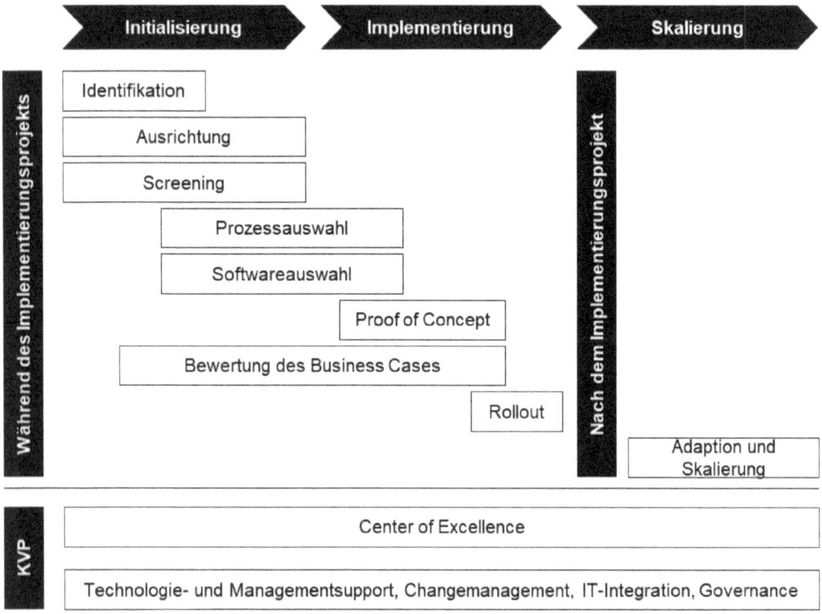

Abbildung 6-37: Idealtypischer Prozess zur Implementierung softwarebasierter Automatisierungstechnologien (eigene Darstellung i. A. a. HERM ET AL. 2020, S. 481)

Um ein Verständnis für die Einordnung des Ordnungsrahmens zu schaffen, werden nachstehend alle durch HERM ET AL. aufgezeigten Projektphasen (siehe Abbildung 6-37) beschrieben.

Initialisierung, Implementierung und Skalierung

Der Aufbau eines Implementierungsprojekts erfolgt in drei Phasen. Hierbei finden die Initialisierungs- und Implementierungsphase während des Projekts statt. Eine etwaige Skalierung wird erst nach Abschluss des Projekts durchgeführt. Alle Phasen werden durch Aktivitäten, die im Rahmen eines kontinuierlichen Verbesserungsprozesses ablaufen, ergänzt (s. HERM ET AL. 2020, S. 480f.).

Identifikation

Im Rahmen dieser Phase gilt es, die Potenziale der Automatisierung für das Unternehmen zu verstehen und zu identifizieren (s. ASATIANI U. PENTTINEN 2016, S. 8). Zentrale Beweggründe können hierbei technologischer Natur (z. B. fehlende Schnittstellen und Systembrüche in der IT-Landschaft oder hoher Return on Investment), aber auch operativer und wirtschaftlicher Natur (z. B. Effizienzsteigerungen, Kosteneinsparungen und Zufriedenheit der Mitarbeiter) sein (s. LANGMANN U. TURI 2020, S. 8).

Ausrichtung

Diese Projektphase wurde in keiner der untersuchten Fallstudien aufgezeigt. HERM ET AL. stellten die Notwendigkeit der Ausrichtung des Technologieeinsatzes an der Unternehmensstrategie mithilfe der Experteninterviews fest. In dieser Phase muss demnach die Definition des Beitrags der Automatisierung zu strategischen Zielen sowie die Auseinandersetzung mit organisatorischen Fragestellungen wie Rollenkonzepten und Funktionen erfolgen (s. HERM ET AL. 2020, S. 481).

Screening

Das Screening von Technologien verfolgt das Ziel, Unternehmen einen ganzheitlichen Überblick existierender Softwarelösungen für die Automatisierung zu verschaffen. Hierbei muss geprüft werden, welche technologischen Voraussetzungen im Anwendungskontext zu erfüllen sind (s. FICK ET AL. 2019, S. 18; AGUIRRE U. RODRIGUEZ 2017b, S. 67).

Prozessauswahl

In dieser Projektphase müssen geeignete Prozesse für die Automatisierung identifiziert und priorisiert werden. In diesem Zusammenhang besteht die Notwendigkeit, eine Vielzahl Kriterien zu berücksichtigen. Im Rahmen des Forschungsprojekts *RPAsset* hat der Autor der vorliegenden Dissertationsschrift ein praxistaugliches Verfahren zur Prozessauswahl entwickelt, welches Unternehmen eine Hilfestellung für die Prozessauswahl zur Verfügung stellt (s. GÖTZEN U. KÜNKELE 2020, S. 46f.).

Softwareauswahl

In dieser Phase steht die Auswahl der geeigneten Software für die Automatisierung im Vordergrund. Unter anderem stellen die Kosten der Software, Qualifikationsanforderungen sowie Reputation des Anbieters wichtige Faktoren bei der Entscheidungsfindung dar (s. HERM ET AL. 2020, S. 482). Die Auswahl einer geeigneten Softwarelösung ist eng mit der vorherigen Prozessauswahl verknüpft, da manche Lösungen besser mit bestimmten Anwendungen interagieren als andere (s. SMEETS ET AL. 2019, S. 71).

Proof of Concept

Der Proof of Concept stellt die Erprobung der ausgewählten Software dar und dient der technischen Machbarkeitsbewertung der jeweiligen Lösung (s. WILLCOCKS ET AL. 2016, S. 5). In dieser Phase werden unter anderem Faktoren wie die Installation, die Zugriffs-, Schreib- und Lesefähigkeit sowie Interoperabilität der Systeme geprüft (s. SMEETS ET AL. 2019, S. 77; LANGMANN U. TURI 2020, S. 14f.).

Bewertung des Business-Case

Im Rahmen eines Business-Case werden die Voraussetzungen für eine unternehmensweite Skalierung gelegt. Hierbei gilt es, sowohl alle anfallenden Kosten (z. B. Softwarelizenzen, IT-Servicekosten, Personalkosten) als auch alle finanziellen Vorteile (z. B. FTE-Einsparungen, Umschichtungen von FTE) in die Berechnungen mit einzubeziehen (s. LACITY ET AL. 2015, S. 11). Die Bewertung des Business-Case erfolgt bereits in der Initiierungsphase, um eine belastbare finanzielle Grundlage für die Implementierung zu schaffen.

Rollout

Der Rollout stellt den letzten Schritt im Implementierungsprojekt dar und umfasst alle Aktivitäten rund um die Bereitstellung und Aktivierung der implementierten Softwareroboter im täglichen Betrieb des Unternehmens (s. HERM ET AL. 2020, S. 483). Zu diesem Zeitpunkt sollten sämtliche technische Rahmenbedingungen, wie die Lizensierung der Software, Vorbereitung der IT-Infrastruktur, Auswahl und Vorbereitung der Prozesse, geschaffen sein (s. SMEETS ET AL. 2019, S. 93).

Adaption und Skalierung

Diese Phase schließt sich erst nach Abschluss des Implementierungsprojekts an die zuvor aufgezeigten Aktivitäten an. Nachdem ein positiver Proof of Concept, ein attraktiver Business-Case sowie die Einhaltung aller notwendigen Rahmenbedingungen zu einem erfolgreichen Rollout geführt haben, wird das Portfolio der zu automatisierenden Prozesse bei Bedarf erweitert (s. HERM ET AL. 2020, S. 483). Hierbei sollte berücksichtigt werden, dass mit dem Anstieg der Prozesse auch die schrittweise Erhöhung der Softwarelizenzen einhergeht (s. LACITY U. WILLCOCKS 2016b, S. 25f.). Gleichzeitig müssen auch die Mitarbeiter in den Prozess mit einbezogen werden, um die notwendige Technologieakzeptanz sicherzustellen (s. LACITY U. WILLCOCKS 2016a, S. 7).

Center of Excellence

Die organisatorische Verankerung eines CoE wird als projektbegleitende Aktivität angesehen. Diese Maßnahme ist in der relevanten Literatur ein etablierter Begriff zur Beschreibung einer eigenen organisatorischen Einheit (s. SMEETS ET AL. 2019, S. 118). Die Ausgestaltung eines solchen Centers variiert jedoch stark mit den jeweiligen Definitionen. ANAGNOSTE betrachtet das CoE als Organisationseinheit, die alle zuvor erwähnten Projektphasen begleitet oder lediglich nach Bedarf einzelne Schritte des Projektes wie die Identifikation geeigneter Prozesse zur Automatisierung unterstützt (s. ANAGNOSTE 2018c, S. 308).

Technologie- und Managementsupport, Changemanagement, IT-Integration, Governance

Wie bei jedem Projekt ist eine dauerhafte Unterstützung durch das Top-Management erforderlich, um zum einen die finanzielle Förderung und zum anderen eine strategische Ausrichtung zu ermöglichen. Ebenso sind die Gestaltung eines Changemanagement-Konzepts sowie die IT-Integration sicherzustellen, um kontinuierliche Veränderungen innerhalb des Implementierungsprozesses zu unterstützen. Weiterhin ist die Anpassung von Governance-Richtlinien eine notwendige Voraussetzung zur praktischen Umsetzung. Insgesamt stellen diese projektbegleitenden Aktivitäten den nachhaltigen Einsatz der Technologie sowie die langfristig erfolgreiche Zusammenarbeit zwischen Mensch und Maschine sicher. (s. HERM ET AL. 2020, S. 483f.)

Im Folgenden wird untersucht, inwiefern die aufgezeigten Phasen durch die Einbindung des Ordnungsrahmens und seiner partialen Modelle sinnvoll ergänzt werden können. Der Ordnungsrahmen zielt darauf ab, die relevanten Rahmenbedingungen für eine erfolgreiche Implementierung softwarebasierter Automatisierungstechnologien zu schaffen. Dies beinhaltet die Betrachtung des Zusammenspiels von Mensch, Technik und Organisation. Die projektbegleitende Phase *Technologie- und Managementsupport, Changemanagement, IT-Integration, Governance* zielt auf eine kontinuierliche Verbesserung ebendieses Zusammenspiels ab. Zudem besitzt diese Phase nicht nur für die erstmalige Implementierung, sondern auch für die darauffolgende Skalierung eine hohe Relevanz. In Anlehnung an die vorangegangene Spezifizierung des Anwendungsraums wird eine Einbindung des Ordnungsrahmens in diese Phase als zielführend angesehen. Das erste Modell (siehe Kapitel 6.1) unterstützt bei der Auswahl geeigneter Software, indem ein Verständnis zur Abgrenzung der einzelnen Technologietypen geschaffen wurde. Mithilfe des soziotechnischen Beschreibungsmodells (siehe Kapitel 6.2) sowie der Betrachtung einzelner Wirkungsbeziehungen (Kapitel 6.3) kann die Grundlage für ein ganzheitliches Changemanagement im Implementierungsprozess gelegt werden. Dies befähigt Unternehmen, relevante Vorüberlegungen während der Initiierungsphase anzustellen und auftretende Hindernisse während der Implementierungsphase sowie darüber hinaus zu minimieren. Mithilfe des entwickelten Maßnahmenkatalogs (siehe Kapitel 6.4) können geeignete Gestaltungsempfehlungen für die betroffenen soziotechnischen Elemente identifiziert und zielgerichtet umgesetzt werden.

6.5.4 Vorgehensweise zur Anwendung des Ordnungsrahmens

Im Folgenden gilt es, eine geeignete Vorgehensweise zur Anwendung des Ordnungsrahmens darzustellen, welche ein besonderes Augenmerk auf die praktische Umsetzbarkeit legt. Im Fokus steht hierbei die Auswahl und Durchführung geeigneter soziotechnischer Gestaltungsmaßnahmen. Das Vorgehen gliedert sich in vier sequenzielle Schritte (siehe Abbildung 6-38), welche nachstehend beschrieben werden:

Schritt 1 – Identifikation des eingesetzten Automatisierungstyps

Der erste Schritt setzt im Implementierungsprozess an, nachdem der Automatisierungsbedarf identifiziert und erste Pilotierungsprozesse für den Technologieeinsatz priorisiert werden konnten. Ausgehend von dieser Erkenntnis kann der entwickelte morphologische Kasten (siehe Kapitel 6.1) zur Auswahl eines geeigneten Technologietyps herangezogen werden. In diesem Schritt sollten die Projektverantwortlichen die Ausgestaltung der einzelnen Merkmale unter Einbindung der IT und der betroffenen Mitarbeiter diskutieren, um einen Konsens hinsichtlich der relevanten Merkmalsausprägungen zu finden. Ausgehend von den gewählten Merkmalskombinationen kann der Technologietyp RDA, RPA oder CPA konkretisiert werden. Abbildung 6-38 verdeutlicht diesen Auswahlprozess am Beispiel von RPA. Dieser Schritt schafft die notwendige Voraussetzung für die Auswahl eines geeigneten Softwareanbieters. Da die Anforderungen an die technologische Leistungsfähigkeit klar definiert sind, können anschließend verschiedene Softwarelösungen der jeweiligen Anbieter im Rahmen eines Proofs of Concept erprobt werden. Die Einbindung der IT ermöglicht es zudem, unternehmensindividuelle Anforderungen, wie die Cloudanbindung der Softwarelösung, bei der Auswahl mit einfließen zu lassen.

Schritt 2 – Identifikation der adressierten soziotechnischen Systemelemente

Ausgehend von der Bestimmung der notwendigen Technologie zur Erreichung des Automatisierungsziels gilt es im Folgenden, ein Verständnis über die adressierten soziotechnischen Elemente zu schaffen. Das in Kapitel 6.2 entwickelte Modell bietet zunächst einen Überblick über die technischen, sozialen und organisatorischen Dimensionen, welche im Zuge der Technologieeinführung zu berücksichtigen sind. Mithilfe des Wirkungsmodells (siehe Kapitel 6.3) kann die Gesamtheit dieser soziotechnischen Elemente in Abhängigkeit des jeweiligen Technologietyps eingegrenzt werden. Abbildung 6-28 stellt dies am Beispiel zweier Elemente (Infrastruktur-Kompatibilität und Interoperabilität) dar. In Analogie zum ersten Schritt sollten auch hier alle beteiligten Stakeholder in den Prozess integriert werden, um die Relevanz des Zusammenspiels von Mensch, Technik und Organisation zu verdeutlichen.

Schritt 3 – Aufbau eines Verständnisses für die Wirkungszusammenhänge

Nachdem der Betrachtungsraum im vorangegangenen Schritt auf die relevanten soziotechnischen Elemente eingegrenzt wurde, muss ein Verständnis für die einzelnen Wirkungszusammenhänge geschaffen werden. Die in Kapitel 6.3 aufgezeigten Wirkintensitäten dienen als Hilfestellung, um Abhängigkeiten zwischen den Technologietypen und den Systemelementen aufzudecken. Die durch die Technologie adressierten Elemente müssen sukzessive analysiert und zudem unternehmensindividuell hinsichtlich ihrer Relevanz für die erfolgreiche Implementierung priorisiert werden. Somit wird die Grundlage für die konkrete Umsetzung der im weiteren Vorgehen definierten Gestaltungsmaßnahmen gelegt. Ziel dieser Vorgehensweise besteht darin, die komplexen Systemzusammenhänge zu verstehen, um die Rahmenbedingungen für den erfolgreichen Rollout sowie die angestrebte Skalierung zu schaffen. Abbildung 6-38 visualisiert die Wirkintensitäten der Infrastruktur-Kompatibilität und der Interoperabilität am Beispiel von RPA.

Schritt 4 – Auswahl und Umsetzung soziotechnischer Gestaltungsmaßnahmen

Im abschließenden Schritt wird der Maßnahmenkatalog (siehe Kapitel 6.4) unter Einbezug aller Stakeholder herangezogen. Da die vorherrschenden Bedingungen in den Unternehmen variieren, wurde eine Vielzahl optionaler Gestaltungsempfehlungen aufgezeigt. Abbildung 6-38 stellt einen Auszug dieser am Beispiel der beiden exemplarischen Systemelemente dar. Im Folgenden gilt es, die geeigneten Maßnahmen unter Berücksichtigung der Rahmenbedingungen für die identifizierten soziotechnischen Elemente zu bestimmen. Auf Grundlage der vorangegangenen Priorisierung müssen diese Maßnahmen in eine Roadmap überführt und nach Bedarf sequenziell oder parallel umgesetzt werden. Zusammenfassend unterstützt die aufgezeigte Vorgehensweise bei der individuellen Bewertung der Abhängigkeiten, die sich aus dem eingesetzten Technologietyp und der Vielzahl soziotechnischer Systemelemente ergeben.

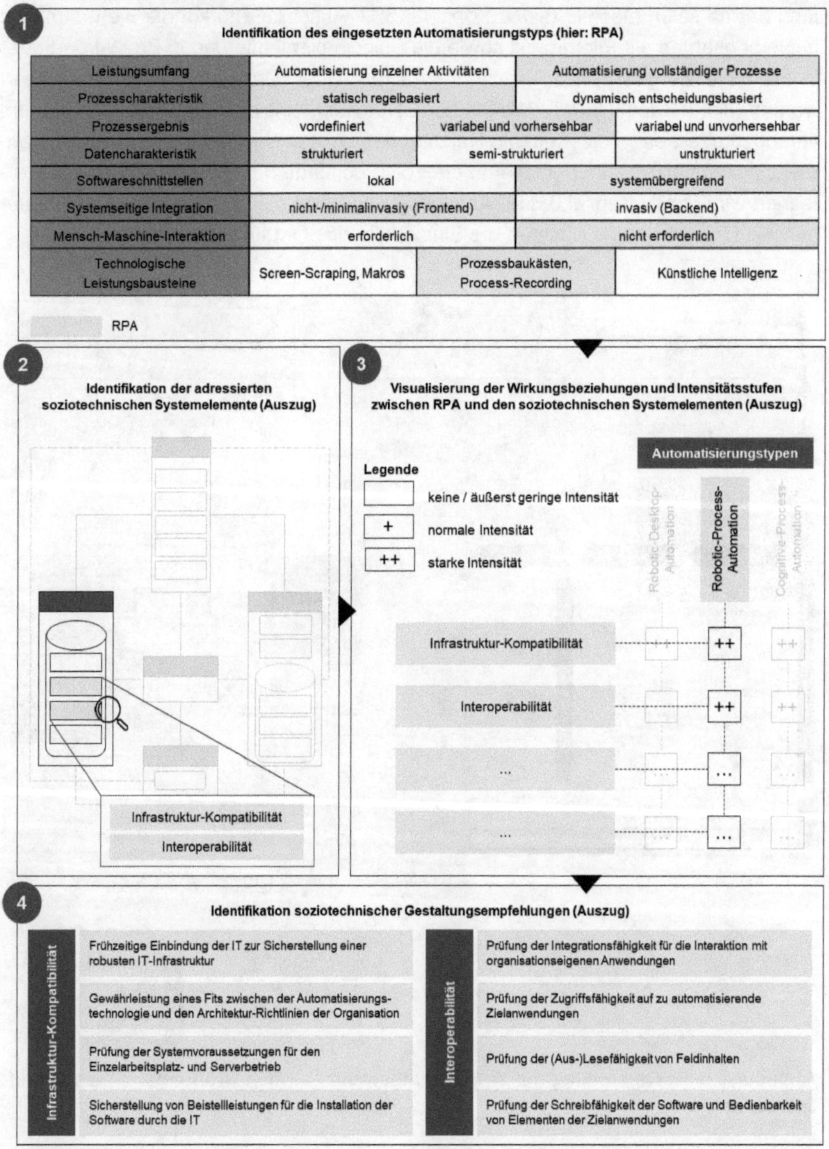

Abbildung 6-38: Vorgehensweise zur Anwendung des Ordnungsrahmens (eigene Darstellung)

6.5.5 Reflexion und Zusammenfassung der Ergebnisse

Das vorangegangene Kapitel befasste sich mit der konkreten Anwendung des Ordnungsrahmens. In diesem Zusammenhang erfolgte zunächst die sinnvolle Verknüpfung der partialen Modelle (siehe Kapitel 6.5.1). Anschließend konnte die erstmalige Implementierung als Pilotprojekt sowie die Folgeimplementierung in Projektform oder in der Linie als geeigneter Anwendungsraum für den Ordnungsrahmen identifiziert werden (siehe Kapitel 6.5.2). Mithilfe der Darstellung eines idealtypischen Implementierungsprozesses wird zudem die Nutzung des Leistungsumfangs des Ordnungsrahmens gewährleistet, indem dieser in die entsprechende projektbegleitende Phase integriert wird (siehe Kapitel 6.5.3). Abbildung 6-39 fasst die vorangegangenen Überlegungen zusammen und illustriert die Einbindung des Ordnungsrahmens.

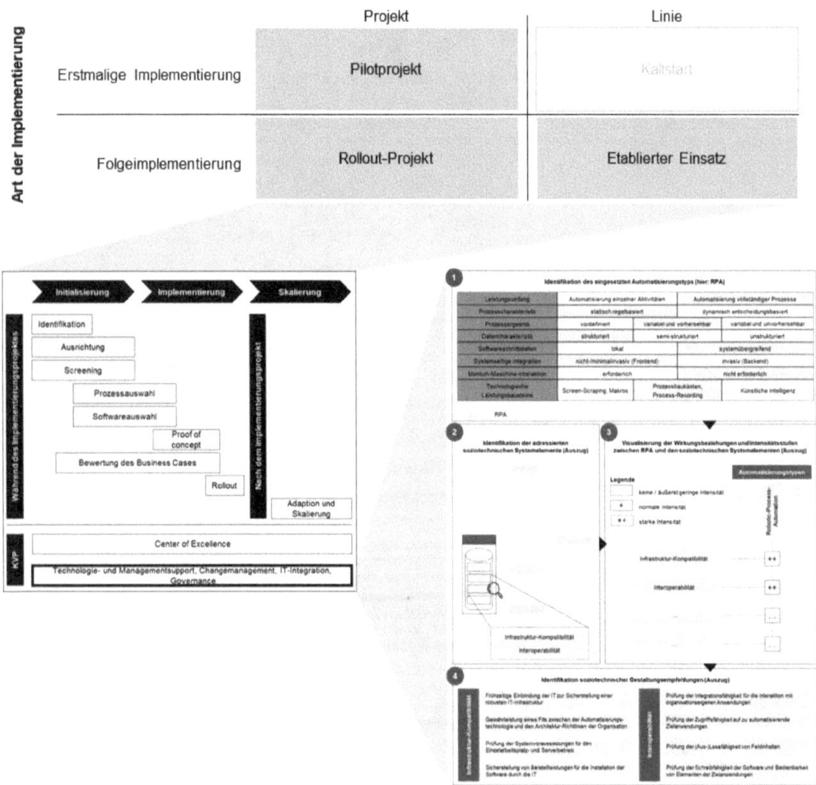

Abbildung 6-39: Darstellung des Anwendungsraums für den Ordnungsrahmen (eigene Darstellung)

Abschließend wurde die Anwendung des Ordnungsrahmens in einer vierstufigen Vorgehensweise spezifiziert (siehe Kapitel 6.5.4). Die einzelnen Schritte dienen zugleich als Ausgangspunkt für die Validierung im folgenden Kapitel.

7 Validierung des Ordnungsrahmens in der betrieblichen Praxis

Kapitel 7 fokussiert die Überprüfung des entwickelten Ordnungsrahmens im Anwendungszusammenhang. Entsprechend der gewählten Forschungskonzeption nach ULRICH und gemäß dem Ziel der Handlungswissenschaften, nützliches Wissen für die Praxis zu generieren, steht die Anwendbarkeit der Ergebnisse in der Praxis und nicht die Überprüfung der Gültigkeit von Theorien im Vordergrund dieses Kapitels (s. ULRICH 1981, S. 7). Kapitel 7.1 beschreibt zunächst das Vorgehen bei der exemplarischen Anwendung des entwickelten Ordnungsrahmens. Die Validierung der Ergebnisse wird anhand von drei konkreten Fallbeispielen in der betrieblichen Praxis veranschaulicht, in denen die einzelnen Partialmodelle angewandt und anhand der in Kapitel 5.2 definierten formal-konzeptionellen und inhaltlichen Anforderungen bewertet werden (siehe Kapitel 7.2 bis Kapitel 7.4). Dies stellt sowohl die Einhaltung der Grundsätze ordnungsmäßiger Modellierung als auch den wissensgenerierenden Mehrwert für die Praxis sicher. Mit der Anwendung und Überprüfung des Ordnungsrahmens im spezifischen unternehmerischen Anwendungskontext kann der Prozess der angewandten Forschung nach ULRICH als abgeschlossen angesehen werden (s. ULRICH 1984, S. 193).

7.1 Vorgehensweise der Validierung

Für die Validierung des entwickelten Ordnungsrahmens wurden Vertreter der folgenden drei Unternehmen interviewt: ERGO Group AG, noltewerk GmbH & Co. KG und Blue Prism Group. Die teilnehmenden Gesprächspartner konnten aus den projektbegleitenden Ausschüssen der beiden AiF-Forschungsprojekte *RPAsset* und *RPAcceptance*, welche durch den Autor verantwortet wurden, akquiriert werden. Dies gewährleistete, dass die Experten praxisnahe Erfahrungen durch die aktive Teilnahme an der Implementierung softwarebasierter Automatisierungstechnologien vorweisen konnten. Eine industrieseitige Validierung der entwickelten Partialmodelle sowie die Anwendbarkeit des gesamten Ordnungsrahmens konnten somit sichergestellt werden. Die Heterogenität der gewählten Validierungspartner verdeutlicht zudem, dass der Einbindung verschiedener Perspektiven in den Validierungsprozess ein hoher Stellenwert beigemessen wurde. Hierbei wird die Anwenderperspektive durch die ERGO Group AG und die noltewerk GmbH & Co. KG repräsentiert. Darüber hinaus konnte ein Expertengespräch mit der Blue Prism Group dazu beitragen, auch die Anbieterperspektive in die Validierung zu integrieren.

Zu Beginn der Interviews wurde zunächst die Notwendigkeit der Thematik veranschaulicht und die Historie des Ideenfindungsprozesses für das Dissertationsvorhaben geschildert. Anschließend erfolgte die Darstellung der einzelnen Fallbeispiele durch die Interviewpartner. In diesem Zuge legten die Unternehmen ihre individuellen Ausgangssituationen und Herausforderungen dar, welche mit der Implementierung softwarebasierter Automatisierungstechnologien einhergingen. Die Notwendigkeit eines ganzheitlichen Ordnungsrahmens konnte bereits zu diesem Zeitpunkt herausgestellt werden.

Im weiteren Verlauf der Validierungsgespräche wurden die drei Automatisierungstypen durch den Autor vorgestellt und anhand der Fallbeispiele auf ihre reale Existenz hin geprüft. Darauf aufbauend wurde das entwickelte soziotechnische System mit den Interviewpartnern diskutiert und die Anwendbarkeit in der Praxis anhand des implementierten Technologietyps validiert. In diesem Zusammenhang sind insbesondere die Wirkungsbeziehungen zwischen den Typen und dem soziotechnischen System auf ihren Nutzen für die Praxis bewertet worden. Hierbei bestätigte sich die Annahme des Autors, dass die fehlenden Kenntnisse über jene Wirkungsbeziehungen ein ausschlaggebender Faktor für die zahlreichen Implementierungsherausforderungen in der Industrie sind. Im Anschluss an die Vorstellung der Partialmodelle wurde das Gestaltungsmodell, welches den gesamten Ordnungsrahmen in den Implementierungsprozess eingliedert, mithilfe der Experten validiert. Abschließend erfolgte eine sukzessive Überprüfung der in Kapitel 5.2 entwickelten formal-konzeptionellen und inhaltlichen Anforderungen mit den Industrievertretern. Abbildung 7-1 zeigt einen Überblick der Fragestellungen, welche zur Überprüfung der Anforderungen herangezogen wurden.

Formale Anforderungen	
Richtigkeit	Sind die partialen Modelle des Ordnungsrahmens formal einwandfrei und widerspruchsfrei gestaltet, sodass Aussagen reproduzierbar und nachprüfbar sind?
Relevanz	Liegen dem Modellierungszweck relevante und real existierende Sachverhalte zugrunde?
Klarheit	Sind Lesbarkeit, Anschaulichkeit und Verständlichkeit der partialen Modelle gegeben?
Handhabbarkeit	Sind die partialen Modelle benutzerfreundlich anzuwenden und die Ergebnisse leicht zu interpretieren?
Wirtschaftlichkeit	Kann der Anwendungsaufwand zur Erreichung des Modellierungszweckes niedrig gehalten werden?
Inhaltliche Anforderungen	
Merkmale und Ausprägungen	Sind die identifizierten Merkmale und Merkmalsausprägungen vollständig, praxistauglich und überschneidungsfrei?
Heterogenität der Typen	Können die identifizierten Typen trennscharf voneinander unterschieden werden?
Reale Existenz der Typen	Sind die identifizierten Typen real existent und deren Merkmalskombinationen logisch widerspruchsfrei, empirisch verifizierbar und praktisch brauchbar?
Soziotechnisches Modell	Sind die identifizierten Dimensionen und Elemente des soziotechnischen Modells kontextuell vollständig und praxistauglich?
Wirkungsbeziehungen	Wurde die Wirkung zwischen den Typen softwarebasierter Automatisierungstechnologien und dem soziotechnischen System für die Praxis verständlich erklärt?
Gestaltungsempfehlungen	Liefern der Ordnungsrahmen sowie dessen Einordnung in den Implementierungsprozess einen Nutzen für die Praxis?
Innere Konsistenz	Weisen alle partialen Modelle des Ordnungsrahmens eine inhaltliche Konsistenz auf?
Visualisierung	Trägt die gewählte Form der Darstellung dazu bei, Sachverhalte übersichtlich und für die Praxis leicht verständlich zu transportieren?
Adaptionsfähigkeit	Sind die partialen Modelle des Ordnungsrahmens vor dem Hintergrund eines kontinuierlichen technologischen Wandels anpassungsfähig?

Abbildung 7-1: Bewertungslogik zur Validierung formal-konzeptioneller und inhaltlicher Anforderungen (eigene Darstellung)

7.2 Fallbeispiel: ERGO Group AG

Im Rahmen der Validierung wurde die erste Diskussion der Ergebnisse mit einem Experten der ERGO Group AG geführt. Der Ansprechpartner ist Leiter des Robotics Competence Centers und weist umfassende Kenntnisse bei der Implementierung softwarebasierter Automatisierungstechnologien auf. Das Gespräch fand im Rahmen eines virtuellen Videotelefonats statt. Im Fokus der Validierung stand zunächst die Vorstellung der partialen Modelle, welche im Rahmen des Dissertationsvorhabens entwickelt worden sind. Diese wurden dem Gesprächspartner zunächst einzeln vorgestellt und abschließend als übergeordneter Ordnungsrahmen präsentiert. In diesem Zusammenhang wurde auch der Erfüllungsgrad der in Kapitel 5.2 definierten formal-konzeptionellen und inhaltlichen Anforderungen der Modelle diskutiert. Die ERGO Group AG setzt bereits seit vielen Jahren auf den Einsatz von Automatisierungstechnologien im Backoffice und konnte somit aufgrund hoher Praxisexpertise einen wertvollen Beitrag zur Validierung des Ordnungsrahmens liefern. Mithilfe des Interviews war es möglich, die Ergebnisse der Dissertationsschrift aus einer Praxisperspektive kritisch zu hinterfragen und den angestrebten Nutzen für die Anwendung im Unternehmen zu validieren.

7.2.1 Beschreibung des Anwendungsfeldes

Die ERGO Group AG ist ein Teil der Münchener Rückversicherungs-Gesellschaft AG, einem weltweit führenden Risikoträger im Versicherungsgeschäft. Als eine der größten Versicherungsgruppen in Deutschland bietet die ERGO Group AG ein umfassendes Spektrum an Versicherungen, Vorsorge, Investments und Serviceleistungen. Die Gruppe ist weltweit in rund 30 Ländern vertreten. Der Fokus des Versicherungsgeschäfts liegt dabei auf den Regionen Europa und Asien. Im Jahr 2020 erwirtschaftete die ERGO Group AG einen Gesamtbetrag von rund 18 Milliarden Euro und erbrachte Versicherungsleistungen in Höhe von 16 Milliarden Euro für ihre Kunden. Damit gehört die Gruppe, welche weltweit rund 27.000 Mitarbeiter beschäftigt, über alle Sparten hinweg zu den führenden Anbietern.[5]

Die ERGO Group AG startete den Einsatz von Softwarerobotern im Jahre 2017, als der Vorstand beschloss, Automatisierung als ein digitales Innovationsthema voranzutreiben (s. BAYER 2020). Die Einführung dieser Technologie hatte zunächst die Ausrichtung eines Effizienzprojekts. Nach Angaben des Interviewpartners sollten die Prozesse kostengünstig verschlankt und Mitarbeiter von repetitiven Aufgaben entlastet werden. Damit verfolgte die Gruppe das Ziel, den Fokus der Mitarbeiter auf das Wesentliche zu lenken – den Kunden. Zudem sah das Unternehmen eine Möglichkeit, durch die Digitalisierung der internen Backoffice-Prozesse zusätzlichen Nutzen für

[5] Informationen wurden der Website des Unternehmens entnommen: https://www.ergo.com/de/Unternehmen/Portrait-ERGO-Group (Link zuletzt geprüft: 18.10.2021).

Kunden, Mitarbeiter und alle anderen Stakeholder bereitzustellen[6]. Inzwischen hat allein die ERGO Deutschland mehr als 70 Softwareroboter im Einsatz, welche rund 100.000 Vorgänge im Monat automatisiert abwickeln (Stand 30.06.2021). Die Entwicklung der Softwareroboter erfolgt im Gegensatz zu vielen anderen Unternehmen inhouse, was vom Validierungspartner als zentraler Erfolgsfaktor hervorgehoben wurde. Mithilfe agiler DevOps-Teams ist es möglich, die digitalen Assistenten innerhalb weniger Wochen einsatzfähig zu machen. Dieses Vorgehen befähigte die ERGO Deutschland in der Vergangenheit, rund zwei Softwareroboter im Monat live zu schalten[7]. Mittlerweile unterstützt das Robotics Competence Center insbesondere die ERGO- und DKV-Gesellschaften in Spanien, Belgien, Griechenland und den baltischen Staaten in einer Beratungsrolle beim Aufbau lokaler Teams. Der Anspruch besteht darin, insbesondere kleineren Gesellschaften, die nicht in der Lage sind, eigene Teams aufzubauen, als zentraler Dienstleister zur Seite zu stehen. Zurzeit fokussiert die ERGO Group AG vor allem den Einsatz von RPA. Trends wie Advanced Data-Analytics und KI sind jedoch wesentliche Themen, die zukünftig adressiert werden, um das Kundenerlebnis kontinuierlich zu optimieren.

Mit der Erfolgsgeschichte der internen RPA-Initiative und dem damit einhergegangenen kulturellen Wandel bewarb sich die ERGO Deutschland 2020 um den *Digital Leader Award*, welcher vom IDG-Verlag in gemeinsamer Kooperation mit der NTT-Gruppe vergeben wird, und gewann diesen in der Kategorie *Culture* (s. BAYER 2020). Da das soziotechnische System mit seinen Dimensionen und Elementen sowie deren Wirkungsbeziehungen zu den Technologietypen der Automatisierung im Fokus der Dissertationsschrift stehen, wird der kulturelle Wandel der ERGO Deutschland im Folgenden umfangreich skizziert.

Nach Angaben des Validierungspartners konnte die Akzeptanz der Mitarbeiter speziell in der Anfangsphase durch umfassende Überzeugungsarbeit sichergestellt werden, woraus ein kultureller Wandel in der ERGO Deutschland resultierte. Hierbei ging es insbesondere um die transparente Kommunikation, dass Automatisierungsinitiativen nicht angestoßen werden, um Arbeitsplätze zu gefährden, sondern Mitarbeiter bei den täglich anfallenden repetitiven Aufgaben zu entlasten. Ausgewählte Mitarbeiter, die eine Pionierrolle einnahmen, unterstützten maßgeblich dabei, die Fachabteilungen und weitere Stakeholder in die Kommunikation zu integrieren. Darüber hinaus war es notwendig, zu zeigen, dass die verantwortlichen Robotic-Teams die gegebenen Versprechen einhalten und einen Mehrwert liefern konnten. Vor diesem Hintergrund wird viel Wert daraufgelegt, dass Mitarbeiter von ihren persönlichen Erfahrungen mit der

---

[6] Informationen wurden der Website des Unternehmens entnommen: https://www.ergo.com/de/Wir-bei-ERGO/Wir-erzaehlen/Digitalisierung-und-Innovation/2017/Robotics-eine-Loesung-mit-viel-Potential-in-der-Versicherungsbranche (Link zuletzt geprüft: 18.10.2021).

[7] Informationen wurden der Website des Unternehmens entnommen: https://next.ergo.com/de/KI-Robotics/2021/Robotics--Bots-RPA-Akzeptanz-Mitarbeiter-Digitalisierung-Prozesseffizienz-Change (Link zuletzt geprüft: 18.10.2021).

Automatisierung berichten. Das Unternehmen hat neben einer Vielzahl interner Aktivitäten zusätzliche Kurzvideos im eigenen YouTube-Kanal veröffentlicht. Hier berichten Mitarbeiter von den Vorteilen der Automatisierung, bspw. bei der Hilfsmittelbestellung, der Bestandsdatenübertragung, der Bearbeitung von Hagelschäden oder der Geburtsdatenänderung. Nach Angaben des Interviewpartners war die hohe Partizipation und Präsenz der Mitarbeiter ein wichtiger Schritt, um die Automatisierung zum Erfolg zu führen. Des Weiteren existiert eine Vereinbarung zwischen dem ERGO-Vorstand und der vereinten Dienstleistungsgewerkschaft (ver.di), welche den Arbeitsplatzabbau aufgrund von Digitalisierungsinitiativen weitestgehend ausschließt. Diese Vereinbarung verlieh der RPA-Initiative die notwendige Glaubwürdigkeit in dem Anspruch, den Mitarbeitern mehr Freiraum für anspruchsvolle Tätigkeiten, wie optimierte Kundenservices, zu bieten. Darüber hinaus wurde hervorgehoben, dass auch die Betriebsräte von Beginn an sehr aufgeschlossen waren. Im Gegenzug vermittelt das Robotics Competence Center ein hohes Maß an Transparenz und Verbindlichkeit, sodass die Zusammenarbeit für alle beteiligten Stakeholder fair und angenehm gestaltet ist. Ferner betont der Gesprächspartner, dass die schnelle Bereitstellung der Automatisierungsanwendungen, ohne jahrelange Entwicklungsaufwände deren Ergebnisse erst spät Wirkung entfalten, einen positiven Einfluss auf die Akzeptanz ausübte. Die zügige Inhouse-Entwicklung der ERGO Group AG mündete in einer kontinuierlich steigenden Nachfrage nach weiteren Softwarerobotern, wobei auch internationale Schwesterunternehmen Interesse bekundeten und Robotics ein global präsentes Thema wurde. In kleinen Teams von drei bis fünf Mitarbeitern erfolgen die Entwicklung und Bereitstellung der Softwareroboter im Rahmen einer agilen Zusammenarbeit, welche kurze Iterationen ermöglicht und die Motivation des Teams aufrechterhält. In diesem Zusammenhang wird hervorgehoben, dass der Ansatz einer Zusammenarbeit zwischen Business-Analysten der ERGO Digital Ventures und Entwicklern aus der IT-Organisation zunächst aus einem Kompromiss heraus entstand. Ziel war es, Parallelstrukturen neben der eigentlichen IT-Organisation zu vermeiden, aber dennoch handlungsfähig zu sein. Aufgrund des Erfolgs dieser Konstellation wurde die Zusammenarbeit jedoch beibehalten. Inzwischen offeriert die ERGO Deutschland den kompletten Lebenszyklus einer Automatisierungsanwendung aus einer Hand – von der Analyse geeigneter Geschäftsprozesse, über die Beratung und Entwicklung, bis hin zur Inbetriebnahme und Instandhaltung. Somit gelingt es dem Unternehmen sehr gut, sowohl die Bereitstellung für die Fachbereiche als auch die zeitgleiche Erfüllung der Rolle einer IT-Organisation auszufüllen. Diese Vorgehensweise dient als Vorbild für weitere Digitalisierungsinitiativen. Wie der Gesprächspartner abschließend hervorhebt, rechnete man im Unternehmen nicht mit weitreichenden kulturellen Folgen der Automatisierung. Die gesamte Initiative trug jedoch dazu bei, dass die Offenheit gegenüber weiteren Digitalisierungsthemen anstieg.

Die Darstellung des Anwendungsfeldes von RPA bei der ERGO Group AG verdeutlicht, wie ein optimiertes Zusammenspiel von Mensch, Technik und Organisation dazu beiträgt, Automatisierung im Unternehmen erfolgreich zu verankern. Aus diesem Grund stellt der Versicherungskonzern ein Best-Practice-Beispiel dar, welches eine besonders hohe Eignung zur Validierung der Ergebnisse aufweist. Die Erkenntnisse werden im folgenden Kapitel näher veranschaulicht.

7.2.2 Darstellung der Ergebnisse

Im Rahmen der Ergebnispräsentation wurden die partialen Elemente zunächst einzeln vorgestellt. Darauf aufbauend konnte der gesamte Ordnungsrahmen sowie dessen Anwendbarkeit in der Praxis mit dem Experten intensiv diskutiert werden. Nachstehend werden die Erkenntnisse dieser Diskussion entlang der partialen Modelle dargelegt. Das Kapitel schließt mit der Bewertung des ganzheitlichen Ordnungsrahmens durch den Interviewpartner.

In einem ersten Schritt wurde der in Kapitel 6.1 entwickelte morphologische Kasten zur Beschreibung verschiedener Typen softwarebasierter Automatisierungstechnologien vorgestellt. In diesem Zuge erfolgte die Darstellung der einzelnen Merkmale sowie der dazugehörigen Merkmalsausprägungen durch den Autor dieser Arbeit. Da der Automatisierungsfokus der ERGO Group AG insbesondere auf dem Einsatz von RPA liegt, stand eine generelle Einschätzung des Modells im Fokus der Diskussion. Dabei wurde vom Experten hervorgehoben, dass RPA nur beschränkt ein Mittel für die Ende-zu-Ende-Automatisierung darstellt. In einem Unternehmen mit gewachsener IT-Infrastruktur zielt die Automatisierung demnach darauf ab, die Integrationslücken zwischen bestehenden technischen Systemen, die heute über manuelle Arbeit überbrückt werden müssen, zu schließen. Dies ist der Expertenmeinung zufolge vor allem dann der Fall, wenn die Systemintegration über konventionelle IT-Mittel oder aus Ressourcen- und Budgetgründen nicht realisierbar ist. Die Stärke von RPA besteht darin, mit bestehenden technischen Systemen auf unterschiedlichen technischen Plattformen interagieren zu können, ohne diese anpassen zu müssen. Diese Aussage spiegelt sich im ersten Merkmal des morphologischen Kastens wider, indem lediglich zwischen der Automatisierung einer Aufgabe oder eines Prozesses unterschieden wird, ohne einen Ende-zu-Ende-Charakter hervorzuheben. Zusammenfassend akzentuiert der Experte, dass die gewählten Merkmale insbesondere für Unternehmen ohne Vorerfahrung geeignet sind, um ein Verständnis über die unterschiedlichen Typen aufzubauen. In diesem Zusammenhang wird zusätzlich angemerkt, dass die Unterscheidung anhand der Merkmale weit detaillierter erfolgen kann, wenn der Betrachtungsraum auf technischer Ebene tiefergelegt wird. Da die Zielgruppe dieses Modells jedoch Unternehmen sind, welche eine erstmalige Pilotierung anstreben, ist der Betrachtungshorizont ausreichend detailliert gewählt. Abschließend konnte auch die reale Existenz der drei Typen RDA, RPA und CPA durch den Experten bestätigt werden. Im gemeinsamen Diskurs wurde zusätzlich festgehalten, dass der Trend zunehmend in Richtung einer Kombination verschiedener Automatisierungskomponenten verläuft, was mit einer sinkenden Trennschärfe einhergeht. Dennoch konnte bestätigt werden, dass die Typenbildung aus wissenschaftlicher Perspektive notwendig ist, um die Auswirkungen auf das soziotechnische System anschaulich und praxisnah erklären zu können.

In einem zweiten Schritt wurde das soziotechnische Beschreibungsmodell (siehe Kapitel 6.2) vorgestellt. Die grafische Darstellung dieses Modells wurde vom Experten positiv hervorgehoben. Es wurde betont, dass alle Aspekte eine hohe Relevanz für die Einführung von softwarebasierten Automatisierungstechnologien aufweisen. Die Diskussion zeigt, dass man sich in der Praxis aller aufgezeigten soziotechnischen Dimensionen und Elemente bewusst ist, die grafische Strukturierung ebendieser jedoch bisher nicht verfügbar war. Diese Aussage bestätigt die aufgedeckte Forschungslücke im Rahmen des Dissertationsvorhabens. Darüber hinaus wurden insbesondere das Zusammenspiel und die Wechselwirkung der einzelnen Elemente untereinander als hilfreich angesehen. Zusammenfassend bestätigt der Validierungspartner die praktische Relevanz aller identifizierten Elemente. Im Verlauf der Diskussion wurden vereinzelte Elemente besprochen. Wie im vorangegangenen Fallbeispiel beschrieben, spielten vor allem die Unternehmenskultur und die Gewährleistung der intraorganisationalen Zusammenarbeit eine große Rolle bei der ERGO Group AG. Das Gespräch macht zudem deutlich, dass die Einführung von Automatisierung ein sehr unternehmensindividuelles Unterfangen darstellt. Somit weisen einige Elemente des Modells für bestimmte Unternehmen und Branchen eine höhere Relevanz auf als andere.

Im dritten Schritt wurde die Vorgehensweise zur Herleitung der Wirkungsbeziehungen zwischen dem soziotechnischen System und den drei Typen der Automatisierung dargestellt (siehe Kapitel 6.3). Der Prozess zur Datenerhebung wurde vom Experten als sehr praxisnah beurteilt, womit die Herleitung des Modells dem Anspruch einer explorativen Forschungskonzeption gerecht wird. Im Rahmen des Gesprächs wurde darauf verzichtet, jede Wirkungsbeziehung im Detail zu diskutieren. Dennoch wurden generelle Stimmungsbilder ausgetauscht und bestätigt, dass eine homogene Einschätzung in der Industrie vorliegt.

Im vierten Schritt wurde das finale Gestaltungsmodell (siehe Kapitel 6.4) präsentiert. Hierbei ist dem Experten analog dem Erklärungsmodell zunächst die Vorgehensweise zur Herleitung erörtert worden. Positiv hervorgehoben wurde die Identifikation geeigneter soziotechnischer Gestaltungsempfehlungen in Anlehnung an den Fallstudienforschungsprozess. Die Sättigungskurve wurde als hilfreich erachtet, um einen Rahmen für die Untersuchung zu setzen. Eine detaillierte Diskussion aller 81 Gestaltungsempfehlungen wurde aus Zeitgründen nicht forciert. Die Gültigkeit und Praxistauglichkeit dieser konnten jedoch mithilfe der vorangegangenen Experteninterviews bestätigt werden.

Abschließend wurden die partialen Modelle aggregiert als Ordnungsrahmen vorgestellt. Hierbei diente Abbildung 7-2 dazu, den soziotechnischen Gestaltungsprozess in Form eines Klickdemonstrators zu verdeutlichen. Am Beispiel von RPA wurde aufgezeigt, welche Eigenschaften der Technologie einen Einfluss auf das soziotechnische System ausüben. Exemplarisch wurde die Klickstrecke anhand des systemübergreifenden Charakters abgebildet. Somit wurde veranschaulicht, dass insbesondere die Infrastruktur-Kompatibilität und die Interoperabilität adressiert werden und eine starke Wirkintensität zu RPA aufweisen. Jedem dieser Elemente sind beispielhafte Gestaltungsoptionen zugewiesen. Der Nutzen und die praktische Anwendbarkeit wurden durch den Experten als besonders hoch eingestuft. Insbesondere die strukturierte Aufbereitung der Entscheidungshilfe konnte positiv hervorgehoben werden. In diesem Zusammenhang wurde angemerkt, dass viele der Gestaltungsoptionen oftmals gängiger Standard in einer professionellen IT-Organisation wie der ERGO Group AG sind. Dennoch existiert eine Vielzahl Unternehmen, die diesen Standard nicht erfüllen. Daher erhebt der Ordnungsrahmen und das darin enthaltene Gestaltungsmodell den Anspruch, alle relevanten Maßnahmen abzubilden.

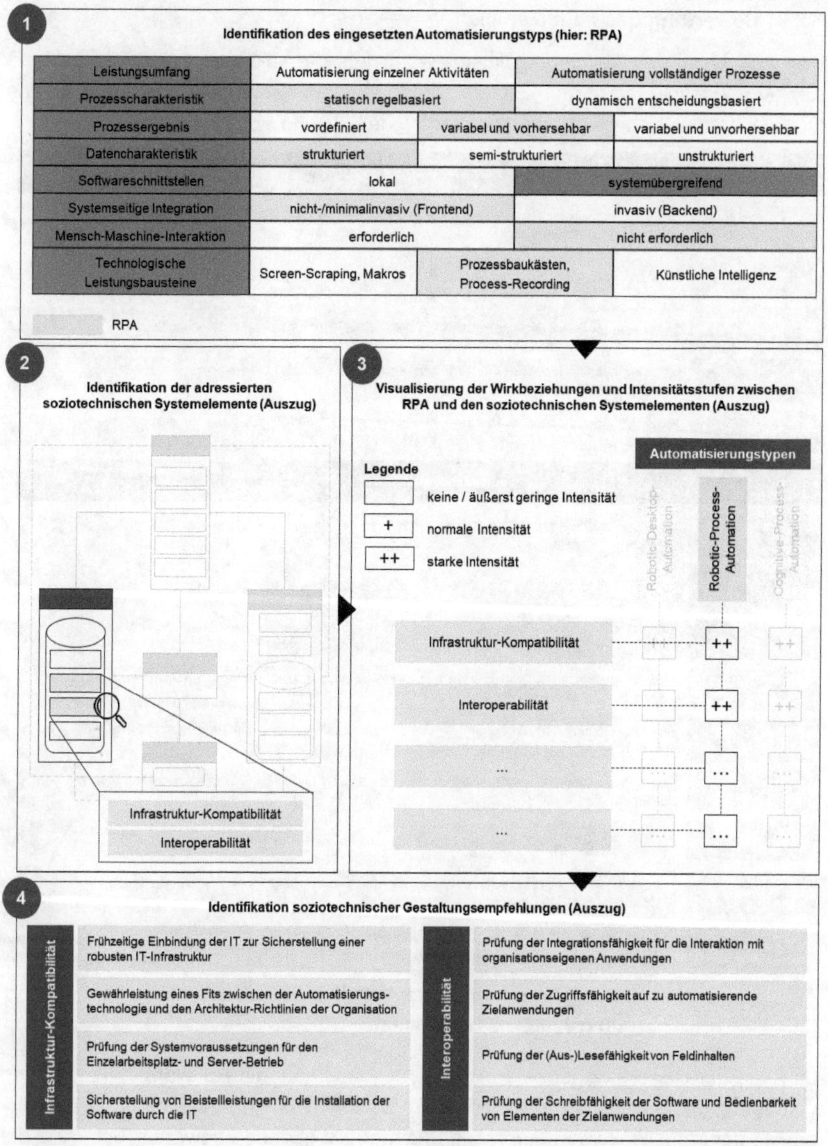

Abbildung 7-2: Darstellung des Ordnungsrahmens im Rahmen der Validierung mit der ERGO Group AG (eigene Darstellung)

7.2.3 Bewertung des Fallbeispiels

Den Abschluss des Validierungsinterviews bildete die sukzessive Bewertung der in Kapitel 5.2 definierten formal-konzeptionellen und inhaltlichen Anforderungen an den Ordnungsrahmen sowie dessen partialen Modelle (siehe Abbildung 7-3).

Formale Anforderungen		
Richtigkeit	Sind die partialen Modelle des Ordnungsrahmens formal einwandfrei und widerspruchsfrei gestaltet, sodass Aussagen reproduzierbar und nachprüfbar sind?	✓
Relevanz	Liegen dem Modellierungszweck relevante und real existierende Sachverhalte zugrunde?	✓
Klarheit	Sind Lesbarkeit, Anschaulichkeit und Verständlichkeit der partialen Modelle gegeben?	✓
Handhabbarkeit	Sind die partialen Modelle benutzerfreundlich anzuwenden und die Ergebnisse leicht zu interpretieren?	✓
Wirtschaftlichkeit	Kann der Anwendungsaufwand zur Erreichung des Modellierungszweckes niedrig gehalten werden?	✓

Inhaltliche Anforderungen		
Merkmale und Ausprägungen	Sind die identifizierten Merkmale und Merkmalsausprägungen vollständig, praxistauglich und überschneidungsfrei?	✓
Heterogenität der Typen	Können die identifizierten Typen trennscharf voneinander unterschieden werden?	✓
Reale Existenz der Typen	Sind die identifizierten Typen real existent und deren Merkmalskombinationen logisch widerspruchsfrei, empirisch verifizierbar und praktisch brauchbar?	✓
Soziotechnisches Modell	Sind die identifizierten Dimensionen und Elemente des soziotechnischen Modells kontextuell vollständig und praxistauglich?	✓
Wirkungsbeziehungen	Wurde die Wirkung zwischen den Typen softwarebasierter Automatisierungstechnologien und dem soziotechnischen System für die Praxis verständlich erklärt?	✓
Gestaltungsempfehlungen	Liefern der Ordnungsrahmen sowie dessen Einordnung in den Implementierungsprozess einen Nutzen für die Praxis?	✓
Innere Konsistenz	Weisen alle partialen Modelle des Ordnungsrahmens eine inhaltliche Konsistenz auf?	✓
Visualisierung	Trägt die gewählte Form der Darstellung dazu bei, Sachverhalte übersichtlich und für die Praxis leicht verständlich zu transportieren?	✓
Adaptionsfähigkeit	Sind die partialen Modelle des Ordnungsrahmens vor dem Hintergrund eines kontinuierlichen technologischen Wandels anpassungsfähig?	✓

Abbildung 7-3: Bewertung der formal-konzeptionellen und inhaltlichen Anforderungen durch die ERGO Group AG (eigene Darstellung)

Im Zuge der Bewertung formaler Anforderungen konnte die Relevanz bereits in den vorangegangenen Ausführungen bewiesen werden. Auch die Klarheit und Handhabbarkeit der Modelle wurden durch den Experten als gegeben bewertet. Auf Basis der Darstellung des Klickdemonstrators wird betont, dass der Anwendungsaufwand in einem adäquaten Verhältnis zum Nutzen der Erkenntnisse steht. Lediglich die formal einwandfreie und reproduzierbare Ausgestaltung der Modelle konnte durch den Experten aufgrund fehlender Einblicke in das Dissertationsvorhaben nicht beurteilt werden. Die Erfüllung dieser formalen Anforderung wird jedoch durch den umfassenden Forschungsprozess zur Herleitung der Modelle sichergestellt.

Eine Einschätzung der Vielzahl inhaltlicher Anforderungen wurde bereits im vorangegangenen Kapitel herausgestellt. Demnach sind die identifizierten Merkmale und Merkmalsausprägungen sowie die Dimensionen und Elemente der beiden Beschreibungsmodelle kontextuell vollständig und für die adressierte Zielgruppe praxistauglich. Auch die reale Existenz und die Trennschärfe der Typen wurden im Rahmen des Interviews bestätigt. Darüber hinaus ist auch die Darstellung der Wirkintensitäten verständlich erklärt, um ein Verständnis über die vorherrschenden Einflüsse zu vermitteln. Durch die Erfüllung der inhaltlichen Anforderungen der einzelnen Modelle weist der Ordnungsrahmen einen hohen Nutzen für die Praxis auf. Ebenfalls positiv hervorgehoben wurde die Visualisierung der Modelle, um Sachverhalte unmissverständlich zu transportieren. Abschließend konnten zudem die Fragen nach innerer Konsistenz und Adaptionsfähigkeit der Modelle vor dem Hintergrund eines kontinuierlichen Wandels bejaht werden.

Anhand des Fallbeispiels der ERGO Group AG wurden die Ergebnisse der vorliegenden Dissertationsschrift im praktischen Anwendungszusammenhang intensiv diskutiert. Zusammenfassend lässt sich festhalten, dass die umfangreichen Erfahrungswerte des Experten im Hinblick auf die Automatisierung wertvolle Einblicke lieferten und dazu beitragen konnten, den Praxisnutzen sowie die Anwendbarkeit des Ordnungsrahmens zu validieren.

7.3 Fallbeispiel: noltewerk GmbH & Co. KG

Das zweite Interview zur Validierung der Ergebnisse fand mit dem Geschäftsführer der noltewerk GmbH & Co. KG statt. Der Ansprechpartner ist seit 2018 Mitglied im projektbegleitenden Ausschuss der beiden Forschungsprojekte *RPAsset* und *RPAcceptance* und steht derzeit am Anfang seiner Automatisierungsreise. Das Gespräch wurde als virtuelles Videotelefonat geführt. Im Zuge des Interviews erfolgte zunächst die Beschreibung des Anwendungsfalls durch den Ansprechpartner. Anschließend konnte ein Überblick über die Inhalte der Dissertationsschrift vermittelt und die einzelnen Modelle im Detail vorgestellt werden. Zum Abschluss des Gesprächs wurden die formalkonzeptionellen und inhaltlichen Anforderungen der partialen Modelle aufgezeigt und diskutiert. Die noltewerk GmbH & Co. KG befindet sich derzeit in einer Pilotphase für den Einsatz von Automatisierungstechnologien in der Administration. Da der entwickelte Ordnungsrahmen insbesondere Unternehmen fokussiert, die eine erstmalige Implementierung anstreben, spiegelt dieses Fallbeispiel den idealen Anwendungsraum des Dissertationsvorhabens wider. Der Gesprächspartner konnte ebenfalls einen wertvollen Beitrag zur Validierung des Ordnungsrahmens liefern. Mithilfe des Interviews wurden die Ergebnisse des Dissertationsvorhabens aus einer Praxisperspektive gespiegelt und der angestrebte Nutzen für die Anwendung im Unternehmen validiert.

7.3.1 Beschreibung des Anwendungsfeldes

Die noltewerk GmbH & Co. KG ist ein mittelständisches Unternehmen im westfälischen Greven und Innovationsgeber sowie Spezialist für Förder-, Elastomer- und Kunststofftechnik. Als Halbzeugverarbeiter kauft das Unternehmen Platten und Rollwaren in den drei Produktgruppen ein und konfektioniert diese für den Endkunden. Dies geschieht auf vielfältige Art und Weise. Individuelle Kundenzeichnungen oder Projektbeschreibungen dienen u. a. als Eingangsgröße, um mithilfe des werkseigenen Labors eine optimale Materialauswahl zu ermöglichen. Mittlerweile bietet die noltewerk GmbH & Co. KG auch Eigenprodukte mit Baugruppen an und entwickelt patentrechtliche Kombinationen aus Materialien. Das 2014 gegründete Unternehmen beschäftigt derzeit 80 Mitarbeiter.[8]

Ausschlaggebend für die Initiierung einer Automatisierungsinitiative in der noltewerk GmbH & Co. KG war der Wunsch, Mitarbeiter von repetitiven und monotonen Aufgaben, welche durch einen Softwareroboter bearbeitet werden können, zu entlasten. Das bloße Abarbeiten von regelbasierten Prozessen ist den Aussagen des Interviewpartners zufolge unter den heutigen Arbeitsmarktbedingungen und der oftmals mangelnden Verfügbarkeit von Fachpersonal nicht tragbar. Demnach müssen vorhandene Mitarbeiter in für das Unternehmen wertvollen und wertschöpfenden Tätigkeitsfeldern eingesetzt werden. Der Interviewpartner gab an, dass die noltewerk GmbH & Co. KG in der Vergangenheit eine bestimmte Anzahl FTE beschäftigte, um Rechnungskontrollen durchzuführen. Der zuständige Mitarbeiter war für das Öffnen von Kunden- oder Lieferantenrechnungen sowie den Abgleich mit den Bestelldaten zuständig. Bei identischen Informationen erfolgte die manuelle Freigabe bzw. die Weiterleitung an den verantwortlichen Produktmanager im Falle einer Abweichung. Die noltewerk GmbH & Co. KG strebt jedoch an, diese Kapazitäten vielmehr für die Kommunikation oder Terminfindung mit dem Kunden einzusetzen. Diese Tätigkeiten lassen sich durch eine notwendige Proaktivität und Emotionalität des Mitarbeiters charakterisieren, welche nicht durch Softwareroboter abzudecken sind. Demnach resultierte die Motivation für die softwarebasierte Automatisierung in der Administration aus einer Freisetzung von gebundenen Kapazitäten für den Einsatz in kognitiv fordernden Aufgaben. Die Motivation besteht nicht in der Rationalisierung von Stellen. Dies verdeutlicht der Interviewpartner anhand eines Beispiels aus der Vergangenheit: Nach eigenen Angaben kann die Einführung von CNC-Maschinen in den 80er Jahren als Vergleich herangezogen werden. Viele Mitarbeiter vertraten zu diesem Zeitpunkt die Meinung, dass die CNC-Einführung zum Verlust von Arbeitsplätzen führt. Entgegen den Erwartungen werden heutzutage jedoch Fachkräfte im Unternehmen gesucht, obwohl CNC-Technik und Robotik in der Fertigung schon seit vielen Jahrzehnten eingesetzt werden. Nach Rückschluss auf den

[8] Informationen wurden der Website des Unternehmens entnommen: https://www.noltewerk.de/de/ueber-uns/im-portrait.html (Link zuletzt geprüft: 18.10.2021)

vorliegenden Anwendungsfall vertritt der Interviewpartner die Ansicht, dass dieses Szenario auch im Vertrieb eintreten kann.

Dieser Motivation folgend kontaktierte das Unternehmen im Rahmen des Forschungsprojekts *RPAsset* einen externen Softwareanbieter aus Deutschland, welcher die Automatisierungslösung bereitstellte. Zu Beginn der Automatisierungsreise untersuchte die noltewerk GmbH & Co. KG zunächst verschiedene Prozesse auf die Eignung für den Einsatz von softwarebasierten Automatisierungslösungen. Dabei wurde der Fokus auf solche Prozesse gelegt, bei denen die einzelnen Abläufe durch klar definierte Regeln bestimmt werden. Für die Prozessanalyse griff das Unternehmen jedoch nicht auf externe Beratungsleistungen zurück, sondern suchte aktiv den direkten Austausch mit den jeweiligen Prozessverantwortlichen. Der erste Pilotprozess für die Einführung der Automatisierung war das Abspeichern von Zeichnungsdaten des Kunden. Um dies zu ermöglichen, erfolgt zunächst eine Umschlüsselung der Zeichnungsnummern über ein Excel-Datenblatt. Eine Automatisierung des Speicherprozesses wurde mit dem externen Softwareanbieter getestet. Im Ergebnis zeigte sich jedoch, dass die Automatisierung nicht die erhoffte Trivialität aufweisen konnte. Verschiedene Herausforderungen führten dazu, dass das System nicht flüssig lief und eine Automatisierung nicht den erwarteten Nutzen erzielte. In diesem Zusammenhang hob der Interviewpartner hervor, dass solche Szenarien insbesondere für Mitarbeiter mit kritischer Haltung gegenüber der Automatisierung problematisch sind und zu weiteren Widerständen führen. Ausgehend von Erfahrungswerten beschrieb der Ansprechpartner, dass die größte Hürde nicht bei dem Mitarbeiter selbst, sondern vielmehr bei der Funktionalität der Technologie liegt. Aus diesem Grund befindet sich die noltewerk GmbH & Co. KG derzeit in der zweiten Phase ihrer Pilotierung, bei welcher ein weiterer Prozess für sechs Monate getestet wird. Der relevante Prozess ist die Rechnungsprüfung und -freigabe. Dieser Prozess sieht vor, die Rechnungen freizugeben oder im Falle einer Abweichung mithilfe eines definierten Workflows über das Dokumentenverwaltungssystem an den entsprechenden Produktmanager weiterzuleiten. Um Investitionen in Lizenzkosten einer Software zu vermeiden, die nicht den gewünschten Erfolg erzielt, erhielt das Unternehmen eine kostenfreie Version für jenen Zeitraum.

Das involvierte Automatisierungsteam besteht derzeit aus drei Mitarbeitern, welche aus verschiedenen Abteilungen zusammengesetzt sind. Zum einen wird der direkt am Prozess beteiligte Mitarbeiter in das Team integriert. Weiterhin wird ein weiterer Mitarbeiter, welcher bereits für die MES-Einführung zuständig war, in das Pilotprojekt eingegliedert. Darüber hinaus wird ein dritter Mitarbeiter für ein halbes Jahr freigestellt, um die Einführung als in sich geschlossenes Projekt zu gestalten. Neben dem aufgezeigten Kernteam erhält das Projekt Unterstützungsleistungen und begleitende Aktivitäten von einem Mitarbeiter aus der IT. Das Management von Hard- und Software wird durch einen EDV-Mitarbeiter verantwortet. Dieser ist u. a. für die Installation auf den Servern zuständig. Der Interviewpartner betonte ferner, dass ein kleiner Kreis an Beteiligten zielführender ist als umfangreiche Kommunikation ohne entsprechende Ergebnisse. Demnach wird der Ansatz verfolgt, die Mitarbeiter mit Ergebnissen zu überzeugen.

Zusammenfassend kann festgehalten werden, dass die noltewerk GmbH & Co. KG einen sehr pragmatischen Learning-by-doing-Ansatz ohne externe Beratungsleistungen verfolgt. Dabei wird angestrebt, die Akzeptanz der Mitarbeiter mithilfe funktionierender Prozesse zu fördern und somit die Unterstützung der Belegschaft zu sichern.

7.3.2 Darstellung der Ergebnisse

Nachdem der Anwendungsfall durch den Interviewpartner dargelegt wurde, erfolgte im Anschluss daran die Vorstellung des Betrachtungsschwerpunkts der Dissertationsschrift. In diesem Zusammenhang wurde die identifizierte Problemstellung erörtert und die entwickelten partialen Modelle der Arbeit vorgestellt und diskutiert. Da die noltewerk GmbH & Co. KG den Einsatz von RPA forciert, war eine Validierung der einzelnen Technologietypen nicht Gegenstand des Interviews. Der Fokus lag auf dem soziotechnischen Beschreibungsmodell, den Wirkungsbeziehungen sowie der Nutzenbewertung des Gestaltungsmodells. Die Ergebnisse der Validierung werden nachstehend beschrieben.

Zu Beginn wurde der Aufbau des soziotechnischen Beschreibungsmodells (siehe Kapitel 6.2) erläutert und die einzelnen Elemente auf ihre Relevanz in der noltewerk GmbH & Co. KG untersucht. Da es sich um eine Pilotierung im Rahmen einzelner Prozesse handelt, ist eine strategische Verankerung im vorliegenden Anwendungsfall nicht erfolgt. Aufgrund der Unternehmensgröße von 80 Mitarbeitern kann diesem soziotechnischen Element zudem eine geringere Bedeutung beigemessen werden. Die Initiierung des Automatisierungsvorhabens wurde in der noltewerk GmbH & Co. KG top-down vorgenommen. Der Geschäftsführer des Unternehmens stellt somit zeitgleich den Projektsponsor dar, welcher sowohl zeitliche als auch finanzielle Ressourcen bereitstellt. Im Zuge einer adäquaten Governance wurden die notwendigen Rollen und Verantwortlichkeiten bereits früh festgelegt. Ein zentrales CoE ist ausgehend von der Unternehmensgröße nicht abbildbar, weshalb die Zuständigkeiten in der Fachabteilung bzw. der IT kombiniert werden. Das Element der Prozess- und Aufgabengestaltung wurde bereits im vorangegangenen Kapitel beschrieben. Hier erfolgte die Analyse durch das Unternehmen selbst. Eine Anpassung des Gesamtprozesses war nicht notwendig. Zum Abschluss der organisationalen Bewertung wurde die Compliance betrachtet. Ein interner Datenschutzbeauftragter ist nach Angaben des Interviewpartners zufolge für die Einhaltung rechtlicher Rahmenbedingungen zuständig. Dennoch wurde die Compliance im vorliegenden Anwendungsfall als nicht erfolgskritisch eingestuft.

Im weiteren Verlauf des Gesprächs wurden Elemente des sozialen Subsystems bewertet. Die Zusammenarbeit erfolgt wie zuvor dargestellt mit digital-affinen und motivierten Mitarbeitern im Rahmen eines kleinen Teams. Die noltewerk GmbH & Co. KG verfolgt den Ansatz, die Technologieakzeptanz für eine Automatisierung mit konkreten Prozessen zu veranschaulichen und somit eine Kultur der Offenheit zu etablieren. Im Kontext der Fähigkeiten und Kompetenzen einzelner Mitarbeiter postuliert der Geschäftsführer, dass E-Learning-Angebote des Softwareanbieters wahrgenommen wurden. In der Projektphase bekommen die zuständigen Mitarbeiter zudem Unterstützungsleistungen durch den Anbieter. Der Ansatz ist jedoch auch hier eher pragmatisch: Zunächst wird die Umsetzung forciert. Erst bei auftretenden nicht trivial zu lösenden Herausforderungen werden weitere Schulungsprogramme angeboten. Der Interviewpartner begründet dies mit der Aussage, dass mögliche Probleme erkannt werden sollen, um Schulungen zielführend und nicht pro forma platzieren zu können.

Zum Abschluss der soziotechnischen Beschreibungsmodellbewertung wurden die technischen Elemente diskutiert. Wie im vorangegangenen Kapitel herausgestellt wurde, sieht der Validierungspartner insbesondere die technische Funktionalität als kritischen Erfolgsfaktor. Daher kann der Betriebsfähigkeit im Anwendungsfall der noltewerk GmbH & Co. KG eine hohe Bedeutung beigemessen werden. Die verbleibenden Elemente des technischen Subsystems wurden nicht weiter betrachtet, da diese zum derzeitigen Standpunkt nicht relevant sind. So werden Wartungs- und Instandhaltungstätigkeiten erst im Laufe der Automatisierung notwendig, jedoch nicht während der Pilotierungsphase. Auch die Infrastruktur-Kompatibilität und die Interoperabilität konnten zum Zeitpunkt des Interviews nicht als kritische Erfolgsfaktoren identifiziert werden. Dennoch betont der Interviewpartner, dass dies bei komplexeren Prozessen durchaus eine Rolle spielt. Dies wird durch das Fallbeispiel der ERGO Group AG (siehe Kapitel 7.2) bestätigt.

Im Anschluss an die Diskussion des soziotechnischen Beschreibungsmodells wurde die Vorgehensweise zur Herleitung der einzelnen Wirkungsbeziehungen erläutert (siehe Kapitel 6.3). Die Durchführung von Interviews wurde durch den Gesprächspartner als besonders praxisnah hervorgehoben. Eine Bewertung der einzelnen Wirkungsbeziehungen von RDA und CPA konnte aufgrund der fehlenden Kenntnisse nicht vorgenommen werden. Jedoch wurde deren grafische Aufbereitung positiv hervorgehoben, da Unternehmen somit ein verständlicher Überblick möglicher Einflüsse aufgezeigt wird. Die Bewertung der Wirkungsbeziehungen von RPA verdeutlicht, dass das Fallbeispiel der noltewerk GmbH & Co. KG einen Großteil der identifizierten Zusammenhänge bestätigt. Ausnahmen bilden hierbei lediglich das Leitbild und die technischen Elemente. Dies ist zum einen auf die Unternehmensgröße und zum anderen auf den Reifegrad der RPA-Implementierung zurückzuführen. Es ist zu erwarten, dass die Elemente mit zunehmendem Fortschritt der Einführung an Relevanz gewinnen werden.

Im weiteren Verlauf des Interviews wurde der Zweck des Gestaltungsmodells (siehe Kapitel 6.3) dargelegt. Die Identifikation soziotechnischer Gestaltungsempfehlungen wurde dabei als zielführende Hilfestellung für Unternehmen erachtet. Eine detaillierte Diskussion aller 81 Gestaltungsempfehlungen konnte auch hier aus Zeitgründen nicht forciert werden. Der gesamte Katalog (siehe Anhang A.12) wurde dem Interviewpartner jedoch im Nachgang an das Gespräch zugesandt.

Analog dem Vorgehen des ersten Fallbeispiels (siehe Kapitel 7.2) wurden die partialen Modelle aggregiert als Ordnungsrahmen vorgestellt. Abbildung 7-4 veranschaulicht die

Visualisierung im Rahmen des Interviews. Wie bereits hervorgehoben wurde, stand eine Validierung der einzelnen Technologietypen nicht im Fokus des Gesprächs. Die Zusammenhänge des Ordnungsrahmens wurden daher lediglich exemplarisch aufgezeigt. Der Nutzen und die praktische Anwendbarkeit wurden durch den Experten ebenfalls als besonders hoch eingestuft. Auch wenn die Gesamtheit der soziotechnischen Elemente und Gestaltungsoptionen nicht für jedes Unternehmen relevant sind, so wurde die Aufbereitung der Ergebnisse dennoch als große Unterstützung im Einführungsprozess bewertet.

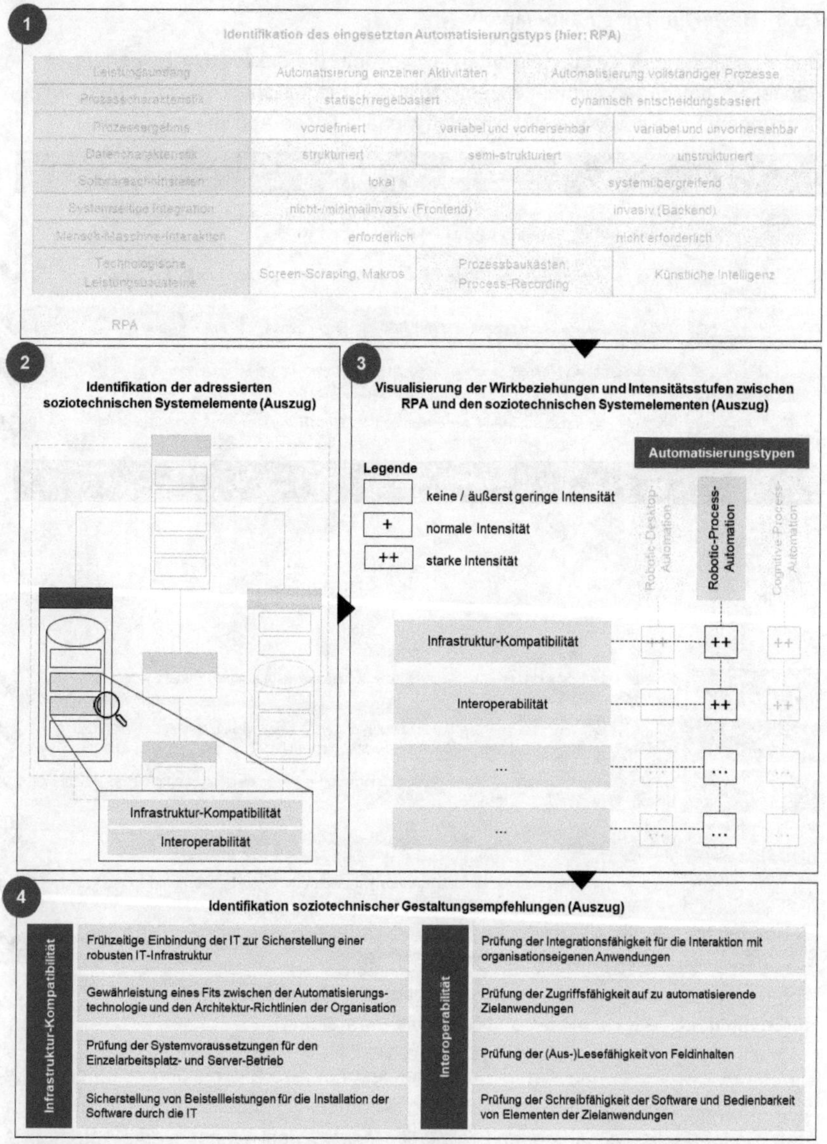

Abbildung 7-4: Darstellung des Ordnungsrahmens im Rahmen der Validierung mit der noltewerk GmbH & Co. KG (eigene Darstellung)

7.3.3 Bewertung des Fallbeispiels

Den Abschluss des Validierungsinterviews bildete die sukzessive Bewertung der in Kapitel 5.2 definierten formal-konzeptionellen und inhaltlichen Anforderungen an den Ordnungsrahmen sowie dessen partialen Modelle (siehe Abbildung 7-5).

Formale Anforderungen		
Richtigkeit	Sind die partialen Modelle des Ordnungsrahmens formal einwandfrei und widerspruchsfrei gestaltet, sodass Aussagen reproduzierbar und nachprüfbar sind?	✓
Relevanz	Liegen dem Modellierungszweck relevante und real existierende Sachverhalte zugrunde?	✓
Klarheit	Sind Lesbarkeit, Anschaulichkeit und Verständlichkeit der partialen Modelle gegeben?	✓
Handhabbarkeit	Sind die partialen Modelle benutzerfreundlich anzuwenden und die Ergebnisse leicht zu interpretieren?	✓
Wirtschaftlichkeit	Kann der Anwendungsaufwand zur Erreichung des Modellierungszweckes niedrig gehalten werden?	✓
Inhaltliche Anforderungen		
Merkmale und Ausprägungen	Sind die identifizierten Merkmale und Merkmalsausprägungen vollständig, praxistauglich und überschneidungsfrei?	
Heterogenität der Typen	Können die identifizierten Typen trennscharf voneinander unterschieden werden?	
Reale Existenz der Typen	Sind die identifizierten Typen real existent und deren Merkmalskombinationen logisch widerspruchsfrei, empirisch verifizierbar und praktisch brauchbar?	
Soziotechnisches Modell	Sind die identifizierten Dimensionen und Elemente des soziotechnischen Modells kontextuell vollständig und praxistauglich?	✓
Wirkungs-beziehungen	Wurde die Wirkung zwischen den Typen softwarebasierter Automatisierungstechnologien und dem soziotechnischen System für die Praxis verständlich erklärt?	✓
Gestaltungs-empfehlungen	Liefern der Ordnungsrahmen sowie dessen Einordnung in den Implementierungsprozess einen Nutzen für die Praxis?	✓
Innere Konsistenz	Weisen alle partialen Modelle des Ordnungsrahmens eine inhaltliche Konsistenz auf?	✓
Visualisierung	Trägt die gewählte Form der Darstellung dazu bei, Sachverhalte übersichtlich und für die Praxis leicht verständlich zu transportieren?	✓
Adaptionsfähigkeit	Sind die partialen Modelle des Ordnungsrahmens vor dem Hintergrund eines kontinuierlichen technologischen Wandels anpassungsfähig?	✓

Abbildung 7-5: Bewertung der formal-konzeptionellen und inhaltlichen Anforderungen durch die noltewerk GmbH & Co. KG (eigene Darstellung)

Der Interviewpartner hob hervor, dass insbesondere die projektbegleitenden Ausschüsse dazu beitragen, um den aktuellen Stand der Forschung vermittelt zu bekommen. So führte die Teilnahme am Projekt *RPAsset* zu dem Wunsch, eine Automatisierung der internen Administration anzustreben. Mit Bezug auf die formal-konzeptionellen Anforderungen wurde die Relevanz des entwickelten Ordnungsrahmens durch den Interviewpartner als besonders hoch eingeschätzt. Zudem sind die Klarheit und die Handhabbarkeit der einzelnen Modelle durch die strukturierte Vorgehensweise hervorgehoben worden. Die Ergebnisse, welche als Hilfestellung im Implementierungsprozess softwarebasierter Automatisierungstechnologien dienen, können den Aussagen zufolge leicht interpretiert und ohne hohen Aufwand erzielt werden. Analog dem Validierungsgespräch mit der ERGO Group AG kann die formal einwandfreie und reproduzierbare Ausgestaltung der Modelle durch den Gesprächspartner aufgrund fehlender Einblicke in die Dissertationsschrift nicht beurteilt werden. Es wurde jedoch angemerkt, dass die formalen Anforderungen des Modells mithilfe des aufgezeigten Forschungsprozesses erfüllt werden können.

Die inhaltliche Bewertung schließt die Anforderungen an das erste Beschreibungsmodell (siehe Kapitel 6.1) aus. Die identifizierten Dimensionen und Elemente des soziotechnischen Systems wurden als vollständig erachtet. Da jedes Unternehmen individuelle Rahmenbedingungen aufweist, sind nicht alle Elemente im vorliegenden Anwendungsfall relevant. Dennoch wurde die Gesamtheit der identifizierten Aspekte für die adressierte Zielgruppe als praxistauglich bewertet. Die verständliche Darstellung der Wirkintensitäten wurde ebenfalls positiv unterstrichen. Abschließend konnten auch die innere Konsistenz, die übersichtliche Form der Visualisierung und die Adaptionsfähigkeit der Modelle bestätigt werden.

Anhand des Fallbeispiels der noltewerk GmbH & Co. KG wurden die Ergebnisse der vorliegenden Dissertationsschrift im praktischen Anwendungszusammenhang intensiv diskutiert. Auch wenn das Unternehmen einen sehr pragmatischen Ansatz bei der Einführung verfolgt, kann festgehalten werden, dass die Ergebnisse dennoch hilfreich sind, um die erstmalige Implementierung softwarebasierter Automatisierungstechnologien zu unterstützen. Zusammenfassend konnte der Anwendungsfall der noltewerk GmbH & Co. KG dazu beitragen, wertvolle Einblicke in die Pilotierung von RPA im Mittelstand zu gewinnen und die Anwendbarkeit des Ordnungsrahmens zu validieren. Weiterführend wurde durch den Interviewpartner angeboten, den Rechnungslegungsprozess in Zukunft gemeinsam weiter zu verfolgen, um weitere Praxisdefizite aufzudecken.

7.4 Fallbeispiel: Blue Prism Group

Neben den Validierungsgesprächen mit den beiden Anwenderunternehmen soll zusätzlich die Anbieterperspektive einbezogen werden. Daher wurde die dritte Diskussion der Ergebnisse mit einem Experten der Blue Prism Group geführt. Der Ansprechpartner bekleidet die Position eines *Digital Workforce Managers* und weist umfassende Kenntnisse bei der Implementierung softwarebasierter Automatisierungstechnologien auf. Analog den vorherigen Gesprächen fand das Interview ebenfalls im Rahmen eines virtuellen Videotelefonats statt. Hierbei standen die Vorstellung und Diskussion der partialen Modelle des Ordnungsrahmens im Fokus. Diese wurden dem Gesprächspartner zunächst einzeln vorgestellt und anschließend zusammenhängend präsentiert. Im Zuge dieser Vorgehensweise konnte der Erfüllungsgrad der in Kapitel 5.2 definierten formal-konzeptionellen und inhaltlichen Anforderungen der Modelle mit dem Experten diskutiert werden. Die Blue Prism Group ist der weltweit führende Anbieter softwarebasierter Automatisierungstechnologien und konnte somit aus der Perspektive eines Softwareanbieters einen wertvollen Beitrag zur Validierung des Ordnungsrahmens liefern. Mithilfe des Interviews konnten die Ergebnisse der Dissertationsschrift kritisch reflektiert und der Mehrwert für die Praxis bestätigt werden.

7.4.1 Beschreibung des Anwendungsfeldes

Die Blue Prism Group wurde 2001 von einer kleinen Gruppe Experten im Bereich der Prozessautomatisierung gegründet und entwickelte sich in den letzten 20 Jahren zum weltweit führenden Anbieter für RPA und Intelligente Automatisierung[9]. Seit 2016 ist das Unternehmen an der Londoner Börse notiert und investiert regelmäßig in neue Partnerschaften mit großen Unternehmen wie Google und IBM, um den Einsatz von KI bei der Automatisierung kontinuierlich voranzutreiben (s. FUSTICH 2019). Neben dem Angebot von Softwarelösungen bietet Blue Prism seinen Kunden zudem die Möglichkeit, an umfangreichen Zertifizierungs- und Weiterbildungsangeboten teilzunehmen.

Da das Unternehmen im Gegensatz zu den vorherigen Fallbeispielen keine interne Implementierung verfolgt, wird im Folgenden kein konkretes Anwendungsfeld fokussiert. Im Mittelpunkt des Validierungsgesprächs stand die generelle Auseinandersetzung mit den Fragestellungen der Dissertationsschrift. Nachdem das Zielbild ebendieser dargelegt wurde, bestätigte der Interviewpartner die hohe Relevanz des Themas. Zusätzlich verwies dieser auf ein von Blue Prism entwickeltes Rahmenwerk für die Implementierung softwarebasierter Automatisierungstechnologien, welches anstrebt, die Zusammenhänge von Mensch, Technik und Organisation zu berücksichtigen (siehe Abbildung 7-6).

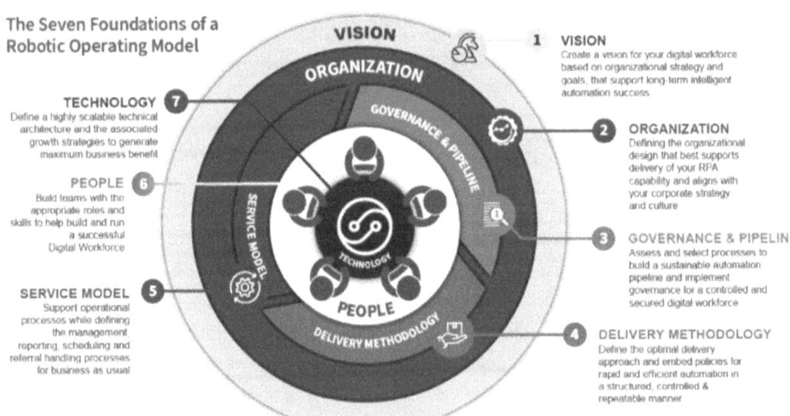

Abbildung 7-6: Das *Robotic Operating Model* von Blue Prism (BLUE PRISM 2021)

---

[9] Informationen wurden der Website des Unternehmens entnommen: https://www.blueprism.com/de/about-us/ (Link zuletzt geprüft: 17.10.2021)

Das *Robotic Operating Model* von Blue Prism ist ein Ansatz, um einen maximalen Geschäftsnutzen durch den skalierten Einsatz von RPA zu erzielen. Das Rahmenwerk wurde auf der Grundlage langjähriger Erfahrung in Ländern und Branchen auf der ganzen Welt entwickelt. Das *Robotic Operating Model* bietet Grundlagen und Anleitungen, um Unternehmen beim zielgerichteten Einsatz von RPA zu unterstützen, und erhebt den Anspruch einer vollständigen Integration in bestehende Änderungsmanagementsysteme. Nach Angaben von Blue Prism sind keine zusätzlichen Verfahrens- und Governance-Verpflichtungen erforderlich. Die Inhalte des Modells reichen von der Betrachtung einer Vision über Governance bis hin zu Fähigkeiten und Kompetenzen der Mitarbeiter. (s. BLUE PRISM 2021)

Das *Robotic Operating Model* von Blue Prism erlaubt einen Vergleich mit dem entwickelten soziotechnischen Systemmodell. Weiterführende Informationen hierzu sowie die Auseinandersetzung mit den partialen Modellen dieser Dissertationsschrift werden im folgenden Kapitel veranschaulicht.

7.4.2 Darstellung der Ergebnisse

Die Ergebnispräsentation startete mit der Vorstellung der Forschungsfragen und der damit angestrebten Modelle des Ordnungsrahmens. Zunächst wurde der Prozess der systematischen Literaturrecherche (siehe Kapitel 4) dargestellt und der Vergleich bestehender Ansätze zur Typisierung softwarebasierter Automatisierungstechnologien präsentiert. Dieses Vorgehen wurde vom Interviewpartner als zielführend erachtet. Auf der Grundlage von Erfahrungswerten wurde betont, dass die Heterogenität der Typen daraus resultiert, dass die Automatisierung vor allem durch die einzelnen Anbieter getrieben wird. Hierbei kommt es aus Gründen des Marketings zu neuen Terminologien, obwohl die technologischen Merkmale oftmals dieselben sind. In diesem Zusammenhang wurde angemerkt, dass es keine richtige oder falsche Begriffsbestimmung gibt, eine Spezifizierung im Rahmen der Dissertationsschrift jedoch notwendig ist, um eine Grundlage für weitere Inhalte zu schaffen. Für die weitere Diskussion wurden der entwickelte morphologische Kasten, die Methodik des CCA und die daraus resultierenden Typen vorgestellt (siehe Abbildung 7-7).

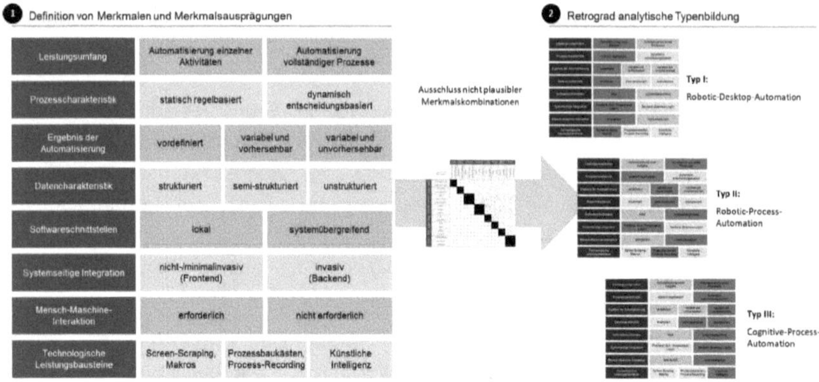

Abbildung 7-7: Validierung des Beschreibungsmodells softwarebasierter Automatisierung (eigene Darstellung)

Der Validierungspartner bestätigte, dass eine trennscharfe Betrachtung der drei Typen möglich ist. Auch das methodische Vorgehen, insbesondere die morphologische Methode, zur Identifikation jener Typen wurde als zielführend erachtet.

Im weiteren Verlauf des Gesprächs erfolgten die Beschreibung der Herleitung sowie die Erklärung des soziotechnischen Beschreibungsmodells (siehe Abbildung 7-8). Der Interviewpartner bekräftigte die hohe Relevanz dieses Modells für die Praxis und hob insbesondere die logische Verknüpfung der einzelnen Elemente positiv hervor. Im Vergleich mit dem *Robotic Operating Model* von Blue Prism wird deutlich, dass viele Parallelen vorhanden sind. Somit kann die Praxisrelevanz des entwickelten soziotechnischen Beschreibungsmodells bestätigt werden. Das Modell von Blue Prism verfolgt einen pragmatischen Ansatz, der auf jahrelangen Erfahrungen beruht und die sieben wichtigsten Dimensionen der RPA-Einführung forciert. Das Modell der vorliegenden Dissertationsschrift wurde im Gegensatz dazu mit wissenschaftlichen Methoden hergeleitet. Dies hat zur Folge, dass eine Vielzahl zusätzlicher Elemente in das Modell einfließt. Allesamt wurden vom Interviewpartner als relevant eingestuft. Im Zuge der weiteren Diskussion konnten einzelne Elemente vertieft behandelt und das gesamte Modell aus einer Anbieterperspektive validiert werden.

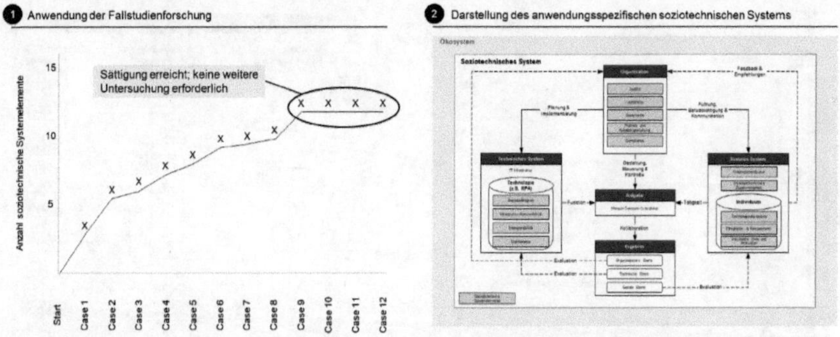

Abbildung 7-8: Validierung des soziotechnischen Beschreibungsmodells (eigene Darstellung)

Im nächsten Schritt wurden dem Interviewpartner die Herleitung der Wirkungsbeziehungen sowie das zugehörige Modell präsentiert (siehe Abbildung 7-9). Aus Sicht eines Anbieters wurde die Darstellung als übersichtlich bewertet. Die Strukturierung ist demnach klar verständlich und liefert eine fundierte Ausgangsbasis, um mit Anwenderunternehmen über konkrete Inhalte diskutieren zu können. Es wurde jedoch betont, dass zusätzliche Informationen zur Intensität der Wirkungsbeziehungen notwendig sind, um die Bewertungsgrundlage für eine geringe, normale oder starke Wirkung nachzuvollziehen. Da eine detaillierte Erklärung aller Wirkungsbeziehungen im Rahmen des Gesprächs nicht möglich war, wurden sporadisch Wirkungsbeziehungen diskutiert. Hierbei konnte vereinzelt Aussagen aus den geführten Interviews herangezogen werden. Aufgrund der praxisorientierten Herleitung der Wirkungsbeziehungen profitierte der Interviewpartner zudem von anderen Denkweisen (z. B. Betrachtung von Schatten-IT bei dem RDA-Einsatz). Die Berücksichtigung unterschiedlicher Perspektiven in den Interviews wurde positiv hervorgehoben, da diese ein ganzheitliches Abbild der Realität schaffen, von dem Unternehmen profitieren können. Somit konnte auch das Wirkungsmodell validiert werden.

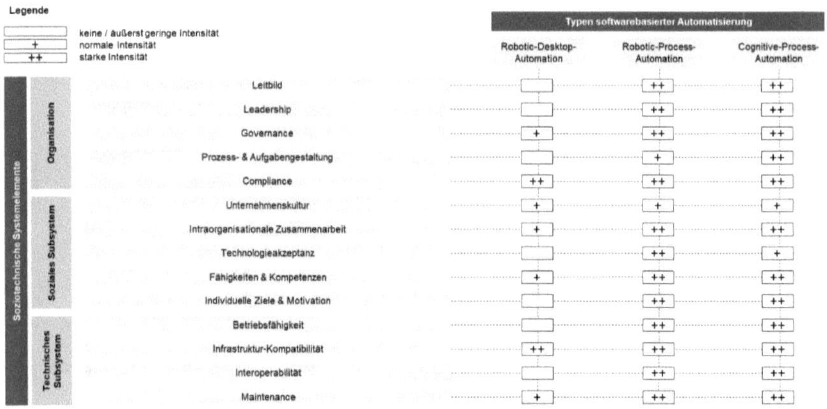

Abbildung 7-9: Validierung des Wirkungsmodells (eigene Darstellung)

In einem abschließenden Schritt wurde analog zu den vorherigen Schritten zunächst die Vorgehensweise zur Herleitung des Gestaltungsmodells vorgestellt (siehe Abbildung 7-10). Auf eine detaillierte Betrachtung aller 81 identifizierten Gestaltungsempfehlungen wurde aus Zeitgründen verzichtet. Vielmehr wurden exemplarisch Beispiele für die einzelnen Elemente aufgezeigt. Die Vorgehensweise zur Identifikation jener konnte vom Experten nachvollzogen werden. Es wurde angesprochen, dass die Betrachtungsebene der Gestaltungsempfehlungen mit der des soziotechnischen Beschreibungsmodells harmoniert. Zudem wurde festgehalten, dass eine Tieferlegung der einzelnen Maßnahmen möglich ist, jedoch keinen zusätzlichen Mehrwert liefern würde. Der Fokus lag im Folgenden auf der Zusammenführung der einzelnen Modelle zum finalen Ordnungsrahmen. Dem Interviewpartner wurde wie bei den vorherigen Fallbeispielen ein Demonstrator präsentiert. Es wurde herausgestellt, dass der Ordnungsrahmen einen idealen Startpunkt für Kundendiskussionen darstellt, um einen Überblick über das Zusammenspiel von Mensch, Technik und Organisation zu geben. Darüber hinaus wurde unterstrichen, dass der Ordnungsrahmen klare und strukturierte Informationen liefert, die im Rahmen eines Beratungsprodukts mit entsprechenden Praxisbeispielen untermauert werden können. Sowohl optisch als auch inhaltlich wurde die Gesamtheit aller Modelle als sehr verständlich erachtet, womit der Ordnungsrahmen aus der Anbieterperspektive validiert werden konnte.

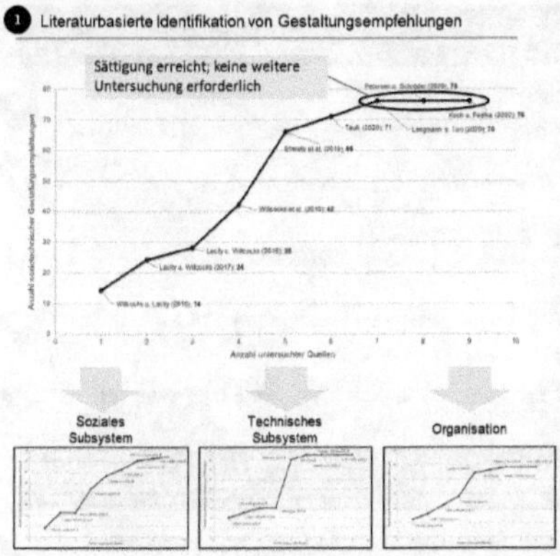

2 Anzahl identifizierter soziotechnischer Gestaltungsempfehlungen

		Anzahl Gestaltungsempfehlungen
Organisation	Leitbild	4
	Leadership	4
	Governance	9
	Prozess- und Aufgabengestaltung	4
	Compliance	8
Soziales Subsystem	Unternehmenskultur	4
	Intraorganisationale Zusammenarbeit	3
	Technologieakzeptanz	8
	Fähigkeiten & Kompetenzen	12
	Individuelle Ziele & Motivation	6
Technisches Subsystem	Betriebsfähigkeit	7
	Infrastruktur-Kompatibilität	4
	Interoperabilität	4
	Maintenance	4
	Gesamtergebnis	81

Abbildung 7-10: Validierung des Gestaltungsmodells (eigene Darstellung)

7.4.3 Bewertung des Fallbeispiels

Den Abschluss des Validierungsinterviews stellte die sukzessive Bewertung der in Kapitel 5.2 definierten formal-konzeptionellen und inhaltlichen Anforderungen an den Ordnungsrahmen sowie dessen partialen Modelle dar (siehe Abbildung 7-11).

Alle formalen Anforderungen wurden vom Experten als erfüllt betrachtet. Insbesondere die Relevanz der Thematik und die Handhabbarkeit der einzelnen Modelle wurden hierbei hervorgehoben. Im Zuge der inhaltlichen Bewertung des ersten partialen Modells wurden die Praxistauglichkeit sowie die Vollständigkeit der Merkmale und Merkmalsausprägungen bestätigt. Der Interviewpartner stellt zusätzlich heraus, dass die einzelnen Typen eine reale Existenz aufweisen und auch als Reifegradstufen angesehen werden können, da die Automatisierung zunehmend komplexer wird. Die identifizierten Typen weisen dem Interviewpartner zufolge eine ausreichende Komplexität auf, um ein erstes Verständnis für die Leistungsstufen der softwarebasierten Automatisierung sicherzustellen. Auch für das soziotechnische Beschreibungsmodell konnte der Interviewpartner die Vollständigkeit und Praxistauglichkeit aus einer Anbieterperspektive bestätigen. Insbesondere die Betrachtungsebene der einzelnen Elemente wurde positiv hervorgehoben, da eine weitere Detaillierung einen zu hohen Komplexitätsanstieg zur Folge hätte. Darüber hinaus konnte auch die logische Verknüpfung der Elemente mit dem Ziel einer Mensch-Maschine-Interaktion vom Experten nachvollzogen werden. Hierbei wurde besonders die zielgruppengerechte Visualisierung unterstrichen. Im Zuge der Validierung der Wirkungsbeziehungen wurde angemerkt, dass die reine Darstellung der Intensitätsstufen einen systematischen Überblick über die Einflüsse der Automatisierungstypen auf das soziotechnische System zulässt. Nach Angaben des Experten sind jedoch weiterführende Informationen notwendig, um einen tieferen Einblick zu gewährleisten. Abschließend wurde festgehalten, dass die Gestaltungsempfehlungen sowie die Anwendung des gesamten Ordnungsrahmens im Implementierungsprozess einen hohen Nutzen für die Praxis aufweisen und im Zuge des steigenden technologischen Fortschritts anpassungsfähig gestaltet sind.

Formale Anforderungen		
Richtigkeit	Sind die partialen Modelle des Ordnungsrahmens formal einwandfrei und widerspruchsfrei gestaltet, sodass Aussagen reproduzierbar und nachprüfbar sind?	✓
Relevanz	Liegen dem Modellierungszweck relevante und real existierende Sachverhalte zugrunde?	✓
Klarheit	Sind Lesbarkeit, Anschaulichkeit und Verständlichkeit der partialen Modelle gegeben?	✓
Handhabbarkeit	Sind die partialen Modelle benutzerfreundlich anzuwenden und die Ergebnisse leicht zu interpretieren?	✓
Wirtschaftlichkeit	Kann der Anwendungsaufwand zur Erreichung des Modellierungszweckes niedrig gehalten werden?	✓
Inhaltliche Anforderungen		
Merkmale und Ausprägungen	Sind die identifizierten Merkmale und Merkmalsausprägungen vollständig, praxistauglich und überschneidungsfrei?	✓
Heterogenität der Typen	Können die identifizierten Typen trennscharf voneinander unterschieden werden?	✓
Reale Existenz der Typen	Sind die identifizierten Typen real existent und deren Merkmalskombinationen logisch widerspruchsfrei, empirisch verifizierbar und praktisch brauchbar?	✓
Soziotechnisches Modell	Sind die identifizierten Dimensionen und Elemente des soziotechnischen Modells kontextuell vollständig und praxistauglich?	✓
Wirkungsbeziehungen	Wurde die Wirkung zwischen den Typen softwarebasierter Automatisierungstechnologien und dem soziotechnischen System für die Praxis verständlich erklärt?	✓
Gestaltungsempfehlungen	Liefern der Ordnungsrahmen sowie dessen Einordnung in den Implementierungsprozess einen Nutzen für die Praxis?	✓
Innere Konsistenz	Weisen alle partialen Modelle des Ordnungsrahmens eine inhaltliche Konsistenz auf?	✓
Visualisierung	Trägt die gewählte Form der Darstellung dazu bei, Sachverhalte übersichtlich und für die Praxis leicht verständlich zu transportieren?	✓
Adaptionsfähigkeit	Sind die partialen Modelle des Ordnungsrahmens vor dem Hintergrund eines kontinuierlichen technologischen Wandels anpassungsfähig?	✓

Abbildung 7-11: Bewertung der formal-konzeptionellen und inhaltlichen Anforderungen durch die Blue Prism Group (eigene Darstellung)

Anhand des Fallbeispiels der Blue Prism Group wurden die Ergebnisse der vorliegenden Dissertationsschrift aus einer Anwenderperspektive intensiv diskutiert. Zusammenfassend lässt sich festhalten, dass der Experte aufgrund langjähriger Implementierungserfahrung in verschiedenen Unternehmen dazu beitragen konnte, insbesondere die beiden Beschreibungsmodelle auf inhaltliche Konsistenz zu prüfen und den angestrebten praktischen Nutzen des gesamten Ordnungsrahmens zu validieren.

8 Zusammenfassung und Ausblick

In diesem letzten Kapitel werden die zentralen Ergebnisse der Dissertationsschrift zusammengefasst, kritisch gewürdigt und deren Beitrag für die Praxis und Wissenschaft erläutert. Das Kapitel schließt mit der Darstellung des Bedarfs für weitere Forschungsaktivitäten.

8.1 Zusammenfassung

Die Motivation des vorliegenden Dissertationsvorhabens resultierte aus dem Praxisdefizit, softwarebasierte Automatisierungstechnologien zielführend in die Administration des eigenen Unternehmens zu integrieren. Insbesondere vor dem Hintergrund eines durch KI beeinflussten technologischen Fortschritts stellt die organisationale Adaption eine zunehmend relevante Herausforderung dar (s. SYED ET AL. 2020, S. 37). Diese Problemstellung konnte durch den Autor im Zuge der Leitung der beiden Forschungsprojekte *RPAsset* und *RPAcceptance* in Gesprächen mit einer Vielzahl Praxisexperten bestätigt werden. Demnach führen zum einen die verschiedenen Bestrebungen, Definitionen für die sich abzeichnenden Technologietrends im Bereich der softwarebasierten Automatisierung zu liefern, zu einer terminologischen Heterogenität. Das fehlende Wissen über die technologische Leistungsfähigkeit führt in Unternehmen zu einem fehlenden Verständnis über die Anforderungen an eine Implementierung. Daher ist oftmals unklar, wie sich verschiedene Technologieausprägungen auf die Arbeitsumgebung eines Unternehmens als komplexes Gefüge des Zusammenspiels von Mensch, Technik und Organisation auswirken. Zum anderen fehlt in der wissenschaftlichen Literatur ein kontextueller Ansatz, welcher, der soziotechnischen Systemgestaltung folgend, die adressierten Dimensionen und Elemente eines Unternehmens betrachtet. Die vorliegende Dissertationsschrift verfolgte davon ausgehend das Ziel, einen Ordnungsrahmen für die Implementierung softwarebasierter Automatisierungstechnologien unter Berücksichtigung der soziotechnischen Gegebenheiten zu entwickeln. Die Entwicklung ebendieses Ordnungsrahmens orientierte sich hierbei an vier Forschungsfragen, welche jeweils ein in sich geschlossenes Erkenntnisziel verfolgten. Im Folgenden werden die Teilziele der Dissertationsschrift sowie die erzielten Ergebnisse zusammenfassend dargestellt:

Teilziel I: Typisierung softwarebasierter Automatisierungstechnologien

Die Motivation zur Entwicklung des ersten Modells resultierte aus der identifizierten Forschungslücke (siehe Kapitel 4.3). Ebendiese zeigt auf, dass eine hohe terminologische Heterogenität existiert, welche im Rahmen des Modells adressiert wurde. Der Modellierungszweck orientierte sich hierbei an einem deskriptiven Erkenntnisziel (s. ZELEWSKI 2008, S. 24). Das Modellierungsziel bestand in der Identifikation von Merkmalen und Merkmalsausprägungen softwarebasierter Automatisierungstechnologien. Auf Basis dessen wurden Merkmalsverbünde gebildet, welche die Ableitung konsistenter und real existierender Typen ermöglichten. Das zentrale Erkenntnisinteresse lag in der Beantwortung der ersten Unterforschungsfrage:

„Was sind die relevanten Merkmale und Merkmalsausprägungen zur Beschreibung softwarebasierter Automatisierungstechnologien für administrative Prozesse?".

Mithilfe einer systematischen Literaturrecherche konnte belegt werden, dass existierende Ansätze kein konsistentes Bild zur Abgrenzung der technologischen Leistungsfähigkeit aufzeigen. Ausgehend von dieser Erkenntnis wurden die Gemeinsamkeiten und Unterschiede der relevanten Beiträge analysiert. Ergebnis dieser Untersuchung ist ein morphologischer Kasten, welcher aus acht Merkmalen und 19 dazugehörigen Merkmalsausprägungen besteht. Die Verknüpfung ebendieser Ausprägungen konnte dazu beitragen, sinnvolle Merkmalskombinationen herzuleiten. Daran anschließend wurden drei Technologietypen abgeleitet, deren reale Existenz durch einen Abgleich mit vorhandenen Fallstudien bestätigt wurde. Somit konnte das durch steigende Entwicklungsdynamik verursachte Praxisproblem eines inkonsistenten Verständnisses für die verschiedenen Typen softwarebasierter Automatisierungstechnologien im Rahmen des ersten Modells gelöst werden.

Teilziel II: Entwicklung des anwendungsspezifischen soziotechnischen Systems

Das zweite Beschreibungsmodell verfolgt ebenfalls ein deskriptives Erkenntnisziel (s. ZELEWSKI 2008, S. 24). Das Modellierungsziel bestand in der Identifikation von Dimensionen und Elementen eines anwendungsspezifischen soziotechnischen Systems. Mithilfe dieser Untersuchung sollte das Unternehmen in Anlehnung an die Systemtheorie als abgeschlossenes System beschrieben werden. Das zentrale Erkenntnisinteresse lag in der Beantwortung der zweiten Unterforschungsfrage:

Was sind die relevanten Dimensionen und Elemente soziotechnischer Systeme für den Einsatz softwarebasierter Automatisierungstechnologien in administrativen Prozessen?

Ausgehend von einer systematischen Literaturrecherche konnte aufgezeigt werden, dass bislang keine Ansätze zur Beschreibung soziotechnischer Systeme im Kontext der softwarebasierten Automatisierung existieren. Die Literaturrecherche lieferte jedoch wertvolle Erkenntnisse, um ein solches System generisch zu beschreiben. Die identifizierten Dimensionen und Elemente wurden mithilfe des Fallstudienforschungsprozesses spezifiziert, um den Anwendungsbezug sicherzustellen. Ergebnis dieser Untersuchung ist ein soziotechnisches System, welches sich aus der organisationalen Dimension, dem technischen und dem sozialen Subsystem zusammensetzt. Diesen wurden 14 soziotechnische Elemente zugeordnet, die bei der Einführung softwarebasierter Automatisierungstechnologien adressiert werden. Somit wurde das theoretische Fundament für die nachfolgende Zusammenführung der ersten beiden Beschreibungsmodelle gelegt.

Teilziel III: Erklärung der wechselseitigen Wirkungsbeziehungen

Im Fokus des dritten Teilziels stand die Erklärung der Wirkungsbeziehungen zwischen den beiden Beschreibungsmodellen. Derzeitige Herausforderungen bei der Technologieeinführung sind auf das theoretische und praktische Erklärungsdefizit ebenjener

Zusammenhänge zurückzuführen. Daher bestand das Erkenntnisinteresse des angestrebten Modells darin, reale Sachverhalte zu erklären (s. ZELEWSKI 2008, S. 24). Die Modellierung strebte an, relevante Wirkungsbeziehungen zwischen den Typen der Automatisierung sowie den einzelnen soziotechnischen Elementen zu identifizieren und deren Intensitäten stufenweise zu charakterisieren. Die Untersuchung ermöglichte die Beantwortung der dritten Unterforschungsfrage:

Wie lassen sich die wechselseitigen Wirkungsbeziehungen zwischen den Typen softwarebasierter Automatisierungstechnologien und den Elementen soziotechnischer Systeme erklären?

Aufgrund der fehlenden theoretischen Sättigung war eine literaturbasierte Beantwortung der Unterforschungsfrage nicht möglich. Aus diesem Grund wurde ein praxisorientiertes Untersuchungsdesign gewählt. Mithilfe qualitativer Experteninterviews konnte das Erfahrungswissen von Ansprechpartnern aus der Industrie dazu genutzt werden, Wirkungsbeziehungen zu identifizieren und Intensitätsstufen begründet darzulegen. Die Ergebnisse zeigen, dass bei der Einführung von RDA, im Gegensatz zu RPA und CPA, keine starken Wirkungsintensitäten mit dem soziotechnischen System vorliegen. Entgegen ersten Vermutungen verdeutlichen die Expertenmeinungen, dass insbesondere die organisationale Dimension und das technische Subsystem eine starke Wirkung bei der Einführung von RPA und CPA aufweisen. Soziotechnische Elemente im sozialen Subsystem wurden unabhängig vom eingesetzten Automatisierungstyp zumeist mit normalen Wirkungsbeziehungen charakterisiert. Anhand der Untersuchung konnten wertvolle Erkenntnisse generiert werden, um die systematische Herleitung von Gestaltungsempfehlungen zu ermöglichen.

Teilziel IV: Systematik zur Gestaltung des soziotechnischen Systems

Das abschließende Modell verfolgt das pragmatische Erkenntnisziel, reale Sachverhalte zu gestalten (s. ZELEWSKI 2008, S. 24). Die Motivation zur Entwicklung dieses Modells resultierte aus dem Ziel, Unternehmen auf Basis der Wirkungsbeziehungen praxisorientierte Empfehlungen auszusprechen zu können. In Abhängigkeit des eingesetzten Technologietyps sollen Unternehmen befähigt werden, die relevanten soziotechnischen Elemente zielgerichtet gestalten zu können, um softwarebasierte Automatisierungstechnologien erfolgreich zu implementieren. Das zentrale Erkenntnisinteresse lag in der Beantwortung der vierten und letzten Unterforschungsfrage:

Welche Gestaltungsempfehlungen ergeben sich auf Basis der wechselseitigen Wirkungsbeziehungen für die Praxis?

Mithilfe einer Literaturrecherche konnte eine Grundgesamtheit von 81 verschiedenen Gestaltungsempfehlungen aus insgesamt neun Sammelwerken identifiziert werden. Jene wurden zunächst auf die einzelnen soziotechnischen Elemente verteilt und anschließend typenspezifisch zugeordnet. Der Anspruch bestand darin, Gestaltungsempfehlungen für Wirkungsbeziehungen mit normaler und starker Intensität auszusprechen. Diese Zielstellung wurde im Rahmen des Gestaltungsmodells erfolgreich erfüllt. Das Ergebnis der Untersuchung ist ein umfassender Maßnahmenkatalog.

Die Zusammenführung der partialen Modelle ermöglichte die Entwicklung eines soziotechnischen Ordnungsrahmens, mithilfe dessen Unternehmen in der Lage sind, die Komplexität der Technologieeinführung zu reduzieren und diese zielgerichtet steuern zu können. Die Anwendung und praktische Umsetzbarkeit des Ordnungsrahmens wurden durch drei Unternehmen unterschiedlicher Größen und Branchen bestätigt.

8.2 Ausblick und Implikationen für zukünftige Forschungsaktivitäten

Der in dieser Dissertationsschrift entwickelte Ordnungsrahmen bietet Anknüpfungspunkte für zukünftige Forschungsaktivitäten und Implikationen für die Praxis. Nachstehend erfolgt eine systematische Darstellung des Handlungsbedarfs.

Die hergeleiteten Typen softwarebasierter Automatisierung spiegeln den derzeitigen Stand der Forschung und Technik wider. Trends zeigen eine zunehmende Cloud-Integration der angebotenen Automatisierungsleistungen. Dies resultiert in einer abnehmenden Trennschärfe. Zukünftige Forschungsaktivitäten sollten die Typen dieser Dissertationsschrift als Ausgangspunkt nutzen, um den Betrachtungsraum auf die Cloud auszudehnen. Neue Technologien werden auch weiterhin Einfluss auf die Automatisierung von Administrationsprozessen ausüben, wodurch neue Merkmalsausprägungen entstehen. Diese Entwicklung gilt es im Rahmen weiterer Forschungsbemühungen zu berücksichtigen, da dieser Prozess mit veränderten Auswirkungen auf das soziotechnische System einhergeht.

Zusätzlicher Forschungsbedarf ergibt sich für das soziotechnische Beschreibungsmodell. Dieses betrachtet ein Unternehmen in Anlehnung an die Systemtheorie im Rahmen der Dissertation als in sich geschlossenes System mit offenen Grenzen. Zukünftige Forschungsaktivitäten können dazu beitragen, die Einflüsse und Beziehungen zwischen dem Unternehmen und dem verbundenen Ökosystem zu analysieren. Die Bereitstellung, Implementierung und Instandhaltung der Automatisierung werden zunehmend von externen Anbietern und Dienstleistern übernommen. Diese dringen somit zunehmend in das soziotechnische System ein, was eine Verschiebung einzelner Elemente in das Unternehmensumfeld zur Folge hat. Die Analyse eines soziotechnischen (Öko-)Systems ist somit von hoher Relevanz für die Praxis.

Darüber hinaus gilt es, die Wirkungsbeziehungen zukünftig vertieft zu prüfen. Im Rahmen dieses Dissertationsvorhabens konnten diese mithilfe qualitativer Experteninterviews erklärt werden. Das gewählte Vorgehen ermöglichte es, Zusammenhänge zwischen den Technologietypen und den soziotechnischen Elementen aufzudecken, jedoch nicht die Prüfung von Korrelationen. Weiterer Forschungsbedarf besteht daher in einer vertiefenden quantitativen Untersuchung. Hierbei wird ein quasi-experimentelles Forschungsdesign empfohlen, welches eine Randomisierung der Teilnehmer in die Validierung integriert, um verschiedene Perspektiven in die Untersuchung einfließen zu lassen. Ein experimentelles Design wird nicht empfohlen, da der Fokus weiterer Forschungsprozesse auf der Prüfung real existierender Zusammenhänge liegen und somit insbesondere die externe Validität priorisieren sollte.

Der auf dem Erklärungsmodell aufbauende Katalog mit soziotechnischen Gestaltungsempfehlungen stellt eine Momentaufnahme dar, welche zum Zeitpunkt der Erstellung der Dissertationsschrift durch eine Untersuchung vorhandener Literatur erstellt wurde. Vor dem Hintergrund steigender technologischer Entwicklung und dem Einfluss von KI werden kognitive Technologieausprägungen in Zukunft verstärkt Anwendung finden. Da bestehende Ansätze dieses Feld nur unzureichend betrachten, besteht die Notwendigkeit einer Ausweitung der soziotechnischen Gestaltungsempfehlungen auf ebendiesen Betrachtungsraum. Somit sind der praktische Nutzen des entwickelten Modells sowie dessen Anwendbarkeit auch in Zukunft gewährleistet.

9 Literaturverzeichnis

ADLER, P. S.: Introduction. A Social Science which Forgets its Founders is Lost. In: The Oxford handbook of sociology and organization studies. Classical foundations. Hrsg.: P. S. Adler. Oxford Univ. Press, Oxford 2009, S. 3 – 19.

AGUIRRE, S.; RODRIGUEZ, A.: Automation of a Business Process Using Robotic Process Automation (RPA): A Case Study. In: Applied Computer Sciences in Engineering. 4th Workshop on Engineering Applications, WEA 2017, Cartagena, Colombia, September 27 – 29, 2017, Proceedings. Hrsg.: J. C. Figueroa-García; E. R. López-Santana; J. L. Villa-Ramírez; R. Ferro-Escobar. Communications in Computer and Information Science; Bd. 742. Springer, Cham [u. a.] 2017, S. 65 – 71.

ALLWEYER, T.: Neue Perspektiven durch Robotic Process Automation. Hochschule Kaiserslautern, Kaiserslautern 2016. https://www.kurze-prozesse.de/blog/wp-content/uploads/2016/11/Neue-Perspektiven-durch-Robotic-Process-Automation.pdf (Link zuletzt geprüft: 17.10.2021)

AMALDI, P.; SMOKER, A.: An Organizational Study into the Concept of Automation in a Safety Critical Socio-technical System. In: Human Work Interaction Design. Work Analysis and HCI. Third IFIP WG 13.6 Working Conference, HWID 2012, Copenhagen, Denmark, December 5 – 6, 2012, Revised Selected Papers. Hrsg.: T. Clemmensen; J. A. Nocera; D. Katre; A. Lopes; R. Ørngreen; P. Campos. IFIP Advances in Information and Communication Technology; Bd. 407. Springer, Berlin [u. a.] 2013, S. 183 – 197.

ANAGNOSTE, S.: Robotic Automation Process – The operating system for the digital enterprise. In: Proceedings of the International Conference on Business Excellence 12 (2018) 1, S. 54 – 69. [=2018a]

ANAGNOSTE, S.: Robotic Process Automation in Pharma: Three Case Studies. Hrsg.: S. Anagnoste Faculty of Business Administration in foreign languages – The Academy of Economic Studies from Bucharest, Romania, Bukarest, Rumänien 2018. https://www.researchgate.net/profile/Sorin-Anagnoste/publication/338685569_ROBOTIC_PROCESS_AUTOMATION_IN_PHARMA_THREE_CASE_STUDIES/links/5e248d3a92851cafc3930ed4/ROBOTIC-PROCESS-AUTOMATION-IN-PHARMA-THREE-CASE-STUDIES.pdf (Link zuletzt geprüft: 17.10.2021) [=2018b]

ANAGNOSTE, S.: Setting Up a Robotic Process Automation Center of Excellence. In: Management Dynamics in the Knowledge Economy 6 (2018) 2, S. 307 – 322. [=2018c]

ANAGNOSTE, S.: The Road to Intelligent Automation in the Energy Sector. In: Management Dynamics in the Knowledge Economy 6 (2018) 3, S. 489 – 502. [=2018d]

ANSORGE, B.: Ordnungsrahmen für die Positionierung industrieller Dienstleister. Schriftenreihe Rationalisierung; Bd. 129. RHrsg.: G. Schuh. Apprimus, Aachen 2014. – Zugl.: Aachen, Techn. Hochsch., Diss., 2014.

ARIA, M.; CUCCURULLO, C.: bibliometrix : An R-tool for comprehensive science mapping analysis. In: Journal of Informetrics 11 (2017) 4, S. 959 – 975.

ASATIANI, A.; PENTTINEN, E.: Turning robotic process automation into commercial success – Case OpusCapita. In: Journal of Information Technology Teaching Cases 6 (2016) 2, S. 67 – 74.

ASTLEY, W. G.; VAN VEN, A. H.: Central Perspectives and Debates in Organization Theory. In: Administrative Science Quarterly 28 (1983) 2, S. 245.

BAILEY, K. D.: Typologies and taxonomies. An introduction to classification techniques. Sage, Thousand Oaks (CA) 1994.

BAINBRIDGE, L.: Ironies of Automation. In: Automatica 19 (1983) 6, S. 775 – 779.

BALASUNDARAM, S.; VENKATAGIRI, S.: A structured approach to implementing Robotic Process Automation in HR. In: Journal of Physics: Conference Series 1427 (2020) 1, S. 1 – 11.

BARANAUSKAS, G.: Changing Patterns in Process Management and Improvement: Using RPA and RDA in Non- Manufacturing Organizations. In: European Scientific Journal 14 (2018) 26, S. 251 – 264.

BARET, S.; HIDA, E.; HATFIELD, S.; SANDFORD, N.; VAZIRANI, J.: Developing an effective governance operating model. A guide for financial services boards and management teams. https://www2.deloitte.com/content/dam/Deloitte/global/Documents/Financial-Services/dttl-fsi-US-FSI-Developinganeffectivegovernance-031913.pdf (Link zuletzt geprüft: 17.10.2021)

BAXTER, G.; SOMMERVILLE, I.: Socio-technical systems: From design methods to systems engineering. In: Interacting with Computers 23 (2011) 1, S. 4 – 17.

BAYER, M.: Robotics bei der Ergo Versicherung. Ergo-Mitarbeiter feiern Geburtstag ihrer Bots. https://www.computerwoche.de/a/ergo-mitarbeiter-feiern-geburtstag-ihrer-bots,3640835 (Link zuletzt geprüft: 17.10.2021)

BECKER, J.; BEVERUNGEN, D.; KNACKSTEDT, R.; GLAUNER, C.; STYPMANN, M.; ROSENKRANZ, C.; SCHMITT, R.; HATFIELD, S.; SCHMITZ, G.; EBERHARDT, S.; DIETZ, M.; THOMAS, O.; WALTER, P.; LÖNNGREN, H.-M.; LEIMEISTER, J. M.: Ordnungsrahmen für die hybride Wertschöpfung. In: Dienstleistungsmodellierung. Hrsg.: O. Thomas; M. Nüttgens. Physica, Heidelberg 2009, S. 109 – 128. [=2009a]

BECKER, J.; KAHN, D.: Der Prozess im Fokus. In: Prozessmanagement. Ein Leitfaden zur prozessorientierten Organisationsgestaltung. Hrsg.: J. Becker. 7., korr. und erw. Auflage. Springer Gabler, Berlin [u. a.] 2012, S. 3 – 16.

BECKER, J.; MATHAS, C.; WINKELMANN, A.; GÜNTHER, O.: Geschäftsprozessmanagement. Springer, Berlin [u. a.] 2009. [=2009b]

BECKER, J.; MEISE, V.: Strategie und Ordnungsrahmen. In: Prozessmanagement. Ein Leitfaden zur prozessorientierten Organisationsgestaltung. Hrsg.: J. Becker. 7., korr. und erw. Auflage. Springer Gabler, Berlin [u. a.] 2012, S. 113 – 163.

BECKER, J.; PROBANDT, W.; VERING, O.: Grundsätze ordnungsmäßiger Modellierung. Konzeption und Praxisbeispiel für ein effizientes Prozessmanagement. Springer Gabler, Berlin [u. a.] 2012.

BEDNAR, P. M.; WELCH, C.: Socio-Technical Perspectives on Smart Working: Creating Meaningful and Sustainable Systems. In: Information Systems Frontiers 22 (2020) 2, S. 281 – 298.

BEERS, A.; HEIJNSDIJK, R.; CINDY VAN DALEN: Understanding the challenge of implementing your virtual workforce. Robotic Process Automation as part of a new social-technological paradigm. Amsterdam [u. a.], März 2018. https://www2.deloitte.com/content/dam/Deloitte/nl/Documents/strategy/deloitte-nl-so-understanding-challange-of-implementing-rpa.pdf (Link zuletzt geprüft: 17.10.2021)

BEIER, G.; ULLRICH, A.; NIEHOFF, S.; REIßIG, M.; HABICH, M.: Industry 4.0: How it is defined from a sociotechnical perspective and how much sustainability it includes – A literature review. In: Journal of Cleaner Production 259 (2020) 3, S. 1 – 13.

BERGSMANN, S.: End-to-end-Geschäftsprozessmanagement. Organisationselement – Integrationsinstrument – Managementansatz. Springer, Wien [u. a.] 2012.

BERRUTI, F.; NIXON, G.; TAGLIONI, G.; WHITEMAN, R.: Intelligent process automation: The engine at the core of the next-generation operating model. McKinsey online, 14.03.2017. https://www.mckinsey.com/business-functions/mckinsey-digital/our-insights/intelligent-process-automation-the-engine-at-the-core-of-the-next-generation-operating-model (Link zuletzt geprüft: 17.10.2021)

BERTALANFFY, L. von: Vorläufer und Begründer der Systemtheorie. In: Systemtheorie. Hrsg.: R. Kurzrock. Forschung und Information ; Bd.12. Colloquium, Berlin 1972, S. 17 – 28.

BEUCKES, T.; JUNG, M.; OSTROWICZ, S.: [Whitepaper] Enterprise Automation Concept. Integrierter Lösungsansatz für robotergesteuerte Prozessautomatisierung. Horváth & Partner GmbH; Stuttgart 2018. [in Bibliothek des FIR e. V. an der RWTH Aachen verfügbar]

BHATNAGAR, S.: Intelligent Automation Services 2018 RadarView.Extending to judgment-based, business-critical functions. Los Angeles, September 2018, 60 Folien. [in Bibliothek des FIR e. V. an der RWTH Aachen verfügbar]

BITKOWSKA, A.: Business Process Management vs Modeling of the Process of Knowledge Management in Contemporary Enterprises. In: Business process management. Blockchain and Central and Eastern Europe Forum: BPM 2019 Blockchain and CEE Forum, Vienna, Austria, September 1 – 6, 2019, Proceedings. Hrsg.: C. Di Ciccio; R. Gabryelczyk; L. García-Bañuelos; T. Hernaus; R. Hull; M. Indihar Štemberger; A. Kő; M. Staples. Lecture notes in business information processing; Bd. 361. Springer, Cham [u. a.] 2019, S. 319 – 323.

BLAU, P. M.; SCHOENHERR, R. A.: The structure of organizations. Basic Books, New York 1971.

BLEICHER, K.: Das Konzept Integriertes Management: Visionen – Missionen – Programme. 8., überarb. u. erw. Auflage. Campus, Frankfurt am Main 2011.

BLUE PRISM (HRSG.): Robotic Operating Model. https://portal.blueprism.com/robotic-operating-model (Link zuletzt geprüft: 17.10.2021)

BOKRANZ, R.; KASTEN, L.: Organisations-Management in Dienstleistung und Verwaltung. Gestaltungsfelder, Instrumente und Konzepte. 4., überarb. Auflage. Gabler, Wiesbaden 2003.

BORGES, A. F.S.; LAURINDO, F. J.B.; SPÍNOLA, M. M.; GONÇALVES, R. F.; MATTOS, C. A.: The strategic use of artificial intelligence in the digital era: Systematic literature review and future research directions. In: International Journal of Information Management 57 (2020) 102225, S. 1 – 16.

BOSILKOVSKI, I.: Romania-Founded UiPath Raises $225 Million To Reach A $10.2 Billion Valuation. Forbes online, 13.07.2020. https://www.forbes.com/sites/igorbosilkovski/2020/07/13/romania-founded-uipath-raises-225-million-in-series-e-to-reach-a-102-billion-valuation/?sh=23a2f5dd2c5f (Link zuletzt geprüft: 17.10.2021)

BOSTROM, R. P.; HEINEN, J. S.: MIS Problems and Failures: A Socio-Technical Perspective, Part II: The Application of Socio-Technical Theory. In: MIS Quarterly 1 (1977) 4, S. 11 – 28.

BRENNER, J.: Lean Administration. Verschwendung in Büros erkennen, analysieren und beseitigen. Hanser, München [u. a.] 2018.

BURNETT, S.; AGGARWAL, M.; MODI, A.; BHADOLA, S.: [Studie] Defining Enterprise RPA. Everest Group Research, Dallas (TX) 2018. https://www.uipath.com/reports/everest-defining-enterprise-rpa (Link zuletzt geprüft: 02.12.2021) [in Bibliothek des FIR e. V. an der RWTH Aachen verfügbar]

BYGSTAD, B.: Generative Innovation: A comparison of lightweight and heavyweight IT. In: Journal of Information Technology 32 (2017) 2, S. 180 – 193.

CAMIN, T.: Roboter im Shared Service Center. In: Controlling & Management Review 62 (2018) 8, S. 30 – 37.

CARDEN, L.; MALDONADO, T.; BRACE, C.; MYERS, M.: Robotics process automation at TECHSERV: An implementation case study. In: Journal of Information Technology Teaching Cases 9 (2019) 2, S. 72 – 79.

CEWE, C.; KOCH, D.; MERTENS, R.: Minimal effort requirements engineering for robotic process automation with test driven development and screen recording. In: Business Process Management Workshops. BPM 2017 International Workshops, Barcelona, Spain, September 10-11, 2017, Revised Papers. Hrsg.: E. Teniente; M. Weidlich. Lecture notes in business information processing; Bd. 308. Springer, Cham [u. a.] 2018, S. 642 – 648.

CHAO, G.; HURST, E.; SHOCKLEY, R.: Die Evolution der Prozessautomatisierung. https://www.ibm.com/downloads/cas/VXYZ7DPR (Link zuletzt geprüft: 17.10.2021)

CHILD, J.: More Myths of Management Organization. In: Journal of Management Studies 7 (1970) 3, S. 376 – 390.

CHILD, J.: Organizational Structure, Environment and Performance: The Role of Strategic Choice. In: Sociology 6 (1972) 1, S. 1 – 22.

CLAEßEN, A.: Robotic Desktop Automation ist der digitale Boost in der Kundenkommunikation. Digitale Assistenten unterstützen den B2C-Kundenservice von innogy. In: Manager Magazin 32 (2019) 1, S. 2.

COOMBS, C.; HISLOP, D.; TANEVA, S. K.; BARNARD, S.: The strategic impacts of Intelligent Automation for knowledge and service work: An interdisciplinary review. In: The Journal of Strategic Information Systems 29 (2020) 4, S. 1 – 30.

COOPER, H. M.: Organizing knowledge syntheses: A taxonomy of literature reviews. In: Knowledge in Society 1 (1988) 1, S. 104 – 126.

COOPER, L.; HOLDERNESS, D. K.; SORENSEN, T.; WOOD, D. A.: Robotic Process Automation in Public Accounting. In: Accounting Horizons 33 (2019) 4, S. 15 – 35.

COSTA, N. A.; VESTING, F.; DAHLMAN, J.; MACKINNON, S. N.: A Case Study of User Adherence and Software Project Performance Barriers from a Sociotechnical Viewpoint. In: Advances in Artificial Intelligence, Software and Systems Engineering. Hrsg.: T. Z. Ahram. Advances in Intelligent Systems and Computing. Springer, Cham [u. a.] 2019, S. 12 – 23.

CZARNECKI, C.; AUTH, G.: Prozessdigitalisierung durch Robotic Process Automation. In: Digitalisierung im Unternehmen. Hrsg.: T. Barton; C. Müller; C. Seel. Springer, Wiesbaden [u. a.] 2018, S. 113 – 131.

DAPTARDAR, S.: A Review – The golden Triangle of RPA, AI and Digital Transformation. In: International Research Journal of Modernization in Engineering Technology and Science 3 (2021) 1, S. 887 – 891.

DAUBER, D.; FINK, G.; YOLLES, M.: A Configuration Model of Organizational Culture. In: SAGE Open 2 (2012) 1, 215824401244148.

DAVIS, F. D.: Perceived Usefulness, Perceived Ease of Use, and User Acceptance of Information Technology. In: MIS Quarterly 13 (1989) 3, S. 319.

DAVIS, M. C.; CHALLENGER, R.; JAYEWARDENE, D.; CLEGG, C. W.: Advancing socio-technical systems thinking: a call for bravery. In: Applied Ergonomics 45 (2014) 2, S. 171 – 180.

DEVARAJAN, Y.: A review on Intelligent Process Automation. In: International Journal of computer Applications 182 (2019) 36, S. 40 – 44.

DI MAIO, P.: Towards a Metamodel to Support the Joint Optimization of Socio Technical Systems. In: Systems 2 (2014) 3, S. 273 – 296.

DIAS, M.; PAN, S.; TIM, Y.: Knowledge Embodiment of Human and Machine Interactions: Robotic Process Automation at the Finland Government. In: Proceedings of the 27th European Conference on Information Systems (ECIS) 27 (2019) 1, S. 1 – 11.

DILMEGANI, C.: What is Cognitive RPA: in-Depth Guide to RPA's Future in 2021. Aimultiple online, 08.11.2017/01.01.2021. https://research.aimultiple.com/cognitive-automation/ (Link zuletzt geprüft: 17.10.2021)

DIN EN ISO 9000:2015-11: Qualitätsmanagementsysteme – Grundlagen und Begriffe. Beuth, Berlin, November 2015.

DIRKSTEIN, L. L.; GURWITZ, C.: The future of operations – Beyond process automation. Juli 2018. https://www2.deloitte.com/content/dam/Deloitte/global/Images/infographics/gx-consulting-foo-beyond-process-automation-info.pdf (Link zuletzt geprüft: 17.10.2021)

DISPAN, J.: Digitale Transformation im Maschinen- und Anlagenbau. Digitalisierungsstrategien und Gestaltung von Arbeit 4.0. In: Digitalisierung souverän gestalten. Innovative Impulse im Maschinenbau. Hrsg.: E. A. Hartmann. Springer Vieweg, Berlin 2021, S. 118 – 132.

DOLESKI, O. D.: Integriertes Geschäftsmodell. Anwendung des St. Galler Management-Konzepts im Geschäftsmodellkontext. Springer Gabler, Wiesbaden 2014.

DRAZIN, R.; VAN VEN, A. H. de: Alternative Forms of Fit in Contingency Theory. In: Administrative Science Quarterly 30 (1985) 4, S. 514 – 539.

DÜNNEBACKE, D.: Beschreibung und Typisierung der IT-Unterstützung im Maschinen- und Anlagenbau. Schriftenreihe Rationalisierung; Bd. 136. RHrsg.: G. Schuh. Apprimus, Aachen 2016. – Zugl.: Aachen, Techn. Hochsch., Diss., 2015.

EASON, K.: Before the Internet. In: International Journal of Sociotechnology and Knowledge Development 1 (2009) 2, S. 23 – 32.

EISENHARDT, K. M.: Building Theories from Case Study Research. In: The Academy of Management Review 14 (1989) 4, S. 532 – 550.

EISENHARDT, K. M.; GRAEBNER, M. E.: Theory Building From Cases: Opportunities And Challenges. In: Academy of Management Journal 50 (2007) 1, S. 25 – 32.

ELSELE, O.: Robotic Process Automation (RPA). Mensch-Roboter-Kollaboration in indirekten Bereichen. Ifaa, 16.12.2019. https://www.arbeitswissenschaft.net/fileadmin/Downloads/Angebote_und_Produkte/Zahlen_Daten_Fakten/ifaa_Zahlen_Daten_Fakten_RPA_2019-12-16.pdf (Link zuletzt geprüft: 17.10.2021)

ELTESTE, U.: Screen Scraping: Wechselwirkungen zwischen Datenbankrecht und Vertragsrecht. In: Computer und Recht 31 (2015) 7, S. 447 – 451.

ENGELHARDT, S.: Die ökonomischen Eigenschaften von Software. Jenaer Schriften zur Wirtschaftswissenschaft; 2006,14. Universität Jena, Univ., Wirtschaftswiss. Fak., Jena 2006.

ERNST & YOUNG (HRSG.): Get ready for robots: Why planning for success makes the difference. 2016. https://docplayer.net/124275393-Get-ready-for-robots-why-planning-makes-the-difference-between-success-and-disappointment.html (Link zuletzt geprüft: 17.10.2021)

FACH, P.; GONNERMANN, T.: 2018 Global Robotics Report. The robots are waiting. London 2018. https://www2.deloitte.com/content/dam/Deloitte/il/Documents/sando/2018%20Global%20Robotics%20Report%20-%20The%20robots%20are%20waiting.pdf (Link zuletzt geprüft: 17.18.2021)

FERNANDEZ, D.; AMAN, A.: Impacts of Robotic Process Automation on Global Accounting Services. In: Asian Journal of Accounting and Governance 9 (2018) 1, S. 123 – 131.

FERSHT, P.; SLABY, J. R.: Robotic Automation emerges as a threat to traditional low-cost outsourcing. hfsresearch online, 25.10.2012. https://www.hfsresearch.com/research/robotic-automation-emerges-threat-traditional-low-cost-outsourcing/ (Link zuletzt geprüft: 17.10.2021)

FEYERABEND, P. K.: Problems of Empiricism. In: Beyond the Edge of Certainty: Essays in Contemporary Science and Philosophy. Hrsg.: R. G. Colodny. University of Pittsburgh series in the philosophy of science; Prentice-Hall, Englewood Cliffs (NJ) 1965, S. 145 – 260.

FICK, A.; MOKWA, C.; HAACK, D.; KÖRNER, F.; AUFFARTH, J.; BARBATO, M.; BRITZE N.; JUDAS, R.; KUCKELKORN, T.; KIENBERG, T.: Robotic Process Automation im digitalen Büro. Ein Leitfaden für Anwender. Berlin 2019. https://www.bitkom.org/sites/default/files/2019-06/190531_lf_roboter_process_automation.pdf (Link zuletzt geprüft: 17.10.2021)

FORRESTER, J. W.: Grundzüge einer Systemtheorie. Ein Lehrbuch. Betriebswirtschaftl. Verlag Gabler, Wiesbaden 1972.

FRANTZ, C.; NOWOSTAWSKI, M.: Quasi-Social Software as the 'Social' in Socio-Technical Design. Norwegian University of Science and Technology, Trondheim 2019. Proceedings of STPIS'19, 12 S. 2019. http://ceur-ws.org/Vol-2398/Paper6.pdf (Link zuletzt geprüft: 17.10.2021)

FUCHS, H.: Systemtheorie und Organisation. Die Theorie offener Systeme als Grundlage zur Erforschung und Gestaltung betrieblicher Systeme. Gabler, Wiesbaden 1973.

FUNG, H. P.: Criteria, Use Cases and Effects of Information Technology Process Automation (ITPA). In: Advances in Robotics & Automation 03 (2014) 03, S. 1 – 10.

FUSTICH, K.: [Pressemitteilung] Blue Prism is raising $130M to fuel new technologies. 24.01.2019. https://www.builtinaustin.com/2019/01/24/blue-prism-130-million-funding (Link zuletzt geprüft: 17.10.2021)

GADATSCH, A.: Grundkurs Geschäftsprozess-Management. Methoden und Werkzeuge für die IT-Praxis: Eine Einführung für Studenten und Praktiker. 5., erw. u. überarb. Auflage. Vieweg, Wiesbaden 2008.

GADATSCH, A.: Geschäftsprozesse analysieren und optimieren. Praxistools zur Analyse, Optimierung und Controlling von Arbeitsabläufen. Springer Vieweg, Wiesbaden 2015.

GALBRAITH, J. R.: Designing the customer-centric organization. A guide to strategy, structure, and process. Jossey-Bass, San Francisco (CA) 2005.

GARTNER (HRSG.): [Pressemitteilung] Gartner Says Worldwide Robotic Process Automation Software Market Grew 63% in 2018. Gartner online, 24.06.2019. https://www.gartner.com/en/newsroom/press-releases/2019-06-24-gartner-says-worldwide-robotic-process-automation-sof (Link zuletzt geprüft: 17.10.2021)

GASSMANN, O.: Praxisnähe mit Fallstudienforschung: Nutzen für das Technologiemanagement ist gegeben. In: Wissenschaftsmanagement 3 (1999) 6, S. 11 – 16.

GEHRER, J.; MEYER, S.: RPA – kleine Programme ganz groß. Wie sich mit Robotics Process Automation die Prozesse im Accounting automatisieren lassen. PricewaterhouseCoopers GmbH, Frankfurt am Main, September 2017. https://store.pwc.de/de/publications/rpa-kleine-programme-ganz-gross-wie-sich-mit-robotics-process-automation-die-prozesse-im-accounting-automatisieren-lassen (Link zuletzt geprüft: 02.12.2021) [in Bibliothek des FIR e. V. an der RWTH Aachen verfügbar]

GERBOTH, T.: Statistische Prozessregelung bei administrativen Prozessen im Rahmen eines ganzheitlichen Prozesscontrollings. Diplom.de, Berlin 2002.– Zugl.: Berlin, Techn. Univ., Diss., 2001.

GEYER-KLINGEBERG, J.; NAKLADAL, J.; BALDAUF, F.; VEIT, F.: Process Mining and Robotic Process Automation: A Perfect Match. In: Business Process Management. 16th International Conference, BPM 2018, Sydney, NSW, Australia, September 9 – 14, 2018, Proceedings. Hrsg.: M. Weske; M. Montali; I. Weber; J. vom Brocke. Information Systems and Applications, incl. Internet/Web, and HCI; Bd. 11080. Springer, Cham [u. a.] 2018, S. 1 – 8.

GIDDENS, A.: The constitution of society. Outline of the theory of structuration. Polity Press, Cambridge 1984.

GLASER, B. G.; STRAUSS, A. L.: The discovery of grounded theory. Strategies for qualitative research. Taylor & Francis, London 2009.

GÖTZEN, R.; KÜNKELE, S.: Prozesse auf RPA-Fähigkeit testen. In: IT&Production 21 (2020) 6, S. 46 – 47.

GÖTZEN, R.; SCHUH, G.; STICH, V.; CONRAD, R.: Classification of software-based automation technologies: Derivation of characteristics through an empirical investigation. In: 2021 IEEE International Conference on Engineering, Technology and Innovation (ICE/ITMC), 2021, 9 S. https://ieeexplore.ieee.org/document/9570264 (Link zuletzt geprüft: 02.12.2021)

GÖTZEN, R.; SCHUH, G.; VON STAMM, J.; CONRAD, R.: Soziotechnische Systemarchitektur für den Einsatz von Robotic Process Automation. In: Robotik in der Wirtschaftsinformatik. Von Robotic Process Automation über Chatbots bis hin zu Servicerobotern. Hrsg.: S. D'Onofrio; S. Meinhardt. Edition HMD 1, Springer Fachmedien, Wiesbaden 2022. *[Veröffentlichung vorauss. 03/2022]*

GROB, H. L.; BENSBERG, F.; CONERS, A.: Regelbasierte Steuerung von Geschäftsprozessen – Konzeption eines Ansatzes auf Basis von Process Mining. In: Wirtschaftsinformatik 50 (2008) 4, S. 268 – 281.

GUTERRES FERREIRA, M.; MAIDEN, N.; SAMPAIO DO PRADO LEITE, JULIO CESAR: From Unknown to Known Impacts of Organizational Changes on Socio-technical Systems. In: Proceedings of the Eighth International i* Workshop (istar 2015) 978 (2015) 1, S. 31 – 36.

HABERFELLNER, R.; WECK, O. de; FRICKE, E.; VÖSSNER, S.: Systems Engineering. Fundamentals and Applications. Springer, Cham [u. a.] 2018.

HAENLEIN, M.; KAPLAN, A.: A Brief History of Artificial Intelligence: On the Past, Present, and Future of Artificial Intelligence. In: California Management Review 61 (2019) 4, S. 5 – 14.

HAGE, J.: Theories of Organizations: Form, Process, and Transformation. Wiley & Sons, New York 1980.

HALLIKAINEN, P.; BEKKHUS, R.; PAN, S. L.: How OpusCapita Used Internal RPA Capabilities to Offer Services to Clients. In: MIS Quarterly Executive 17 (2018) 1, S. 41 – 52.

HAMMER, M.: What is Business Process Management? In: Handbook on Business Process Management; Bd. 1: Introduction, Methods, and Information Systems. Hrsg.: J. vom Brocke; M. Rosemann. 2. Auflage. Springer, Berlin [u. a.] 2015, S. 3 – 16.

HEINRICH, B.; LINKE, P.; GLÖCKLER, M.: Grundlagen Automatisierung. Erfassen – steuern – regeln. 3., überarb. u. erw. Auflage. Springer Vieweg, Wiesbaden 2020.

HELDT, C.; AMELUNG, V. E.; MÜHLBACHER, A.; KRAUTH, C.: [Definition] Compliance. Gabler Wirtschaftslexikon online, o. J. https://wirtschaftslexikon.gabler.de/definition/compliance-27721 (Link zuletzt geprüft: 17.10.2021)

HELFFERICH, C.: Die Qualität qualitativer Daten. Manual für die Durchführung qualitativer Interviews. 4. Auflage. Springer, Berlin [u. a.] 2011.

HELMOLD, M.: Kaizen, Lean Management und Digitalisierung. Mit den japanischen Konzepten Wettbewerbsvorteile für das Unternehmen erzielen. Gabler, Wiesbaden 2021.

HEMPEL, C. G.; OPPENHEIM, P.: Der Typusbegriff im Lichte der neuen Logik. A.W.Sijt Hoff's Uitgeversmaatschappij N.V., Leiden 1936.

HERM, L.-V.; JANIESCH, C.; HELM, A.; IMGRUND, F.; FUCHS, K.; HOFMANN, A.; WINKELMANN, A.: A Consolidated Framework for Implementing Robotic Process Automation Projects. In: Business Process Management. 18th International Conference, BPM 2020, Seville, Spain, September 13–18, 2020, Proceedings. Hrsg.: D. Fahland; C. Ghidini; J. Becker; M. Dumas. 1st ed. 2020. Information Systems and Applications, incl. Internet/Web, and HCI. Springer, Cham [u. a.] 2020, S. 471 – 488.

HICKSON, D. J.; MCMILLAN, C. J.: Organization and nation. The Aston Programme IV. Gower, Farnborough 1981.

HIGGINS, C. A.; IRVING, R. H.; RINALDI, S. M.: Small Business and Office Automation. In: Canadian Journal of Administrative Sciences 2 (1985) 2, S. 375 – 381.

HILL, W.; FEHLBAUM, R.; ULRICH, P.: Ziele, Instrumente und Bedingungen der Organisation sozialer Systeme. 5., überarb. Auflage. Haupt, Bern [u. a.] 1994.

HOFMANN, P.; SAMP, C.; URBACH, N.: Robotic process automation. In: Electronic Markets 30 (2020) 1, S. 99 – 106.

HOUY, C.; HAMBERG, M.; FETTKE, P.: Robotic Process Automation in Public Administrations. In: Digitalisierung von Staat und Verwaltung. Hrsg.: M. Räckers; S. Halsbenning; D. Richter; E. Schweighofer. Gesellschaft für Informatik e. V., Bonn 2019, S. 62 – 74.

HUGHES, H. P. N.; CLEGG, C. W.; BOLTON, L. E.; MACHON, L. C.: Systems scenarios: a tool for facilitating the socio-technical design of work systems. In: Ergonomics 60 (2017) 10, S. 1319 – 1335.

HULL, R.; MOTAHARI NEZHAD, H. R.: Rethinking BPM in a Cognitive World: Transforming How We Learn and Perform Business Processes. In: Business process management. 14th international conference, BPM 2016, Rio de Janeiro, Brazil, September 18-22, 2016: proceedings. Hrsg.: M. La Rosa; P. Loos; O. Pastor. Lecture notes in computer science; Bd. 9850. Springer, Cham [u. a.] 2016, S. 3 – 19.

IDG RESEARCH; BLUE PRISM (HRSG.): Studie Robotic Process Automation 2020. IDG, München 2020, 11 S. https://www.blueprism.com/uploads/resources/white-papers/IDG-Studie2020-RPA_WP_blueprism_4-2.pdf (Link zuletzt geprüft: 17.10.2021)

IEEE (HRSG.): IEEE Guide for Terms and Concepts in Intelligent Process Automation. IEEE Standards Association, New York 2017.

IEEE COMPUTER SOCIETY (HRSG.): IEEE Standard Glossary of Software Engineering Terminology 1990. Direktlink zum Volltext-PDF: https://tinyurl.com/49k6j2x3 (Link zuletzt geprüft: 17.10.2021)

IRPA (HRSG.): Introduction To Robotic Process Automation. A Primer. https://irpaai.com/introduction-to-robotic-process-automation-a-primer/ (Link zuletzt geprüft: 17.10.2021)

IRPA (HRSG.): RPA gestaltet Geschäftsprozesse um. Durch schnellere und genauere Services und eine höhere Kundenzufriedenheit. IRPA, 2016. https://de.nice.com/rpa/files/DE_NICE_IRPA_WP_RPA_is_Transforming_Business_Processes-2016.pdf (Link zuletzt geprüft: 17.10.2021)

IRPAAI (HRSG.): How Cognitive Automation Can Take Your RPA Implementation to the Next Level. IRPA AI, o. J. https://em360tech.com/sites/default/files/migration_image/ID%20424%20Automation%20Anywhere%20How%20Cognitive%20Automation%20Can%20Take%20Your%20RPA%20Implementation%20to%20the%20Next%20Level.pdf (Link zuletzt geprüft: 17.10.2021)

ISENMANN, R.: Natur als Vorbild. Plädoyer für ein differenziertes und erweitertes Verständnis der Natur in der Ökonomie. Ökologie und Wirtschaftsforschung; Bd. 49. Metropolis-Verl., Marburg 2003. – Zugl.: Kaiserslautern, Univ., Diss., 2002.

ISO 9241-110:2016: Ergonomics of Human-system Interaction. Part 110: Dialogue Principles. International Organisation for Standardisation, Genf 2016.

ISO/IEC 2382:2015-05 2015: Informationstechnologie – Vokabularien. Beuth, Berlin, Mai 2015.

IT-ECONOMICS (HRSG.): Robotic Process Automation: eine Erfolgsgeschichte im Rahmen der Digitalisierung für Syneco. https://www.it-economics.de/digitalisierung/2019-10/robotic-process-automation-eine-erfolgsgeschichte (Link zuletzt geprüft: 17.10.2021)

IVANČIĆ, L.; SUŠA VUGEC, D.; BOSILJ VUKŠIĆ, V.: Robotic Process Automation: Systematic Literature Review. In: Business process management. Blockchain and Central and Eastern Europe Forum: BPM 2019 Blockchain and CEE Forum, Vienna, Austria, September 1 – 6, 2019, Proceedings. Hrsg.: C. Di Ciccio; R. Gabryelczyk; L. García-Bañuelos; T. Hernaus; R. Hull; M. Indihar Štemberger; A. Kő; M. Staples. Lecture notes in business information processing; Bd. 361. Springer, Cham [u. a.] 2019, S. 280 – 295.

JARRAHI, M. H.: Artificial intelligence and the future of work: Human-AI symbiosis in organizational decision making. In: Business Horizons 61 (2018) 4, S. 577 – 586.

JIMENEZ-RAMIREZ, A.; REIJERS, H. A.; BARBA, I.; DEL VALLE, C.: A method to improve the early stages of the Robotic Process Automation lifecycle. In: Advanced Information Systems Engineering. CAiSE 2019. Hrsg.: P. Giorgini; B. Weber. Lecture Notes in Computer Science; Bd. 11483. Springer, Cham [u. a.] 2019, S. 446 – 461.

KAMMANN, M.; APPEL, A.; KING, J.: Technology and Automation: A Road Map for State and Local Tax Professionals | Tax Executive. Tax Executive online, 21.05.2019. https://taxexecutive.org/technology-and-automation-a-road-map-for-state-and-local-tax-professionals/ (Link zuletzt geprüft: 17.10.2021)

KEDZIORA, D.; PENTTINEN, E.: Governance models for robotic process automation: The case of Nordea Bank. In: Journal of Information Technology Teaching Cases 10 (2020) 2, 1-10.

KHANDWALLA, P. N.: Viable and Effective Organizational Designs of Firms. In: Academy of Management Journal 16 (1973) 3, S. 481 – 495.

KIESER, A.: Der Situative Ansatz. In: Organisationstheorien. Hrsg.: A. Kieser; M. Ebers. 7., aktualis. u. überarb. Auflage. Kohlhammer, Stuttgart 2014, S. 164 – 194.

KIESER, A.; WALGENBACH, P.: Organisation. 6., überarb. Auflage. Schäffer-Poeschel, Stuttgart 2010.

KLEIN, P. G.; MAHONEY, J. T.; MCGAHAN, A. M.; PITELIS, C. N.: Organizational Governance Adaptation: Who Is In, Who Is Out, and Who Gets What. In: The Academy of Management Review 44 (2019) 1, S. 6 – 27.

KLOOS, S.: Business Process Management. Im Fokus: Administrative Prozesse. Vom Ende des Dornröschenschlafes oder welche Potenziale schlummern noch in Ihrer Organisation? Braincourt GmbH, Düsseldorf [u. a.], September 2017. https://www.braincourt.com/wp-content/uploads/2017/09/1603_Administrative-Prozesse.pdf (Link zuletzt geprüft: 17.10.2021)

KLUGE, S.: Empirisch begründete Typenbildung. Zur Konstruktion von Typen und Typologien in der qualitativen Sozialforschung. Leske und Budrich, Opladen 1999. – Zugl.: Bremen, Univ., Diss., 1998.

KNOBLICH, H.: Betriebswirtschaftliche Warentypologie. Grundlagen und Anwendungen. Information Engineering und IV-Controlling; Bd. 32. Rhrsg.: E. Gutenberg; W. Hasenack; K. Hax; E. Schäfer. VS Verlag für Sozialwissenschaften, Wiesbaden 1969.

KOCH, C.; FEDTKE, S.: Robotic Process Automation. Ein Leitfaden für Führungskräfte zur erfolgreichen Einführung und Betrieb von Software-Robots im Unternehmen. Springer, Berlin [u. a.] 2020.

KOCH, S.: Einführung in das Management von Geschäftsprozessen. Six Sigma, Kaizen und TQM. 2. Auflage. Springer Vieweg, Berlin 2015.

KOOPMAN, A.; SEYMOUR, L. F.: Factors Impacting Successful BPMS Adoption and Use: A South African Financial Services Case Study. In: Enterprise, Business-Process and Information Systems Modeling: 21st International Conference, BPMDS 2020, 25th International Conference, EMMSAD 2020, Held at CAiSE 2020, Grenoble, France, June 8 – 9, 2020. Hrsg.: J. Zdravkovic; S. Nurcan; P. Soffer; I. Reinhartz-Berger. Lecture notes in business information processing; Bd. 387. Springer, Cham [u. a.] 2020, S. 55 – 69.

KRCMAR, H.: Informationsmanagement. 6., überarb. Auflage. Springer Gabler, Wiesbaden 2015.

KUBICEK, H.: Heuristischer Bezugsrahmen und heuristisch angelegte Forschungsdesigns als Elemente einer Konstruktionsstrategie empirischer Forschung. In: Empirische und handlungstheoretische Forschungskonzeptionen in der Betriebswirtschaftslehre. Hrsg.: R. Köhler. C. E. Poeschel, Stuttgart 1977, S. 3 – 36.

LACITY, M.; WILLCOCKS, L. P.: Robotic Process Automation and Risk mitigation. The definitive guide. SB Publishing, Warwickshire 2017.

LACITY, M.; WILLCOCKS, L. P.: Robotic Process and Cognitive Automation. The next Phase. SB Publishing, Warwickshire 2018.

LACITY, M.; WILLCOCKS, L. P.; CRAIG, A.: Robotic process automation: mature capabilities in the energy sector. In: The Outsourcing Unit Working Research Paper Series 15 (2015) 6, S. 1 – 19.

LACITY, M. C.; WILLCOCKS, L. P.: A new approach to automating services. In: MIT Sloan Management Review 58 (2016) 1, S. 1 – 16. [=2016a]

LACITY, M. C.; WILLCOCKS, L. P.: Robotic Process Automation at Telefónica O2. In: MIS Quarterly Executive 15 (2016) 1, S. 21 – 35. [=2016b]

LAMBERTON, C.; JOSEPH, A.: Can you combine the power of human and machine through robotics and intelligent automation? Minds made for transforming financial services. London [u. a.] 2018. https://eyfinancialservicesthoughtgallery.ie/wp-content/uploads/2018/09/EY-human-and-machine-power-robotics-AI.pdf (Link zuletzt geprüft: 17.10.2021)

LANGMANN, C.: [Vortragsfolien] Robotic Process Automation (RPA) – Study on Characteristics of Successful RPA Implementations. Hochschule München, München, 01.02.2021, 45 Folien. https://w3-mediapool.hm.edu/mediapool/media/fk10/fk10_lokal/05_diefakultt/03_personen/langmann/final_rpa_study_2021_results_report_010221_web_kl.pdf (Link zuletzt geprüft: 17.10.2021)

LANGMANN, C.; TURI, D.: Robotic Process Automation (RPA) – Digitalisierung und Automatisierung von Prozessen. Voraussetzungen, Funktionsweise und Implementierung am Beispiel des Controllings und Rechnungswesens. Springer, Wiesbaden [u. a.] 2020.

LATNIAK, E.: Erfahrungen mit dem betrieblichen Einsatz arbeitswissenschaftlicher Analyseinstrumente. In: Arbeit 8 (1999) 2, S. 179 – 196.

LAWRENCE, P. R.; LORSCH, J. W.: Differentiation and Integration in Complex Organizations. In: Administrative Science Quarterly 12 (1967) 1, S. 1.

LEAVITT, H. J.: Applying Organizational Change in Industry: Structural, Technological and Humanistic Approaches. In: Handbook of Organizations. Hrsg.: J. G. March. Rand McNally, Chicago 1965, S. 1144 – 1170.

LEIMEISTER, J. M.: Einführung in die Wirtschaftsinformatik. 12. Auflage. Springer Gabler, Berlin [u. a.] 2015.

LHUER, X.: The next acronym you need to know about RPA-robotic process automation. Interview mit Leslie P. Willcocks. McKinsey online, 06.12.2016. https://www.mckinsey.com/business-functions/mckinsey-digital/our-insights/the-next-acronym-you-need-to-know-about-rpa (Link zuletzt geprüft: 17.10.2021)

LIBERATI, A.; ALTMAN, D. G.; TETZLAFF, J.; MULROW, C.; GOTZSCHE, P. C.; IOANNIDIS, J. P. A.; CLARKE, M.; DEVEREAUX, P. J.; KLEIJNEN, J.; MOHER, D.: The PRISMA statement for reporting systematic reviews and meta-analyses of studies that evaluate healthcare interventions: explanation and elaboration. In: Methods of Systematic Reviews and Meta-Analysis 62 (2009) 10, S. 1 – 27.

LIEBOLD, R.; TRINCZEK, R.: Experteninterview. In: Handbuch Methoden der Organisationsforschung. Quantitative und qualitative Methoden. Hrsg.: S. Kühl. Verl. für Sozialwiss., Wiesbaden 2009, S. 32 – 56.

LINDGREN, I.: Exploring the Use of Robotic Process Automation in Local Government. In: CEUR Workshop Proceedings 2797 (2020) 24, S. 249 – 258.

LUDEWIG, J.; LICHTER, H.: Software Engineering. Grundlagen, Menschen, Prozesse, Techniken. 3., korr. Auflage. dpunkt.verlag, Heidelberg 2013.

MAGUIRE, M.: Socio-technical systems and interaction design – 21st century relevance. In: Applied Ergonomics 45 (2014) 2, S. 162 – 170.

MAKARIUS, E. E.; MUKHERJEE, D.; FOX, J. D.; FOX, A. K.: Rising with the machines: A sociotechnical framework for bringing artificial intelligence into the organization. In: Journal of Business Research 120 (2020) o. H., S. 262 – 273.

MANAGER MAGAZIN (HRSG.): Robotic Desktop Automation ist der digitale Boost in der Kundenkommunikation – Fachinformation für Entscheider. http://manager-wissen.com/robotic-desktop-automation-ist-der-digitale-boost-in-der-kundenkommunikation (Link zuletzt geprüft: 17.10.2021)

MEIER, J.: Produktarchitekturtypen globalisierter Unternehmen. Berichte aus der Produktionstechnik; Bd. 2007,9. Shaker, Aachen 2007. – Zugl.: Aachen, Techn. Hochsch., Diss., 2007.

MEISE, V.: Ordnungsrahmen zur prozessorientierten Organisationsgestaltung. Modelle für das Management komplexer Reorganisationsprojekte. Schriftenreihe Studien zur Wirtschaftsinformatik; Bd. 10. Verlag Dr. Kovac GmbH, Hamburg 2001. – Zugl.: Münster (Westfalen), Univ., Diss., 2000.

MENDLING, J.; DECKER, G.; HULL, R.; REIJERS, H. A.; WEBER, I.: How do Machine Learning, Robotic Process Automation, and Blockchains Affect the Human Factor in Business Process Management? In: Communications of the Association for Information Systems 43 (2018) 19, S. 297 – 320.

MEREDITH, J.: Building operations management theory through case and field research. In: Journal of Operations Management 16 (1998) 4, S. 441 – 454.

MEYER, A. D.; TSUI, A. S.; HININGS, C. R.: Configurational approaches to organizational analysis. In: The Academy of Management Journal 36 (1993) 6, S. 1175 – 1195.

MILLER, D.: Toward a new contingency Approach. The search for organizational Gestalts. In: Journal of Management Studies 18 (1981) 1, S. 1 – 26.

MILLER, D.: Configurations Revisited. In: Strategic Management Journal 17 (1996) 7, S. 505 – 512.

MILLER, D.; MINTZBERG, H.: The case of configuration. In: Beyond method. Strategies for social research. Hrsg.: G. Morgan. Sage, Newbury Park [u. a.] 1983, S. 57 – 73.

MINTZBERG, H.: The structuring of organizations. Prentice-Hall, Englewood Cliffs (NJ) 1979.

MOHER, D.; LIBERATI, A.; TETZLAFF, J.; ALTMAN, D. G.: Preferred reporting items for systematic reviews and meta-analyses: the PRISMA statement. In: PLoS medicine 6 (2009) 7, S. 1 – 6.

MUMFORD, E.: Sociotechnical systems design: evolving theory and practice. Working Paper Series – Manchester Business School; no. 92. Manchester 1985.

MUMFORD, E.: A Socio-Technical Approach to Systems Design. In: Requirements Engineering 5 (2000) 2, S. 125 – 133.

MYERS, M. d.; NEWMAN, M.: The qualitative interview in IS research: Examining the craft. In: Information and Organization 17 (2007) 1, S. 2 – 26.

NAUMANN, T.: Theory of Social Systems Engineering. In: DS 84: Proceedings of the DESIGN 2016 14th International Design Conference 14 (2016), S. 45 – 56. https://www.designsociety.org/download-publication/38814/THEORY+OF+SOCIAL+SYSTEMS+ENGINEERING (Link zuletzt geprüft: 17.10.2021)

NEWMAN, K.: A plausible ancestor generator. An experiment with heuristics, screen scraping and geolocs. In: Proceedings of the 2013 International Conference on the Current Trends in Information Technology. 11 – 12 December, 2013 at Dubai Women's College, Dubai, United Arab Emirates. IEEE, Piscataway (NJ) 2013, S. 254 – 258.

NG, K. K. H.; CHEN, C.-H.; LEE, C. K. M.; JIAO, J.; YANG, Z.-X.: A systematic literature review on intelligent automation: Aligning concepts from theory, practice, and future perspectives. In: Advanced Engineering Informatics 47 (2021) Artikelnummer 101246, S. 1 – 36.

NICE LTD. (HRSG.): What is RPA process recording? Nice online, o. J. https://www.nice.com/rpa/rpa-guide/process-recorder-function-in-rpa/ (Link zuletzt geprüft: 18.10.2021)

OHNO, T.: Toyota Production System. Beyond large-scale production. Englische Übersetzung. Productivity Press, New York 1988.

OOSTHUIZEN, R.; PRETORIUS, L.: Modelling Methodology for Engineering of Complex Sociotechnical Systems. In: INCOSE International Symposium 24 (2014), S. 268 – 281.

ORTMANN, G.; SYDOW, J.; WINDELER, A.: Organisation als reflexive Strukturation. In: Theorien der Organisation. Die Rückkehr der Gesellschaft. Hrsg.: G. Ortmann; J. Sydow; K. Türk. Springer, Wiesbaden [u. a.] 1997, S. 315 – 354.

OSTERLOH, M.; GRAND, S.: Die Theorie der Strukturation als Metatheorie der Organisation? In: Theorien der Organisation. Die Rückkehr der Gesellschaft. Hrsg.: G. Ortmann; J. Sydow; K. Türk. Springer, Wiesbaden [u. a.] 1997, S. 355 – 359.

OSTROWICZ, S.; BEUCKES, T.; JUNG, M.: [Whitepaper] Enterprise Automation Concept. Integrierter Lösungsansatz für robotergesteuerte Prozessautomatisierung. Stuttgart 2018. https://www.cio.de/fileserver/idgwpcw/files/978.pdf (Link zuletzt geprüft: 18.10.2021)

PANETTA, K.: Gartner Top Strategic Technology Trends for 2021. Gartner online, 19.10.2020. https://www.gartner.com/smarterwithgartner/gartner-top-strategic-technology-trends-for-2021/ (Link zuletzt geprüft: 18.10.2021)

PASMORE, W.; WINBY, S.; MOHRMAN, S. A.; VANASSE, R.: Reflections: Sociotechnical Systems Design and Organization Change. In: Journal of Change Management 19 (2019) 2, S. 67 – 85.

PATEL, P. P.: Putting Intelligent Automation to work for Federal. Chicago (IL) [u. a.] 2018. https://www.accenture.com/_acnmedia/PDF-90/Accenture-Putting-Automation-to-Work-for-Federal.pdf (Link zuletzt geprüft: 18.10.2021)

PATZAK, G.: Systemtechnik – Planung komplexer innovativer Systeme. Grundlagen, Methoden, Techniken. Springer, Berlin [u. a.] 1982.

PENTTINEN, E.; KASSLIN, H.; ASATIANI, A.: How to choose between Robotic Process Automation and back-end system automation? In: European Conference on Information Systems 2018 26 (2018), S. 1 – 14.

PETERSEN, J.; SCHRÖDER, H.: Entwicklung einer Robotic Process Automation (RPA)-Governance. In: HMD – Praxis der Wirtschaftsinformatik 57 (2020) 6, S. 1130 – 1149.

POLAK, P.; NELISCHER; CHRISTOF; GUO, H.; ROBERTSON, D. C.: "Intelligent" finance and treasury management: what we can expect. AI & Society 35 (2020), S. 715 – 726. https://doi.org/10.1007/s00146-019-00919-6, https://link.springer.com/article/10.1007/s00146-019-00919-6 (Link zuletzt geprüft: 18.10.2021)

PORTER, M. E.: Wettbewerbsvorteile (Competitive Advantage). Spitzenleistungen erreichen und behaupten. 8., durchges. Auflage. Campus, Frankfurt am Main 2014.

PRANGNELL, N.; WRIGHT, D.: The robots are coming. A Deloitte Insight report. London [u. a.] 2015. https://www2.deloitte.com/content/dam/Deloitte/uk/Documents/finance/deloitte-uk-finance-robots-are-coming.pdf (Link zuletzt geprüft: 18.10.2021)

PREISENDÖRFER, P.: Organisationssoziologie. Grundlagen, Theorien und Problemstellungen. 4., überarb. Auflage. Springer VS, Wiesbaden 2016.

PROBST, G. J. B.; GOMEZ, P.: Vernetztes Denken. Ganzheitliches Führen in der Praxis. 2., erw. Auflage. Gabler, Wiesbaden 1991.

REFA: Lean Management. https://refa.de/service/refa-lexikon/lean-management (letzter Zugriff: 16.10.2021).

REICH, M.; BRAASCH, T.: Die Revolution der Prozessautomatisierung bei Versicherungsunternehmen: Robotic Process Automation (RPA). In: Handbuch Versicherungsmarketing. Hrsg.: M. Reich; C. Zerres. Springer Berlin, Berlin [u. a.] 2019, S. 291 – 306.

RHENSIUS, T.: Typisierung von RFID-Anwendungen. Schriftenreihe Rationalisierung; Bd. 102. RHrsg.: G. Schuh. Apprimus, Aachen 2010. – Zugl.: Aachen, Techn. Hochsch., Diss., 2010.

RIBEIRO, J.; LIMA, R.; ECKHARDT, T.; PAIVA, S.: Robotic Process Automation and Artificial Intelligence in Industry 4.0 – A Literature review. In: Procedia Computer Science 181 (2021) 1, S. 51 – 58.

RITCHEY, T.: General morphological analysis. A general method for non-quantified modelling. Adapted from the paper "Fritz Zwicky, Morphologie and Policy Analysis", presented at the 16th EURO Conference on Operational Analysis, Brussels, 1998. Swedish Morphological Society, Stockholm 2002, 10 S. https://ia600207.us.archive.org/27/items/ritchey_swemorph_Gma/gma.pdf (Link zuletzt geprüft: 18.10.2021)

RITCHEY, T.: Principles of Cross-Consistency Assessment in general morphological modelling. In: Acta Morphologica Generalis 4 (2015) 2, S. 1 – 20.

RIZUN, N.; REVINA, A.; MEISTER, V.: Method of Decision-Making Logic Discovery in the Business Process Textual Data. In: Business Information Systems. 22nd international conference. Hrsg.: W. Abramowicz; R. Corchuelo. Springer, Cham [u. a.] 2019, S. 70 – 84.

ROSEMANN, M.; VOM BROCKE, J.: The Six Core Elements of Business Process Management. In: Handbook on Business Process Management; Bd. 1: Introduction, Methods, and Information Systems. Hrsg.: J. vom Brocke; M. Rosemann. 2. Auflage. Springer, Berlin [u. a.] 2015, S. 105 – 122.

ROWLEY, J.; SLACK, F.: Conducting a literature review. In: Management Research News 27 (2004) 6, S. 31 – 39.

RÜHMANN, N.: Empirische Entwicklung einer Typologie für Gestaltungsvarianten der Serviceproduktion im Maschinenbau. Schriftenreihe Rationalisierung und Humanisierung; Bd. 89. RHrsg.: G. Schuh. Shaker, Aachen 2008. – Zugl.: Aachen, Techn. Hochsch., Diss., 2008.

SAFAR, M.: Cognitive Process Automation – Automatisierungsansatz für komplexe Prozesse. Definition, Erklärung, Vorteile und Einsatzgebiete der Cognitive Process Automation. https://weissenberg-solutions.de/was-ist-cognitive-process-automation/ (Link zuletzt geprüft: 18.10.2021)

SAFAR, M.: Was ist Robotic Desktop Automation (RDA)? Robotic Desktop Automation – der digitale Assistent im Büroalltag. https://weissenberg-solutions.de/was-ist-robotic-desktop-automation-rda/ (Link zuletzt geprüft: 18.10.2021)

SARTER, N. B.; WOODS, D. D.; BILLINGS, C. E.: Automation Surprises. In: Handbook of human factors and ergonomics. Hrsg.: G. Salvendy. 2. Aufl. Wiley, Hoboken (NJ) 1997, S. 1 – 25.

SCHATSKY, D.; MURASKIN, C.; IYENGAR, K.: Robotic process automation. A path to the cognitive enterprise. Deloitte online, 14.09.2016. https://www2.deloitte.com/us/en/insights/focus/signals-for-strategists/cognitive-enterprise-robotic-process-automation.html (Link zuletzt geprüft: 18.10.2021)

SCHEER, A.-W.: Unternehmung 4.0. Vom disruptiven Geschäftsmodell zur Automatisierung der Geschäftsprozesse. 3., neu gest. Auflage. Springer Vieweg, Wiesbaden [u. a.] 2020.

SCHEER, A.-W.; WERTH, D.: Geschäftsprozessmanagement für das Unternehmen von morgen. In: Herausforderungen in der Wirtschaftsinformatik. Festschrift für Hermann Krallmann. Hrsg.: D. Karagiannis; B. Rieger. Springer, Berlin [u. a.] 2006, S. 49 – 64.

SCHEPPLER, B.; WEBER, C.: Robotic Process Automation. In: Informatik Spektrum 43 (2020) 2, S. 152 – 156. (Link zuletzt geprüft: 18.10.2021)

SCHERER, A. G.; MARTI, E.: Wissenschaftstheorie der Organisationstheorie. In: Organisationstheorien. Hrsg.: A. Kieser; M. Ebers. 7., aktualis. u. überarb. Auflage. Kohlhammer, Stuttgart 2014, S. 15 – 42.

SCHIEGG, P.: Typologie und Erklärungsansätze für Strukturen der Planung und Steuerung in Produktionsnetzwerken. Schriftenreihe Rationalisierung und Humanisierung; Bd. 75. RHsrg: H. Luczak; W. Eversheim. Shaker, Aachen 2005. – Zugl.: Aachen, Techn. Hochsch., Diss., 2005.

SCHMITZ, M.; DIETZE, C.; CZARNECKI, C.: Enabling Digital Transformation Through Robotic Process Automation at Deutsche Telekom. In: Digitalization cases. How organizations rethink their business for the digital age. Hrsg.: N. Urbach; M. Röglinger. Springer, Cham [u. a.] 2019, S. 15 – 33. [=2019a]

SCHMITZ, M.; STUMMER, C.; GERKE, M.: Smart Automation as Enabler of Digitalization? A Review of RPA/AI Potential and Barriers to Its Realization. In: Future Telco. Successful Positioning of Network Operators in the Digital Age. Hrsg.: P. Krüssel. Springer, Cham [u. a.] 2019, S. 349 – 358. [=2019b]

SCHNEIDER, M.: 3 Schritte für eine strategische Robotic Process Automation (RPA) Einführung und Integration. Morethandigital online, 15.08.2019. https://morethandigital.info/3-schritte-fuer-eine-strategische-robotic-process-automation-rpa-einfuehrung-und-integration/ (Link zuletzt geprüft: 18.10.2021)

SCHUH, G.; POTENTE, T.; JASINSKI, T.; NUYKEN, T.: Lean Administration – Potentials, content and implementation strategy. In: International Journal of Business and Management Studies 5 (2013) 2, S. 85 – 94.

SCHULTE-ZURHAUSEN, M.: Organisation. 5., überarb. u. aktualis. Auflage. Vahlen, München 2010.

SCHÜPBACH, F.; BURDA, D.: Lean-Administration – Erfolgsfaktoren und Barrieren bei der Implementierung in Schweizer Organisationen. Eine empirische Untersuchung. In: Strategische Organisation. Aktuelle Grundfragen der Organisationsgestaltung. Hrsg.: K. O. Tokarski; J. Schellinger; P. Berchtold. Springer Gabler, Wiesbaden [u. a.] 2018, S. 31 – 58.

SCHWARTZ, M.: Typologie zum lebenszyklusorientierten Management unternehmensinterner Communitys. Schriftenreihe Rationalisierung; Bd. 155. RHrsg.: G. Schuh. Apprimus, Aachen 2018. – Zugl.: Aachen, Techn. Hochsch., Diss., 2017.

SCHWARZ, S.: Muster erfolgreicher Internationalisierung von Handelsunternehmen. Eine empirische Analyse auf Basis des Konfigurationsansatzes und des Integration-Responsiveness-Frameworks. Gabler, Wiesbaden 2009. – Zugl.: Trier, Univ., Diss., 2008

SEASONGOOD, S.: A Case for Robotics in Accounting and Finance. http://ksuweb.kennesaw.edu/~snorth/Robots/Articles/article4.pdf (Link zuletzt geprüft: 18.10.2021)

SIEGERS, J.: Gestaltung der intraorganisationalen Zusammenarbeit mithilfe von Social Software. Schriftenreihe Rationalisierung; Bd. 141. RHrsg.: G. Schuh. Apprimus, Aachen 2016. – Zugl.: Aachen, Techn. Hochsch., Diss., 2016.

SINDHGATTA, R.; TER HOFSTEDE, ARTHUR H. M.; GHOSE, A.: Resource-Based Adaptive Robotic Process Automation. In: Advanced Information Systems Engineering. 32nd International Conference, CAiSE 2020, Grenoble, France, June 8 – 12, 2020, Proceedings. Hrsg.: S. Dustdar; E. Yu; C. Salinesi; D. Rieu; V. Pant. Lecture Notes in Computer Science; Bd.12127. Springer, Cham [u. a.] 2020, S. 451 – 466.

SLATER, S. F.; OLSON, E. M.; HULT, G. T. M.: The moderating influence of strategic orientation on the strategy formation capability–performance relationship. In: Strategic Management Journal 27 (2006) 12, S. 1221 – 1231.

SMEETS, M.; ERHARD, R.; KAUßLER, T.: Robotic Process Automation (RPA) in der Finanzwirtschaft. Technologie – Implementierung – Erfolgsfaktoren für Entscheider und Anwender. Springer Gabler, Wiesbaden [u. a.] 2019.

SOBCZAK, A.: Robotic Process Automation implementation, deployment approaches and success factors – an empirical study. In: Entrepreneurship and Sustainability Issues 8 (2021) 4, S. 122 – 147.

SODEUR, W.: Empirische Verfahren zur Klassifikation. Teubner-Studienskripte/Studienskripte z. Soziologie; Bd. 42. Vieweg+Teubner, Wiesbaden 1974.

SONY, M.; NAIK, S.: Industry 4.0 integration with socio-technical systems theory: A systematic review and proposed theoretical model. In: Technology in Society 61 (2020) 1, 11 S.

SRINIVASAN, S.; LATHA, R.: The Role of RPA and its impact on the user adoption and software application sustainability in the services industry. In: International Journal of Advanced Science and Technology 29 (2020) 6, S. 2389 – 2407.

STACHOWIAK, H.: Allgemeine Modelltheorie. Springer, Wien [u. a.] 1973.

STAEHLE, W. H.: Organisation und Führung sozio-technischer Systeme. Grundlagen einer Situationstheorie. Enke, Stuttgart 1973.

STOPLE, A.; STEINSUND, H.; IDEN, J.; BYGSTAD, B.: Lightweight IT and the IT function: Experiences from Robotic Process Automation in a Norwegian Bank. In: Paper presented at NOKOBIT 25 (2017), 11 S. Direktlink zum Volltext-PDF: https://tinyurl.com/h6tffyns (Link zuletzt geprüft: 18.10.2021)

STROHM, O.: Die ganzheitliche MTO-Analyse: Konzept und Vorgehen. In: Unternehmen arbeitspsychologisch bewerten: ein Mehr-Ebenen-Ansatz unter besonderer Berücksichtigung von Mensch, Technik und Organisation. Hrsg.: O. Strohm; E. Ulich. MTO-Schriftenreihe, herausgegeben von Eberhard Ulich, Institut für Arbeitspsychologie der ETH Zürich. vdf, Hochschulverl. an der ETH Zürich 1997, S. 21 – 38.

SWAMINATHAN, V.; BOSTON, M.: Ready, set, scale: Chart your intelligent automation journey with Cognitive Automation Patterns. KPMG, 2019. https://advisory.kpmg.us/content/dam/advisory/en/pdfs/intelligent-automation-with-cognitive-patterns.pdf (Link zuletzt geprüft: 18.10.2021)

SYED, R.; SURIADI, S.; ADAMS, M.; BANDARA, W.; LEEMANS, S. J.J.; OUYANG, C.; TER HOFSTEDE, A. H.M.; VAN DE WEERD, I.; WYNN, M. T.; REIJERS, H. A.: Robotic Process Automation: Contemporary themes and challenges. In: Computers in Industry 115 (2020), 55 S.

TAPPING, D.; SHUKER, T.: Value stream management for the lean office. Eight steps to planning, mapping, and sustaining lean improvements in administrative areas. Productivity Press, New York 2003.

TAULLI, T.: The Robotic Process Automation Handbook. A Guide to Implementing RPA Systems. Apress, Berkeley (CA) 2020.

TIPLE, V.: How Robotic Process Automation Powers Bulletproof Legal Compliance. uipath online, 01.04.2019. https://www.uipath.com/blog/rpa-improves-legal-compliance (Link zuletzt geprüft: 18.10.2021)

TRIST, E. L.: The Evolution of Socio-Technical Systems: A Conceptual Framework and an Action Research Program. Occasional papers (Ontario Ministry of Labor/Ontario Quality of Working Life Center; Nr. 2. Toronto 1981, 67 S. Direktlink zum Volltext-PDF: https://tinyurl.com/5xacf8z7 (Link zuletzt geprüft: 18.10.2021)

TRIST, E. L.; BAMFORTH, K. W.: Some Social and Psychological Consequences of the Longwall Method of Coal-Getting. In: Human Relations 4 (1951) 1, S. 3 – 38.

TRIST, E. L.; HIGGIN, G. W.; MURRAY, H.; POLLOCK, A. B.: Organizational Choice. Capabilities of groups at the coal face under changing technologies. Tavistock Publications, London 1963.

TUCCI, L.: Death of BPO at the hands of RPA. 24.09.2015. https://searchcio.techtarget.com/blog/TotalCIO/KPMG-Death-of-BPO-at-the-hands-of-RPA (Link zuletzt geprüft: 18.10.2021)

TUKEY, J. W.: The Teaching of Concrete Mathematics. In: The American Mathematical Monthly 65 (1958) 1, 9 S.

ULICH, E.: Mensch-Technik-Organisation: ein europäisches Produktionskonzept. In: Unternehmen arbeitspsychologisch bewerten: ein Mehr-Ebenen-Ansatz unter besonderer Berücksichtigung von Mensch, Technik und Organisation. Hrsg.: O. Strohm; E. Ulich. MTO-Schriftenreihe, herausgegeben von Eberhard Ulich, Institut für Arbeitspsychologie der ETH Zürich. vdf, Hochschulverl. an der ETH Zürich 1997, S. 5 – 18.

ULICH, E.: Arbeitssysteme als Soziotechnische Systeme – eine Erinnerung. In: Journal Psychologie des Alltagshandelns 6 (2013) 1, S. 4 – 12.

ULRICH, H.: Die Betriebswirtschaftslehre als anwendungsorientierte Sozialwissenschaft. In: Die Führung des Betriebes. Curt Sandig zu seinem 80. Geburtstag gewidmet. Hrsg.: M. Geist; R. Köhler. C. E. Poeschel, Stuttgart 1981, S. 1 – 25.

ULRICH, H.: Management - eine unverstandene gesellschaftliche Funktion. In: Mitarbeiterführung und gesellschaftlicher Wandel. Festschrift zum 70. Geburtstag von Prof. Dr. Charles Lattmann. Hrsg.: H. Siegwart; G. Probst. Haupt, Bern, Stuttgart 1983, S. 133 – 152.

ULRICH, H.: Die Betriebswirtschaftslehre als anwendungsorientierte Sozialwissenschaft. In: Management. Hrsg.: T. Dyllick; G. J. B. Probst. Schriftenreihe Unternehmung und Unternehmungsführung; Bd. 13. Haupt, Bern [u. a.] 1984, S. 168 – 199.

ULRICH, H.: Systemorientiertes Management. Das Werk von Hans Ulrich. Hrsg.: Stiftung zur Förderung der systemorientierten Managementslehre, St. Gallen, Schweiz. Haupt, Bern [u. a.] 2001.

ULRICH, P.; HILL, W.: Wissenschaftstheoretische Grundlagen der Betriebswirtschaftslehre: Teil 1. In: WiSt – Wirtschaftswissenschaftliches Studium 5 (1976) 7, S. 304 – 309. [=1976a]

ULRICH, P.; HILL, W.: Wissenschaftstheoretische Grundlagen der Betriebswirtschaftslehre: Teil 2. In: WiSt – Wirtschaftswissenschaftliches Studium 5 (1976) 8, S. 345 – 350. [=1976b]

URZE, P.; OSÓRIO, A. L.; AFSARMANESH, H.; CAMARINHA-MATOS, L. M.: A Balanced Sociotechnical Framework for Collaborative Networks 4.0. In: Boosting Collaborative Networks 4.0. Hrsg.: L. M. Camarinha-Matos; H. Afsarmanesh; A. Ortiz. Springer, Cham [u. a.] 2020, S. 485 – 498.

VAGIA, M.; TRANSETH, A. A.; FJERDINGEN, S. A.: A literature review on the levels of automation during the years. What are the different taxonomies that have been proposed? In: Applied Ergonomics 53 (2016) Part A, March, S. 190 – 202.

VAN DER AALST, W. M. P.: Business Process Management: A Comprehensive Survey. In: ISRN Software Engineering 2013, 37 S. (Review Article). https://downloads.hindawi.com/archive/2013/507984.pdf (Link zuletzt geprüft: 18.10.2021)

VAN DER AALST, W. M. P.; BICHLER, M.; HEINZL, A.: Robotic Process Automation. In: Business & Information Systems Engineering 60 (2018) 4, S. 269 – 272.

VAN DE WEERD, I.; NIEUWENHUIJS, B.; BEX, F.; BEEREPOOT, I.: Using AI to augment RPA: A conceptual framework. In: ECIS 2021 Research Papers, 16 S. (Article Number 129). https://aisel.aisnet.org/ecis2021_rp/129/. (Link zuletzt geprüft: 18.10.2021)

VENKATESH; MORRIS; DAVIS: User Acceptance of Information Technology: Toward a Unified View. In: MIS Quarterly 27 (2003) 3, S. 425 – 478.

VENKATRAMAN, N.; CAMILLUS, J. C.: Exploring the Concept of „Fit" in Strategic Management. In: The Academy of Management Review 9 (1984) 3, S. 513 – 525.

VIEHHAUSER, J.: Is Robotic Process Automation Becoming Intelligent? Early Evidence of Influences of Artificial Intelligence on Robotic Process Automation. In: Business Process Management. Blockchain and Robotic Process Automation Forum. Hrsg.: A. Asatiani; J. M. García; N. Helander; A. Jiménez-Ramírez; A. Koschmider; J. Mendling. Springer, Cham [u. a.] 2020, S. 101 – 115.

VOM BROCKE, J.; SIMONS, A.; NIEHAVES, B.; RIEMER, K.; PLATTFAUT, R.; CLEVEN, A.: Reconstructing the giant: On the importance of rigour in documenting the literature search process. In: Proceedings of the 17th European Conference on Information Systems 17 (2009) 1, S. 2206 – 2217.

WALKER, G. H.; STANTON, N. A.; SALMON, P. M.; JENKINS, D. P.: A review of sociotechnical systems theory: a classic concept for new command and control paradigms. In: Theoretical Issues in Ergonomics Science 9 (2008) 6, S. 479 – 499.

WATSON, J.; HATFIELD, S. W.; WRIGHT, D.; HOWARD, M.; WITHERICK, D.; COE, L.; HORTON, R.: Automation with intelligence. Reimagining the organisation in the ‚Age of With'. Deloitte, 2019. https://www2.deloitte.com/content/dam/Deloitte/tw/Documents/strategy/tw-Automation-with-intelligence.pdf (Link zuletzt geprüft: 18.10.2021)

WEBSTER, J.; WATSON, R. T.: Analyzing the Past to Prepare for the Future: Writing a Literature Review. In: MIS Quarterly 26 (2002) 2, S. 13 – 23.

WELLER, W.: Automatisierungstechnik im Überblick: Was ist, was kann Automatisierungstechnik? Beuth, Berlin 2008.

WELTER, M.: Die Forschungsmethode der Typisierung. In: WiSt – Wirtschaftswissenschaftliches Studium 35 (2006) 2, S. 113 – 116.

WESTERMAN, G.; SOULE, D. L.; ESWARAN, A.: Building Digital-Ready Culture in Traditional Organizations. In: MIT Sloan Management Review 60 (2019) 4, S. 58 – 68.

WHITWORTH, B.; AHMAD, A.: The social design of technical systems. Building technologies for communities. Interaction Design Foundation, Aarhus 2013.

WILLCOCKS, L. P.; HINDLE, J.; LACITY, M. C.: Becoming strategic with Robotic Process Automation. SB Publishing, Warwickshire 2019.

WILLCOCKS, L. P.; LACITY, M.: Service Automation. Robots and the future of work. SB Publishing, Warwickshire 2016.

WILLCOCKS, L. P.; LACITY, M.; CRAIG, A.: Robotic Process Automation at Xchanging. The Outsourcing Unit Working Research Paper Series; Paper 15/03. London School of Economics, London 2015. http://www.irpanetwork.com/wp-content/uploads/2016/05/XchangingOUWP032015PostedFinal.pdf (Link zuletzt geprüft: 18.10.2021) [=2015a]

WILLCOCKS, L. P.; LACITY, M.; CRAIG, A.: The IT Function and Robotic Process Automation. The Outsourcing Unit Working Research Paper Series; Paper 15/05. London School of Economics, London 2015. http://eprints.lse.ac.uk/64519/1/OUWRPS_15_05_published.pdf (Link zuletzt geprüft: 18.10.2021) [=2015b]

WILLCOCKS, L. P.; LACITY, M.; CRAIG, A.: Robotizing Global Financial Shared Services at Royal DSM. The Outsourcing Unit Working Research Paper Series; Paper 16/02. London School of Economics, London 2016. http://www.umsl.edu/~lacitym/OUWP022016Post.pdf (Link zuletzt geprüft: 18.10.2021)

WILLCOCKS, L. P.; LACITY, M.; CRAIG, A.: Robotic process automation: strategic transformation lever for global business services? In: Journal of Information Technology Teaching Cases 7 (2017) 1, S. 17 – 28.

WINTER, S.; BERENTE, N.; HOWISON, J.; BUTLER, B.: Beyond the organizational 'container': Conceptualizing 21st century sociotechnical work. In: Information and Organization 24 (2014) 4, S. 250 – 269.

WÖHE, G.; DÖRING, U.: Einführung in die allgemeine Betriebswirtschaftslehre. 20., neu bearb. Auflage. Vahlen, München 2000.

WOLF, J.: Der Gestaltansatz in der Management- und Organisationslehre. Dt. Univ.-Verl., Wiesbaden 2000.

WOODWARD, J.: Industrial Organization: Theory and Practice. Oxford University Press, London 1965.

YIN, R. K.: Case study research. Design and methods. 3. Auflage. Sage, Thousand Oaks (CA) 2003.

YRJÄNÄ, L.: Exploring RPA project success from the supplier perspective. University of Jyväskylä, Jyväskylä 2020. – Zugl.: Jyväskylä, Univ., Master-Arb., 2020. https://jyx.jyu.fi/bitstream/handle/123456789/70972/URN%3ANBN%3Afi%3Ajyu-202006295158.pdf?sequence=1&isAllowed=y (Link zuletzt geprüft: 18.10.2021)

ZANDER, H.-J.: Steuerung ereignisdiskreter Prozesse. Neuartige Methoden zur Prozessbeschreibung und zum Entwurf von Steueralgorithmen. Springer Vieweg, Wiesbaden [u. a.] 2015.

ZELEWSKI, S.: Grundlagen. In: Betriebswirtschaftslehre; Bd. 1. Hrsg.: H. Corsten; M. Reiß. 4. Auflage. De Gruyter Oldenbourg, München [u. a.] 2008, S. 1 – 97.

ZHANG, C.: Intelligent Process Automation in Audit. In: Journal of Emerging Technologies in Accounting 16 (2019) 2, S. 69 – 88.

ZIMMERMANN, M.; ORTMANN, G.: Strategisches Management, strukturationstheoretisch betrachtet. In: Strategie und Strukturation. Strategisches Management von Unternehmen, Netzwerken und Konzernen. Hrsg.: G. Ortmann; J. Sydow. Gabler, Wiesbaden 2001, S. 27 – 55.

ZIMMERMANN, P.; FACH, P.; SCHILLER, A.-K.: Die Roboter kommen. Die unsichtbare Revolution im Einkauf. Deloitte, März 2017. https://www2.deloitte.com/content/dam/Deloitte/de/Documents/operations/Deloitte-Robotics.pdf (Link zuletzt geprüft: 18.10.2021)

ZWICKY, F.: Morphologisches Denken und Vorgehen. In: Die neuen Methoden der Entscheidungsfindung. Hrsg.: G. W. Tumm. Verlag Moderne Industrie, München 1972, S. 130 – 143.

Anhang

A.1. Weiterführende Informationen zur Metaanalyse *„socio-technical systems“* 2000:2021

Übergeordnete Informationen zu den Daten	Ergebnis
Untersuchter Zeitrahmen	2000 – 2021
Anzahl der Quellen (Journals, Bücher etc.)	821
Anzahl untersuchter Dokumente	1930
Durchschnittliche Zitation je Dokument	20,64
Durchschnittliche Zitation je Jahr und je Dokument	3,132
Gesamte Anzahl der Referenzen	99.731
Dokumententypen	**Ergebnis**
Artikel	1.158
Buch	4
Buchkapitel	52
Konferenzveröffentlichung	573
Leitartikel (Editorial)	15
Erratum	3
Notiz	6
Review	111
Kurzumfrage	8
Autoreninformationen	**Ergebnis**
Anzahl der Autoren	5.260
Autorenauftritte	6.486
Autoren von einzeln verfassten Dokumenten	287
Autoren von Mehrfachautoren-Dokumenten	4.973
Durchschnittliche Anzahl der Dokumente je Autor	0,367
Durchschnittliche Anzahl der Autoren je Dokument	2,73

A.2. Forschungsprojekt RPAsset

Das Forschungsprojekt *„RPAsset – Softwarebasierte Automatisierung von administrativen Prozessen mittels Robotic Process Automation"* adressierte die Problemstellung unzureichender Effizienz von Administrationsprozessen kleiner und mittlerer Unternehmen (KMU). Das IGF-Vorhaben 20661 N der Forschungsvereinigung FIR e. V. an der RWTH Aachen, Campus-Boulevard 55, 52074 Aachen, wurde über die AiF im Rahmen des Programms zur Förderung der industriellen Gemeinschaftsforschung (IGF) vom Bundesministerium für Wirtschaft und Energie aufgrund eines Beschlusses des Deutschen Bundestages gefördert. Die Projektlaufzeit erstreckte sich über einen Zeitraum von zwei Jahren (01.05.2019 – 30.04.2021).

Aus wissenschaftlich-technischer Sicht fehlte es an einer Methode, welche RPA-Anwendungen für KMU systematisch zugänglich macht und durch einen konkreten Einführungsprozess für KMU einen schnellen Zugang und damit einen unmittelbaren Nutzen gewährleistet. Dem vorangestellt wurde eine Folge aufeinander aufbauender Fragestellungen beantwortet, um die genannte Zugänglichkeit und Einführung von RPA-Anwendungen für KMU zu realisieren. Diese dienten als handlungsleitende Forschungsfragen des Forschungsprojekts RPAsset und wurden von einer übergreifenden Forschungsfrage geleitet:

Wie ist die Einführung von Robotic-Process-Automation für KMU zu gestalten, um durch die Automatisierung von Administrationsprozessen die Effizienz administrativer Tätigkeiten zu steigern?

Gewisse Administrationsprozesse weisen eine höhere Eignung auf als andere. Es sollte daher ein Rahmenwerk aufgezeigt werden, um optimale Prozesse identifizieren zu können. Die einzeln zu adressierende Fragestellung ergab sich wie folgt:

Frage 1: Welche Prozesse eignen sich in besonderem Maße für die Automatisierung mittels RPA und anhand welcher Kriterien kann das Potenzial von Administrationsprozessen für RPA-Anwendungen bewertet werden?

Nachdem diese Frage auf Gesamtprozessebene beantwortet wurde, konnte folgende Fragestellungen auf der Ebene einzelner Prozessschritte betrachtet werden:

Frage 2: Wie können RPA-Anwendungen für Administrationsprozesse durch KMU möglichst eigenständig analysiert, definiert und modelliert werden und wie müssen die Prozesse möglicherweise angepasst werden, um einzelne Prozessschritte oder den gesamten Prozess zu automatisieren?

Um die einzelnen Prozessschritte optimal zu automatisieren und geeignete Algorithmen zur Entscheidungsunterstützung zu integrieren, musste die Funktionsweise von RPA hinterfragt werden.

Frage 3: Welche Prozessschritte lassen sich mit geeigneten Machine-Learning-Algorithmen in den betrachteten Arbeitsschritten intelligent automatisieren? Wie kann identifiziert werden, welcher Algorithmus auf welche Entscheidung angewandt werden kann?

Aufgrund begrenzter Ressourcen in KMU war es relevant, wie RPA kosten- und zeitreduziert in die Organisation eingeführt werden kann.

Frage 4: Wie können KMU befähigt werden, ein Einführungskonzept zu gestalten, um schnell und eigenständig die Automatisierung von administrativen Tätigkeiten erfolgreich zu ermöglichen?

Abschließend musste der unmittelbare Nutzen von RPA für KMU transparent gemacht werden.

Frage 5: Wie können die qualitativen und quantitativen Effekte von RPA-Anwendungen für Administrationsprozesse durch Effizienzmessungen bewertet und damit für KMU im Sinne einer Vorher-Nachher-Analyse transparent gemacht werden?

Anhand eines neu konzipierten Werkzeugs wurden Prozesse innerhalb eines Unternehmens identifiziert, die sich für die Anwendung von RPA eignen. Anschließend wurden die RPA-Anwendungen analysiert und modelliert sowie darüber hinaus geeignete RPA-Software evaluiert und ausgewählt. Für die sinnvolle Nutzung von RPA-Anwendungen wurden zusätzlich geeignete Algorithmen und Machine-Learning-Tools identifiziert und verglichen. Des Weiteren wurde untersucht, wie die Einführung von RPA auf organisationaler Ebene erfolgt. Basierend auf den Ergebnissen wurde anschließend die Umsetzung an beispielhaften Prozessen in den Unternehmen des projektbegleitenden Ausschusses durchgeführt. Hierbei erfolgte die Erfassung der Effekte bei der Einführung von RPA. Die Ergebnissicherung für die Unternehmen fand durch die Überführung der Ergebniskomponenten in ein interaktives und leicht anwendbares digitales Handbuch statt. Die (Zwischen-)Ergebnisse wurden zur direkten Anwendung in die Praxis transferiert.

Im Projekt wurden vier zentrale Ergebnisse erreicht:

1. Konzeption eines Werkzeugs zur Bewertung von RPA-Anwendungen für Administrationsprozesse
2. Entwicklung einer Vorgehensweise zur Optimierung von Administrationsprozessen
3. Entwicklung einer Hilfestellung zur Auswahl geeigneter Anbieter für RPA-Software auf Basis einer Marktrecherche und Anbieterbefragung
4. Entwicklung eines Reifegradmodells für die unternehmensindividuelle Einführung von RPA-Anwendungen in KMU

Die Ergebnisse des Forschungsprojekts RPAsset befähigen KMU in Deutschland, die relevanten Administrationsprozesse zu identifizieren und RPA ressourcenschonend zu implementieren. Die freigesetzten Zeitressourcen können beispielsweise genutzt werden, um komplexere Themenfelder mit hohem kognitivem Anspruch zu bearbeiten. Folgende Partner der betrieblichen Praxis waren an der Teilnahme im projektbegleitenden Ausschuss beteiligt:

- 4C Group AG, Düsseldorf
- Advanced Industry Analytics GmbH & Co. KG, Ulm
- Airbus Operations GmbH, Hamburg

- ALMATO GmbH, Reutlingen
- DERICHS u KONERTZ Projektentwicklung GmbH, Aachen
- Deutscher Process Automation Verband e. V., Magdeburg
- Drees & Sommer SE, Stuttgart
- exprobico, Fischerhude
- FAS AG, Stuttgart
- Horváth & Partners Management Consultant, Stuttgart
- IPRI International Performance Research Institute gemeinnützige GmbH, Stuttgart
- Lebenshilfe Aachen Werkstätten & Service GmbH, Aachen
- Markus Starke Management Consulting, Hamburg
- noltewerk GmbH & Co. KG, Greven
- NTT Data, München
- Roboyo GmbH, Nürnberg
- SCHOTTEL GmbH, Spay/Rhein
- Servicetrace GmbH, Darmstadt
- SEW-EURODRIVE GmbH & Co. KG, Bruchsal
- SMS digital GmbH, Düsseldorf
- SUBITO AG, Mörfelden-Walldorf
- TEN4 Consulting GmbH, Frankfurt
- TRUMPF GmbH + Co. KG, Ditzingen
- UI Path GmbH, München
- WARGITSCH & COMP. AG, Pfaffenhofen an der Ilm
- Westaflexwerk GmbH, Gütersloh
- YNCORIS GmbH & Co. KG, Hürth

A.3. Forschungsprojekt RPAcceptance

Das Forschungsprojekt *„RPAcceptance – Dauerhafte Nutzung der Effizienzpotenziale von Robotic Process Automation in KMU durch die Förderung der Akzeptanz"* adressierte die Problemstellung fehlender Akzeptanz für automatisierte Entscheidungsfindung in KMU. Das IGF-Vorhaben 21512 N der Forschungsvereinigung FIR e. V. an der RWTH Aachen, Campus-Boulevard 55, 52074 Aachen, wurde über die AiF im Rahmen des Programms zur Förderung der industriellen Gemeinschaftsforschung (IGF) vom Bundesministerium für Wirtschaft und Energie aufgrund eines Beschlusses des Deutschen Bundestages gefördert. Das Projekt schließt direkt an das abgeschlossene Vorhaben RPAsset an und kann als Folgeprojekt betrachtet werden. Die Projektlaufzeit erstreckt sich über einen Zeitraum von zwei Jahren (01.11.2020 – 31.10.2022).

Verschiedene Studien zeigen, dass Unternehmen von den Effizienzpotenzialen durch RPA profitieren. Der Einsatz dieser Brückentechnologie ermöglicht es, große Teile der Administrationstätigkeiten in Unternehmen durch standardisierte Datenverarbeitung zu automatisieren. Für die zielführende Anwendung von RPA ist die Akzeptanz der Mitarbeiter beim Umgang mit Softwarerobotern erfolgskritisch. Folglich gilt es, die Barrieren und Förderer dieser Akzeptanz zu identifizieren und zu adressieren.

Aus wissenschaftlich-technischer Sicht fehlt es bisher an einem Modell, welches die Wirkungsbeziehungen sowie positive und negative Effekte auf die Akzeptanz zwischen Menschen und RPA-Einsatzszenarien abbildet und aufzeigt. Die Entwicklung eines solchen Modells ermöglicht die Etablierung der positiven Effekte von bereichsübergreifender Automatisierung durch RPA über Insellösungen hinaus und sichert den KMU somit die Möglichkeit, die realen Effizienzpotenziale der Digitalisierung zu nutzen, ohne dabei komplexe Strukturen aufzubrechen und Ressourcen bei der Einführung zu verschwenden. Die Forschungsfrage lautet daher:

Wie kann Akzeptanz von Mitarbeitern bei der Nutzung von Robotic-Process-Automation für KMU gefördert werden, um die dauerhafte Etablierung der positiven Effekte der Automatisierung von administrativen Prozessen zu gewährleisten?

Die Forschungsfrage kann in folgende Fragestellungen unterteilt werden:

Frage 1: Wie können die aktuellen Einsatzszenarien von RPA in Unternehmen hinsichtlich der Akzeptanz von Mitarbeitern bezüglich RPA bewertet werden und wie stellt sich der aktuelle Status quo dar?

Nachdem eine Übersicht der Einsatzszenarien und ihrer Akzeptanz erstellt wurde, werden diese hinsichtlich Ihrer Interaktionsbeziehungen betrachtet.

Frage 2: Wie können die Interaktionen zwischen den Mitarbeitern und RPA identifiziert und kategorisiert werden und wie müssen Mitarbeiter-RPA-Schnittstellen ausgestaltet werden, um eine akzeptanzfördernde Interaktion zu ermöglichen?

Aufbauend auf den identifizierten Interaktionsbeziehungen wird nun die Analyse der Akzeptanz zwischen Mitarbeiter und RPA in den Mittelpunkt gestellt.

Frage 3: Welche auf die Akzeptanz von RPA wirkenden Einflussfaktoren lassen sich zur Gestaltung des Akzeptanzmodells identifizieren, um sowohl positive als auch negative Effekte auf die Interaktionen zu erfassen?

Aufgrund fehlender Langzeittests in KMU ist es notwendig, das Akzeptanzmodell unter bestmöglichen und praxisnahen Bedingungen zu testen.

Frage 4: Welche der abgeleiteten Einflussfaktoren können in verhaltensorientierten Experimenten mit Probanden überprüft werden, um das Akzeptanzmodell zu validieren?

Abschließend müssen die zuvor gewonnenen Erkenntnisse in praxistaugliche Methoden überführt werden, die es KMU ermöglichen, die Akzeptanz hinsichtlich RPA langfristig zu sichern.

Frage 5: Welche Kompetenzen müssen die Mitarbeiter innerhalb der Organisation zur Gewährleistung einer dauerhaften Nutzung der Automatisierung durch RPA entwickeln und wie können akzeptanzfördernde Schulungskonzepte für Mitarbeiter gestaltet werden?

Im Rahmen des Projekts werden die verschiedenen Technologieausprägungen von RPA unter dem Einfluss von KI voneinander abgegrenzt. Weiterhin soll die allgemeine Akzeptanz der Mitarbeiter in Bezug auf den RPA-Einsatz mithilfe einer Fragebogenstudie ermittelt werden. Im Fokus des Projekts steht die Entwicklung eines Akzeptanzmodells zwischen Mensch und RPA-Software, welches alle relevanten Einflussfaktoren der Mitarbeiterakzeptanz umfasst. Dieses Modell wird mithilfe eines verhaltensorientierten Laborexperimentaldesigns sowie einer Onlinestudie überprüft. Auf Basis der Erkenntnisse werden im Anschluss Schulungskonzepte für die schrittweise Steigerung der Akzeptanz von RPA entwickelt und mit dem projektbegleitenden Ausschuss getestet. Dies gewährleistet einen nachhaltigen Ansatz zur systematischen Nutzung von RPA durch die Sicherstellung der Mitarbeiterakzeptanz.

Im Projekt werden vier zentrale Ergebnisse angestrebt:

1. Identifikation der technologischen Ausprägungen von RPA unter dem Einfluss von KI
2. Erhebung des Status quo in Bezug auf die Mitarbeiterakzeptanz des RPA-Einsatzes in der Industrie
3. Entwicklung eines validierten Technologieakzeptanzmodells im Kontext von RPA
4. Ableitung praxisorientierter Schulungskonzepte für die Sicherstellung der Mitarbeiterakzeptanz

Die Ergebnisse des Forschungsprojekts RPAcceptance werden KMU in Deutschland befähigen, die existierenden Biases des Technologieeinsatzes zu reduzieren, die Mitarbeiterakzeptanz langfristig zu verbessern sowie gezielte Qualifizierungsmaßnahmen für Mitarbeiter einzuführen. Folgende Partner der betrieblichen Praxis sind zum derzeitigen Stand (07/2021) an der Teilnahme im projektbegleitenden Ausschuss beteiligt:

- 4C Group AG, Düsseldorf
- exprobico, Fischerhude
- Horváth & Partners Management Consultant, Stuttgart
- Möllmann Consulting International, Altdorf
- noltewerk GmbH & Co. KG, Greven
- SEW-EURODRIVE GmbH & Co. KG, Bruchsal
- SUBITO AG, Mörfelden-Walldorf
- TEN4 Consulting GmbH, Frankfurt
- TRUMPF GmbH + Co. KG, Ditzingen
- UI Path GmbH, München
- Westaflexwerk GmbH, Gütersloh

A.4. Vorgehensmodell der Prisma-Methode

Nachfolgend wird das Vorgehensmodell der Prisma-Methode beschrieben. Der erste Schritt ist eine systematische Suche in einer zuvor ausgewählten Datenbank. Anhand von Schlagwörtern und Kombinationen derselben werden dann die zu untersuchenden Veröffentlichungen in der Datenbank herausgefiltert. Diese werden auf Duplikate untersucht, welche ausgeschlossen werden. Anschließend werden anhand vorher definierter Ein- und Ausschlusskriterien die gesammelten Veröffentlichungen in mehreren Schritten untersucht. Dabei wird zuerst nach dem Titel, dann nach dem Abstract und abschließend nach der Untersuchung der kompletten Veröffentlichung entschieden, ob selbige in der systematischen Literaturrecherche genutzt wird (s. LIBERATI ET AL. 2009, S. 4; MOHER ET AL. 2009, S. 3).

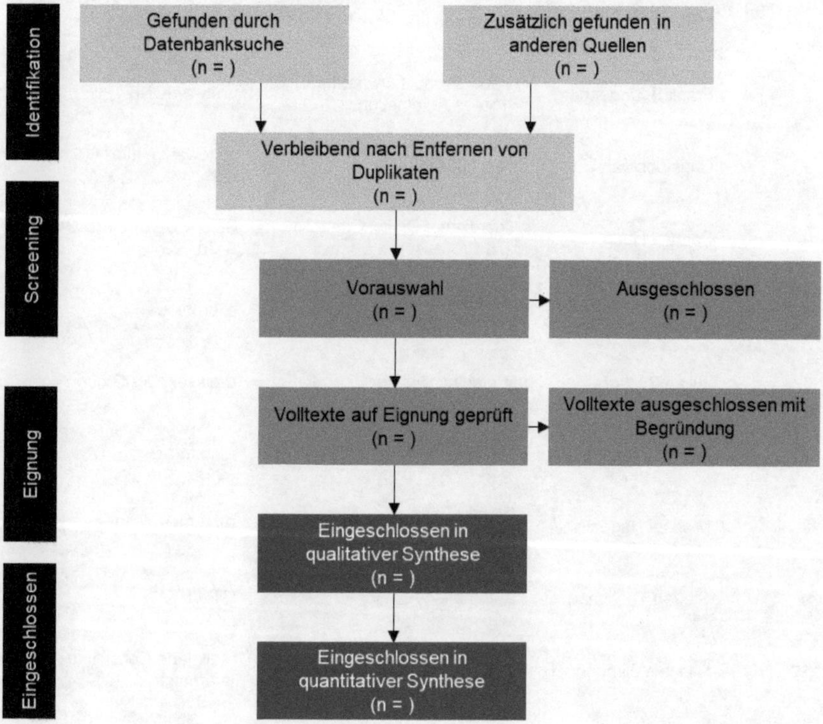

A.5. Validierung der Typen softwarebasierter Automatisierungstechnologien im Projekt RPAcceptance

Am 27.04.2021 fand das erste Treffen des projektbegleitenden Ausschusses im Rahmen des Forschungsprojekts *RPAcceptance* statt. Diese Veranstaltung diente dazu, den Projekthorizont mit den Teilnehmenden der betrieblichen Praxis zu bestimmen. Vor diesem Hintergrund wurden der morphologische Kasten sowie die daraus resultierenden Typen softwarebasierter Automatisierungstechnologien vorgestellt, diskutiert und auf ihre reale Existenz in der Praxis validiert. In der nachstehenden Tabelle sind die Teilnehmenden des Projekttreffens dargestellt.

Lfd. Nr.	Name	Funktion	Unternehmen
1	Carlo Andrae	Consulting Manager	Roboyo GmbH
2	Frank Spangenberg	Global Product Owner Intelligent Process Automation	SoftwareONE
3	Christoph van Üüm	Geschäftsführer	noltewerk GmbH & Co. KG
4	Samuel Haag	Coordinator Digital Controlling IT & Processes	SEW-EURODRIVE GmbH & Co. KG
5	Gudrun Frank	Consultant / Networking Partner	exprobico
6	Julian Beckers	Managing Director	Weissenberg Group
7	Michael Freuwörth	Director Strategic Projects	Almato AG
8	Michael Hagen	Partner Solutions Consultant	Blue Prism Group
9	Steffen Tenschert	Automation Advisor	UiPath AG
10	Ullrich Möllmann	Geschäftsführender Inhaber	Möllmann Consulting International
11	Jan Westerbarkey	Geschäftsführender Gesellschafter	westa gruppe
12	Christian Steinmetz	Customer Success Manager	Servicetrace GmbH
13	Sebastian Künkele	Wissenschaftlicher Mitarbeiter	IPRI gGmbH

A.6. Definitionen im Kontext Robotic-Desktop-Automation

Quelle	Definition
BARANAUSKAS 2018, S. 254	*"RDA is a technology software performing locally, which is repeating human worker steps by an interaction with other interactive systems and operator."*
BOHN 2019[10]	*"Im Gegensatz zu RPA liegt bei Robotic Desktop Automation (RDA), oder Attended Automation, der Fokus auf der Bot-Mensch-Interaktion. Der RDA-Roboter übernimmt die Rolle eines digitalen Assistenten, der Mitarbeiter nahezu in Echtzeit mit Handlungsempfehlungen oder relevanten Informationen aus unterschiedlichsten Systemen unterstützt. Im Gegensatz zu RPA arbeitet RDA auf dem Desktop des Mitarbeiters und übernimmt für diesen vielfältige Aufgaben: von der automatischen Suche und Berechnung des passenden Tarifs bis hin zur Übertragung von geänderten Kontaktdaten in alle notwendigen Systeme."*
BURNETT ET AL. 2018, S. 4	*"Deployed on a worker's desktop, the major objective of this class of solutions is improving individual worker productivity. These solutions are easily deployable and cost effective. However, they have their own security, flexibility, and scalability limitations."*
CLAEßEN 2019, S. 2	*"Robotic Desktop Automation (RDA) unterstützt die Mitarbeiter [...] über den gesamten Prozess einer Kontaktbearbeitung hinweg, indem Teilprozesse automatisiert für den Mitarbeiter erledigt werden. Alle relevanten Daten werden aus den unterschiedlichen Systemen herausgezogen und dem Mitarbeiter übersichtlich zur Verfügung gestellt."*
IEEE 2017, S. 11	*"The computer application that makes available to a human operator a suite of predefined activity choreography to complete the execution of processes, activities, transactions, and tasks in one or more unrelated software systems to deliver a result or service in the course of human initiated or managed workflow"*
KAMMANN ET AL. 2019	*"Robotic desktop automation (RDA) tools allow users to build what are commonly referred to as bots, using drag-and-drop functionality similar to visual programming. These desktop user-built bots can mimic the interaction of users with computers, work cross-functionally and across applications, and enable automation of repetitive, rule-based, and data intensive processes."*
SEASONGOOD 2016, S. 2	*"RDA [...] is typically used in retail, call center and other back-office operations where individual employees leverage an assigned robot to perform specific duties. [...] Ultimately, the idea behind RDA is to reduce the number of manual tasks associated with accessing multiple and disparate systems [...]"*
SMEETS ET AL. 2019, S. 8f.	*„Desktop-RPA-Tools (auch „Robotic Desktop Automation" – RDA) basieren hierbei auf Funktionalitäten wie der Ausführung von Makros und Scripts sowie der Nutzung sogenannter „Screen-Scraping-Technologien"* [...]. *Es handelt sich hierbei also weniger um die Automatisierung eines dokumentierten, standardisierten Prozessablaufs, als vielmehr um die reine Wiedergabe von Anwendereingaben."*

[10] Informationen wurden der Website des Unternehmens entnommen: https://www.almato.com/blog/rpa-vs-rda/ (Link zuletzt geprüft: 17.10.2021)

A.7. Definitionen im Kontext Robotic-Process-Automation

Quelle	Definition
BARANAUSKAS 2018, S. 254	*"[...] RPA can be summarized as an IT based imitation of human daily work where a limited number of autonomous decisions are needed and, in most cases, great numbers in quantity should be done in a short period of time."*
BURNETT ET AL. 2018, S. 4	*"Robots are deployed on a centralized server from which they can be controlled manually. These solutions can be leveraged to automate end-to-end tasks and workflow scheduling/queuing is possible from the central control console [...]."*
DAPTARDAR 2021, S. 887	*"Robotic Process Automation (RPA) is the term used for software tools that partially or fully automate human activities that are manual, rule-based, and repetitive. They work by replicating the actions of a human interacting with number of software applications to perform activities and tasks such as data entry, process defined transactions, and respond to simple service queries."*
IEEE 2017, S. 11	*"Preconfigured software instance that uses business rules and predefined activity choreography to complete the autonomous execution of a combination of processes, activities, transactions, and tasks in one or more unrelated software systems to deliver a result or service with human exception management"*
IRPA 2015, S. 8	*"This technology is able to learn and respond to problems that would have stumped traditional automation software. With adaptability and awareness, RPA is capable of automating activities that once required human judgment. These software robots are able to perform the tasks of knowledge workers whose jobs have (up until recently) been immune to the impacts of automation."*
PRANGNELL U. WRIGHT 2015, S. 5	*"Robotic process automation is a way to automate repetitive and often rules-based processes. These transactional processes are typically located within a shared services centre or another part of the back office. Software, commonly known as a 'robot', is used to capture and interpret existing IT applications to enable transaction processing, data manipulation and communication across multiple IT systems. [...]"*
SCHATSKY ET AL. 2016, S. 1	*"RPA software automates repetitive, rules-based processes usually performed by people sitting in front of computers. By interacting with applications just as a human would, software robots can open email attachments, complete e-forms, record and re-key data, and perform other tasks that mimic human action."*
SCHEPPLER U. WEBER 2020, S. 1	*"RPA-Tools übernehmen [...] die Aufgabe der Datenübertragung zwischen zwei Anwendungen, indem sie mit diesen über deren GUI interagieren und dabei einem vorgegebenen Workflow folgen."*
SMEETS ET AL. 2019, S. 8f.	*„Desktop-RPA-Tools (auch „Robotic Desktop Automation" – RDA) basieren hierbei auf Funktionalitäten wie der Ausführung von Makros und Scripts sowie der Nutzung sogenannter „Screen-Scraping-Technologien" [...]. Es handelt sich hierbei also weniger um die Automatisierung eines dokumentierten, standardisierten Prozessablaufs als vielmehr um die reine Wiedergabe von Anwendereingaben. Jeder Anwender hat hier die Möglichkeit, individuelle Automatisierungen für seinen Arbeitsplatz vorzunehmen."*

SRINIVASAN U. LATHA 2020, S. 2389	*„RPA is the application of set of processes that permits Users in an organization to execute the software application in the relevant business functions. […] RPA devices are the system software through which the representatives in the organization can design tasks to get computerized."*
SYED ET AL. 2020, S. 2	*"This term amalgamates robotics, referring to software agents acting as human beings in system interactions, and process automation, i. e. workflow management systems or, more generally, systems that are process-aware. In essence, RPA is a relatively new technology comprising software agents called `bots' that mimic the manual path taken by a human through a range of computer applications when performing certain tasks in a business process."*
VAN DER AALST ET AL. 2018, S. 269	*„RPA is an umbrella term for tools that operate on the user interface of other computer systems in the way a human would do. RPA aims to replace people by automation done in an "outside-in" manner."*
WILLCOCKS ET AL. 2015b, S. 5	*"[…] the term "Robotic Process Automation" suggests physical robots wandering around offices performing human tasks, RPA is a software-based solution. In RPA parlance, a "robot" is equivalent to one software license. For business processes, the term RPA most commonly refers to configuring the software 'robot' to do the work previously done by people. RPA software is ideally suited to replace humans for so called "swivel chair" processes; processes where humans take inputs from one set of systems (for example email), process those inputs using rules, and then enter the outputs into systems of record (for example Enterprise Resource Planning (ERP) systems)"*

A.8. Definitionen im Kontext Cognitive-Process-Automation

Quelle	Definition
BURNETT ET AL. 2018, S. 5	*"With the majority of features carried on from Autonomous RPA, Cognitive RPA is further capable of integrating with AI technologies including, but not limited to, machine learning and natural language processing. AI would enable it not only to handle the unstructured data of a process, but also to enhance RPA's own capabilities, for example using computer vision to improve finding objects on a screen."*
COOMBS ET AL. 2020, S. 3	*"[...] the use of technologies, (e.g., AI and its sub-fields), to replace human capabilities, particularly those involving cognition such as learning and problem solving, for the execution of work tasks that were previously carried out by a human. Intelligent Automation differs from previous forms of automation in that AI machines can learn, adapt and improve over time."*
IEEE 2017, S. 13	*"The identification, assessment and application of available machine learning algorithms for the purpose of leveraging domain knowledge and reasoning to further automate the machine learning already present in a manner that may be thought of as cognitive. It results in the system performing corrective actions driven by knowledge of the underlying analytics tool itself, iterating its own automation approaches and algorithms for more expansive or more thorough analysis enabling it to fulfill its purpose. The automation of the cognitive process refines itself, dynamically generating novel hypotheses that it can likewise assess against its existing corpus and other information resources."*
IRPAAI 2019, S. 2	*"Cognitive automation is a subset of AI that more closely emulates human abilities. It allows automation solutions to perform tasks and process unstructured data that traditional RPA can't handle."*
LACITY U. WILLCOCKS 2018, S. 26	*"[...] using software to automate or augment tasks that use inference-based algorithms to process unstructured and structured data to produce probabilistic outcomes"*
NG ET AL. 2021, S. 11	*"IPA integrates RPA and AI technology and has the cognitive capabilities to perform prescriptive analytics and decision logic with unstructured data input, such as image, text, videos and vocals. IPA can provide a certain level of cognitive decision with the support of AI and soft computing (SC) techniques and can imitate human decision. Compared with RPA, IPA requires exception handling in decision logic, as the decision-making process is not rule based. Therefore, only a low level of human intervention is necessary."*
SCHATSKY ET AL. 2016, S. 3	*"The integration of cognitive technologies with RPA makes it possible to extend automation to processes that require perception or judgment. With the addition of natural language processing, chat-bot technology, speech recognition, and computer vision technology, for instance, bots can extract and structure information from speech audio, text, or images and pass that structured information to the next step of the process."*

A.9. Beschreibung untersuchter Quellen zur Entwicklung des A-priori-Modells

In diesem Abschnitt erfolgt die Beschreibung der zehn zusätzlichen Quellen, die zusammen mit den Beiträgen des Kapitels 4.2.2 die Grundlage für die Ableitung des A-priori-Modells darstellten.

The strategic use of artificial intelligence in the digital era: Systematic literature review and future research directions | BORGES ET AL. 2020

Die Autoren BORGES ET AL. stellen im Rahmen ihrer Arbeiten fest, dass trotz eines großen Interesses an KI seitens Forschung und Industrie weiterhin grundlegende Probleme bei der praktischen Anwendung dieser bestehen. Besonders in Bezug auf den strategischen Einsatz existieren große Schwierigkeiten KI so einzusetzen, dass diese auch einen finanziellen Mehrwert für die Unternehmen generieren kann. Daher erarbeiteten BORGES ET AL. im Rahmen einer Literaturrecherche Ansätze zur Integration von KI in die Unternehmensstrategie und beleuchten die potenziellen Vorteile, Herausforderungen und Möglichkeiten zugehöriger Technologien. Neben der wichtigen Ausrichtung von IT und Unternehmensstrategie betonen die Verfasser insbesondere unternehmenskulturelle Faktoren und mitarbeiterindividuelle Akzeptanzaspekte, die sich auf die Einführung von KI-Technologien auswirken. Hinsichtlich dieser untersuchen die Autoren hauptsächlich Machine-Learning-Ansätze, die der Entscheidungsunterstützung und Datenauswertung dienen. Für die Identifikation soziotechnischer Elemente im Rahmen der Implementierung softwarebasierter Automatisierungstechnologien stellt die Arbeit von BORGES ET AL. eine wertvolle Quelle dar, da die Automatisierung von Wissensarbeit im administrativen Bereich zunehmend von Machine-Learning-Algorithmen profitiert und diese vermehrt von Anbietern in das eigene Leistungsangebot integriert werden. Für das soziotechnische Modell sind zudem die von den Autoren identifizierten Probleme in der organisatorischen und sozialen Ausgestaltung sowie die daraus gewonnen Erkenntnisse für die Integration von KI-Anwendungen in die Unternehmensstrategie sehr relevant. (s. BORGES ET AL. 2020, S.1ff.)

Quasi-Social Software as the 'Social' in Socio-Technical Design | FRANTZ U. NOWOSTAWSKI 2019

FRANTZ U. NOWOSTAWSKI fordern in ihrer Arbeit die konventionelle soziotechnischen Systembetrachtung (vgl. WHITWORTH U. AHMAD 2013) heraus und argumentieren, dass moderne Peer-to-Peer Technologien, Verschlüsselungsprotokolle und Dezentralisation zu einer Ausprägung neuer soziotechnischer (quasi-sozialer) Beziehungen führen. Diese werden bislang von den traditionellen Methoden der soziotechnischen Gestaltung noch nicht ausreichend erfasst. Die beiden Autoren untersuchen dabei die soziotechnische Systemgestaltung hinsichtlich der Interaktion von Menschen mit dezentralen Social Software Artefakten im Peer-to-Peer Bereich, sowohl im individuellen als auch im organisatorischen Kontext. Soziale Interaktionen allein auf das Zwischenmenschliche zu beziehen, gestaltet sich mit den Fortschritten im Bereich der KI immer schwieriger. Daher gliedern FRANTZ U. NOWOSTAWSKI ihr soziotechnisches Schichtenmodell in die drei Komponenten Mensch, Technik und die quasi-soziale Dimension, welche miteinander interagieren, sich gegenseitig beeinflussen und gemeinsam entwickeln. In die quasi-soziale Dimension ordnen sie dabei Informationssysteme ein, welche menschliche Interaktionen und organisationale Wertevermittlung vermitteln. Diese Systeme erlauben den Mitarbeitern, eigenständig oder im Namen von Gruppen und Organisationen anonym oder pseudo-anonym sowohl mit anderen Menschen als auch mit Softwareartefakten und Computersystemen zu interagieren. Vor diesem Hintergrund gehen die Autoren unter anderem auf Internetprotokolle und die Blockchain-Technologie ein und untersuchen regulatorische Vorgaben und Vertrauensaspekte, die für Informationssysteme in der quasi-sozialen Dimension relevant sind. Der Beitrag von FRANTZ U. NOWOSTAWSKI ist für das soziotechnische Zielmodell nicht nur aufgrund der Identifikation von soziotechnischen Elementen im Kontext softwarebasierter Automatisierung interessant. Der offene Aufruf beider Autoren nach einer Neuauslegung soziotechnischer Systeme, mit dem Zweck die neuen Entwicklungen von Informationssystemen zu berücksichtigen, untermauert zusätzlich die Relevanz des zu entwickelnden Zielmodells. (s. FRANTZ U. NOWOSTAWSKI 2019, S. 1ff.)

Artificial intelligence and the future of work: Human-AI symbiosis in organizational decision making | JARRAHI 2018

In seiner Forschungsarbeit beschäftigt sich JARRAHI mit der Symbiose zwischen Mensch und Maschine und der Fragestellung wie menschliche Mitarbeiter und KI erfolgreich ihre Stärken in die strategische Entscheidungsfindung einbringen können. Stark disruptive KI-Technologien haben bereits ihren Anteil an vielen organisatorischen Prozessen, was dem Autor nach zu wachsenden Sorgen vor Arbeitsplatzverlusten unter Mitarbeitern führt. JARRAHI hebt hervor, dass Mitarbeiter und KI bezüglich intuitiver und analytischer Entscheidungsfindungen unterschiedliche Stärken und Limitationen aufweisen. Er postuliert weiterhin, dass nur eine sinnvolle Kollaboration dem Unternehmen in einer Umgebung, welche von Unsicherheit, Undifferenziertheit und Komplexität geprägt ist, nachhaltige Wettbewerbsvorteile verschaffen kann. Für die Identifikation soziotechnischer Elemente, das Verständnis über die unterschiedlichen Einsatzgebiete von KI sowie die Ableitung organisatorischer Maßnahmen für die Mensch-Maschine-Kollaboration ist die Arbeit von JARRAHI ein wichtiger Anhaltspunkt. Insbesondere die Ansätze des Autors für die zukünftige Gestaltung strategischer Entscheidungsfindungsprozesse und die Orchestration von Wissensarbeit sind für das im Rahmen dieser Arbeit zu entwickelnde soziotechnische Zielmodell relevant. (s. JARRAHI 2018, S. 1ff.)

Systems scenarios: a tool for facilitating the sociotechnical design of work systems | HUGHES ET AL. 2017

HUGHES ET AL. kritisieren in ihrem Paper, dass soziotechnische Ansätze für die Gestaltung der Zusammenarbeit von Menschen und Maschinen zwar bekannt sind und von vielen Organisationen angewendet werden, detaillierte Betrachtungen der Systemkomponenten jedoch fehlen und die Komplexität soziotechnischer Systeme in der Praxis somit nur unzureichend erfasst und abgebildet wird. Vor diesem Hintergrund stellen die Autoren das *Systems Scenarios Tool* vor, welches eine anwendungsorientierte Methodik darstellt, neue Arbeitssysteme zu entwerfen oder bestehende umzugestalten. Kernpunkt ihrer Methodik stellt die Grundannahme dar, dass alle Arbeitssysteme auf konsekutiven Entscheidungen beruhen, welche sowohl bewusst als auch unbewusst getroffen wurden. Entscheidungen determinieren u. a. Zielvorgaben und das Einsatzspektrum von Technologien und haben somit einen direkten Einfluss auf Systemkomponenten, wie die Prozess- und Aufgabengestaltung und die Zuweisung von Mitarbeiterrollen. Das *Systems Scenarios Tool* soll dazu beitragen, die Auswirkungen von Entscheidungen auf Komponenten des soziotechnischen Systems offenzulegen und Stakeholder dabei unterstützen, als Architekten aktiv an der Gestaltung von Arbeitssystemen tätig zu werden. Vor der Fragestellung, wie Teamzusammenarbeit durch soziotechnische Ansätze effektiv gestaltet werden kann, werden Systemgrenzen zwischen den einzelnen soziotechnischen Dimensionen untersucht und dahingehend analysiert, welche Probleme in den Kategorien *Mensch*, *Infrastruktur*, *Technologie*, *Kultur*, *Prozesse* und *Ziele* auftreten können. Aus diesem Grund weist der Beitrag eine hohe Relevanz und Aktualität für die vorliegende Dissertation auf. (s. HUGHES ET AL. 2017, S. 1319ff.)

Theory of social systems engineering | NAUMANN 2016

NAUMANN beschreibt ein auf dem konventionellen soziotechnischen Ansatz aufbauendes Metamodell, welches im Rahmen des *Social Systems Engineering* moderne Industrieunternehmen unterstützen soll, soziotechnische Methodiken für die Entwicklung neuer Produkte anzuwenden. Als Präzisierung des modellbasierten *Systems Engineering*, welches die Effektivität von Produktentwicklungsprozessen und die Festlegung einzelner Schritte thematisiert, untersucht der *Social Systems Engineering* Ansatz zusätzlich, wie technische Systeme durch die Berücksichtigung sozialer Einflussfaktoren optimiert werden können. Mit dem präsentierten Modellansatz soll eine Grundlage für das Komplexitätsmanagement angeboten werden. Technische, soziale und prozedurale Komplexität sollen transparent modelliert werden, damit Kommunikation und Interaktion gefördert und Handlungsempfehlungen formuliert werden können. Der Beitrag von NAUMANN liefert zusätzliche Denkanreize für die Entwicklung soziotechnischer Systeme. Aufgrund der Anlehnung an das Systems Engineering, welches ebenfalls in Kapitel 5.1.1 vorgestellt wurde, können die Erkenntnisse in das A-priori-Modell mit aufgenommen werden. (s. NAUMANN 2016, S. 45ff.)

Modelling Methodology for Engineering of Complex Sociotechnical Systems | OOSTHUIZEN U. PRETORIUS 2014

Im digitalen Zeitalter nutzen Menschen Informationstechnologien, um Entscheidungen zu treffen. Das Zusammenspiel von Mensch und Informationstechnologie kann als komplexes soziotechnisches System verstanden werden. Aufgrund der Dynamik und Komplexität der Systemelemente ist die Entwicklung und Modellierung soziotechnischer Systeme nach OOSTHUIZEN U. PRETORIUS sehr schwierig und der konventionelle

Ansatz des *Systems Engineering* unzureichend. Um die dynamische Interaktion und die Einflüsse menschlicher Arbeit in einer komplexen Umgebung zu erfassen, schlagen die Autoren die Erweiterung des *Systems Engineering* durch Methoden der *kognitiven Arbeitsanalyse* und dem *System Dynamics-Ansatz* vor. Die kognitiven Arbeitsanalyse ist ein Rahmenwerk zur Analyse der Art und Weise, wie Menschen in einer Organisation unter Berücksichtigung von Umweltfaktoren ihre Arbeit verrichten, während System Dynamics die Auswirkungen von Feedback und Verzögerungen auf den Systembetrieb als Ergebnis von Entscheidungen analysiert. Diese Ansätze in Kombination mit einem soziotechnischen System mit den Dimensionen *Struktur, Menschen, Technologie* und *Aufgabe*, welches zusätzlich ein komplexes *Ökosystem* in seiner Modellierung berücksichtigt, wird von OOSTHUIZEN U. PRETORIUS in einer Fallstudie angewendet und zur Problemidentifikation und Zielformulierung genutzt. (s. OOSTHUIZEN U. PRETORIUS 2014, S. 268ff.)

Beyond the organizational 'container': Conceptualizing 21st century sociotechnical work | WINTER ET AL. 2014

Die Betrachtung von Arbeitssystemen als sich gegenseitig beeinflussende soziale und technische Konstrukte hat Forschern und Praktikern jahrzehntelang robuste Analyseinstrumente zur Verfügung gestellt, um sowohl die sozialen als auch die technischen Elemente von organisatorischen Fragestellungen zu berücksichtigen. WINTER ET AL. kritisieren an dem konventionellen soziotechnischen Ansatz, dass ein Silo-Denken stattfindet, da Systemgrenzen zu eng gezogen werden und sich die Optimierung von Sozialem und Technischem nicht ausschließlich im Rahmen eines Arbeitssystems in einer Organisation abspielt. Vor diesem Hintergrund schlagen die Autoren einen Neo-soziotechnischen-Ansatz vor, welcher den Arbeitssituationen der Gegenwart mit ihren organisationsübergreifenden Informationsstrukturen gerecht werden soll. Für ihren Ansatz stellen die Autoren vier Prämissen auf, welche bei der Modellierung komplexer soziotechnischer Systeme zu berücksichtigen sind. Diese legen u. a. fest, dass Arbeitssysteme in verschiedene soziotechnische Systeme eingebettet sein können und miteinander verbundene und ggf. redundante oder konkurrierende soziale und technische Elemente enthalten, welche in Einklang gebracht werden müssen. Zentral für effektive Arbeitssysteme sind den Autoren nach nicht nur Methoden zur Arbeitsunterstützung und -weiterentwicklung, sondern auch eine kontinuierliche Auseinandersetzung mit Zielen, Werten und Zwecken. (s. WINTER ET AL. 2014, S. 250ff.)

Towards a Metamodel to Support the Joint Optimization of Socio Technical Systems | DI MAIO 2014

DI MAIO betont die steigende Relevanz von funktionalen soziotechnischen Systemen vor dem Hintergrund zunehmender Technologisierung und Digitalisierung des alltäglichen Lebens. Soziotechnische Systeme sind der Autorin nach jedoch nur nützlich und effektiv, wenn sich das soziale und technische Subsystem gegenseitig optimieren. DI MAIO bemängelt, dass bislang nur wenige Systemdesigner verstehen, was gegenseitige Optimierung bedeutet und wie diese erreicht werden kann. Daher schlägt sie ein *Joint Optimization Metamodell* vor, welches als kognitives Artefakt bereits in frühen

Entwicklungsphasen Anwendung finden soll. Als grundlegende Prinzipien für gegenseitige Optimierung führt DI MAIO *verantwortungsvolle Autonomie*, *Anpassungsfähigkeit*, *Sinnhaftigkeit der Aufgaben* und *Feedbackschleifen* an. Stakeholder sollen in der Lage sein, Verantwortung zu übernehmen und selbständige Entscheidungen zu treffen. Weiterhin sollen Aufgaben und Prozesse individuell an Mitarbeiter angepasst werden können, um eine Optimierung zu erreichen. Als soziotechnische Kernfaktoren listet die Autorin u. a. *Stakeholder*, *Ziele und Anforderungen*, *Kultur*, *Arbeitsaufgabe*, *Ressourcen* und *Feedback* auf. Zusätzlich erweitert auch DI MAIO den konventionellen Ansatz von TRIST um die Einflüsse des *Ökosystems*, damit das Metamodell den aktuellen Anforderungen gerecht werden kann und die steigende Komplexität soziotechnischen Systemgestaltung im Zuge des digitalen Wandels abzubilden vermag. (s. DI MAIO 2014, S. 273ff.)

The social design of technical systems | WHITWORTH U. AHMAD 2013

WHITWORTH U. AHMAD schreiben in ihrem Buch über Hintergründe und Methoden des soziotechnischen Produktdesigns sowie über Arbeitsmanagement und Kommunikationsformen. Eine zentrale Botschaft der Autoren lautet, dass soziotechnische Systeme nicht in einem sozialen Vakuum entwickelt werden können und die Kommunikation von Informationen essenziell für den Projekt- bzw. Produkterfolg ist. Zusätzlich erläutern WHITWORTH U. AHMAD das Zustandekommen einer soziotechnischen Lücke bei der Entwicklung von Softwareprogrammen, die der Unterstützung kognitiver und sozialer Systeme dienen sollen. Die Erfüllung sozialer Anforderungen kann vor diesem Hintergrund maßgeblich zur Reduzierung der soziotechnischen Kluft bei der Technologieentwicklung beitragen. Als technologisches Beispiel führen die Autoren Social Software an und erläutern, wie Softwareprogramme den Wandel von passiven Werkzeugen zu aktiven Kollaborateuren vollziehen und eine gänzlich neue Gestaltungsweise soziotechnischer Systeme erforderlich machen. (s. WHITWORTH U. AHMAD 2013, S. 55ff.)

Socio-technical systems: From design methods to systems engineering | BAXTER U. SOMMERVILLE 2011

BAXTER U. SOMMERVILLE untersuchen den Widerspruch, dass trotz allgemeiner Kenntnis darüber, dass soziotechnische Systementwicklungsansätze zu einem höheren Endnutzen für den Anwender führen, diese Methoden in der Praxis dennoch kaum umgesetzt werden. Die Autoren vermuten, dass dies in einer fehlenden Verbindung jener Methoden mit technischen Fragestellungen und individuellen Interaktionsweisen von Mensch und Technologie begründet liegt. Vor diesem Hintergrund stellen die Autoren verschiedene Ströme in der soziotechnischen Systemforschung vor und untersuchen Rahmenbedingungen für das *Sociotechnical Systems Engineering*. Dieser Ansatz verknüpft die Themenbereiche des organisationalen Wandels und der Systementwicklung durch die Aktivitäten *Sensibilisierung* und *Awareness* sowie *konstruktives Engagement*. Als zentralen Erfolgsfaktor bei der Gestaltung soziotechnischer Systeme nennen die Autoren den *Informationsfluss* innerhalb einer Organisation, welcher sowohl in Prozessen des Systems Engineering als auch im Rahmen des Changemanagements eine zentrale Position einnimmt. (s. BAXTER U. SOMMERVILLE 2011, S. 4ff.)

A.10. Beschreibung der untersuchten Quellen im Rahmen des Fallstudienforschungsprozesses

In diesem Abschnitt erfolgt die Beschreibung der 15 Fallstudien, die im Rahmen der Fallstudienanalyse (siehe Kapitel 6.2.2) der Spezifizierung des A-priori-Modells dienen.

Exploring the Use of Robotic Process Automation in Local Government | LINDGREN 2020

LINDGREN stellt in ihrer Fallstudie ein laufendes Forschungsprojekt zum Einsatz von RPA in der schwedischen Kommunalverwaltung vor. Die Projektlaufzeit beträgt drei Jahre und erstreckt sich von 2020 bis 2022. Die empirische Grundlage des Forschungsprojekts bilden mehrere qualitative und interpretative Fallstudien, die in enger Zusammenarbeit mit Verwaltungsbeamten durchgeführt wurden. Als theoretische Grundlage dienen Arbeiten im Themenfeld des Stakeholder Managements und der Wertschöpfung in E-Government-Strukturen. Im Zuge des Forschungsprojekts soll ein Analyse-Tool entwickelt werden, welches gleichermaßen Forschern und Anwendern in der Praxis als Unterstützung bei der Automatisierung von Fallbearbeitungsprozessen dienen kann. LINDGREN und ihr Forschungsteam betrachten die softwarebasierte Automatisierung als soziotechnisches Phänomen, welches die miteinander verknüpften sozialen, organisatorischen und technischen Dimension umfasst. Vor diesem Hintergrund wird Automatisierung als umfassender Prozess angesehen, welcher die Veränderung von Arbeitsabläufen sowie die Beschaffung, Entwicklung und Implementierung von IT-Lösungen umfasst. Als Herausforderungen bei der Implementierung von RPA sieht LINDGREN das Verständnis der Einsatzmöglichkeiten und -grenzen der Technologie im konkreten Anwendungsfall sowie organisationale Maßnahmen zur Steigerung des Mitarbeiterinteresses und -engagements. (s. LINDGREN 2020, S. 249ff.)

Automation of a Business Process Using Robotic Process Automation (RPA): A Case Study | AGUIRRE U. RODRIGUEZ 2017a

AGUIRRE U. RODRIGUEZ untersuchen in ihrer Fallstudie die Implementierung von RPA in einem kolumbianischen Business Process Outsourcing Unternehmen. Das Unternehmen hatte als Teil seiner Transformationsstrategie ein CoE gegründet, um organisationsweite Automatisierungsinitiativen zentral steuern zu können. RPA stellt für traditionelle Business Process Outsourcing Unternehmen sowohl eine Konkurrenz als auch eine wirtschaftliche Chance dar. Daher entschloss sich das Unternehmen zu einem Pilotprojekt und automatisierte den Bezahlprozess eines Kunden. Die erzielten Ergebnisse wurden im Anschluss mit einem manuellen Vergleichsprozess verglichen. Als größten Vorteil der Technologie sehen AGUIRRE U. RODRIGUEZ den Produktivitätsanstieg und die daraus resultierende Kostenreduktion. Weiteren Forschungsbedarf sehen die Autoren derzeit hinsichtlich der Interoperabilität von RPA mit BPMS-Software und zukünftig mit kognitiven Programmen. (s. AGUIRRE U. RODRIGUEZ 2017a, S. 65ff.)

Robotic Process Automation in Pharma: Three Case Studies | Anagnoste 2018

Anagnoste untersucht in seinen Fallstudien die Einführung von RPA im Gesundheitssektor. Regulierungsprozesse in der Forschung und Entwicklung dieses Sektors sind von hoher Komplexität gekennzeichnet und verursachen den Großteil der Kosten. Softwareroboter könnten diese Kosten im R&D-Bereich der Pharmabranche senken und einen Paradigmenwechsel hin zu einem patientenzentrierten Geschäftsmodell ermöglichen. Der Autor beschreibt in seinem Paper verschiedene Komplexitätstreiber und resultierende Konsequenzen für die Prozessabläufe und untersucht die Chancen und Vorteile, die eine Automatisierung mittels RPA schaffen kann. Neben einer beispielhaften Prozessvisualisierung stellt Anagnoste verschiedene Phasen einer CoE-Gründung vor. Als Ergebnis werden neben gesteigerter Prozesseffizienz und gesenkten Bearbeitungskosten insbesondere Compliance-Steigerungen und eine verbesserte Dokumentation hervorgehoben. Weiterhin konnten Fehlerraten und Mitarbeiterfluktuation signifikant reduziert werden. Letzteren Effekt führt Anagnoste auf eine gesteigerte Mitarbeiterzufriedenheit zurück, welche aus dem Abbau von repetitiven Verwaltungsaufgaben und der Verschiebung menschlicher Tätigkeitsfelder hin zu kreativen und kognitiv anspruchsvolleren Funktionen resultiert. Mit Blick auf die Zukunft prognostiziert Anagnoste, dass mit fortschreitender Entwicklung von Intelligent Automation weitaus größere Veränderungen von Kultur, Verhalten und Arbeitsgestaltung zu erwarten sind und die Berücksichtigung soziotechnischer Aspekte vor diesem Hintergrund noch stärker an Bedeutung gewinnen wird. (s. Anagnoste 2018, S. 1ff.)

Robotic Process Automation at Telefónica O2 | Lacity u. Willcocks 2016b

Lacity u. Willcocks beschreiben in ihrer Fallstudie, wie der Telekommunikationskonzern Telefónica O2 seine RPA-Initiative von einem Proof of Concept im kleinen Rahmen bis zu einer Automatisierung von 400.000 Transaktionen pro Monat und einer digitalen Workforce von 75 Softwarerobotern skalierte. Das Unternehmen lagerte bis zu der Einführung von RPA seine administrativen Prozesse in großem Umfang an offshore Business Process Outsourcing Anbieter aus, was mit zunehmenden Transaktionsvolumina zu einer Kostenexplosion führte. Im Zuge der RPA-Einführung musste geklärt werden, ob sich die Technologie reibungslos in die Infrastruktur integrieren ließ und Compliance- und Sicherheitsvorgaben erfüllen konnte. Unternehmensintern stieß der Projektverantwortliche anfangs auf verschiedene Widerstände u. a. aus der IT-Abteilung. Anhand der Erfahrungen des RPA-Teams von Telefónica O2 diskutieren Lacity u. Willcocks die Voraussetzungen für einen erfolgreichen RPA-Rollout und sprechen Handlungsempfehlungen für Unternehmen aus, die an einer Automatisierung interessiert sind. (s. Lacity u. Willcocks 2016b, S. 21ff.)

Impacts of Robotic Process Automation on Global Accounting Services | Fernandez u. Aman 2018

Das Ziel der Forschungsarbeit von Fernandez u. Aman besteht in der Untersuchung der Auswirkungen, die RPA auf global agierende Buchhaltungsdienstleister hat und welche institutionellen Schlussfolgerungen gezogen werden können. Dazu untersuchten die Autoren im Rahmen einer Fallstudie einen großen Buchhaltungsdienstleister aus dem Sektor fossiler Brennstoffe, welcher RPA bereits seit 2015 im Unternehmen implementiert hat. Über die Einflüsse der Technologie auf Mitarbeiter und die Organisation wurden umfangreiche qualitative Interviews mit verschiedenen Unternehmensvertretern geführt. Die Erkenntnisse zeigen, dass Ängste und Unsicherheiten hinsichtlich neuer Rollen und Arbeitsaufgaben sowie über einen potenziellen Jobverlust existieren. Trotz einschneidender Veränderungen wird es den befragten Experten nach auch zukünftig einen Bedarf an sozialen und analytischen Kompetenzen geben, die nicht von Robotern geleistet werden können. Hinsichtlich organisationaler Aspekte konnte das Unternehmen durch eine proaktive Planung und den Aufbau einer effektiven Governance eine erfolgreiche RPA-Implementierung bewerkstelligen. Management-Support und ein ganzheitliches Changemanagement wurden zudem als kritische Erfolgsfaktoren identifiziert. Kommunikations- und Kollaborationsstrategien sowie Fortbildungsangebote konnten im Fallstudienunternehmen zusätzlich für erhöhte Mitarbeiterakzeptanz sorgen. (s. FERNANDEZ U. AMAN 2018, S. 123ff.)

Turning Robotic Process Automation into Commercial Success – Case OpusCapita | ASATIANI U. PENTTINEN 2016

ASATIANI U. PENTTINEN beschreiben in ihrer Fallstudie die Entwicklung des finnischen Finanzprozessabwicklers OpusCapita von der eigenen Implementierung von RPA bis zu der Vermarktung von Softwarerobotern an Kunden. Neben generellen Chancen und Vorteilen von der Automatisierung von Finanztransaktionen, wie Kosteneinsparung und Inhousing-Möglichkeiten, werden auch Hindernisse und Nachteile detailliert. So erklären die Autoren, dass ein über das Frontend operierendes RPA-Programm lediglich eine Übergangslösung darstellt, da sie einer vollautomatisierten Backend-Lösung unterlegen ist. Weiterhin gilt für softwarebasierte Automatisierung grundsätzlich, dass derzeit viele Unsicherheiten hinsichtlich der Auswirkung der Technologie auf Verwaltungsangestellte bestehen. Werden Vor- und Nachteile der Automatisierung nicht hinreichend und transparent kommuniziert, drohen Spannungen zwischen dem Management und Mitarbeitern zu entstehen, die sich negativ auf die Arbeitsmoral auswirken. Weiterhin nimmt die Prozessauswahl und -anpassung eine entscheidende Rolle für RPA-Implementierungen ein, da exakte Prozesskriterien für eine Automatisierung erfüllt sein müssen. Vor diesem Hintergrund wird die Vorgehensweise von OpusCapita vorgestellt, die in vier Schritten von einem Workshop zur Potenzialanalyse zu der finalen Implementierung reicht. Abschließend werden verschiedene Businessmodelle für die Vermarktung von RPA durch die Autoren vorgestellt. (s. ASATIANI U. PENTTINEN 2016, S. 67ff.)

Knowledge Embodiment of Human and Machine Interactions: Robotic-Process-Automation at the Finland Government | DIAS ET AL. 2019

DIAS ET AL. untersuchen im Rahmen ihres Beitrags, wie Wissensarbeit in modernen digitalisierten Organisationen effektiv durch kollaboratives Zusammenwirken von Menschen und Robotern geleistet werden kann. Dazu führten die Autoren eine RPA-Fallstudie im Shared Services Center der finnischen Regierung (FinServ) durch, welches das größte behördliche Dienstleistungszentrum für administrative Finanz- und

Personalprozesse des Landes darstellt. Aus ihren Recherchen und Interviews leiteten DIAS ET AL. vier kognitive Phasen der Interaktion zwischen Mensch und Maschine ab, welche für die digitale Transformation im Rahmen der RPA-Umsetzung bei FinServ von zentraler Bedeutung waren. Die erste Phase der Interaktion, das *kognitive Schlussfolgern*, dient dem Verständnis und der Förderung des Wissens und beinhaltet die Dokumentation von Prozessabläufen und Best Practices. Dieser Vorgang legt das Fundament für die zweite Stufe, die *kognitive Kollaboration*, welche das Teilen von Informationen mit anderen Teammitgliedern beschreibt und wesentlich zu einer Standardisierung von Arbeitsweisen und Prozessen beiträgt. Die dritte Stufe der Interaktion, das *kognitive Gerüst*, beinhaltet den Informationsaustausch zwischen Mensch und Maschine, bevor in der letzten Stufe, der *kognitiven Erweiterung*, die Verrichtung von Wissensarbeit komplett an Maschinen übertragen werden kann. (s. DIAS ET AL. 2019, S. 1ff.)

Die Revolution der Prozessautomatisierung bei Versicherungsunternehmen: Robotic Process Automation (RPA) | REICH U. BRAASCH 2019

REICH U. BRAASCH erläutern in ihrer Veröffentlichung die Vorteile für Versicherungsunternehmen durch die Automatisierung von administrativen Prozessen mittels RPA. Aus fünf Anwendungsfällen, u. a. bei den Versicherungsunternehmen Allianz, Zurich und Axa, leiten die Autoren Voraussetzungen und Erfolgsfaktoren bei der Robotisierung ab. Vor der Automatisierung sollte REICH U. BRAASCH zufolge auf die Compliance, Sicherheits- und Datenschutzvorgaben geachtet werden. Aufwendige Änderungen der IT-Strukturen waren bei den Beispielunternehmen nicht notwendig, da die RPA-Software bestehende Systeme nutzte. Neben Prozessvorgaben spielt die frühe Einbindung von Mitarbeitern für den Erfolg der Initiative eine entscheidende Rolle. Die Autoren betonen, dass ein begleitendes Changemanagement sowie eine detaillierte Prozessanalyse und -dokumentation unverzichtbar sind. Neue Mitarbeiterrollen für die Steuerung der digitalen Workforce können z. B. in Form eines Chief Robotics Officer etabliert werden. (s. REICH U. BRAASCH 2019, S. 291ff.)

A Case Study of User Adherence and Software Project Performance Barriers from a Sociotechnical Viewpoint | COSTA ET AL. 2019

COSTA ET AL. untersuchen aus einer soziotechnischen Perspektive die kollaborative Zusammenarbeit eines Maschinenbauunternehmens und einer technischen Universität bei der Optimierung einer neuen Software, welche das Design von Schiffspropellern automatisieren soll. Dabei werteten die Autoren auftretende Barrieren beim Projektmanagement und der Nutzereinbindung aus. Die erhobenen Daten stammen aus Interviews mit Stakeholdern des Unternehmens und der Universität sowie Beobachtungen über einen Zeithorizont von über einem Jahr. Als wichtiger Themenschwerpunkt wurde u. a. die Technologieakzeptanz hervorgehoben. Die Möglichkeit Entscheidungen, die ursprünglich von Konstrukteuren auf Grundlage ihres Erfahrungswissens getroffen wurden mittels eines Softwareprogramms zu automatisieren erzeugte Unsicherheiten bei den Mitarbeitern. Die Software wurde nicht nur als Konkurrenz betrachtet, auch wurden Fragen aufgeworfen, welche Rollen die Mitarbeiter zukünftig zu erfüllen haben und welche Fähigkeiten von ihnen erwartet werden. Den Bedürfnissen des sozialen Subsystems nachzukommen, stellt nach COSTA ET AL. eine Grundvoraussetzung für die erfolgreiche Einführung neuer Technologien dar. Werden diese lediglich zu Gunsten von Unternehmenszielen und ohne ausreichende Rücksicht auf Mitarbeiterinteressen implementiert, so droht selbst die fortschrittlichste Technologie einen negativen Einfluss auf den Output des gesamten Arbeitssystems zu haben. (s. COSTA ET AL. 2019, S. 12ff.)

Robotic Process Automation in Public Accounting | COOPER ET AL. 2018

COOPER ET AL. führten Interviews mit Experten der vier größten Wirtschaftsprüfungsgesellschaften EY, KPMG, Deloitte und PwC durch, um ein besseres Verständnis für derzeitige und zukünftige Einsatzmöglichkeiten von RPA zu gewinnen und Herausforderungen bei der Implementierung zu identifizieren. Die Interviewpartner konnten dabei wertvolle Einblicke liefern, warum ihre Unternehmen RPA einführten und wie sich diese Entscheidung auf das Personal in der Administration auswirkte. Zentrale Erkenntnisse umfassten u. a. die Steigerung von Prozesseffizienz und -qualität und eine Verbesserung der Compliance. Weiterhin gaben die Befragten an, dass die Einführung von RPA nicht wie befürchtet zu einem Rückgang der Mitarbeiterzahl führte, sondern vielmehr eine Repositionierung stattfand und freie Mitarbeiterkapazitäten zu wertschöpfenden Tätigkeiten allokiert werden konnten. Infolgedessen konnten die „Big Four" zusätzlich die Zufriedenheit ihrer Mitarbeiter steigern, da repetitive Aufgaben von anspruchsvolleren und abwechslungsreicheren Tätigkeiten abgelöst worden sind. Langfristig bleibt jedoch abzuwarten, ob Automatisierungssoftware die Anzahl von Neueinstellungen in der Administration reduziert. Im Zuge neu zu erfüllender Rollen prognostizieren die Befragten eine Kompetenzprofile für Mitarbeiter. Zukünftig sollen insbesondere Kommunikationsfähigkeiten und kreatives bzw. kritisches Denken an Bedeutung gewinnen, während technische Fähigkeiten wie Programmieren für die einfach gehaltenen Automatisierungsprogramme weniger Relevanz aufweisen. Abschließend sehen die Autoren RPA als Übergangstechnologie, welche zunehmend durch KI ergänzt wird und seinen Einsatzbereich auf die Verarbeitung von unstrukturierten Daten und die Automatisierung von Entscheidungsprozessen ausweitet. (s. COOPER ET AL. 2018, S. 15ff.)

Robotizing Global Financial Shared Services at Royal DSM | WILLCOCKS ET AL. 2016

In dieser Fallstudie untersuchen WILLCOCKS ET AL., wie der niederländische Großkonzern DSM seine Finanzprozesse mittels RPA automatisierte. RPA stellte für DSM nach Zentralisierung, Standardisierung und Outsourcing einen weiteren Transformationshebel zur Prozessoptimierung und Kostenreduktion dar. 2016 verfügte DSM über 60 Softwareroboter und war in der Lage, 89 Prozent der manuellen Verwaltungsaufgaben im Finanzbereich bei einem ROI von lediglich neun Monaten zu automatisieren. Zu den Vorteilen, die DSM durch den RPA-Rollout erreichen konnte, zählen neben FTE-

Einsparungen und erhöhter Servicequalität auch eine gesteigerte Mitarbeiterzufriedenheit, die auf eine anspruchsvollere und abwechslungsreichere Aufgabengestaltung zurückzuführen ist. Um Vorteile aus RPA zu ziehen, bedarf es jedoch einer geeigneten Governance. WILLCOCKS ET AL. erläutern vor diesem Hintergrund Herausforderungen und Best Practices von DSM zu denen u. a. Projektsponsorschaft durch die Unternehmensführung, Weiterbildungsangebote und Changemanagement gehören und vergleichen diese mit Erkenntnissen aus anderen RPA-Fallstudien. (s. WILLCOCKS ET AL. 2016, S. 1ff.)

Enabling Digital Transformation Through Robotic Process Automation at Deutsche Telekom | SCHMITZ ET AL. 2019a

Im Rahmen ihrer Digitalisierungsstrategie identifizierte die Deutsche Telekom RPA als Schlüsseltechnologie, um die Automatisierung von regelbasierten Routineaufgaben und die Verarbeitung von strukturierten Daten zu bewerkstelligen. SCHMITZ ET AL. erläutern in ihrer Veröffentlichung, wie die Deutsche Telekom bei der Umsetzung ihres RPA-Projekts vorging. Dabei gliedert sich die RPA-Implementierung in die drei Bereiche *Organisation und Governance*, *Prozesse* und *Technologie*. Aus dem Use-Cases der Deutschen Telekom leiteten die Autoren zentrale Erkenntnisse für die Umsetzung zukünftiger Automatisierungsprojekte ab. Die RPA-Fallstudie sehen sie dabei als konkretes Beispiel für einen technologieinduzierten Wandel als Teil der digitalen Transformation. Zunächst betonen SCHMITZ ET AL. die Notwendigkeit eines agilen Designs für die erfolgreiche digitale Transformation. Technische Innvotationen sind dabei als Befähiger dieser zu verstehen. Technische und organisatorische Zusammenhänge müssen von Anfang an untersucht und nachvollzogen werden. Weiterhin stellt RPA mehr als nur ein reines Kostensenkungsinstrument dar. Daher sollten mögliche Auswirkungen der Technologie auf die soziale Dimension im Vorfeld erörtert und Managementstrategien entwickelt werden. (s. SCHMITZ ET AL. 2019a, S. 15ff.)

Robotics process automation at TECHSERV: An implementation case study | CARDEN ET AL. 2019

In dieser Fallstudie wird ein unter dem Namen TECHSERV anonymisierter Technologiekonzern betrachtet sowie die Planung, Verwaltung und Implementierung von RPA untersucht. Das Unternehmen suchte nach einer Möglichkeit, Effizienz und Produktivität durch Technologiemanagement zu verbessern und setzte RPA strategisch ein, um Geschäftsprozesse zu automatisieren. CARDEN ET AL. merken an, dass zwar viele Vorteile generell mit RPA assoziiert werden, detaillierte Informationen zu der Implementierung in bestehende Infrastrukturen jedoch fehlen. Daher werden in dieser Fallstudie Probleme verglichen, die bei der Automatisierung an zwei verschiedenen Unternehmensstandorten auftraten. Dabei werden Ressourcen, Strategien und Tools für die Projektdurchführung ausgewertet. Die Arbeit richtet sich an Forscher und Anwender und beleuchtet zukünftige Aspekte und Herausforderungen, die im Zuge erweiterter KI-Integration relevant werden können. (s. CARDEN ET AL. 2019, S. 72ff.)

Governance models for robotic process automation: The case of Nordea Bank | KEDZIORA U. PENTTINEN 20200

In ihrer Fallstudie beleuchten KEDZIORA U. PENTTINEN die Vor- und Nachteile unterschiedlicher RPA-Governance-Modelle und stellen den Evolutionsprozess einer RPA-Governance am Beispiel der skandinavischen Nordea Bank dar. Anfangs verfolgte die Nordea Bank einen dezentralen Governance-Ansatz, welcher die Verantwortung über RPA-Teilprojekte auf verschiedene Business Units aufteilte. Mit steigender Anzahl automatisierter Prozesse führte der dezentrale Ansatz zu Komplexitätsproblemen und der Forderung nach einer Zentralisierung der Projektsteuerung in Form eines CoE. Die Nordea Bank entschied sich dazu, einen hybriden Ansatz zu etablieren, der vier verschiedene Projektteams mit jeweils unterschiedlichen Kompetenzen und Verantwortlichkeiten in einem CoE vereint. KEDZIORA U. PENTTINEN vergleichen die beiden unterschiedlichen Governance-Modelle der Nordea Bank und erläutern Herausforderungen, die u. a. bei der Kommunikation mit Business-Units und Stakeholdern und bei der Verortung von Verantwortlichkeiten auftreten können. (s. KEDZIORA U. PENTTINEN 2020, S. 1ff.)

Robotic Process Automation at Xchanging | WILLCOCKS ET AL. 2015a

WILLCOCKS ET AL. untersuchen die einzelnen Schritte bei der Implementierung von RPA im englischen Business Process Provider Xchanging. Dabei gehen die Autoren nicht nur auf die einzelnen Schritte von der Prozessidentifikation bis zum Roll-Out ein, sondern klären über verschiedene Irrtümer bzgl. RPA auf. Diese beinhalten u. a. Vorurteile und Ängste gegenüber der Technologie, welche von Xchanging nicht bestätigt werden konnten. So hatte kein Mitarbeiter Angst, durch einen Roboter ersetzt zu werden. Auch Mitarbeiterentlassungen konnten im Zuge der RPA-Implementierung nicht beobachtet werden. Abschließend formulieren WILLCOCKS ET AL. Handlungsmaxime für die Implementierung von RPA, die aus Erkenntnissen im Rahmen der Xchanging-Fallstudie abgeleitet werden konnten. Zu diesen Maximen gehören u. a. eine frühestmögliche Einbindung der IT-Abteilung, Sponsorschaft der Geschäftsleitung und die Etablierung einer innovativen technologie-affinen Unternehmenskultur. Exemplarisch sei noch eine Maßnahme von Xchanging genannt, welche die Technologieakzeptanz maßgeblich steigern konnte. Ein Anthropomorphisieren der Softwareroboter durch Namensgebung führte zu einer erhöhten Akzeptanz der neuen digitalen Kollegen und förderte die Kollaboration von Mensch und Maschine. (s. WILLCOCKS ET AL. 2015a, S. 1ff.)

A.11. Fragebogen des halbstrukturierten Experteninterviews

Der nachstehende Fragebogen diente als Leitfaden für die halbstrukturierten Experteninterviews. Ziel der Befragung war es, die Intensität der vorherrschenden Wirkungsbeziehungen aus einer praxisorientierten Perspektive zu beschreiben. Zu Beginn wurden die drei Intensitätsstufen umfassend erklärt und Rückfragen beantwortet. Die Interviewpartner wurden anschließend durch die einzelnen Fragestellungen geführt und um eine Einschätzung der Intensität sowie eine entsprechende Begründung dieser gebeten. Jedes soziotechnische Systemelement ist durch den Autor der vorliegenden Dissertationsschrift umfangreich erörtert worden.

Soziales Subsystem

1. Mit welcher Intensität charakterisieren Sie die Wirkungsbeziehung zwischen Robotic-Desktop-Automation / Robotic-Process-Automation / Cognitive-Process-Automation und …
   a. … der Kultur des Unternehmens?
   b. … der intraorganisationalen Zusammenarbeit zwischen den Stakeholdern?
   c. … der Technologieakzeptanz der Stakeholder?
   d. … den Fähigkeiten und Kompetenzen der Stakeholder?
   e. … den individuellen Zielen und der Motivation der Stakeholder?

Technisches Subsystem

2. Mit welcher Intensität charakterisieren Sie die Wirkungsbeziehung zwischen Robotic-Desktop-Automation / Robotic-Process-Automation / Cognitive-Process-Automation und …
   a. … der Betriebsfähigkeit der Automatisierungsanwendung?
   b. … der Kompatibilität mit der bestehenden IT-Infrastruktur?
   c. … der Interoperabilität zwischen der Automatisierungsanwendung und bestehenden Systemen?
   d. … der Maintenance / den Wartungs- und Instandhaltungsaufwänden der Automatisierungsanwendung?

Organisation

3. Mit welcher Intensität charakterisieren Sie die Wirkungsbeziehung zwischen Robotic-Desktop-Automation / Robotic-Process-Automation / Cognitive-Process-Automation und …
   a. … dem Leitbild des Unternehmens?
   b. … dem Leadership der Projektsponsoren und -initiatoren?
   c. … der Governance für die Automatisierung?
   d. … der Prozess- und Aufgabengestaltung für die Automatisierung?
   e. … der Compliance für die Automatisierung?

A.12. Soziotechnischer Gestaltungskatalog

Soziotechnischer Gestaltungskatalog					
Lfd. Nr.	Soziotechnische Dimension	Soziotechnisches Element	Gestaltungsempfehlung	Anwendungsraum	Quelle
1	Mensch	Unternehmenskultur	Sicherstellung der kulturellen Annahme einer Automatisierung auf Managementebene	RPA, CPA	Willcocks u. Lacity (2016), S. 267
2	Mensch	Unternehmenskultur	Etablierung einer aufgeschlossene Kultur mit offenem Austausch von Ratschlägen und Informationen, anstelle von Silodenken	RDA, RPA, CPA	Willcocks et al. (2019), S. 114
3	Mensch	Unternehmenskultur	Einräumen eines hohen Maßes an Ermessensspielraum für die Mitarbeiter, anstatt sich auf formal strukturierte Koordination und Richtlinien zu verlassen	RDA, RPA, CPA	Willcocks et al. (2019), S. 114
4	Mensch	Unternehmenskultur	Förderung von Experimentierfreude, datengetriebener Entscheidungsfindung und Selbstorganisation	RDA, RPA, CPA	Willcocks et al. (2019), S. 114
5	Mensch	Intraorganisationale Zusammenarbeit	Weiterentwicklung der Zusammensetzung von Automatisierungsteams im Zeitverlauf	RPA, CPA	Willcocks u. Lacity (2016), S. 273
6	Mensch	Intraorganisationale Zusammenarbeit	Frühzeitige Einbindung aller beteiligten Stakeholder (Management, Betriebsrat, IT, Linie) zur Sicherstellung des internen Kundensupports	RPA, CPA	Willcocks et al. (2019), S. 84
7	Mensch	Intraorganisationale Zusammenarbeit	Aufbau von Kommunikationsplattformen (z.B. Community, Forum), um intraorganisationalen Austausch über Erfahrungen zu ermöglichen	RDA, RPA, CPA	Langmann u. Turi (2020), S. 62
8	Mensch	Technologieakzeptanz	Transparente Erläuterung der Veränderungen im Aufgabenbereich der Mitarbeiter	RPA, CPA	Smeets et al. (2019), S. 97
9	Mensch	Technologieakzeptanz	Bereitstellung von Begleitmaterialien, wie Prozessdokumentationen, Handlungsanweisungen (z.B. Klick-Anleitungen) und beratender Unterstützung	RDA, RPA, CPA	Smeets et al. (2019), S. 97
10	Mensch	Technologieakzeptanz	Schaffung von Anerkennungs- und Belohnungssystematiken zur Förderung einer proaktiven Mitarbeit	RPA, CPA	Smeets et al. (2019), S. 104
11	Mensch	Technologieakzeptanz	Bereitstellung von Build-Your-Own-Robot-Workshops, um Leistung und Grenzen der Software aufzuzeigen und zur Förderung einer konstruktiven Mitarbeitereinstellung	RDA, RPA, CPA	Langmann u. Turi (2020), S. 61
12	Mensch	Technologieakzeptanz	Kommunikation der beabsichtigten Auswirkung auf Arbeitsplätze in einem frühen Stadium des Prozesses	RPA, CPA	Willcocks u. Lacity (2016), S. 272
13	Mensch	Technologieakzeptanz	Kommunikation des Automatisierungswertes für die Mitarbeiter in einem frühen Stadium des Prozesses	RDA, RPA, CPA	Lacity u. Willcocks (2017), S. 64
14	Mensch	Technologieakzeptanz	Kommunikation der Beweggründe des Unternehmens für die Automatisierung	RDA, RPA, CPA	Willcocks u. Lacity (2016), S. 271
15	Mensch	Technologieakzeptanz	Durchführung interner Veranstaltungsformate (z.B. Vorstands- oder Abteilungskonferenzen, Marktstände, unternehmensinterne Messen etc.) zur Bereitstellung von Erstinformationen	RPA, CPA	Koch u. Fedtke (2020), S. 79f.
16	Mensch	Fähigkeiten & Kompetenzen	Neugestaltung der Talententwicklung: Ausbildung von Automatisierungs-Spezialisten anstelle von Generalisten	RPA, CPA	Lacity u. Willcocks (2017), S. 83
17	Mensch	Fähigkeiten & Kompetenzen	Bereitstellung von Schulungsprogrammen, Trainingsmöglichkeiten und Zertifizierungen	RPA, CPA	Smeets et al. (2019), S. 74
18	Mensch	Fähigkeiten & Kompetenzen	Eistellen eines Project Champions oder Sponsors aus dem Management zur Verdeutlichung der Notwendigkeit und zur kontinuierlichen Kommunikation	RPA, CPA	Willcocks u. Lacity (2016), S. 271
19	Mensch	Fähigkeiten & Kompetenzen	Einstellen von Projektmanagern, die den Aufbau und das Hochfahren der Automatisierungsfähigkeit überwachen	RPA, CPA	Willcocks et al. (2019), S. 125

Soziotechnischer Gestaltungskatalog					
Lfd. Nr.	Soziotechnische Dimension	Soziotechnisches Element	Gestaltungsempfehlung	Anwendungsraum	Quelle
20	Mensch	Fähigkeiten & Kompetenzen	Einstellen von Automatisierungsmanagern, die die Automatisierungsfähigkeit verwalten, um neue und bestehende Prozesse zu unterstützen	RPA, CPA	Willcocks et al. (2019), S. 125
21	Mensch	Fähigkeiten & Kompetenzen	Einstellen von Prozess- oder Businessanalysten, die Machbarkeitsbewertungen durchführen und Prozessdefinitionen erstellen	RPA, CPA	Willcocks et al. (2019), S. 125
22	Mensch	Fähigkeiten & Kompetenzen	Einstellen von Prozessentwicklern für Design, Entwicklung, Test und Support von Automatisierungslösungen	RDA, RPA, CPA	Willcocks et al. (2019), S. 125
23	Mensch	Fähigkeiten & Kompetenzen	Einstellen von Prozesscontrollern zur Verwaltung, Koordination und Steuerung der automatisierten Prozesse	RPA, CPA	Willcocks et al. (2019), S. 125
24	Mensch	Fähigkeiten & Kompetenzen	Einstellen von Testanalysten zur Durchführung von geschäftsprozessorientierten Tests und Audits der Automatisierung	RPA, CPA	Willcocks et al. (2019), S. 126
25	Mensch	Fähigkeiten & Kompetenzen	Einstellen von Service-Analysten für den First-Line-Support	RPA, CPA	Willcocks et al. (2019), S. 126
26	Mensch	Fähigkeiten & Kompetenzen	Einstellen von Solution Architects zur Betreuung der IT-Infrastruktur, die für den Technologieeinsatz erforderlich ist	RPA, CPA	Smeets et al. (2019), S. 112
27	Mensch	Fähigkeiten & Kompetenzen	Zentrale Sicherung und Transfer von Wissen und Erfahrungen in Bezug auf den Technologieeinsatz	RDA, RPA, CPA	Smeets et al. (2019), S. 102
28	Mensch	Individuelle Ziele & Motivation	Kommunikation, dass die Mitarbeiter weniger sich wiederholende und langweilige Aufgaben ausführen werden (Adressierung der intrinsischen Motivation)	RPA, CPA	Lacity u. Willcocks (2017), S. 64
29	Mensch	Individuelle Ziele & Motivation	Kommunikation, dass die Mitarbeiter sich mehr auf Kundenservice, Problemlösungen und komplexe Aufgaben konzentrieren werden	RPA, CPA	Lacity u. Willcocks (2017), S. 64
30	Mensch	Individuelle Ziele & Motivation	Kommunikation, dass die Mitarbeiter neue Fähigkeiten während der Arbeitszeit erlernen können (besonders interessant für digital-affine Arbeitskräfte)	RPA, CPA	Lacity u. Willcocks (2017), S. 64
31	Mensch	Individuelle Ziele & Motivation	Kommunikation, dass die Mitarbeiter einen Roboter als Junior-Mitarbeiter erhalten und somit mehr auf ihre individuellen Ziele fokussieren können	RPA, CPA	Lacity u. Willcocks (2017), S. 64
32	Mensch	Individuelle Ziele & Motivation	Kommunikation, dass Mitarbeiter, welche sich die Automatisierung zu eigen machen, als Innovatoren anerkannt werden (Adressierung der intrinsischen Motivation und dem Wunsch nach Anerkennung)	RPA, CPA	Lacity u. Willcocks (2017), S. 64
33	Mensch	Individuelle Ziele & Motivation	Mitarbeiter zur Identifikation geeigneter Prozesse bewegen ("me-inside"-Ansatz), um Beweggründe zu erfragen und Erkenntnisse für eine spätere Verlagerung der Ressource zu generieren (Förderung der Motivation und Proaktivität)	RPA, CPA	Langmann u. Turi (2020), S. 62f.
34	Technik	Betriebsfähigkeit	Testen eines Minimum Viable Products zur Beseitigung von Ausnahmesituationen	RPA, CPA	Smeets et al. (2019), S. 83
35	Technik	Betriebsfähigkeit	Schaffung von Notfallkonzepten ("Error Handling") und Ausweichlösungen für die Mitarbeiter ("Exception Handling")	RPA, CPA	Smeets et al. (2019), S. 89
36	Technik	Betriebsfähigkeit	Kontinuierliche Prototypisierung bei der Ausweitung der Automatisierung auf neue Geschäftskontexte	RPA, CPA	Willcocks u. Lacity (2016), S. 273
37	Technik	Betriebsfähigkeit	Wiederverwendung von Komponenten zur schnellen Skalierung und Reduzierung der Entwicklungskosten	RPA, CPA	Willcocks u. Lacity (2016), S. 273
38	Technik	Betriebsfähigkeit	Erstellung von Trainingsdatensätzen für den Einsatz kognitiver Technologien, um das Leistungsversprechen integrierter KI-Komponenten zu gewährleisten	CPA	Lacity u. Willcocks (2018), S. 257f.
39	Technik	Betriebsfähigkeit	Testen der Softwarelösung in einem kontrollierten Experiment	RPA, CPA	Lacity u. Willcocks (2018), S. 232
40	Technik	Betriebsfähigkeit	Erstellung einer Testkonzeption, Testdurchführung sowie Abnahme und Freigabe	RPA, CPA	Smeets et al. (2019), S. 85ff.

Soziotechnischer Gestaltungskatalog					
Lfd. Nr.	Soziotechnische Dimension	Soziotechnisches Element	Gestaltungsempfehlung	Anwendungsraum	Quelle
41	Technik	Infrastruktur-Kompatibilität	Frühzeitige Einbindung der IT zur Sicherstellung einer robusten IT-Infrastruktur	RPA, CPA	Willcocks u. Lacity (2016), S. 271
42	Technik	Infrastruktur-Kompatibilität	Gewährleistung eines Fits zwischen der Automatisierungstechnologie und den Architektur-Richtlinien des Unternehmens	RPA, CPA	Willcocks u. Lacity (2016), S. 272
43	Technik	Infrastruktur-Kompatibilität	Prüfung der Systemvoraussetzungen für den Einzelarbeitsplatz- und Server-Betrieb	RDA, RPA, CPA	Smeets et al. (2019), S. 75
44	Technik	Infrastruktur-Kompatibilität	Sicherstellung von Beistellleistungen für die Installation der Software durch die IT	RDA, RPA, CPA	Smeets et al. (2019), S. 75
45	Technik	Interoperabilität	Prüfung der Integrationsfähigkeit für die Interaktion mit organisationseigenen Anwendungen	RDA, RPA, CPA	Smeets et al. (2019), S. 75
46	Technik	Interoperabilität	Prüfung der Zugriffsfähigkeit auf zu automatisierende Zielanwendungen	RDA, RPA, CPA	Smeets et al. (2019), S. 77
47	Technik	Interoperabilität	Prüfung der (Aus-)Lesefähigkeit von Feldinhalten	RDA, RPA, CPA	Smeets et al. (2019), S. 77
48	Technik	Interoperabilität	Prüfung der Schreibfähigkeit der Software und Bedienbarkeit von Elementen der Zielanwendungen	RDA, RPA, CPA	Smeets et al. (2019), S. 77
49	Technik	Maintenance	Berücksichtigung des Releasemanagements der Automatisierungslösung sowie organisationeigener Anwendungen (z.B. Änderungen der Benutzeroberfläche) und Erstellung einer unterjährigen Release-Roadmap	RPA, CPA	Smeets et al. (2019), S. 90f.
50	Technik	Maintenance	Bereitstellung von Entwicklerressourcen zur kontinuierlichen Betreuung der Bots (Richtwert: 1 FTE á 20 Automatisierungsumsetzungen)	RPA, CPA	Koch u. Fedtke (2020), S.95
51	Technik	Maintenance	Einhaltung des gesamten Test- und Freigabeprozesses (analog der Neuentwicklung), um Change-Requests erfolgreich abzuwickeln	RPA, CPA	Koch u. Fedtke (2020), S.96
52	Technik	Maintenance	Entwicklung von Ablaufplänen zur Außerbetriebnahme von Bots (z.B. Deaktivieren der Zugangsberechtigungen, Löschen der User-Accounts, Abbestellen von Leistungen etc.)	RPA, CPA	Koch u. Fedtke (2020), S.96
53	Organisation	Leitbild	Sicherstellung der strategischen Ausrichtung der Automatisierung an den Unternehmenszielen	RPA, CPA	Willcocks u. Lacity (2016), S. 268
54	Organisation	Leitbild	Definition und kontinuierliche Kommunikation eines Purpose	RPA, CPA	Lacity u. Willcocks (2018), S. 232
55	Organisation	Leitbild	Fokus auf den Langzeitwert, nicht auf Quick Wins	RPA, CPA	Lacity u. Willcocks (2018), S. 232
56	Organisation	Leitbild	Entwicklung einer Datenstrategie für den Einsatz kognitiver Technologien	CPA	Lacity u. Willcocks (2018), S. 254f.
57	Organisation	Leadership	Implementierungsprojekte benötigen einen Sponsoren, einen Projektchampion und eine Pilotierung	RPA, CPA	Willcocks u. Lacity (2016), S. 271
58	Organisation	Leadership	Verständnisaufbau, dass die Automatisierung nicht nur quantitative, sondern auch qualitative Potenziale hebt	RPA, CPA	Willcocks u. Lacity (2016), S. 268
59	Organisation	Leadership	Einführung von Cognitive Process Automation sollte als Innovations- und Lernprogramm gemanaget werden	CPA	Lacity u. Willcocks (2018), S. 232
60	Organisation	Leadership	Bereitstellung der erforderlichen finanziellen und personellen Ressourcen	RPA, CPA	Willcocks et al. (2019), S. 52

Soziotechnischer Gestaltungskatalog					
Lfd. Nr.	Soziotechnische Dimension	Soziotechnisches Element	Gestaltungsempfehlung	Anwendungsraum	Quelle
61	Organisation	Governance	Einrichtung eines Governance Boards für Bedarfsmanagement, Bedarfsgenerierung, Nutzenverfolgung und Initiativen zur kontinuierlichen Verbesserung	RPA, CPA	Willcocks u. Lacity (2016), S. 272
62	Organisation	Governance	Definition eines Target Operating Models mit klaren Rollen und Verantwortlichkeiten	RPA, CPA	Lacity u. Willcocks (2017), S. 78
63	Organisation	Governance	Zuweisung klarer Entscheidungs- und Mitwirkungsrechte	RDA, RPA, CPA	Willcocks et al. (2019), S. 91
64	Organisation	Governance	Das Implementierungsprojekt sollte die Linie von Beginn an mit einbinden	RPA, CPA	Willcocks u. Lacity (2016), S. 271
65	Organisation	Governance	Selbst bei einem Top-Down-Ansatz mit voller Managementunterstützung sollte die Verantwortung für das Pilotprojekt an den Geschäftsbetrieb oder an die IT delegiert werden	RPA, CPA	Lacity u. Willcocks (2017), S. 50
66	Organisation	Governance	Einrichtung eines Center of Excellence (CoE) zur 360-Grad-Beaufsichtigung des Implementierungsprojektes	RPA, CPA	Willcocks u. Lacity (2016), S. 272
67	Organisation	Governance	Option 1: Zentralisierter Ansatz (CoE), in dem alle Verantwortlichkeiten und Kompetenzen in einer zentralen Einheit gebündelt sind (Zuordnung zu IT oder ausgewähltem Fachbereich)	RPA, CPA	Smeets et al. (2019), S. 110ff.
68	Organisation	Governance	Option 2: Dezentralisierter Ansatz, in dem sämtliche Aufgaben innerhalb der Bereiche zugeordnet sind (Schaffung spezialisierter Rollen nur bedingt möglich)	RPA, CPA	Smeets et al. (2019), S. 117
69	Organisation	Governance	Option 3: Hybrider Ansatz, in dem ausgewählte Aufgaben zentralisiert / dezentralisiert zugeordnet sind (ungeeignet für erstmalige Implementierung und Pilotierung)	RPA, CPA	Smeets et al. (2019), S. 117f.
70	Organisation	Prozess- & Aufgabengestaltung	Prozessaufnahme, -anpassung und anschließende detaillierte Dokumentation des Prozesses	RPA, CPA	Smeets et al. (2019), S. 92f.
71	Organisation	Prozess- & Aufgabengestaltung	Erstellung eines Process Definition Documents (PDD), um (nicht) zu automatisierende Prozessumfänge sowie die Prozessbeschreibung zu dokumentieren	RPA, CPA	Koch u. Fedtke (2020), S. 61f.
72	Organisation	Prozess- & Aufgabengestaltung	Standardisierung der Prozesse vor einer Automatisierung	RPA, CPA	Willcocks u. Lacity (2016), S. 270
73	Organisation	Prozess- & Aufgabengestaltung	Robotergerechte Anpassung der Prozesse, um zu häufiges Eingreifen durch den Mitarbeiter zu vermeiden	RPA, CPA	Lacity u. Willcocks (2017), S. 73
74	Organisation	Compliance	Sicherstellung der Compliance mit der IT-Security	RDA, RPA, CPA	Willcocks et al. (2019), S. 87
75	Organisation	Compliance	Sicherstellung der Compliance mit Datenschutzrichtlinien	RDA, RPA, CPA	Smeets et al. (2019), S. 124
76	Organisation	Compliance	Sicherstellung der Compliance mit Datensicherheit	RDA, RPA, CPA	Smeets et al. (2019), S. 124
77	Organisation	Compliance	Sicherstellung der Compliance mit Berechtigungskonzepten	RDA, RPA, CPA	Smeets et al. (2019), S. 124
78	Organisation	Compliance	Verhinderung von Schatten-IT und Ausbreitung von "Automatisierungsinseln"	RDA, RPA, CPA	Willcocks et al. (2019), S. 87
79	Organisation	Compliance	Orientierung an regulatorischen Vorgaben während der Testdurchführung	RPA, CPA	Smeets et al. (2019), S. 88
80	Organisation	Compliance	Schaffung einheitlicher Richtlinien für die Automatisierung	RDA, RPA, CPA	Smeets et al. (2019), S. 102
81	Organisation	Compliance	Sicherstellung von Log-Files (Protokolldateien), in denen alle Aktivitäten eines Softwareroboters mitgeschrieben werden, die im Rahmen eines späteren Audits wichtig sein könnten	RDA, RPA, CPA	Langmann u. Turi (2020), S. 43

In der Reihe **Schriftenreihe Rationalisierung** zuletzt erschienen:

Götzen, Rafael Frank:
Ordnungsrahmen für die softwarebasierte Automatisierung administrativer Prozesse
ISBN: 978-3-98555-103-3
Erscheinungsdatum: 25.08.2022

Fischer, Markus:
Implementierung von Manufacturing Execution Systems basierend auf Industrie-4.0-Reifegradmodellen
ISBN: 978-3-98555-048-7
Erscheinungsdatum: 22.03.2022

Külschbach, Andreas:
Systematische Bewertung von Änderungsanfragen in der Produktion
ISBN: 978-3-98555-024-1
Erscheinungsdatum: 20.12.2021

Schröter, Moritz:
Konfiguration der Reihenfolgeplanung für die Variantenfließfertigung
ISBN: 978-3-86359-940-9
Erscheinungsdatum: 19.02.2021

Frank, Jana:
Reifegradbasierte Gestaltung der Unternehmenskultur am Beispiel der Instandhaltung
ISBN: 978-3-86359-928-7
Erscheinungsdatum: 28.01.2021

Scholz, Svenja:
Bewertungsmetrik leistungsbestimmender Faktoren von Supply-Chains in Industriebetrieben
ISBN: 978-3-98555-049-4
Erscheinungsdatum: 11.04.2022

Holst, Lennard:
Referenzmodell für das Customer-Success-Management im Subskriptionsgeschäft des Maschinen- und Anlagenbaus
ISBN: 978-3-98555-033-3
Erscheinungsdatum: 21.02.2022

Voswinckel, Carl Themo:
Blockchainbasierte Maschinen- und Anlagenanbindungen für datenbasierte Dienstleistungen
ISBN: 978-3-86359-990-4
Erscheinungsdatum: 12.08.2021

Frey, Dominik:
Simulationsbasierte Bewertung der Häufigkeit von Planungsläufen in der Produktionsplanung und -steuerung
ISBN: 978-3-86359-937-9
Erscheinungsdatum: 11.02.2021

Hicking, Jan:
Spezifikation von intelligenten Produkten im Maschinenbau
ISBN: 978-3-86359-904-1
Erscheinungsdatum: 20.10.2020

Edition Wissenschaft
Apprimus

Wieninger, Simon:
Vertrauen in Unternehmensnetzwerken durch Blockchain-Technologie
ISBN: 978-3-86359-880-8
Erscheinungsdatum: 24.08.2020

Krechting, Denis:
Methodennavigator für Business-Analytics produzierender Unternehmen
ISBN: 978-3-86359-860-0
Erscheinungsdatum: 02.06.2020

Holtkemper, David:
Blockchain-Applikation für das Supply-Chain-Management
ISBN: 978-3-86359-854-9
Erscheinungsdatum: 18.05.2020

Wetzchewald, Philipp:
Gestaltungsmodell zur Steigerung der Regelbarkeit von Produktions-planungs- und -steuerungssystemen
ISBN: 978-3-86359-849-5
Erscheinungsdatum: 15.04.2020

Optehostert, Felix:
Kostenprognose von Instandhaltungsleistungen parallel zur Produktentwicklung
ISBN: 978-3-86359-824-2
Erscheinungsdatum: 19.03.2020

Blum, Matthias Florian:
Der Digitale Schatten in der Auftragsabwicklung in der Einzel- und Kleinserienfertigung
ISBN: 978-3-86359-746-7
Erscheinungsdatum: 29.08.2019

Birkmeier, Martin:
Messung und Darstellung der Qualität von betrieblichen Informationsflüssen
ISBN: 978-3-86359-866-2
Erscheinungsdatum: 01.07.2020

Feige, Boris Alexander:
Präferenzstrukturen von neuen Fahrzeug- und Mobilitätsangeboten für latente Bedürfnisse privater Nutzer
ISBN: 978-3-86359-857-0
Erscheinungsdatum: 02.06.2020

Husmann, Marco:
Erfolgsfaktoren bei der Markteinführung von datenbasierten Dienstleistungen im Maschinen- und Anlagenbau
ISBN: 978-3-86359-839-6
Erscheinungsdatum: 27.04.2020

Kolz, Dominik:
Komponenten industrieller, datenbasierter Dienstleistungen
ISBN: 978-3-86359-830-3
Erscheinungsdatum: 25.03.2020

Bernardy, Anne:
Spezifikation der cyber-physischen Veredelung von Auftragsverfolgungssystemen
ISBN: 978-3-86359-793-1
Erscheinungsdatum: 14.01.2020

Reschke, Jan:
Simulationsgestützte Synchronisation der Zeitplanungsparameter für Variantenfertiger
ISBN: 978-3-86359-748-1
Erscheinungsdatum: 23.08.2019

Edition Wissenschaft
Apprimus

FSC www.fsc.org
MIX
Papier | Fördert gute Waldnutzung
FSC® C083411

Zeitfracht Medien GmbH
Ferdinand-Jühlke-Straße 7
99095 Erfurt, Deutschland
produktsicherheit@kolibri360.de